国家社科基金项目优秀结项成果，华南理工大学公共管理学院著作出版基金资助

西部地区巨灾风险评估与管理创新

Catastrophe Risk Assessment and Management Innovation in Western China

文宏 著

人民出版社

责任编辑：陈寒节

封面设计：石笑梦

版式设计：胡欣欣

图书在版编目(CIP)数据

西部地区巨灾风险评估与管理创新/文宏 著.—北京：人民出版社，
2024.6

ISBN 978-7-01-024546-1

Ⅰ.①西… Ⅱ.①文… Ⅲ.①自然灾害-风险管理-研究-西北地区
②自然灾害-风险管理-研究-西南地区 Ⅳ.①X432

中国版本图书馆 CIP 数据核字(2022)第 026489 号

西部地区巨灾风险评估与管理创新

XIBU DIQU JUZAI FENGXIAN PINGGU YU GUANLI CHUANGXIN

文 宏 著

人民出版社 出版发行

(100706 北京市东城区隆福寺街 99 号)

中煤(北京)印务有限公司印刷 新华书店经销

2024 年 6 月第 1 版 2024 年 6 月北京第 1 次印刷

开本：710 毫米×1000 毫米 1/16 印张：29.75

字数：479 千字

ISBN 978-7-01-024546-1 定价：125.00 元

邮购地址：100706 北京市东城区隆福寺街 99 号

人民东方图书销售中心 电话(010)65250042 65289539

目　　录

绪　论

灾害多指带来灾难性后果的事件，是社会发展必然存在的客观现象。“巨灾”一词（Catastrophe）源自法语，在英文中常用“Large-scale disaster”或“Catestrophic disaster”，多指因系统内或系统外的突变，导致系统无法承受的巨大不利影响①。一般而言，凡是严重危及人类生命财产安全及生存条件的重要事件都可以称之为巨灾。但截至目前，对于“巨灾”的概念界定，学界还没有达成统一共识。人们普遍将这一概念与地震、洪涝、台风、泥石流等危及人类生命财产和生存条件的自然灾害联系起来。本书所研究的巨灾，是指人类社会某个群体或个体遭受某种巨大伤害、损失或毁灭性打击等不利因素的影响，从而面临重大风险威胁的事件。不仅包括规模巨大、后果严重的自然灾害或社会风险，而且涵盖那些远超过承受主体和应对主体的认知范围、可承受能力、可控制能力的自然灾害或社会风险。在概念内涵的界定上突破了仅仅从发展诱因及结果规模限定巨灾的传统认知，将巨灾承受主体和应对主体的认知水平、可承受力和可控制力等因素纳入衡量维度，突出了巨灾风险的相关特征及作用过程。在现代社会，防范和治理巨灾风险，对于个体的安康以及社会秩序的稳定均具有特殊的意义。

① Arnol′d V. I., Catastrophe theory, Berlin: Springer Science & Business Media, 2003.

第一节　论题选择与研究源起

当前我们生活在一个风险聚集、危机环伺的时代。随着经济社会的急速发展，人类生活环境发生变化，所面临的灾害和各种风险种类不断增加，风险威胁日益加剧，风险程度逐步加深。越来越多的事实表明，人类社会已经进入了德国著名社会学家乌尔里希·贝克所预测的“风险社会”时期。工具性与物质性的改变以及社会体制与体制结构的变革影响叠加在一起，各类自然灾害及社会风险频发，呈现出“风险共生”的特性，巨灾情形特征显著。除了面临洪涝、地震、台风、干旱等自然灾害及各类事故等传统风险的威胁，人们也要面对工业化、城市化过程中涌现出的各种严重扰乱民众的生产生活秩序的社会风险。近年来，各类巨灾风险导致了全球24亿人口受到影响，死亡人口达60万人以上①。在全球普遍面临各类巨灾侵袭的背景下，我国正处于社会转型及体制转轨的特殊阶段，各类巨灾风险所带来的财产损失及社会危害尤为严重。同时，随着经济社会的发展，民众活动范围的扩大及社会节奏的加快，巨灾所带来的损失及社会影响以更快的速率扩大，呈现出波及范围广、不确定性高、受灾强度大、承灾群体多、综合性突出等特点，巨灾成为影响社会健康发展及社会秩序的重大隐患。巨灾及其衍生问题也因此引发了政府、社会及学界的普遍关注。

巨灾的产生是孕灾环境、致灾因子及承灾体综合作用的结果，给社会发展带来了直接的损失，造成了深远的影响。巨灾的应对工作涉及社会治理的各个层面，做好巨灾风险的防范与治理是一个系统工程。如何在瞬息万变的孕灾环境中，依据纷繁复杂的致灾因子，针对各式各样的承灾体做出有效的应对措施，是一个全世界共有的难题。尽管各个国家、社区及国际组织采取

① 徐彪：《中国灾害管理制度变迁与绩效研究》，博士学位论文，中国地质大学，2010年，第1页。

了各类举措，做了很多努力，然而，巨灾风险的威胁并未得到彻底解决，相应的社会损失及影响持续上升，巨灾风险管理面临着各类挑战。目前，巨灾风险信息收集不畅及分析能力不足、各个政府部门应对巨灾风险的措施缺乏协调及配合、巨灾风险管理体系建设较为薄弱、社会民众巨灾风险防范意识淡薄、巨灾风险防范的各环节操作性较差等问题层出不穷，不断涌现的巨灾风险威胁与亟待提升的巨灾风险治理能力之间的矛盾成为当前人类社会迫切需要解决的重要矛盾。尤其是在我国的西部地区，巨灾环境脆弱、资源保护相对薄弱，自然灾害风险较大且社会风险抵御能力较低，巨灾风险管理制度体系建设较为薄弱，政府、社区、民众防范风险的知识储备与能力明显不足，巨灾风险发生频率更高、强度更大、社会影响更为深远，应对难度更大，巨灾风险治理能力的问题更为突出，需求也更为强烈。因而，提高西部地区巨灾风险治理能力任务十分紧迫，直接关系到我国边疆民族地区的持续健康发展，关系到政府应急管理水平的提升、民族团结和社会稳定，关系到我国社会秩序的维护及“一带一路”进程的推进。

第二节　相关研究文献及其客观评述

在人类社会的发展过程中，巨灾一直与人类相伴而行。翻阅历史记录，人类自有历史文献记录以来，几乎无年不灾、无年不荒。从历史进程来看，诸如地震、台风、洪涝灾害等自然风险，威胁人类社会的发展，造成重大人员财产损失。进入到工业化与现代化时代之后，人类社会面临的巨灾风险日益严重，巨灾风险中的人为因素愈发强化，各类冲击社会秩序的巨灾风险波及人类生活的各个领域，数量愈发增多，频率日趋加快，影响不断扩大，引发了社会的普遍关注，从而使巨灾风险问题成为一个全球瞩目的公共问题。在这一背景下，各国学者从不同学科视角对巨灾风险问题进行了全方位多角度的探索研究，形成了一些具有启发性和前瞻性的巨灾风险理论研究成果。

总体而言，巨灾风险评估与管理创新方面的研究可以从宏观层面与微观层面进行综述。

一、宏观层面的理论研究

在宏观层面，国外学者对巨灾风险评估及管理创新的研究，早期多聚焦于自然巨灾风险领域，侧重于应对和规避灾害风险，强调社会能够承受各类自然灾害风险所带来的冲击与挑战，重视社会的整体承受能力，提出了灾害治理总体性的应对框架，通过相应的应急管理体系的建设与完善，分别在防灾、减灾、备灾、救灾和灾害恢复等环节减少民众生命财产损失。有学者认为可从信号侦测、准备及预防、损失控制、恢复以及学习这五个阶段来分解灾害管理过程，强调灾害风险信息收集的重要性，重视灾害风险管理者及时收集信息，研判形势，疏通协调，提供有力的解决方案①；还有学者强调灾害管理应该涵盖危机防范、危机预备、危机确认、危机控制、危机解决、危机学习六个阶段②，重视各个环节之间处置的无缝衔接；而美国学者罗伯特·希斯依据危机风险产生和发展规律，提出了应对危机的4R模型③，将整个危机概括为缩减（reduction）、预备（readiness）、反应（response）、恢复（recovery）四个环节，从范围简图到框架结构建设详细分析了危机管理的全过程，为巨灾风险管理理论及实践经验提供了衔接的途径，同时也为灾害风险的治理理论及实践积累了宝贵的经验。自然巨灾风险的研究成果，阐述了灾害风险是由致灾因子、承灾体及孕灾环境共同组成的结果，对巨灾风险的链条、形成机理及评估体系进行了深入的探讨。这些研究从灾害风险管理的目的以及实际状况出发，明确灾害风险管理的战略意图，期望通过宏观战略层面的研究，准确地分析灾害风险的系统应对模式，明确在灾害风险治

① Mitroff Ian I.，“Crisis Management：Cutting Through the Confusion”，*Sloan Management Review*，Vol. 29，No. 2，1988，pp. 15-20.

② ［美］Norman R. Augustine：《危机管理》，人民出版社2001年版。

③ ［澳］罗伯特·希斯：《危机管理》，王成、宋炳辉、金瑛译，中信出版社2001年版。

理的过程中，每一阶段应该采取的措施手段、采用的技术方法、调动的资源储备，从而达到管理目的，并促成理论化及标准化。这些研究有助于人类社会能更从容地应对各类自然灾害风险的挑战，作出准确有效的应对反应，减轻灾害风险给人类社会带来的损失。

进入20世纪50年代之后，社会巨灾风险得以进入理论研究者的视野，是由于这一时期相继发生的食品安全问题、环境污染问题以及大型事故灾害，打破了以往有关自然与科学技术的种种理性假设，工业化社会中孕育的各种社会巨灾风险，使得公众时常处于不确定性及复杂性的状态，受到各类风险的威胁。特别是切尔诺贝利核电站泄漏事故之后，多位学者开始关注社会巨灾风险，从如何做好类似核泄漏事故的风险规避议题，逐步扩展至环境问题及社会承受能力议题。随后，由于公众的广泛关注引发的普遍社会焦虑，社会巨灾风险的讨论开始关注科学技术使用所带来的社会价值观冲突等内容。德国学者乌尔里希·贝克也由此提出“风险社会”概念。进入到20世纪80年代末期，社会巨灾风险俨然成为各个领域普遍关注的公众议题，不同学者对其进行了全方位多角度的研究，相继出版了《社会风险》《风险社会与风险文化》《世界风险社会》《风险社会及其超越：社会理论的关键议题》《风险时代的生态政治学》《全球风险社会》《全球风险社会批判性理论：全球化观点》等经典著作，形成了社会风险的宏观理论体系。总体而言，西方学者普遍将社会风险视为现代社会的特定现象，注重巨灾风险治理过程中的因果关系，立足于社会风险的建构性与现实性，强调社会巨灾风险是非利性、不确定性及复杂性的多重组合，是工业化特有运作模式对自然生态环境负面影响的集中反馈，同时也是科技发展之后，人类将自然巨灾风险延伸至人类社会领域的扩散表现，并且还是夹杂风险诱导、风险演化及风险放大等多重环节的高度复杂综合系统。

国内学者在巨灾风险评估及管理创新的宏观层面研究，最初聚焦在应急管理方面。由于我国在漫长的历史发展过程中，积累了丰富的灾害管理经验，因此，我国自然灾害的应急管理主要是强调实践经验的转化，注重单一灾种的应对和处置工作，分别按照不同自然灾害划分不同维度，分别进行相应的应急管控，导致不同种类灾害治理的割裂情形严重。相应的理论方面，早期多是沿袭西方自然灾害风险的理论体系。有学者立足中国单一灾种治理的实际，根据不同灾种的基本属性，以群发性与关联性为标准，提出了灾型、灾类、灾种的分类体系①。在此基础上，另有学者建构了适合于我国实情的自然灾害风险综合分类图谱，使灾害治理理论不再局限于单一致灾因子，体现出研究结果的综合性特征②。随着单一防灾体系在实践中暴露出种种问题，国内学界开始逐步探讨"综合减灾"理念，注重不同部门、不同灾害治理的相互协同，系统研究自然灾害的综合应急管理系统。从不同的学科视角进行深入研究，注重灾害管理中各个环节的协同。如有学者指出灾害的应急管理整个过程应该是有机整体，可将之细分为预测、预防、应对和免疫四个部分③；也有学者指出应该重点关注灾害前期的工作，将整个灾害应急体系视为相互循环的不同阶段，即监测预警阶段、预控预防阶段、应急处理阶段和评估恢复阶段④；另有学者从区分灾害不同阶段功能的角度，将灾害应急管理简化为危机前管理阶段、危机中管理阶段和危机后管理阶段。不同的阶段有不同的处置重心，即危机前管理阶段主要是灾害的预警、预防和备灾，危机中管理阶段包括快速反应以及应急处置，危机后的管理阶段主要包括灾害发生后的总结、评估和问责⑤。还有学者强调灾害治理过程中的公众参与，提出应强化灾害处置中的风险沟通，加强政府、专家与民众之间的交流⑥。

---

① 卜风贤：《灾害分类体系研究》，《灾害学》1996 年第 11 期，第 6—10 页。

② 刘希林、尚志海：《中国自然灾害风险综合分类体系构建》，《自然灾害学报》2013 年第 6 期，第 1—7 页。

③ 魏加宁：《危机与危机管理》，《管理世界》1994 年第 6 期，第 53—59 页。

④ 李经中：《政府危机管理》，中国城市出版社 2003 年版。

⑤ 印海延：《我国政府自然灾害应急管理的探索研究》，硕士学位论文，华中师范大学，2009 年。

⑥ 林爱珺、吴转转：《风险沟通研究述评》，《现代传播（中国传媒大学学报）》2011 年第 3 期，第 36—41 页。

除了对灾害风险管理模式的整体过程和阶段的研究，更多学者着眼于巨灾风险管理的新角度，从新的学科视角或理论角度对灾害风险管理的宏观发展趋势提出新观点。例如：冈田宪夫教授在21世纪初提出了综合灾害风险理论。2006年，我国学者引入这一国际上较为先进的防灾减灾和灾害管理模式，将综合自然灾害管理理念贯穿于灾害管理全过程，提出了基于灾害风险和承灾体脆弱性分析的全面整合的灾害管理模式，拟定了自然灾害的风险管理实施战略，以风险评价、公共意识、信息管理、协调机制和减灾理念整合以及多方参与等为核心，为治理自然灾害提供了具有可行性的综合性建议①。文宏等（2013）② 立足公共管理的视角，运用协同政府理论来解释灾害风险管理，认为现在的自然灾害治理过程中缺乏有效协同，存在部门之间各自为政的问题，并以甘肃省岷县5·10雹洪灾害为例，具体阐述了灾害治理过程中多部门协作机制缺失现象，提出构建多部门协作的治理框架；又引入了整体性治理理论框架以应对当前灾害风险管理过程中的碎片化与分散化现象，以期实现灾害风险治理体系的优化，推动我国灾害治理的完善③。

二、微观层面的理论研究

微观层面的巨灾风险评估与管理创新方面的研究，多是对宏观层面研究的深化和拓展。不同学科从不同视角聚焦巨灾风险管理过程中的某个阶段的目标或者说是某个子目标，这些子目标包括形成巨灾风险认知，基于巨灾风险的影响范围，以及巨灾风险与政治、经济、文化相互耦合的互动过程，针对巨灾风险管理过程中某个阶段的特性需求，将各种现行研究的理论或者技术运用于巨灾风险治理中去，提升巨灾风险管理模式的科学性和适用性，解

---

① 张继权、冈田宪夫、多多纳裕一：《综合自然灾害风险管理——全面整合的模式与中国的战略选择》，《自然灾害学报》2006年第1期，第29—37页。

② 文宏、谭雪兰、黄之玞：《基于协同政府理论的灾害管理多部门协作机制研究——以甘肃岷县5·10雹洪灾害为例》，《理论探讨》2013年第5期，第145—149页。

③ 文宏：《基于整体性治理理论的灾害风险治理体系优化》，《西北师大学报（社会科学版）》2015年第4期，第111—115页。

决巨灾风险评估或管理过程中的具体问题，实现巨灾风险管理的阶段性子目标。还如巨灾风险管理过程中所涉及的风险评估、风险感知、灾害区域的脆弱性以及灾后重建问题研究等等，都属于微观层面的研究。

（一）致灾因子论

20世纪初期，地理学科的学者开始关注巨灾风险，将“致灾因子”引入极端灾害治理中，认为巨灾，即极端灾害，是在脆弱性的环境条件以及致灾因子存在的共同作用下产生的。灾害调查、模拟和预报成为致灾因子论的主要研究内容，依据巨灾产生的环境，将致灾因子分为自然致灾因子、生物致灾因子、环境致灾因子和人为致灾因子等①。其中，自然致灾因子主要是由自然系统内部大气圈、岩石圈、水圈中各种环境要素的变化和相互作用产生，源于自然致灾因子的巨灾主要有地震、泥石流、干旱、飓风、火山喷发、洪水、风暴潮、冰雹等；生物致灾因子主要由生物圈的异化及其与环境的相互作用产生，生物致灾因子导致的灾害主要有病虫害、传染病等；环境致灾因子是在地球自然环境的发展与人类活动的相互作用下产生的，与人类活动密切相关的一种致灾因子，其导致的灾害包括环境污染、全球变暖、森林退化、水土流失以及荒漠化加重等；人为致灾因子指的是由于人的行为和活动所产生的致灾因素，主要的灾害类型包括各种工程事故、战争、社会动荡、恐怖行为以及经济衰退等。致灾因子论采用致灾因子“阈值”对极端的灾害事件，例如地震、洪水等的灾害等级进行划分，对巨灾进行了初步的管理和划分，引发很多学者的关注及研究跟进。

另有学者深入阐述了“致灾因子论、孕灾环境论、承灾体论和区域灾害系统论”，基于系统论的观点阐释灾害形成过程，提出应关注不同阶段的灾害多重诱发因素，结合致灾因子与承灾体的承受能力，构建了评判巨灾风险

① 史培军：《再论灾害研究的理论与实践》，《自然灾害学报》1996年第4期，第8—19页。

分类及形成机制，形成了涵盖孕灾环境、致灾因子、承灾体等要素的灾害分析框架，构建了评估巨灾风险大小的理论架构。孕灾环境的稳定性、致灾因子的风险性、承灾体的脆弱性三个要素之间的循环反馈，以及相对承灾体能力范围的互动，成为巨灾风险形成过程中的充要条件，并以各个要素的具体作用来衡量灾情大小。由于致灾因子论初步建立灾害研究的理论体系，该理论盛极一时①。

然而，致灾因子论并没有区分不同地域人口状况、经济状况的差异，也较少顾及不同主体的灾害预防及承受能力②。因此，致灾因子论的诸多观点受到不少质疑。在相同阈值的巨灾风险发生的情况下，不同地区之间会造成差异极大的灾害损失，对人们正常生活的影响程度也会迥然各异，例如发达国家与发展中国家发生巨灾，虽然会对双方都造成巨大额度的财产人员损失，然而，由于两者国力及 GDP 总量存在差距，导致虽然在发达国家发生的巨灾损失的总量较大，但在 GDP 中所占的比重并不高，发展中国家的情况则相反，自然灾害造成的损失占 GDP 的比重远高于发达国家。虽然该理论存在不足，但其为巨灾风险研究提供了一个基本框架和学科前沿问题，强化了对灾害风险评估、灾害系统动力学的研究。

（二）脆弱性评估

脆弱性是人与自然系统相互关系的衡量，有学者认为“脆弱性是指系统（自然系统、人类系统、人与自然复合生态系统、基础设施系统等）易于遭受伤害和破坏的一种性质”③，由自身条件决定，受社会、政治、经济、自然及环境等因素共同影响，并与民众的灾害准备、承灾能力和灾害后的响应

---

① 商彦蕊：《自然灾害综合研究的新进展———脆弱性研究》，《地域研究与开发》2000 年第 2 期，第 74—77 页。

② 史培军：《再论灾害研究的理论与实践》，《自然灾害学报》1996 年第 4 期，第 8—19 页。

③ Buckle P., Marsh G., Smale S., “Assessing resilience and vulnerability: Principles, strategies and actions”, Strengthening Resilience in Post-disaster Situations, 2001, p. 245.

能力直接关联，脆弱性往往是评估承灾体面对灾害响应能力的重要指标，最脆弱的系统“往往是那些几乎没有选择和适应能力较差的系统”①。由于致灾因子方面的研究，并没有完全阐释巨灾风险的形成机理，在灾害发生规律及机制上，难以寻求巨灾风险治理的途径，并未取得预期的效果，因此，Hewitt（2014）首先对致灾因子论提出了强烈批评，质疑致灾因子在灾害治理中的作用，认为致灾因子、脆弱性和适应性、危险（灾害）的干扰条件、人类的应对和调整才是灾害形成的必备要素，这四种因素都会对灾害产生及演变产生重大影响，灾害的产生及影响方式都是基于其所存在的自然环境、地理位置和社会关系形成的②。

随后更多学者开始关注灾害产生的社会经济环境，将关注点由致灾因子论转向脆弱性研究理论，有学者提出“灾难是社会脆弱性的体现，灾害是一种或多种致灾因子对脆弱性人口、建筑物、经济财产或者脆弱性的环境打击的结果，主要表现为致灾事件超过了当地脆弱系统的承受能力”③，强调致灾因子并非导致灾害的唯一因素，进而非常重视灾害引发的系统脆弱性，关注脆弱性在灾害形成中的作用，认为脆弱性与灾害形成灾情的可能性成正比，脆弱性越大，灾害形成灾情的可能性越强；脆弱性越小，灾害发生后越不易形成灾情。还有学者认为“灾害的形成从根本上来说是源于脆弱性，通过致灾因子的诱发即可能爆发灾害，在致灾强度一定的情况下，脆弱性越强，灾情越严重”④。不同学科对灾害脆弱性的研究视角存在差异，自然科学侧重于灾害发生后承灾者遭受灾害冲击的后果，而社会科学更侧重于从社

① Bolin R., Long term family recovery from disaster, Monograph 36 Boulder Institute for Behavioral Science, 1982, p. 42.

② Hewitt K., Regions of risk: A geographical introduction to disasters, London: Routledge, 2014.

③ Ward P. S., Shively G. E.,“Disaster risk, social vulnerability, and economic development”, Disasters, Vol. 41, No. 2, 2017, pp: 324-351.

④ Cannon Blaikie, Davis I P. T. and Wisner B., At Risk: Natural Hazards, People´s Vulnerability and Disasters, London: Routledge, 1994, pp. 141-156.

会经济方面寻求脆弱性出现的根源。

在后期的研究中，相关学者除重视致灾因子作用之外，特别重视巨灾风险形成过程中的孕灾环境与承灾体变化，将巨灾形成过程与经济和社会发展等紧密联系，结合经济全球化、生态环境变化等影响，综合人口增长与结构变化、城市化与工业化、科技的广泛运用与经济全球化以及全球气候变暖等宏观因素对社会脆弱性的影响，以动力过程范式阐释灾害形成原因，强化了灾害形成过程中的微观层面的认知深度。接着，有学者认为要从不同的学科领域，综合分析导致灾害的诸多因素，从而发挥各方力量，实现灾害治理的综合化及系统化。借助灾害保险与再保险、灾害救助以及减灾工程等，分散和转移灾害形成的主要动力因素，科学确定巨灾风险的阈值作用，并提出安全社区的问题，从可持续发展角度，提出了允许一定灾害风险的区域发展对策①。由于致灾因子无法完全被研究者知晓，相关学者将研究重心放在如何减少人类社会自身存在的脆弱性上，指出在日常生活中，减少致灾因素和人的脆弱性是治理巨灾、减少灾情损失的最直接有效方法，将脆弱性研究扩展到自然、技术、人为灾害的各个领域和减轻巨灾风险的各个环节。在过去的30年里，在2286份权威的出版物中，有关于脆弱性的术语出现了939次②。脆弱性理论越来越多地出现在科研出版物或者政府文件中，脆弱性理论在灾害形成过程中的作用，越来越受到灾害治理理论研究以及实践领域的重视。

三、灾害风险评估

灾害风险评估研究的是如何预防灾害、减少灾害造成损失的基础性工作，可看作灾害风险管理中的核心环节，是灾害研究与脆弱性分析的重要衔

---

① 史培军：《三论灾害研究的理论与实践》，《自然灾害学报》2002年第11期，第1—9页。

② Janssen M. A., Schoon M. L., Ke W., et al, “Scholarly networks on resilience, vulnerability and adaptation within the human dimensions of global environmental change”. *Global environmental change*, Vol. 16, No. 3, 2006, pp: 240-252.

接，自古以来就受到研究者和实践者的重视。灾害风险评估是一项复杂的综合研究工作，通常需要明确风险管理对象，制定灾害的风险管理目标，利用数理统计方法，借助相关的方法理论，构建以指标为核心的风险评估体系，收集灾害数据资料，建立灾害管理数据库，测算风险概率，确定灾害风险的影响因素及来源。在此基础上，采用诸如致灾因子分析、暴露要素分析、脆弱性分析、建立灾损曲线以及风险建模等工具进行灾害风险分析，提炼相关灾害风险数据，找出灾害风险发生及演化规律，提出灾害治理的有效措施及建议，从而有效控制风险，降低灾害对人类社会造成的损失，实现灾害的良好治理。因此，灾害风险评估所涉及的领域很多，学科很细，影响很广，涵盖生态环境、资源布局、人口结构分布、土地开发、公共政策以及经济社会发展各个方面，是一个典型的综合性和交叉性研究命题。目前多个学科，从不同视角对灾害风险评估进行了广泛而多角度的研究，取得了诸多进展。

灾害风险评估早期主要侧重于自然灾害致灾因子发生的可能性和在风险发生后将会导致的各类损失，同时包括对社会的冲击。研究主要从致灾因子、脆弱性、暴露性三方面的评估出发①，早期主要局限于单灾种的风险评估，对洪涝、地震、泥石流、台风等具体自然灾害，进行了充分的探讨，有学者从单一灾种的体制特性出发，探讨自然灾害风险评价原理②，讨论了城市灾害风险模型的构建问题。王绍玉（2003）提出了自然灾害综合风险评估与管理范式，强调实证研究在灾害风险研究中的重要性③。许世远等学者（2006）聚焦风险评估的特点，关注自然灾害风险的行为主体特性与时间尺度问题④。苏桂武等学者（2003）探讨城市洪水等单一灾种灾害的主要成

---

① 尹占娥：《城市自然灾害风险评估与实证研究》，博士学位论文，华东师范大学，2009年。

② 黄崇福：《自然灾害风险分析的基本原理》，《自然灾害学报》1999年第2期，第21—30页。

③ 王绍玉：《城市灾害应急管理能力建设》，《城市与减灾》2003年第3期，第4—6页。

④ 许世远、王军、石纯、颜建平：《沿海城市自然灾害风险研究》，《地理学报》2006年第2期，第127—138页。

因，提出了洪灾的防治对策①。徐向阳等学者（2005）依据灾害系统理论，借助 GIS 等技术手段，构建各类灾害风险的数据库，开发了地质灾害风险评估信息系统②。罗培（2007）对城市自然灾害风险进行评估，设定高、较高、中等、较低和低风险等不同等级，编制自然风险评价图，发布城市脆弱性水平指数③。史培军等学者（2006）为自然灾害风险的应急决策提供了相应的理论依据④。

随着研究的深入开展，学者逐渐认识到单一灾种评估的不足，逐步引入综合评估理念，关注灾害形成的内在机制，重点从社会、政治、经济、文化及人类行为的角度，进行自然灾害风险评估，将研究的重心转至公共安全建设方面，注重人类社会自身可接受水准，改变以往以概率为基础的静态评估体系，将风险评估和风险管理体系结合起来，关注灾害风险对人类社会经济文化方面的具体影响，重视自然灾害系统各要素之间的关系，以自然灾害风险的演化过程为基准，参照评估对象和显示条件，灵活地调整评估过程，祛除灾害风险评估的不利要素，重点做好多灾害风险区域划定及风险预防等工作，并借助各种手段和方法，充分模拟现实灾害演化的复杂性，最大限度地提升灾害评估系统的信度和效度。然而，目前囿于自然灾害风险的复杂性及动态性，诸如多智能体、神经网络等仿真模拟科技手段大多还停留在理念及探索层面，尚难以充分模拟和分析灾害的整体变化过程，难以通过可视化的方式实时报告灾害风险，还没有完善的方法对灾害风险链条或衍生型复合型灾害进行准确评估，很难厘清灾害风险的综合形成机制，使得自然灾害风险

---

① 苏桂武、高庆华：《自然灾害风险的行为主体特性与时间尺度问题》，《自然灾害学报》2003 年第 1 期，第 9—16 页。

② 徐向阳、马秀梅、刘翔、方正杰：《湖南省城市洪灾成因及防治对策》，《灾害学》2005 年第 4 期，第 79—82 页。

③ 罗培：《GIS 支持下的气象灾害风险评估模型》，《自然灾害学报》2007 年第 1 期，第 38—44 页。

④ 史培军、杜鹃、冀萌新、刘婧、王静爱：《中国城市主要自然灾害风险评价研究》，《地球科学进展》2006 年第 2 期，第 170—177 页。

的动态综合评估还有待持续深入探究。

四、灾害风险感知

生物体具有感知并规避风险的本能，这是其赖以生存的必备技能，也是在生物进化中影响优胜劣汰的关键因素。风险感知是人们对某个特定风险的特征和严重性所做出的主观判断，是测量公众心理恐慌的重要指标①。通常而言，生物体的主观认知过程可以具体细分为感知输入、认知分析、思维及应用这三个部分。生物体根据视觉、听觉、触觉等刺激，结合以往的个人主观经验，形成相应的感知输入信息，与个人的知识背景进行交互，进行筛选、记录、过滤，形成相应的主观判断，并以此作为风险认知及逃避、接受、改变、对抗等行为选择的依据。在灾害管理中，民众如何对灾害的发生概率以及严重程度作出相应的主观判断，是衡量灾害风险程度的重要指标。由于风险感知是以往经验与现实环境刺激相结合的产物，因此，风险本身的种类结构与个体的过往经历、情绪状况、知识水准、身体素质、反应能力、行为期待等特征，以及风险发生过程中的风险沟通、信息披露、应对措施等密切相关。因此，风险的客观存在与民众的主观感知之间有时候会呈现出非常大的差异。风险认知可以包括忧虑风险与未知风险两种不同的维度，其中忧虑风险主要代表灾难的不可控程度，往往具有较强的情绪传染性，而未知风险代表风险的可知性程度，与知识水准存在很大关联，正如美国风险管理学者保罗·斯洛维奇（2007）所说“人们对风险的估计与实际事故率只有中等程度的相关；而不同公众群体的估计风险之间呈现出高度一致性”②。

巨灾风险发生之后，巨灾风险的客观技术评估与民众主观感受之间存在较大的差异，相对于借助复杂技术手段进行相对准确的风险技术评估，更多

---

① 李华强：《突发性灾害中的公众风险感知与应急管理》，《管理世界》2009年第6期，第52—60页。

② ［美］保罗·斯洛维奇：《风险的感知》，赵延东等译，北京出版社2007年版。

的民众还是倾向于依赖自我的主观感知来评判风险大小及强弱。按照以往的感知数据，民众更加注重受损强度而非发生概率。对于死亡率较高、发生概率较小的风险，民众的风险感知水准会高于技术评估指标，而对于死亡率较低、发生概率较大的风险，民众的风险感知水准会低于技术评估指标。在以往的研究中，个体风险感知排序与灾害的破坏程度直接相关联，民众更加恐惧那些能够造成巨大损失和破坏的灾害，如在诸多巨灾风险的感知排序中，其中破坏性极高的核能风险，其风险感知程度要远远高于其他常见风险事件①。民众的风险感知方面与个体特征、知识结构以及风险沟通等因素直接相关。在个体特征方面，不仅有性别、年龄、职业等特征，而且涵盖情绪状况、过往经验、性格倾向、承受能力、知识背景等差异，都导致个体的风险感知有所不同。在知识结构方面，个体知识结构通常被归为个体特质因素，与教育背景、个人体验有密切关联。民众对特定灾害风险的知识储备越多，所接受灾害风险信息越全面，越能够辩证、客观、理性地评判灾害事件，并能够做出适当的行动反应。在风险沟通方面，主要是风险信息传播进程中的干预情形，灾害爆发之后，相关的灾害信息传播由中心向四周扩散，期间相关的管理进程与沟通方式非常关键，不同的灾害解释会导致差别很大的风险感知差异。

基于以上的总结和分析，目前涉及巨灾风险评估与管理方面的研究非常广泛，随着相关重点领域的逐步深入，不同学科之间的交叉也逐步强化，宏观层面的研究，更多地指向最大限度地减少灾害所带来的财产损失，确保灾害风险来临之时，能够有效协调和管理社会、保持经济的平衡以及保障社会秩序的平稳运行。

总体而言，在宏观层面，目前巨灾风险的系统性较差，远未达到治理灾害的期望高度，巨灾治理的职能部门与不同环节尚未形成整体规划，巨灾风

① Slovic P., Fischhoff B., Lichtenstein S, Facts and fears: Understanding perceived risk, London: Routledge, 2016, pp: 137-153.

险管理处于各自为政的状况，如何更好地协调各级部门以及巨灾风险中的各类主体，各自发挥巨灾风险管理的角色作用，从而建立巨灾风险管理模式，成为巨灾风险评估与管理创新宏观层面的研究重点。首先，需要关注巨灾风险评估与管理过程中的主体责任。协调好政府、公众与各类社会组织间的关系，明确巨灾风险管理中的不同责任，重点研究受灾害的人群心理行为机制，“切实做好自助、共助与公助责任的合理分割”①，充分调动不同主体参与到巨灾治理之中。其次，需要强化巨灾风险的预防及综合治理。巨灾的治理不仅要将资源投入至事后的治理，更要关注巨灾风险的诱发因素，减少巨灾风险的发生概率。而自然社会系统的稳定和谐是降低巨灾发生概率的重要因素。社会和谐与生态系统平衡，不仅可以促进经济社会更快更好发展，而且能够大大降低巨灾发生的概率。因此，需要重塑发展理念，改变以往不合理的畸形发展模式，减少对生态及社会系统的冲击，降低巨灾发生概率，避免走“追求短期经济效益、不断破坏生态系统、过度掠夺自然资源、诱发大量巨灾事件、造成巨大损失，花费更多成本治理及补救”的老路，也需要将巨灾风险治理关口前移，以实现生态、社会系统和谐发展。最后，需要确保社会运行的基础机制建设。巨灾涉及社会发展的各个层面，经济发展、社会和谐、政治有序是人类社会平稳发展的基本前提，做好巨灾风险管理评估与管理创新，必须跳出“巨灾风险治理”的局限思维，从更为宏观的角度，关注社会运行的基础机制，确保不同社会体系的健康发展，管控巨灾风险诱发因素滋生的温床，实现生态系统和社会系统的协调统一。

在微观层面，目前灾害风险管理技术及理论发展滞后于实践需求，在巨灾风险治理能力建设的不同领域，存在较大程度的不平衡，还存在较大的提升空间。具体而言：首先，巨灾风险管理及评估，迄今没有形成科学的理论体系，存在不同种类的灾害治理各自为政、无法实现协同的问题，造成了体

① 毛德华：《灾害应急管理的若干基本问题的探讨》，《防灾科技学院学报》2008 年第 2 期，第 35—39 页。

制机制上的割裂，也未形成有效便利的方法体系，辅助性决策功能偏弱，巨灾治理能力及体制优化需进一步提升。其次，巨灾风险评估及治理技术有待进一步整体优化。需要以现代信息技术和数值模拟仿真的技术为支撑，大力运用网络科学的基本方法，建立灾害风险评估与灾情判断的模拟模型，进一步提升巨灾风险管理技术水准。再次，需要整合巨灾风险治理的资源。改变以往过分依赖政府力量的状况，突破政府单一主体包揽预防、治理及救助各环节的现状，整合社会资源，激发社会力量参与巨灾治理的积极性，积极发挥不同主体在资源动员方面的优势，实现社会服务传递的共治及协同。最后，需要注重不同主体在灾害治理过程中的协同。形成不同主体、不同资源的互动合作、联动嵌入、协同发展，保证巨灾响应的及时性与准确性，最大限度地减少灾害损失。

第三节　行文思路及框架设计

我国自古以来就是一个巨灾频发的国家。近年来，无论是国际还是国内，各种巨灾风险发生的频率不断增加，由于受到各种外界因素的影响，我国面临的各类环境都在变化之中。互联网等高科技的迅猛发展以及全球化的到来，使得现代性的侵蚀程度远远超过预期，各种不同类型的巨灾事件呈现出日益增长的态势，造成了巨大的经济损失及人员伤亡。经济全球化及城市化带来的人口集中问题，导致人类社会出现更多的致灾因子，使得巨灾风险的挑战更为严峻。因此，如何实现巨灾风险评估及管理创新，不仅是维护国家安全、社会稳定和人民群众利益的基本保障，同时也是履行政府社会管理和公共服务职能的重要内容。特别是当前我国正处于工业化与市场化、现代化与城镇化快速发展时期，各种源自社会和自然的风险、矛盾交织聚集，使得公共安全与社会管理面临日益严峻的局面，呈现出社会风险和突发事件日渐增多、发生频率不断加快、对抗性明显增强、危害性不断强化等态势，凸显出竞合性、复杂性、系统性、扩散性等“巨灾”特征，对我国构建和谐社会提出了非常严峻的挑战。这些巨灾风险在形成机理、演变过程及后果评估等方面与日常的灾害存在着诸多不同，难以通过日常的管理制度及其治理能力来预防和治理。

近年来，先后发生的SARS危机、禽流感、南方雨雪冰冻灾害、汶川地震、玉树地震等事件，都暴露出我国在治理巨灾风险的薄弱环节，同时也映射出社会发展对巨灾风险治理能力提升的迫切需求。如何在各种巨灾风险频发的时代背景下，认知和解决巨灾风险管理中的制度需求与制度供给之间的矛盾，不断提升巨灾风险评估水准，通过有效的科学方法，准确地辨识巨灾风险的动态变化特征，评估承受体能够承受的不同类型的风险强度，估算可能的财产损失及人员安全威胁程度，综合测定巨灾风险等级，实现风险管理制度体系的创新，是政府应急管理实践发展的迫切需求。而西部地区作为我国重要的边疆地区，疆域辽阔、人口稀少、少数民族聚集、经济发展水平落后，各类巨灾风险频发，如何解决当前西部地区巨灾风险频发与治理能力不足的矛盾，推进巨灾风险的科学评估及管理创新，提升政府巨灾风险管理能力，是提升政府治理能力和促进国家治理能力现代化的重要内容。

然而，我国巨灾风险所面对的挑战已经发生了巨大变化，政府所面临的巨灾治理形势愈发严峻，不仅需要直面巨灾风险环境日益复杂、巨灾相互衍生的情况越发增多、巨灾风险评估与管理难度不断增加等问题，而且当前我国政府巨灾风险治理模式受制于体制机制的限制，难以回应日趋增多的复杂巨灾风险的治理需求，巨灾风险治理需求与政府巨灾风险治理能力的矛盾日趋扩大，巨灾风险评估与管理活动从单一特定部门向外部溢散，巨灾风险管理不再是一个短期的应急管理活动，而是逐渐成为一种周期性的管理过程，单一政府职能部门无法独立完成，而政府本身也亟需社会力量的合作参与。我国西部地区地处内陆，一直是巨灾风险灾害的多发之地。西部地区巨灾风险评估与管理，所面临的将是生态环境更脆弱、资源保护基础更欠缺、社会风险抵御能力更低下的现实状况。西部地区具有较为割裂的巨灾风险治理体系，如何应对和治理爆发频率集中、社会风险聚集的巨灾风险，不仅是非常值得研究的重要命题，也是巨灾风险治理需求的集中领域。

为此，本书以西部地区巨灾风险形势变化为背景，从理论和实践相结合的角度，对风险巨灾风险、巨灾风险管理等相关概念进行界定，并对核心概念之间的相互关联进行辨析，明确本书的研究对象，详细阐述国内外巨灾风险管理的相关理论，对风险管理理论、风险评估理论、风险感知理论、致灾因子论、脆弱性理论等进行简要分析，沿袭巨灾风险管理的理论论述精髓，概览了西部地区巨灾风险评估及管理现状，详细分析了西部地区巨灾风险的种类，在充分吸取国际巨灾风险以及中东部地区巨灾风险管理实践经验的基础上，立足于西部地区巨灾风险管理的实际情况，按照自然灾害与社会风险的维度，盘点巨灾风险治理的成绩及问题，总结巨灾风险治理的成果，构建基于风险感知理论的巨灾风险评估框架，形成基于脆弱性理论的政府巨灾管理能力评价体系，基于协同政府理论的灾害管理多部门协作制度设计，以及巨灾风险中的政府舆情管理优化等内容，提出西部地区巨灾风险管理创新路径，继而结合自然风险与社会风险等不同维度，通过案例阐释，提出针对性的政策建议。

第四节　可能的创新之处

西部地区巨灾风险评估与管理创新，需要结合具体国情，梳理巨灾风险管理的共通性问题，同时还必须关照西部地区巨灾频发多发与社会生态脆弱等特性，立足于区域经济欠发达的西部实际，探讨如何在地广人稀、少数民族聚居的边疆地区实现巨灾风险的有效治理。日趋增多的地震、洪涝、泥石流等自然灾害风险与环境抗争、食品安全、公共安全等社会风险事件，对政府治理西部地区巨灾风险的能力提出了更高的要求。相比其他区域而言，西部地区脆弱性因子较多且孕灾环境复杂多变，社会力量发展不充分，巨灾风险评估与管理能力相对不足，政府所面临的巨灾风险管理压力更大，如何抑制各类巨灾致灾因子超越临界程度，避免危及人类生命财产及生存条件的安全，最大限度地减少人员伤亡、财产损失等不利影响，成为西部地区巨灾风险评估与管理创新的重要目标。本书详细梳理巨灾风险管理的基本概念和类型，阐述西部地区巨灾风险概况及管理现状，充分借鉴国内外巨灾风险评估与管理创新的经验，致力于提升政府巨灾风险管理的整体水准，进而为社会安定和经济建设提供有力保障。

一是本书立足于西部地区巨灾风险评估与管理实践，从公共管理学、社会学、政治学等多重视角，全面阐述西部地区的主要险种和管理现状，总结现阶段管理经验和存在问题，在结合前人研究和西部地区实际情况的基础上，提出西部地区巨灾风险评估与管理创新路径。接着针对自然灾害和社会风险详细阐述治理途径、措施和制度化设计，提出了针对性的政策建议。

二是本书所研究的巨灾是人类社会某个群体或个体遭受到某种巨大伤害、损失或毁灭性等不利因素的影响，以及相应重大风险威胁的可能性。除了结果层面上的重大不利影响的巨灾之外，还以承受主体和应对主体的认知范围、可承受、可控制能力为标准，将巨灾风险的范围扩充至自然灾害及社会风险。突破了仅仅从发展诱因及结果规模限定巨灾的传统认知，突出了巨灾风险的相关特征及作用过程，探讨了自然灾害及社会风险的共性问题，重点关注了巨灾风险评估与管理的创新路径，对于现代社会中的个体安康及社会秩序的稳定，具有非常重要的意义。

三是本书充分考虑了研究方法的适用性与针对性。主要基于扎实严谨的理论分析进行规范研究，辅之以经验研究加以论证。具体而言，采用思辨性的理论分析对巨灾风险的概念进行辨析，在对前人研究进行评述的基础上梳理了相关理论，以历史分析和制度分析方法对西部地区巨灾风险及其管理现状进行了介绍，并对国内外相关经验加以总结，在此基础上提出创新路径，同时结合西部地区的实际情况加以详细说明。此外，通过多案例的经验研究对上述内容进行佐证。

第一章　巨灾风险的基本概念和理论基础

随着经济的快速发展，人类的生产生活环境发生了诸多变化，不同种类的灾害风险发生频率和破坏强度不断增加，巨灾风险隐患日益凸显，灾害风险已经成为影响当今社会稳定发展和人们安定生活的重大挑战。尤其是在我国西部地区这样一个自然和经济社会环境均相对脆弱的区域，对于巨灾风险的评估与管理创新显得尤为重要。正如前文所述，本书阐释的巨灾风险，是指人类社会某个群体或是个体遭受到某种巨大伤害、损失或毁灭性等不利因素的影响，以及相应重大风险威胁的可能性。不仅包括规模巨大、后果特别严重的自然灾害或社会风险，而且涵盖那些远超过承受主体和应对主体的认知范围、可承受、可控制能力的自然灾害或社会风险。因此，相关的核心概念主要是基于灾害风险而产生的，相关的理论基础需要详细阐释脆弱性、风险感知、风险放大、致灾因子等方面的内容。巨灾风险的管理和研究旨在降低巨灾对人类以及经济社会发展造成的影响和损失，只有明确地认识巨灾风险管理的基本概念和理论基础，才能明晰地界定当今研究的重点，了解当今研究的不足和缺陷，为后续的巨灾风险评估和管理研究工作提供理论框架。

第一节　基本概念

一、风险

“风险”一词最初来源于博彩业，后被应用于早期的航海贸易和保险业中。在风险的传统用法中，风险是指“客观存在的危险，如自然灾害或者航海遇到礁石、风暴等。风险的现代用法则由保险理论和法律定义所界定”①。也有学者从保险学和统计学的角度，将风险视为各种不确定后果之间的差异程度以及潜在损失的可能性。业内通常认为风险是客观存在并且可以被预测的，通过概率统计等经济学方法评测风险，将风险视为破坏性程度与发生概率的综合。经过不断的研究演进，人类的价值偏好与主观认知开始进入风险管理的视野，风险的内涵也开始涵盖人类价值与行为偏好的因素。

有学者认为风险是人类感知危险的总和，是社会结构功能的重要体现，风险的大小在于识别和判断个体或群体所处环境的危险性②。如玛丽·道格拉斯（1983）将风险视为未来知识和期待发生交互影响的共同产物，认为风险确实是一种客观存在，与人类社会过程的交互影响密切相关。但是人类的复杂性导致社会环境存在巨大的差异，不同的社会生活形态会产生特有的风险列表③，相应的知识结构也会随着社会活动的变化而不断处于建构之中④；社会学者对于风险的定义与人类学者类似，认为风险是人类主观的认知或理

---

① Ewald F.， “Insurance and risk”， *The Foucault effect*： *Studies in governmentality*， 1991， pp. 201-202.

② 杨雪冬：《全球化、风险社会与复合治理》，《马克思主义与现实》2004 年第 8 期，第 61—77 页。

③ Douglas M. and Wildavsky A.， *Risk and culture*： *An essay on the selection of technological and environmental dangers*， Berkeley：Univ. of California Press， 1983.

④ Douglas M. and Wildavsky A.， *Risk and culture*： *An essay on the selection of technological and environmental dangers*， Berkeley：Univ. of California Press， 1983.

解，强调风险具有社会问题特性和社会结构特征。如卢曼认为风险是人类如何认知或判断风险事件本身的综合，具有一种“时间限制形式”（a form of time-binding）或是“意外出现的图式”(contingency schema)①。贝克（1992）则强调风险的本质，将风险定位为“系统地处理现代化自身引致的危险和不安全感的方式②”，着眼于风险社会的运作方式，重视社会环境中技术因素的影响，将风险视为人类主观的认知和不同理解，同时强调风险的客观存在，认为风险的客观性与主观性存在辩证统一，是一种“虚拟的现实，现实的虚拟”③。

从近代保险业产生以来，风险研究涉及自然科学和社会科学中的诸多学科。由于相关的学者源于不同的学科流派，他们基于各自领域的研究视角，对风险概念的界定也各有不同，但是这些定义都是基于具体的学科背景和风险问题提出的。从风险含义的变化和发展可以看出，风险的实质指向包括三个方面的内容，即损失性、不确定性和承受能力。学者对风险概念的定义基于事物发展的不确定性和事物存在的损失危机以及社会环境的可承受能力。损失性是对风险可能造成结果的描述，专门指那些由于量变的积累导致主体即将出现或者已经出现质变状态未稳的现象，而主体出现的质变一般会给社会和人类带来比较大的损失，因此风险中的损失性专门指不利事件发生的可能；而不确定性则将风险定义为事物发展所有可能的结果，这些可能的结果既包括不利于事物发展的方面，也包括有利于事物发展的方面；承受能力则将视角拓展到风险所在的社会环境，风险的产生会对社会环境的稳定性造成威胁，而风险造成的伤害程度和社会环境的可承受能力密切相关。本书所研究的巨灾风险，是指人类社会某个群体或是个体遭受到某种巨大伤害、损失或毁灭性等不利因素的影响，以及相应重大风险威胁的可能性。将巨灾风险可能造成的损失、发生的可能性、巨灾承受主体和应对主体的可承受力纳入

① Luhmann N., *Risk: a Sociological Theory*, London: Routledge, 2017.

② Beck U., *Risk Society: Towards a New Modernity*, California: Sage, 1992.

③ Beck U., *Risk Society: Towards a New Modernity*, California: Sage, 1992.

衡量维度，突出了巨灾风险的相关特征及作用过程。

二、巨灾风险

如绪论所述，“巨灾”（Catastrophe）源自法语，在英文中常用“Large-scale disaster”或“Catestrophic disaster”，多指系统内或系统外的突变，导致系统无法承受的巨大不利影响。一般而言，凡是严重危及人类生命财产及生存条件的重要事件都可以称之为巨灾风险。人们普遍将这一名词与地震、洪涝、台风、泥石流等危及人类生命财产和生存条件的自然灾害联系起来，认为巨灾指一定物理级别以上的，造成直接财产损失达到某一比值，或者人员伤亡达到某一数额的自然灾害①。截至目前，学界尚未对“巨灾风险”的概念达成共识，因此对巨灾风险的概念定义也存在不同学科不同视角的多种界定。

早期对巨灾风险的界定主要考虑巨灾可能对社会环境造成的损害，如学者 Eackhoudt 和 Gollier（1999）认为，巨灾风险是自然和社会环境以及人口和社会经济相互作用的不利产物，它对人们的生活质量和社会秩序产生破坏②；Lewis 和 Murdock（1999）将巨灾风险定义为某种能够被人类所感知的威胁，面对这种威胁人类必须采取额外的保护措施，否则将会给人类社会带来巨大的损失③，强调巨灾带给人类的财产损失和社会破坏等消极影响。随后，有学者将社会环境的可承受能力考虑进巨灾风险的定义中，从国家或者地区对巨灾所造成破坏的承受能力来对巨灾风险的概念进行界定。联合国减灾研究中心（2002）把巨灾风险定义为社会功能的失调和失效，对社会造成

① 卓志、丁元昊：《巨灾风险：可保性与可负担性》，《统计研究》2011 年第 9 期，第 74—79 页。

② Eeckhoudt L. and Gollier C.，“The insurance of lower probability events”，*Journal of Risk and Insurance*，1999，pp. 17-28.

③ Lewis C. and Murdock K. C.，Alternative means of redistributing catastrophic risk in a national risk-management system，*The Financing of Catastrophe Risk*，Chicago：University of Chicago Press，1999，pp. 51-92.

严重的危害，会在广阔的范围内导致超出社会依赖自己的资源可承受力对人类、物质和环境的破坏①；Posner（2004）认为巨灾风险是一种造成严重影响的危害性巨大的事件，这种危险事件的发生将会给人类社会造成毁灭性的影响②。学者们认为巨灾风险是否会对社会造成巨大消极影响取决于社会环境的可承受能力，巨灾风险会使受灾地区或国家的政府束手无策，甚至形成广大公民的恐慌。随着研究的深入，不同学科对巨灾风险有了进一步的推进。Cardona（2007）将巨灾风险定义为物质暴露性和物质易损性与社会经济脆弱性和应对恢复力相互作用的产物③。段胜（2012）更强调巨灾风险的客观存在特性，认为巨灾风险的发生很难以人的意志所转移，以灾害导致的实际损失偏离预期、高过主体承受能力、引发承灾体的内部管理危机等标准，界定巨灾风险的发生范围④。目前对于巨灾风险的定义包含如下要素，巨灾风险不仅伴随着巨额财产损失和大量生命伤亡，而且巨灾风险的发生与致灾因子和社会环境的脆弱性密切相关。可以看出巨灾风险是非利性、不确定性及复杂性的多重组合，是夹杂风险诱导、风险演化及风险放大等多重环节的高度复杂综合系统。

此外，有保险学、经济学等学科的学者对巨灾采用定量描述的方法界定，认为巨灾风险属于保险领域的专有名词，将之界定为在相应范围内，造成大量保险标的损失，引发巨额理赔需求，引发保险企业内部经营稳定影响的风险事件⑤。通过明确巨灾所带来的具体损失量、保险行业的赔付额度和赔付能力来定义巨灾风险，利用包括赔付金额、死亡人数、灾害影响范围和发生频率等标准，界定巨灾风险的具体边界。然而，不同的国家会根据具体

---

① 荣巍、文兴易、王毅宏等：《发达国家巨灾风险融资体系对比及其对我国的启示》，《西南金融》2013 年第 5 期，第 22 页。

② Posner R. A., *Catastrophe*: *Risk and Response*, Oxford: Oxford University Press, 2004.

③ Cardona O. D., *Indicators of Disaster Risk and Risk Management*, Washington: Inter-American Development Bank, 2007.

④ 段胜：《中国巨灾指数的理论建构与实证应用》，西南财经大学出版社 2012 年版。

⑤ 魏巧琴：《保险企业风险管理》，上海财经大学出版社 2002 年版。

国情和所处的历史时期对巨灾风险进行定义和划分，巨灾定量标准也会随着时代变化而不断调整，如美国联邦保险事务局（Insurance Service Office，ISO），在不同时期界定巨灾风险的标准有所差别，多是以灾害损失为标准，1983 年之前的标准为 100 万美元，1983 年为 500 万美元，1997 年为 2500 万美元，用以作为财产保险理赔服务的依据；而瑞士再保险公司则将巨灾风险划分为不同的种类，自然灾害风险和人为灾害风险施行不同的巨灾损失标准。人为灾害的巨灾风险标准，以灾害损失的数额进行确定，或是以死亡、失踪、受伤人数进行确定，根据当前最新的统计数据，航空灾难、航空失事以及其他灾害从灾害损失数额角度的界定的损失标准分别为 1740 万美元、3470 万美元和 4330 万美元，或是死亡和失踪人数为 20 人以上，受伤人数为 50 人以上，无家可归人数为 2000 人以上。

由以上文献综述可以看出，巨灾风险的边界及衡量标准存在较大差别，随着时代的发展，巨灾风险范围不断拓展。当前国内外尚未形成度量巨灾风险的确切定义和标准，但由于巨灾风险是与数量密切相关的概念，因此能够利用与巨灾密切相关的损失额度来界定巨灾风险，或者利用国家和地区的承载能力，通过定性描述来界定巨灾风险的范畴。本书所研究的巨灾风险，是指人类社会某个群体或是个体遭受到某种巨大伤害、损失或毁灭性等不利因素的影响，以及相应重大风险威胁的可能性。不仅包括规模巨大、后果特别严重的自然灾害或社会风险，而且涵盖那些远超过承受主体和应对主体的认知范围、可承受、可控制能力的自然灾害或社会风险。在概念内涵上突破了仅仅从发展诱因及结果规模限定巨灾的传统认知，将巨灾承受主体和应对主体的认知水平、可承受力和可控制力等三方面因素纳入衡量维度，突出了巨灾风险的相关特征及作用过程。

三、巨灾风险管理

早期学者们大多从自然灾害的学科视角出发探讨巨灾风险管理问题，他们把巨灾风险管理看作是对单一灾种的应对和处置工作，强调通过灾害治理使社会能够承受各类自然灾害风险所带来的冲击与挑战，以提高社会的整体承受能力。自然巨灾风险的研究成果，阐述了灾害风险是致灾因子、承灾体及孕灾环境共同组成的，对巨灾风险的链条、形成机理及评估体系进行了深入的探讨。从灾害风险管理的目标以及实际状况出发，明确灾害风险管理的战略意图。进入到20世纪50年代之后，社会巨灾风险逐步进入理论研究者的视野，相继发生的食品安全问题、环境污染问题以及大型事故灾害，打破了以往有关自然与科学技术的种种理性假设。巨灾风险管理的研究范围得到扩大，学者Blaikie & Cannon（1994）提出自然灾害风险管理不仅仅要关注灾害形成的自然过程，其社会和经济因素也是需要被考虑的重点①。随着自然灾害防灾体系在实践中暴露出种种问题，学界开始逐步探讨“综合减灾”理念，系统研究巨灾风险的综合应急管理系统，注重灾害管理中各个环节的协同。通过相应的应急管理体系，分别在防灾、减灾、备灾、救灾和灾害恢复等环节，减少民众生命财产损失。学者通过提出灾害管理的阶段管理模式，从范围简图到框架结构建设详细分析了巨灾风险管理的全过程，为巨灾风险管理理论及实践经验提供了可供衔接的途径，同时也为灾害风险的治理理论及实践提供了宝贵的经验。如学者Kunreuther和Michel（2004）从灾害风险管理的过程和目的的角度，对巨灾风险管理的概念做出了界定，他们认为巨灾风险管理涉及风险识别、衡量和控制等诸多方面，可以通过综合的方法减少治灾成本，降低损失②；陈秉正等学者（2009）也从区分灾害不同阶段功能的角度，提出巨灾风险管理的过程包括识别、评估、评价等方面，从而实现降低成本并达到安全目标③。

---

① Blaikie P., Cannon T., Davis I, et al., At risk: natural hazards, people´s vulnerability and disasters, London New York: Routledge, 2014.

② Kunreuther H. and Michel-Kerjan E., “Policy watch: challenges for terrorism risk insurance in the United States”, *National Bureau of Economic Research*, 2004.

③ 陈秉正、祝伟：《自然巨灾风险评估综述》，《清华大学保险与风险管理研究动态》2009年第5期，第41—50页。

除了对灾害风险管理模式的整体过程和阶段的研究，更多的学者着眼于对巨灾风险管理的创新角度，运用跨学科的相关理论另辟蹊径，对巨灾风险管理的发展趋势提出了新的观点。通过将综合自然灾害管理理念贯穿于灾害管理全过程，提出了基于灾害风险和承灾体脆弱性分析的全面整合的巨灾风险管理理念。Howard Kunreuther（2008）指出，巨灾风险管理的主体应包括政府和市场两部分，由二者协作共同应对巨灾风险，承担事先约定的责任①。史培军等（2008）从灾害风险综合管理的角度，将巨灾风险管理定义为应对巨灾风险的策略，他认为应当对风险和致灾因子做综合性的评估，发挥配套减灾措施的整体效能，从而提高人类综合管理巨灾风险的能力②；卓志等（2013）以风险感知为研究重点，认为巨灾风险管理是由多个涉灾主体基于对过往巨灾的了解以及对未来风险的预测感知，从而做出减灾措施的过程，其目的是最大程度地规避巨灾风险和减少已经发生的巨灾风险所带来的损失③。随着人们认知能力的提升和实践范围的扩大，巨灾风险管理的内涵对巨灾风险的管理主体、管理方法和技术进行了更加细致地阐述。

与巨灾风险不同，国内外研究者对巨灾风险管理的定义趋于一致，均是从巨灾风险管理的目的、巨灾风险管理的过程和巨灾风险管理的方法来进行定义。因此，本书所研究的巨灾风险管理意指，通过整合巨灾风险治理的资源最大限度地减少灾害所带来的财产损失，确保灾害风险来临之时，能够有效协调和管理社会、经济的平衡以及保障社会秩序的平稳运行的周期性管理过程。

---

① Kunreuther H, "Disaster mitigation and insurance: Learning from Katrina", *The Annals of the American Academy of Political and Social Science*, Vol. 604, No. 1, 2006, pp: 208-227.

② 史培军等:《从应对2008年低温雨雪冰冻巨灾看我国巨灾风险防范对策》，《保险研究》，2008年。

③ 卓志等:《巨灾冲击、风险感知与保险需求——基于汶川地震的研究》，《保险研究》，2013年。

第二节 巨灾风险管理的相关理论

巨灾一直与人类社会的发展过程相伴相随，诸如地震、台风、洪涝灾害等自然风险始终对人类社会产生威胁，造成重大人员财产损失。进入到工业化与现代化社会后，人类社会面临的巨灾风险日益严重和复杂，各类冲击社会秩序的巨灾风险波及人类生活的各个领域，使巨灾风险问题成为一个全球瞩目的公共问题。基于此，各国学者从不同学科视角对巨灾风险管理问题进行了长期的分析和探讨，这些研究促进了人们对灾害形成机制认识的深化，逐渐形成了一些具有启发性和前瞻性的巨灾风险管理理论，并以此指导减灾实践。

一、风险管理理论

美国学者 Williams 和 Heins（1985）最早将风险管理作为一门学科进行研究并且给出较为全面而又确切的定义。他们在 1964 年发表的 *Risk Management and Insurance* 一书中，将风险管理定义为一种“通过对风险的识别、计量和控制从而实现以最小的成本发挥最好的减灾效果的管理方法。”① 他们从概念上赋予风险管理区别于其他学科的新内涵，正式将其纳入管理科学中。接着，Marrison（2002）在著作 *The Fundamentals of Risk Measurement* 中对风险管理给出了经典定义，即“风险管理是企业或组织为控制偶然损失的风险，保全获利能力和资产所做的一切努力。”② 总的来说，风险管理学科的传承发展经历了三个阶段，即传统风险管理、现代风险管理以及全面风险

---

① Williams C. A. & Heins R. M., *Risk Management and Insurance*, New York: McGraw-Hill Companies, 1985.

② Marrison C., *The Fundamentals of Risk Measurement*, New York: McGraw Hill Professional, 2002.

管理。

20世纪50年代初，美国企业首先发觉风险的危害性以及风险管理的迫切性，种种压力促使美国学术界关注风险管理学科。1956年，Gallagher率先在*Risk management-new phase of cost control*中提出风险管理的概念①。随后，Johnson（1952）提出农场管理中如何处理风险和不确定性，涉及早期企业的风险管理问题②。1962年，美国管理协会（AMA）出版了专著《风险管理的崛起》，首次系统论述了风险管理。美国学者Williams和Heins（1964）第一次将风险管理作为一门学科进行研究并且给出较为全面确切的定义③。至此，风险管理理论初步实现体系化，标志着风险管理成为新兴的管理科学。20世纪六七十年代开始，风险管理学科纳入工商管理学院的教学范畴，风险管理在学术领域得到讨论和扩展，使得风险管理逐渐发展成具有相对独立地位的管理学科。但这一时期对风险管理的研究还未深入到多风险综合管理的复杂层面。

20世纪八九十年代，经济金融的不断发展使得人类和企业组织面对的社会环境发生了巨大变化。从美国股票市场的"黑色星期五"、亚洲金融危机、拉美部分国家出现的金融动荡等多起金融风暴可以看出，危机事件的产生逐渐演变为多种因素共同作用的结果。人们发觉企业需要站在公司整体角度进行风险管理，这使得全面风险管理的思想得到发展。澳大利亚标准委员会和新西兰标准委员会于1995年组织创建了联合技术委员会，并制订全球首个企业风险管理标准。该标准包括五个部分，分别为应用范围与概念、风险管理要求、风险管理概论、风险管理步骤以及风险管理记录和档案。随后，整体风险管理（TRM）的思想逐步形成，它使得企业对风险的管理扩展到整体的视角。该理

① Gallagher R. B., "Risk management-new phase of cost control", *Harvard Business Review*, Vol. 34, No. 5, 1956, pp. 75-86.

② Johnson G. L., "Handling problems of risk and uncertainty in farm management analysis", *Journal of Farm Economics*, Vol. 34, No. 5, 1952, pp. 807-817.

③ Willams C. A., Heins R M, *Risk Management and Insurance*, New York: McGraw-Hill Companies, 1985.

论对整体风险管理的解释为：金融风险管理的终极目标是控制一定量的风险，风险管理的影响因素包括风险偏好和风险估价等方面，因此，若要全面控制风险，就需要在决策中综合考量价格、偏好和概率三个要素①。

1999 年，《巴塞尔新资本协议》为银行提供了全面风险管理指导，被视为迈入全面风险管理阶段的标志，该协议认为资本约束的范围应包括市场风险和操作风险。全面风险管理理论在企业风险管理方面应用广泛，为其提供了新的方法和工具，该理论应用领域也非常广泛，为企业、非营利组织和政府提供了分析框架。2004 年，COSO 委员会提出“企业风险管理综合框架”（Enterprise Risk Management Integrated Framework）。“企业风险管理综合框架”包含了企业风险管理中的内部控制要素，形成了具有更广泛含义的内部风险管理框架。该框架指出，企业风险管理要从目标、风险管理要素和管理层级三个维度来分析。该理论的发展提升了企业风险管理水平，成为一种重要参考，也是风险管理理论发展的新趋势。

可以说风险管理的管理原则与一般管理无异，其目的在于用尽可能少的成本来降低风险损失及其对所处环境的不利影响。风险管理理论涵盖四个过程，即风险识别、风险评估、风险决策和风险监控。虽然各经济组织在组织结构和所处的社会环境上具有差异，但上述基本的管理过程和风险管理要件已经从企业风险管理中得到延伸，能够应用到如非营利组织、政府风险管理等诸多领域。

二、风险评估理论

风险评估（Risk Assessment）指在风险事件发生前后，通过风险识别、风险分析及风险评价等过程，对该事件可能造成的影响和损失进行量化评估的工作。灾害风险评估可以说是一种基础性研究，把预警、防灾、控灾作为

① 姚庆海、李宁、刘玉峰：《综合风险防范：标准、模型与应用》，科学出版社 2011 年版。

管理目标，作为灾害风险管理中的核心环节，灾害风险评估是灾害研究与脆弱性分析的重要衔接。早期灾害风险评估主要侧重于自然灾害致灾因子发生的可能性，以及潜在的灾害对社会造成的冲击，评估过程主要有对致灾因子、脆弱性和暴露性等方面的分析评估①，但是主要局限于洪水、地震、滑坡、火山、风暴等单灾种风险评估理论与实证研究。

由于人口的过快增长，在当今时代，人与自然的冲突日渐严重，如何运用有效的风险评估手段以控制频发的自然灾害对人类社会造成的影响，已经成为当今灾害风险管理研究的最主要内容之一。目前单一致灾因子的风险研究已较为成熟，但该研究无法解决日益复杂的巨灾风险评估问题，对不同致灾因子综合影响导致的巨灾风险难以考量，因此催生了多灾种的风险评估。随后，学者们逐步引入综合评估理念，关注灾害形成的内在机制，重点从社会、政治、经济、文化及人类行为的角度进行自然灾害风险评估，将研究的重心转向公共安全建设方面，注重人类社会自身的可接受水准，改变以往以概率为基础的静态评估体系，将风险评估和风险管理体系结合起来，关注灾害风险对人类社会经济文化方面的具体影响，重视自然灾害系统各要素之间的关系，以自然灾害风险的演化过程为基准，参照评估对象和显示条件，灵活地调整评估过程，祛除灾害风险评估的不利要素，重点做好多灾害风险区域划定及风险预防等工作。此外，还借助各种手段和方法，充分模拟现实灾害演化的复杂性，最大限度地提升灾害评估系统的信度和效度。发达国家已作出很好的尝试，美国联邦应急管理局（FEMA）与国家建筑科学研究院（NIBS）研制了 HAZUS-MH 软件包，运用 GIS 技术综合评估震灾、洪灾等自然灾害②。为了使风险评估理论从理论研究的层面转换到操作化的实践阶段，各研究领域的学者们在单灾种风险评估的基础上提出了诸多多灾种风险

① 尹占娥：《城市自然灾害风险评估与实证研究》，博士学位论文，华东师范大学，2009 年。

② FEMA, Using HAZUS-MH for Risk Assessment, Federal Emergency Management Agency, 2004.

评估方法。但这种简单地“加总”很难对多灾种风险的特征进行完善的论述，并非真正意义上的综合风险管理①。

现在，关于巨灾风险评估的研究通常分为三类：基于指标体系的风险评估、基于风险概率的评估以及基于情景模拟的风险评估。首先，基于指标体系的风险评估更重视如何选取测量指标，从而赋予权重量化计算。代表研究为灾害风险指数计划（DRI），该计划从界定巨灾种类出发，探索使用某些社会经济指标来衡量脆弱性，并结合历史巨灾资料，来评价全球范围的人口死亡风险，比如慕尼黑再保险公司灾害指标风险评估法使用历史经济损失指标衡量致灾因子危险性。由于巨灾风险评估的相关数据易于获取，建模和评估较为简单直观，使得以指标为核心的风险评估成为目前应用最为广泛的评估方法，但是利用该方法无法模拟复杂灾害系统的动态性和不确定性，致灾因子和承灾体的指标选取的全面性也有待考证，可能会导致风险评估结果不准确。

其次，风险概率评估方法主要是通过建立风险与损失的函数关系来深入分析灾害风险概率，进行巨灾风险评估②。比如科隆市灾害风险比较评估就是利用超越概率函数曲线在坐标系中比较各类巨灾的损失。但是这种评估方法也存在灵活性上的缺陷，对巨灾风险内部系统之间的联系解释力度不够，对不断变化着的巨灾情况无法做出及时准确的调整，不具备动态描述的功能，因此风险概率评估方法的准确性仍有待商榷。

最后，基于情景模拟的风险评估着眼于对统计知识的运用，从而在数理基础上发现巨灾演进的规律，用具体的数据来对未来风险发生的概率进行预估。美国联邦应急管理局（FEMA）与国家建筑科学研究院（NIBS）在对该评估方法的应用上具有值得借鉴的经验，他们研制的多灾种风险评估软件包

① 葛全胜、邹铭、郑景云：《中国自然灾害风险综合评估初步研究》，科学出版社2008年版。

② 殷杰、尹占娥、许世远等：《灾害风险理论与风险管理方法研究》，《灾害学》2009年第2期，第7—11页。

HAZUS-MH 能对震灾、洪灾等自然灾害进行综合评估①。基于情景模拟的风险评估方法具有可视化、动态化等优势，是风险评估研究的未来趋势，但在方法上还没有取得实质意义的突破。

通过上文的论述，可以发现对巨灾风险评估的研究涉及诸多领域，评估方法也呈现多样性，但这些评估模型多是侧重于静态的研究，且更多的探讨单一灾种的评估，而对多灾种复合的灾害动态风险评估研究较少。因此，灾害风险的动态综合评估需要具备动态性和实时性，将巨灾系统内部各要素的关系进行深入分析，从而准确地预测巨灾的发生，并为应急管理的决策者提供理论支撑。

三、风险感知理论

风险感知（risk perception）也被称为风险认知，指人们对风险事物所表现出的特征和严重性的感受、认知和理解。在 20 世纪五六十年代，风险感知被部分学者关注到。Starr 于 1969 年研究发现，风险的可接受性应从人的心理层面出发，考虑到人们的自愿性等主观价值尺度②，他的观点为今后的风险感知研究奠定了理论基础。随后在 20 世纪 70 年代，Fischhoff 和 Slovic 等著名心理学家对风险感知进行了开拓性研究，使得风险感知成为风险研究中的重要组成部分③。1992 年，英国皇家学会对风险感知的定义作出了经典的论述，他们认为风险感知是“人们对危险和收益的信念、态度、判断和情绪，以及更广泛意义上的文化和社会倾向”④。

---

① FEMA，“Using HAZUS-MH for risk assessment”，Federal Emergency Management Agency，2004.

② Starr C.，Social benefit versus technological risk，New York！RFF Press，1969，pp. 183-193.

③ Fischhoff B.，Slovic P.，Lichtenstein S.，et al. “How safe is safe enough? A psychometric study of attitudes towards technological risks and benefits”，Policy sciences，1978，9：127-152.

④ Pidgeon N.，Hood C.，Jones D.，et al.，“Risk perception”，Risk：Analysis，perception and management，1992，pp. 89-134.

风险感知在人类学家、社会学家及心理学家的不断深入挖掘下，形成了两大流派：一派是以保罗·斯洛维奇（Paul Slovic）、卡斯帕森（Kasperson）、里纳特·舍贝里（Lenart Becheri）等为代表的“心理测量”流派，该流派认为风险感知问题要从人的主观感受出发，辅之以可靠的心理测量量表和先进的分析技术，从而确定影响风险感知的关键因素；另一派是以玛丽·道格拉斯（Mary Douglas）、迈克·汤姆森（Mark Thomson）等为代表的“文化理论”流派，他们认为对风险感知起到关键影响作用的是研究对象的生活环境以及他们对社会的理解。两派学者从不同的角度和方法对风险感知进行探究，逐渐勾画出风险感知研究的基本理论脉络。

早在20世纪五六十年代，部分关注灾害管理的社会心理学家发现，民众与专家对于灾害风险的判断存在差异，常常与专家观点产生分歧。因此，社会心理学家认为普通民众不同于专家学者，其对于灾害风险的判断并非完全基于知识和逻辑论证而往往源于直觉判断。社会心理学者将这种对灾害风险的直觉判断称之为“风险感知”，并对其展开了全面研究，希望能够以科学的方式对其进行测量，这便逐渐形成风险感知的心理测量流派。该流派认为，通过选用合理的工具，就能量化心理感知，从而反映出个人和社会对巨灾的应对过程①。

早期心理测量范式的风险感知研究关注于“风险可接受性”的研究，主要关注的是风险的主观属性。保罗·斯洛维奇（2005）通过标准化问卷来获得公众的风险感知偏好，了解哪些因素影响风险感知的形成。由于人们的风险感知会受到风险特征的影响并形成独特的风险感知模式，按照这些风险特征便能描绘出风险的“人格画像（personality profile）”，试图揭示人们对各种危险的感知状况和认知特征。随后，心理测量范式的风险感知研究从关注风险的特征转向更加关注形成具有差异性风险感知的群体特征，通过这种群

① 保罗·斯洛维奇、谢尔顿·克里斯基、多米尼克·戈尔丁：《风险感知：对心理测量范式的思考》，北京出版社2005年版.

体间的感知差异来研究风险感知的内在结构和风险感知与群体因素的相互关系。研究发现在性别①、种族和社会阶层②等方面，整体的风险感知存在很大差异。近年来，心理测量范式的风险感知研究倾向于综合考量社会因素与分享特征，衡量信息获取、信息流动、媒介传播以及文化和社会环境的作用，以探究为什么特定的威胁会被看作是风险。具体表现为越来越多的社会心理因素，如社会偏见、个人情感以及行为倾向等融入风险的主观属性研究中。此外，卡斯帕森（Kasperson）、雷恩（Ren）、斯洛维克（Slovic）等人在后来的研究中还提出了“风险的社会放大”概念框架来解释心理感知与社会的关系，以及如何产生波及效应③。“心理测量范式”对风险评估理论的发展产生了重要影响。

风险文化理论是由道格拉斯（Douglas）和维尔达夫斯基（Wildavsky）提出的，与心理测量范式所不同的是，该理论侧重于讨论社会文化对风险感知的影响④。风险文化理论基于“群体”和“网格”两个维度界定出四种文化群体。道格拉斯（Douglas）指出，可以通过“网格”将个体分配到社会中的各个位置，从而划分出相应的社会维度。斯科特·拉什（Scott Lash）更深入地研究了“群体”和“网格”的概念，他强调社会的内外部是以“群体”划分的，群体的分类则体现在“网格”所具备的特征⑤。总体而言，风险文化主义者模型仅是在静态层面上解释风险与文化，对风险的动态性以及心理感知的变化并未做深入的探讨，一定程度上忽略了对现实的风险感知。

---

① Byrnes J. P., Miller D. C., Schafer W. D., “Gender differences in risk taking: A meta-analysis”, Psychological bulletin, Vol. 125, No. 3 (1999), p. 367.

② Flynn J., Slovic P., Mertz C. K., “Gender, race, and perception of environmental health risks”, Risk analysis, Vol. 14, no. 6 (1994), pp. 1101-1108.

③ Kasperson R. E., Renn O., Slovic P., et al, “The social amplification of risk: A conceptual framework”, Risk analysis, Vol. 8, No. 2, 1988, pp: 177-187.

④ Douglas M., Wildavsky A., Risk and culture: An essay on the selection of technological and environmental dangers, California: Univ of California Press, 1983.

⑤ 斯科特·拉什、王武龙：“风险社会与风险文化”，马克思主义与现实，No. 4, 2002, pp. 52-63.

随着相关理论的不断补充，对风险感知的研究也呈现出跨学科跨领域的趋势，研究方法更加新颖，研究成果层出不穷。心理测量范式的风险感知强调运用心理量表和多因素分析技术等心理学方法对风险根源的主观属性进行测量，以辨别哪些因素对风险感知起着关键作用；而文化理论流派则倾向于从主体生活的社会环境入手，进而阐释主体与风险有关的行为。而在最新的研究中，两个流派间的融合和交叉的趋势愈发明显，风险感知研究已俨然成为风险评价和管理的前提和基础。

四、致灾因子论

20世纪初期，地理学科学者开始关注巨灾风险，将“致灾因子（hazard）”引入极端灾害治理中，认为巨灾是由脆弱性的环境条件以及致灾因子的共同作用产生的。致灾因子的定义最先由美国联邦紧急事务管理局（FEMA）在1997年出版的《多种致灾因子识别和风险评估》报告中提出，“致灾因子是潜在的能够造成死亡、受伤、财产破坏、基础设施破坏、农业损失、环境破坏、商业中断或其他破坏和损失的事件或物理条件”。2004年，联合国开发计划署（UNDP）进一步给出自然致灾因子（Natural Hazard）的定义，指出“自然致灾因子是指发生在生物圈中的自然过程或现象，这种自然过程或现象可能造成破坏性事件，并且人类的行为可以对其施加影响，例如环境退化和城市化”①。同年，联合国国际减灾战略（UNISDR）也给出他们对致灾因子的定义，指出“致灾因子是可能带来人员伤亡、财产损失、社会和经济破坏或者环境退化的，具有潜在破坏性的物理事件、现象或人类活动。”② 2009年，联合国国际减灾战略对该定义进行修订，指出“致灾因子是可能造成人员伤亡或影响健康、财产损失、生计和服

① United Nations Development Programme, Bureau for Crisis Prevention, Recovery. Reducing Disaster Risk: A Challenge for Development-a Global Report, United Nations, 2004.

② United Nations International Strategy for Disaster Reduction (UN/ISDR), Living with Risk, A Global Review of Disaster Reduction Initiatives, UN Publications, 2004.

务设施丧失、社会和经济混乱或环境破坏的危险的现象、物质、人类活动或局面。”

根据上述学者的研究，我们可以把致灾因子理解为对人类，财物和社会造成威胁的各类自然现象以及社会现象。根据致灾因子的来源，将其分为自然致灾因子和人为致灾因子。但这种划分方法也存在一定的缺陷。第一，人们常常认为暴动、起义和战争等是典型的人为灾害，但这些人为灾害有时是由于天灾肆虐、疾病流行等自然因素引起的，这些自然因素使社会功能紊乱，导致大规模的社会动荡；第二，诸多自然灾害在某种程度上包含着人类活动、技术故障、社会系统失灵等人为因素。例如，大气污染、全球变暖等气象自然灾害，是由于燃烧化石燃料等人类活动而造成的气候变化所引起。目前，由于人类活动而提高某种致灾因子发生概率的情况时有发生。因此，诸多学者认为不应该将致灾因子简单的二分，而是提出了社会—自然致灾因子（Socio-natural hazard）的说法。

英国学者史密斯（Smith）把灾害中的自然因素和人为因素进行排序，并且考虑其自发性、强度和扩散（diffuse）性质，把自发性分为故意和非故意两种倾向，绘制出致灾因子谱图。从左至右表示自然因素到人为因素变化过程，从上至下表示致灾因子自发性的变化，越向下则表示人为因素越多，故意行为的倾向就越明显。此外，上方表示强度大的致灾因子，下方表示扩散性强的致灾因子。该致灾因子谱图从左上方到右下方的基本趋势是从地质致灾因子到气象致灾因子再到人类行为致灾因子。

基于此，本书依据巨灾产生的环境，将致灾因子分为自然致灾因子、生物致灾因子、环境致灾因子和人为致灾因子等。其中，自然致灾因子主要是由自然系统内部大气圈、岩石圈、水圈中各种环境要素的变化和相互作用产生，由自然致灾因子导致的巨灾主要有泥石流、地震、洪水、飓风、火山喷发、风暴潮、冰雹、干旱等；生物致灾因子主要是由生物圈的异化以及与环境的相互作用产生，导致的灾害主要有病虫害、传染病等；环境致灾因子是在地球自然环境的发展与人类活动的相互作用下产生的，与人类活动密切相

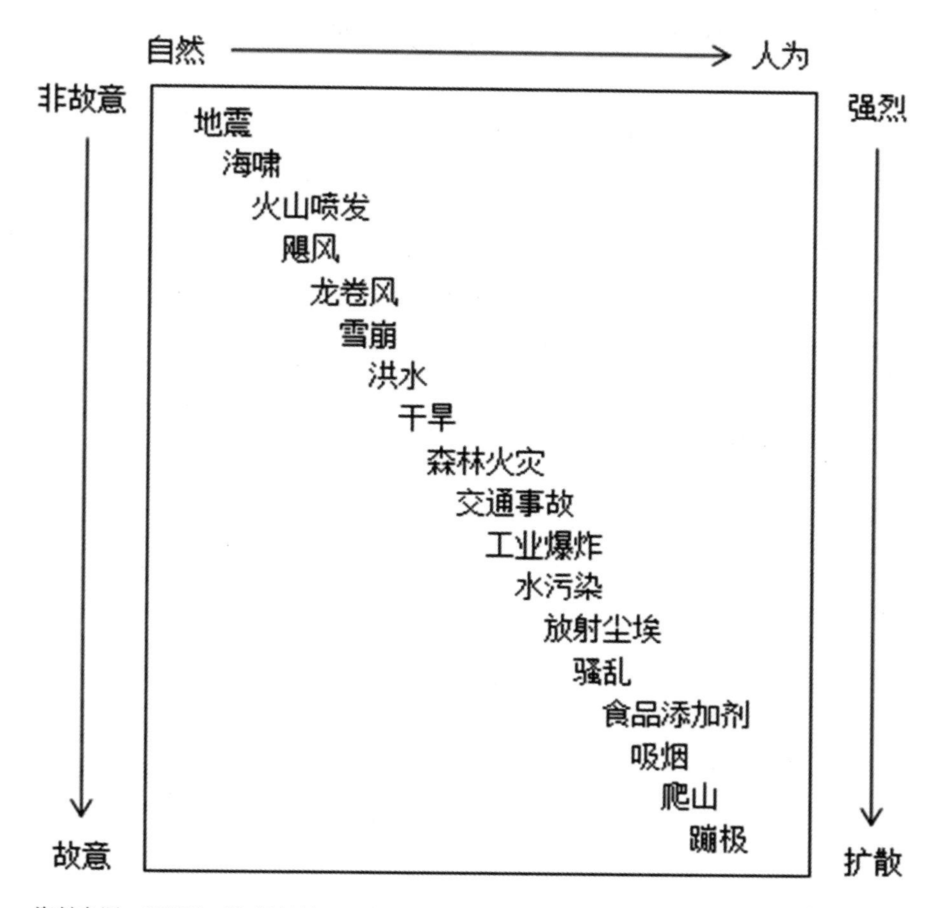

资料来源：SMITH，K（2013）：Environmental Hazards－Assessing Risk and Reducing Disaster，Routledge.

关，导致的灾害包括环境污染、全球变暖、森林退化、水土流失以及荒漠化加重等；人为致灾因子指的是由于人的行为和活动所产生的致灾因素，主要的灾害类型包括各种工程事故、战争、社会动荡、恐怖行为，以及经济衰退等。此外，致灾因子之间是相互关联的，例如飓风会造成洪水，地震会引发海啸等。

致灾因子理论对巨灾进行了初步的管理和划分，引发诸多学者的关注及跟进。另有学者深入阐述了致灾因子论、孕灾环境论、承灾体论和区域灾害系统论，系统阐释灾害形成过程，提出应关注不同阶段的灾害多重诱发因素，结合致灾因子与承灾体的承受能力，构建了巨灾风险分类及形成机制，形成了涵盖孕灾环境、致灾因子、承灾体等要素的灾害分析框架，进而搭建了巨灾风险大小的理论体系。此外，研究发现孕灾环境的稳定性、致灾因子的风险性、承灾体的脆弱性等三个方面循环反馈，以及相对承灾体能力范围的互动，成为巨灾风险形成过程中的充要条件，并以各个要素的具体作用来衡量灾情大小，致灾因子论灾害研究的理论体系初步建立①。

五、脆弱性理论

脆弱性（Vulnerability）或易损性通常是指容易受到破坏或伤害。20 世纪 70 年代，英国学者首次在自然灾害研究中用到“脆弱性”的概念。1976 年，奥基夫（O'Keefe P.）等人认为自然灾害从根本上是由人群脆弱性决定的，而不只是“天灾”（Act of God）。脆弱性不是固定的，可以通过预防措施来减少自然带来的损失②。脆弱性理论重点关注面对自然灾害时的人为选择③。国际减灾战略经过对脆弱性的长期研究，将脆弱性定义为由自然、社会、经济环境等共同决定的增强社区面临灾害敏感性的因素。Alexander（1993）从人类自身抵御灾害的社会经济属性出发，认为脆弱性指人类易于或敏感于自然灾害破坏与伤害的状态，用来指人们对灾害的预见、抵御和灾后恢复的能力。他认为脆弱性受到现行社会的政治经济体制、社会地位和收入水平、种族、宗教、性别、年龄、身体状况等多种因素的影响④。Cannon

① 商彦蕊：《自然灾害综合研究的新进展——脆弱性研究》，《地域研究与开发》2000 年第 2 期，第 74—77 页。

② O'Keefe P., Westgate K., Wisner B., “Taking the naturalness out of natural disasters”, Nature, Vol. 260, No. 5552, 1976, pp. 566-567.

③ 商彦蕊：《自然灾害综合研究的新进展——脆弱性研究》，《地域研究与开发》2000 年第 2 期，第 74—77 页。

④ Alexander D. E., Natural disasters, Berlin: Springer Science & Business Media, 1993.

（1994）则认为脆弱性是在具体灾害和特定的风险条件下人们产生后果的解释①。此外，国内学者也对巨灾风险中的脆弱性进行了初步研究。商彦蕊（2000）认为脆弱性是指一定社会、政治、经济、文化背景下，某孕灾环境区域内特定承灾体对某种灾害表现出的易于受到伤害和损失的性质②。石勇（2011）认为灾害的脆弱性应该从两个维度进行理解，不仅要考虑承灾体是系统还是个体，还要考虑是从承灾体本身的物理属性还是从社会角度分析脆弱性产生的根源③。

从以上国内外学者对脆弱性的研究可以看出，不同学科对灾害脆弱性的研究视角存在差异，自然科学侧重于灾害发生后承灾者遭受灾害冲击的后果，而社会科学更侧重于社会经济方面寻求脆弱性出现的根源。总的来说，脆弱性是指自然系统、人类系统、人与自然复合生态系统、基础设施系统等易于遭受伤害和破坏的一种性质④。而系统的这种性质是由自身的条件所决定，对人们的灾害准备能力、承灾能力和灾害后的响应能力具有很大的影响作用。概言之，脆弱性与自然、社会、环境以及政治等因素具有紧密的相关性，这些因素的状态决定着地域内的系统在灾害来临时的响应和适应能力。

不同于致灾因子理论，脆弱性理论关注灾害形成和发展的完整周期，包括灾害孕育、发生发展和灾后恢复重建过程。从巨灾发生前的生产生活方式、资源利用和防灾准备状况，到灾害的预测、预报和预警，灾害发生后的控制以及灾后的恢复重建，各个环节均需要考虑减灾和防灾对策。基于此，为了使脆弱性理论从理论研究的层面转换到操作化的实践阶段，各研究领域

---

① Cannon Blaikie, Davis I P. T., Wisner B., At Risk: Natural Hazards, People´s Vulnerability and Disasters, London: Routledge, 1994, pp. 141-156.

② 商彦蕊：《自然灾害综合研究的新进展——脆弱性研究》，《地域研究与开发》2000 年第 2 期，第 74—77 页。

③ 石勇、许世远、石纯等：《自然灾害脆弱性研究进展》，《自然灾害学报》2011 年第 2 期，第 131—137 页。

④ Buckle P., Marsh G., Smale S., "Assessing resilience and vulnerability: Principles, strategies and actions". *Strengthening Resilience in Post-disaster Situations*, 2001, pp. 245-253.

的学者们提出了多种脆弱性分析模型，主要包括 RH 模型、PAR 模型、HOP 模型和可持续理论的脆弱性模型等。

在早期灾害风险研究中，Burton（1993）提出了 RH 模型（Risk—Hazards），认为自然灾害是致灾因子与人类活动相互作用过程的产物，强调致灾因子会对承灾区域的暴露度和易感性产生重要影响，脆弱性可以反映承灾体对致灾因子的适应程度，降低灾害损失的根本办法是使承灾体适应灾害①。RH 模型主要被应用于工程技术领域以及经济学领域，侧重于对脆弱性的描述而并不注重对其解释。该模型仅仅考虑了自然灾害本身却并没有考虑灾害影响的放大和削减作用，并且忽视了重要的政治经济以及社会状况的影响。

1994 年，Blaikie 和 Cannon 等人在 Burton 研究的基础上，提出了 PAR 模型（Pressure And Release），从灾害形成的根源上进一步探讨脆弱性形成的原理。PAR 模型认为“承灾区域脆弱性和致灾因子共同作用导致自然灾害的发生”②，并且清晰地从灾害根源上解释了脆弱性的形成机理，解释了脆弱性在“动态压力”和“不安全的环境”下通过何种途径逐渐生成。相较于 RH 模型，PAR 模型具有明显的进步性，它将社会环境作为区域暴露性的研究重点，更加强调外在环境的重要性，并且明确地提出了“脆弱性”的概念。但是 PAR 模型也存在明显的不足之处，并没有考虑人与自然复合的生态状况，也较少关注到人为和自然因素之间的相互作用和紧密联系。

1996 年，Cutter 综合前人的研究，提出了灾害—地方模型，即 HOP 模型（Hazards Of Place）。他指出应跨多个学科来综合性地阐述脆弱性。HOP 模型是脆弱性评估的典型模型，不仅仅关注承灾区域的自然和社会特征，而是通过特定地区的自然环境、社会状况、经济条件等多个方面综合分析脆弱性。HOP 模型强调自然脆弱性和社会脆弱性的综合作用才是承灾体脆弱性的形成原因，这一点是对以往研究的重要补充。但是该模型的反馈机制使得研

① Burton I.，The environment as hazard，New York：Guilford Press，1993.

② Blaikie P.，Cannon T.，Davis I，et al.，At risk：natural hazards，people's vulnerability and disasters，London：Routledge，1994.

究更多地考虑到系统内部的脆弱性，对外部环境因素的影响作用探讨不多。

为了促进可持续发展，Turner（2003）以 PAR 模型为基础提出了 AHV 模型（Airlie House Vulnerability）。他认为脆弱性是由“人类—环境”耦合系统决定的①。脆弱性的分析应该包括与复合生态系统相关的多种因素，即人类与自然复合生态系统的相互作用。AHV 模型强调系统脆弱性是由暴露性、敏感性和恢复性三个因素的综合作用的结果，以及系统在内部调整与外部驱动的相互作用下多尺度时空演化过程中的相互关系，体现了系统内外的互动过程，从而使模型在区域层面上具备了动态性。

上述脆弱性分析模型中，RH 模型、PAR 模型和 HOP 模型适用于自然灾害领域，而 AHV 模型更多地从可持续发展角度出发。不同学科领域的学者希望通过脆弱性分析模型发现脆弱性的构成要素以及作用机制，但由于学者们具备不同的学科背景，对脆弱性的界定也存在明显的不同，因此提出的脆弱性分析模型体现出不同的学科特色和适用范围。

① Turner B. L., Kasperson R. E., Matson P. A., et al., “A framework for vulnerability analysis in sustainability science”, Proceedings of the national academy of sciences, Vol. 100, No. 14 (2003), pp. 8074-8079.

第二章　西部地区巨灾风险的现状考察

西部地区是我国巨灾风险的多发之地，日趋增多的地震、洪涝、泥石流等自然灾害风险与环境污染、食品安全、公共安全等社会风险事件，对西部地区巨灾风险的评估与管理提出了更高的要求。相较其他区域而言，西部地区生态环境较为脆弱，资源保护意识和能力相对薄弱，社会风险抵御能力较低，引发巨灾风险的可能性更大，巨灾风险治理需求也更加强烈。本章通过梳理西部地区巨灾风险的现状和特征，详细分析了西部地区巨灾风险的种类，立足于西部地区巨灾风险的管理实际，为如何更好地开展西部地区巨灾风险评估与管理，完善较为割裂的巨灾风险治理体系提供了现实依据。

第一节　西部地区巨灾风险种类概述

由于地理位置特殊、地质条件复杂和自然气候多变等原因，我国巨灾风险种类繁多。不仅各类灾害分布地域广泛且形式异常多变，破坏性巨灾还常常导致次生灾害并发、综合性事件突发增多等现象，使得目前我国已经成为世界上巨灾风险最为严重的国家之一。这其中既包括资源环境自身引发的风险，也涵盖人类活动诱发的风险。这些巨灾风险不仅给人类社会的生产生活带来了不同程度的损害，而且往往影响经济政治的稳定，进而引发严重的社会矛盾和冲突。

首先，近些年来自然灾害在全国范围内频繁发生，我国诸多城市和人口面临着气象、地震、地质和洪涝等自然灾害的严重威胁，如山地、高原区域常常发生滑坡、泥石流等地质灾害。四川、青海和新疆等地区都爆发过6级以上的破坏性地震，且承受着巨灾导致的滑坡和泥石流、河堤决口造成的水灾以及震后的疾病扩散等次生灾害的损害。总体来说，我国西部高原山地居多，地壳变动强烈，地震、泥石流和旱灾较为突出；中部是以高原和平原为主，多发生山地地质灾害、旱灾、洪水、森林灾害以及水土流失等；东部靠近大海，平原地质灾害、洪涝灾害、农作物病虫害最为严重。据统计，如表2-1所示2015—2019年间，平均每年因自然灾害死亡人数超千余人次，并造成了年均超过3000亿元的直接经济损失。21世纪以来，随着我国经济的快速发展和城市化进程的不断加快，自然灾害风险发生更加频繁和复杂，已造成诸多影响全社会的巨灾风险及次生灾害。干旱、洪涝、台风、冰雪、沙尘暴和病虫害等灾害风险增加，雾霾、山体崩塌、洪涝、地震及泥石流等灾害呈现高发态势，造成了诸多重大人员伤亡和财产损失。其次，随着人类和资源环境之间的矛盾日益突出，人类活动已经成为诱发巨灾风险的重要因素。由于我国人口数量的激增与经济建设进程的不断加快，诸如自然资源衰竭、环境污染和人口过剩等人为自然灾害，以及重大生产事故、火灾和交通事故等人为巨灾风险也逐渐增多。伴随着我国资源环境和生态负荷的不断加剧，巨灾风险呈现出不可预见性增大、局地灾害异常、灾害的连锁性和影响力显著等特点，使得我国巨灾风险防范应对形势更加严峻和复杂。

表 2-1　2015—2019 年我国自然灾害风险情况统计表

年份	死亡人数（人次）	直接经济损失（亿元）	农作物受灾面积（万公顷）	自然灾害种类（严重级）
2015	967	2704.1	2176.98	洪涝地质灾害；海洋灾害；地震
2016	1706	5032.9	2622.07	旱灾；地震；风雹
2017	979	3018.7	1847.81	洪涝地质灾害；海洋灾害；地震
2018	589	2644.6	2081.43	洪涝地质灾害；低温冷冻和雪灾；地震
2019	909	3270.9	1925.69	洪涝地质灾害；旱灾；台风

数据来源：中华人民共和国应急管理部。

我国西部地区地质结构更加复杂、自然条件相对恶劣，主要集中于山区、沙漠和草原地区，或者是高寒多风、干旱少雨、土地贫瘠的地方，更容易形成各类灾害。尤其是西部大部分地区迄今仍属于传统农牧业地区，生态环境相对脆弱。再加上西部地区人口迅速增多，产生较大的环境破坏力，使得西部地区成为我国巨灾风险灾害的多发地，因灾致贫问题仍十分突出。日趋增多的地震、洪涝、泥石流等自然灾害风险与环境污染、食品安全、公共安全等社会风险事件，对西部地区巨灾风险的评估与管理提出了更高的要求。西部地区作为我国政治经济发展的脆弱地带，多灾的现实状况需要对巨灾风险的分类有正确且清醒的认识。本书根据巨灾风险形成的原发性动力因素，将我国西部地区的巨灾风险分为自然灾害风险和社会风险两大类。自然灾害风险是指在自然环境背景下，由自然力综合作用的产物带来社会损失的不确定性，其影响超出人类的控制和承受能力而给人类社会造成巨大伤害。具体包括地震、洪涝、台风、霜冻、泥石流等形式。由于西部特有的地质构造和自然地理环境，我国西部地区频繁爆发各类自然灾害，是我国受到自然灾害影响最为严重的地区之一。

首先，气象、气候灾害常年频发。我国西部地区地处干旱半干旱的大陆性气候带，年降水稀少且蒸发量大，使得晋、甘、陕等黄土高原地区气候干旱，为我国旱灾的重灾区。如甘肃河西走廊因缺水灌溉，已有 30 万亩农田被弃耕；新疆作为荒漠绿洲的灌溉农业区，塔里木河与艾化湖流域等地由于水资源的严重匮乏，环境已受到潜在威胁。尽管西部地区经常爆发干旱灾害，但陕西南部及四川、重庆、云南、贵州等西南地区由于季风影响，气候湿润，受江河洪涝及局部暴雨的影响也常有洪涝灾害发生。如新疆、青海、西藏等地均受融雪洪水发生的威胁。四川、陕西、山西则较容易发生特大暴雨和洪水。自 1485 年以来，四川省较严重的暴雨洪涝共出现过 135 次，平均约每 4 年左右出现一次。宁夏回族自治区受黄河流域的影响，平均 10 年发生一次灾害性洪水，平均 4 年发生 3 次地方局部洪水。

其次，地质、土地灾害活跃。我国西部地区以黄土塬、沙漠和山脉为主要地貌，形成了特殊地表因素和复杂的深层地质条件。地处西北的甘肃东部、祁连山地、银川平原、天山南北以及汾渭河谷，地处西南的四川西部和云南大部分地区都频繁发生地震，甚至多次遭受强烈地震的威胁，且经常引起洪水、滑坡、崩塌等次生灾害①。如 2008 年 5 月 12 日于四川省汶川县发生的震惊中外的里氏 8.0 级大地震，2010 年 4 月 14 日发生在青海省玉树藏族自治州的地震等。此外，滑坡、崩塌、泥石流等地质灾害在我国西部地区亦频繁发生，主要爆发于横断山高山峡谷区、四川东部地区、云贵高原地区以及青藏高原东部边缘等。这些地区地形以山地丘陵为主，地质构造复杂、表层岩体破碎，因而滑坡、崩塌、泥石流等地质灾害发生频繁，如有“地质灾害博物馆”之称的川藏公路，沿途逾 3000 处经历过大中型滑坡、崩塌、泥石流灾害；2010 年 8 月 7 日，由特大暴雨引发的甘肃舟曲县城东北部山区的三眼峪、罗家峪等四条沟系的特大山洪地质灾害等。

最后，农作物和森林生物灾害屡见不鲜。生物灾害是指生物（包括动物、植物和微生物）过多过快繁殖生长而引起的对国家粮食安全、生态安全、经济安全、公共安全和社会稳定造成危害的自然事件。根据危害对象的

① 何爱平：《西部地区的灾害经济问题与对策》，《青海社会科学》2001 年第 1 期，第 43—46 页。

不同，大致分为：农作物病虫害、森林病虫害、畜禽和水产养殖动物疫病、生物入侵等生物灾害①。我国西部草原属典型的内陆干旱、半干旱草原区和荒漠区，生物的生存和资源的分布与内陆脆弱的生态环境紧密相连。在长期的发展中，生物灾害和生态环境恶化的恶性循环，使得西部地区在生态建设的过程中不断产生新的生物灾害。如新疆伊犁草地由于天气干旱、过度放牧及不合理开发，导致草场严重退化，草畜矛盾日益突出，鼠虫害的连年发生以及草原毒害草的大量繁殖和蔓延，致使草原快速退化，严重影响了畜牧业生产和草原生态的发展。

西部地区自然巨灾风险除了主要的地质灾害、旱灾与洪涝灾害外，还经常受到森林火灾、生物灾害、风暴灾害和雪灾等巨灾的影响；同时，西部地区也面临严重的社会风险，进而加重其遭受巨灾风险的可能性。随着我国社会主义市场经济的逐渐发展，社会结构和人民生活方式均发生了巨大变化，各种矛盾日益凸显，由人类活动所引发的巨大损失性事件呈现逐年递增的趋势。具体形态包括恐怖事件、群体性事件、化学污染、矿难、爆炸等。我国西部地区偏离国家的政治经济文化中心，各方面均相对落后，社会矛盾不仅表现出高发的增长态势，而且带有西部地区独有的民族问题和宗教问题。加之人口流动日益频繁、利益不均等问题不断激化，境外势力恶意渗透相继凸显，这些带有民族和宗教色彩的问题给西部地区巨灾风险管理造成了诸多困难。如2008年3月14日，在西藏自治区的首府拉萨市区发生的“藏独”不法分子组织的打砸抢烧事件；2014年3月1日，在云南省昆明市的昆明火车站发生的新疆分裂势力团伙策划组织的严重暴力恐怖事件等。综上所述，笔者按巨灾原发性动力的不同，将我国西部地区的巨灾风险分类整理如下。

① 郭安红、延昊、李泽椿等：《自然灾害与公共安全——我国的现状与差距》，《城市与减灾》2015年第1期，第13—17页。

表 2-2　巨灾风险种类

<table>
<tr><td rowspan="8">巨灾风险</td><td rowspan="4">自然灾害风险</td><td>气象灾害风险</td><td>高温热浪、雷电、大雾、酸雨、雨涝、干旱、冻雨、寒潮、雪灾、冰雹、沙尘暴、龙卷风、热带气旋</td></tr>
<tr><td>地质灾害风险</td><td>滑坡、泥石流、崩塌、地震、地面沉降、荒漠化</td></tr>
<tr><td>洪水灾害风险</td><td>江河洪水、凌汛、暴雨、山洪、融雪</td></tr>
<tr><td>生物灾害风险</td><td>农作物病虫鼠害、流行病虫害、白蚁</td></tr>
<tr><td rowspan="4">社会风险</td><td>技术事故风险</td><td>火灾、核事故、化学泄露、天然气爆炸、建筑倒塌、交通事故、矿难</td></tr>
<tr><td>环境灾害风险</td><td>水污染、噪音污染、空气污染、生活垃圾污染</td></tr>
<tr><td>疾病灾害风险</td><td>传染病、食物中毒</td></tr>
<tr><td>其他灾害风险</td><td>犯罪、战争、恐怖袭击</td></tr>
</table>

资料来源：作者整理。

第二节　西部地区巨灾风险的现状

受到历史因素和自然条件的限制，我国西部地区整体发展较为落后。随着西部地区经济建设的快速发展和社会结构的不断变化，无论是自然灾害风险还是社会风险事件均呈显著增长态势。西部地区作为我国巨灾风险灾害的多发之地，日趋增多的地震、洪涝、泥石流等自然灾害风险与环境污染、食品安全、公共安全等社会风险事件，对西部地区巨灾风险的评估与管理提出了更高的要求。因此，了解我国西部巨灾风险的现状可以更好地为防灾减灾做好准备工作。

随着全球气候的异常变化，我国西部地区的极端天气逐渐增多，包括干旱半干旱气候导致的旱灾和冰雪融化导致的洪涝灾害。归结西部地区旱灾频发的原因，自然因素与人为因素并存。西部地区受到气候特点的影响，往往冬春两季属干季，呈现降水稀少和气温偏高的特点，加之近年来全球气候变暖、太平洋厄尔尼诺现象加剧，更容易造成气候干旱。此外，长期以来西部地区地方政府在水利兴修方面投入不足，面对持续干旱，存在难以应对的问题。同时，大坝等水利设施对当地生态气候同样有其负面影响，对河流流域生态系统特有的功能结构造成严重破坏。可以说，干旱是西部地区最主要的自然特征，不仅严重制约社会经济发展，也威胁人们的生命财产安全。近年来，西部地区干旱灾害频发，且涉及范围广泛。2008 年 11 月，我国北方地区大规模气象干旱，陕西省全省遭遇特大旱灾，此次旱灾受旱面积广阔，农作物受灾面积达 1198 万亩，占全省作物面积的六成，直至 2009 年 3 月此次旱灾所带来的持续旱情才在陕西省全境逐渐缓解；2010 年西南地区云、贵、川、渝、桂五省市发生特大旱灾，共造成五省 1.16 亿亩耕地受旱，有 2425 万人和 1584 万头大牲畜因旱饮水困难；2011 年内蒙古、甘肃、宁夏也发生严重旱情，2011 年 6 月 23 日国家减灾委、民政部就这一持续严重旱灾启动国家四级救灾应急响应，农作物受灾面积 2395 千公顷；2014 年夏季新疆兵团部分垦区遭遇在成立以来的罕见特大旱灾，造成 2.924 万人、3.03 万头大牲畜因旱饮水困难，造成直接经济损失 16.17 亿元。在过去 50 年里，西部共发生 34 次干旱，其中甘肃、宁夏每 2 年便发生一次旱灾。就发生频率而言，旱灾已经成为西部地区仅次于地质灾害的重大自然灾害。

尽管西部地区以干旱为主要灾害特征，但受江河洪涝及局部暴雨的影响，西部地区也常有洪涝灾害发生。西部 12 个省市自治区近年来均有不同程度的洪涝灾害发生，部分省份地区发生频率远超全国平均水平，而洪涝灾害及其所引发的一系列次生灾害，往往严重危害西部居民的生命财产安全，造成巨额经济损失。西部地区洪涝类型可分为高山冰雪融水洪水、季节积雪融水洪水、暴雨洪水、山洪四种。由于西部地区受其复杂的地形、气候、水文和植被的综合作用影响，高山冰雪融水洪水和季节积雪融水洪水具有很强的垂直地带性，前者多发于昆仑山、喀喇昆仑山、天山地带，后者多发于阿尔泰山区、准噶尔西部山地和内蒙古高原地区。而暴雨洪水、山洪的洪水类型则在西北西南大部分地区广泛分布。人为因素同样是西部地区洪涝频发的重要原因，黄河、长江和渭河流域近年来河道采沙过量且农业过度种植，严重挤占河床，造成了诸多险道险堤，每逢持续降雨，极易造成洪灾泛滥。同时西部地区河道防洪堤坝建设滞后，对水利设施的废弃与人为破坏普遍存在。2010 年 7 月，陕南地区发生特大洪涝灾害，持续 4 天的持续强降雨导致该地区 50 年一遇的山洪暴发。随后又陆续爆发了“5・10”甘肃岷县特大冰雹山洪泥石流灾害和四川“7・9”特大暴雨洪灾。同年 8 月，内蒙古自治区发生暴雨洪涝灾害，共造成 79 万人受灾，直接经济损失 22 亿元。2014 年 6 月和 2015 年 6 月，广西与新疆地区均发生特大暴雨洪灾。

此外，我国西部地区特殊的地表因素和复杂的深层地质条件，使得该地区地震等地质灾害频发，地质灾害成为威胁西部地区民众生命安全和生产安全最主要的灾害。我国西部地区及邻区拥有中国南北地震带，以蒙古东部地震带、喜马拉雅地震带和帕米尔—天山—阿尔泰山—蒙古西部地震带为 3 条边而组成的巨型中亚三角形地震带，地震的发生强度之大、频度之高以及重复周期之短，在世界大陆上绝无仅有①。西部地区地壳运动的活跃和岩石圈碰撞带的广泛分布，导致西部地区地震灾害频发。例如，2008 年 5 月 12 日的 5・12 汶川地震，是中华人民共和国成立以来破坏力最大的地震，因灾死亡 69227 人，直接经济损失 8452. 1 亿元。2010 年 4 月 14 日的 4・14 玉树地震，因灾死亡 2698 人；2013 年 4 月 20 日的四川省雅安市芦山县的 4・20 雅安地震，里氏震级 7. 0 级，地震造成受灾人口 152 万，受灾面积 12500 平方公里。仅 2013 年的数据显示，我国西部各地地震频次的平均值是全国平均值的一倍，全年共发生地质灾害 8558 次，可见地质灾害在我国西部地区发生频率之高。西部地区主要的地质灾害有两大类型，即工程地质灾害以及特殊土质灾害②。西部地区的地质灾害主要分布在川东鄂西地区、湘西和云贵高原区、青藏高原东缘、横断山高山峡谷区等地。这些地区地形以山地丘陵

---

① 吴冲龙：《中国西部及邻区大地震时空特征、地质背景及发展趋势分析》，《地学前缘》2010 年第 5 期，第 193—205 页。

② 奚家米、杨更社、徐坤：《西部地区地质灾害分布规律评价初探》，《西安科技大学学报》2008 年第 3 期，第 461—464 页。

为主，地质构造复杂、表层岩体破碎，因而滑坡、崩塌、泥石流等地质灾害发生频繁。2010年甘肃舟曲发生特大泥石流，初步估计直接经济损失达4亿元；同年8月，云南怒江贡山普拉底乡发生泥石流；2011年7月四川汶川突发泥石流；8月云南云龙爆发“8·15”特大泥石流灾害；2014年四川茂县和贵州福泉均发生重大山体滑坡事件。不难看出，地质和地震灾害已经成为影响西部地区经济社会发展和人民生活稳定的最主要自然巨灾风险。我国西部地区各省份地质灾害类型如表2-3所示。

表2-3 我国西部地区各省份地质灾害类型统计

省份	岩土工程灾害类型
陕西省	地震、滑坡、泥石流、崩塌、地裂缝和地面沉降、膨胀土灾害、黄土湿陷
宁夏回族自治区	地震、滑坡、泥石流、崩塌、地面塌陷、湿胀干缩、河岸坍塌
甘肃省	地震、滑坡、泥石流、崩塌、黄土湿陷、水库淤积与塌岸、地面塌陷
内蒙古自治区	土地冻融、地震
新疆维吾尔自治区	滑坡、泥石流、崩塌、地震、冻融、矿坑塌陷
西藏自治区	崩塌、滑坡、泥石流、冻胀融沉、河岸坍塌、地震
青海省	地震、滑坡、崩塌、泥石流、冻胀融沉、地面变形、矿坑塌方
四川省	地震、崩塌、地裂缝、采空塌陷、滑坡、泥石流、岩溶灾害、膨胀土灾害
重庆市	地震、滑坡、泥石流、崩塌、地裂缝
贵州省	滑坡、岩溶地面塌陷、崩塌、地裂缝、泥石流、地震、膨胀土灾害
云南省	地震、滑坡、泥石流、崩塌、岩溶地面塌陷、地裂缝、地面下沉、矿坑塌陷、土体膨胀、膨胀土灾害
广西壮族自治区	崩塌、滑坡、泥石流、地面塌陷、地裂缝、膨胀土灾害

总的来说，西部地区自然巨灾风险以地质灾害、旱灾与洪涝灾害为主。此外，还受到生物灾害、森林火灾、风暴灾害和雪灾等巨灾风险的影响，2018年西部地区自然灾害次数统计表如表2-4所示。

表 2-4　2018 年西部地区自然灾害次数统计表

灾害种类 受灾省区	地质灾害	地震（>5.0）	森林火灾	突发环境事件	小计
四川	563	2	229	20	814
云南	235	3	60	0	298
贵州	22	0	29	8	59
西藏	67	3	1	0	71
重庆	157	0	13	7	177
陕西	258	1	125	27	411
甘肃	479	0	9	5	493
青海	100	1	21	1	123
新疆	28	4	42	1	75
宁夏	3	0	15	23	41
内蒙古	2	0	105	1	108
广西	130	0	574	10	714
小计	2044	14	1223	103	3384
西部平均值	170. 3	1. 2	101. 9	8. 6	282. 0
全国平均值	92. 7	1. 0	77. 4	8. 9	/

随着我国社会主义市场经济大门逐渐开放，社会结构和人民生活方式均发生了巨大变化，由人类活动所引发的巨大损失性事件呈现逐年递增的趋势。具体形态包括恐怖事件、群体性事件、化学污染、矿难、爆炸等。如 2011 年 8 月 12 日，云南省曲靖市由于 5000 吨铬渣未经处理就排入水库爆发重金属污染事件；2013 年 5 月 11 日，四川泸州市泸县桃子沟煤矿发生瓦斯事故，此次事故共造成 28 人遇难。除生产事故及环境污染事件频发以外，西部地区还遭受暴力恐怖事件的威胁。2009 年 7 月 5 日，新疆首府乌鲁木齐市发生由境外不法分子煽动的有组织、有预谋的打砸抢烧事件，造成 197 人死亡，1700 人受伤。此外，2014 年 3 月 1 日，云南省昆明市昆明火车站发

生暴力恐怖事件，共造成31人死亡、141人受伤；2014年7月27日新疆和田地区发生多起暴恐团伙案件等。

通过分析西部地区巨灾风险的现状可知，我国西部地区自然灾害风险种类繁多、发生频率高，并且灾害之间连带性强。这使原本就因地缘、历史等因素落后的西部地区生态环境更加脆弱。同时受到历史条件和民族文化的影响，西部地区社会风险的构成更加复杂，尤其在西部民族地区社会矛盾显得更加突出。因此，我国西部地区经济滞后、生态环境脆弱和社会关系高度复杂的现状为西部巨灾风险的发生埋下了重大隐患。

第三节　西部地区巨灾风险的特征

我国西部地区包括四川、贵州、云南、陕西、甘肃、青海6个省，新疆、西藏、内蒙古、广西、宁夏5个自治区以及重庆这一个直辖市，占地面积690多万平方公里，约占我国国土面积的71%。作为国家特殊治理单元的西部地区，具有独特的气候条件和复杂的地质结构，以沙漠、戈壁、高原、山地为主，河流多为季节性河流，干旱与缺水是西北地区的主要环境特征。此外，西部大部分地区是我国经济欠发达和需要加强开发的地区。经济发展的滞后、基础设施建设的不健全以及对自然资源的滥用造成人类活动和社会环境的矛盾日益凸显，使得西部地区成为我国自然巨灾风险和社会风险的多发地区。

一、灾害多发频发与灾害立法的相对不健全

我国是世界范围内受灾最严重的国家之一。联合国相关数据资料表明，在全球20世纪54次破坏力特别强、损失特别巨大的灾害中，我国占据8

个，且多发生在我国西部地区①。西部地区主要为山区、沙漠和草原地区，或者是高寒多风、干旱少雨、土地贫瘠的地方，由于地质结构复杂且自然条件相对恶劣，更容易形成各类灾害。据近三十年的气候数据统计显示，随着全球气候的异常变化，新疆、西藏、青海、甘肃等地区的冰川大面积融化，使河流的径流量增加、内陆湖的水位上升，引发西北地区冰川洪涝灾害频发；与之相随的还有干旱灾害，由于我国西部地区的极端天气逐渐增多，干旱半干旱气候和水资源匮乏导致旱灾频发。在过去 50 年里，西部地区共发生 34 次干旱，其中甘肃、宁夏每 2 年便发生一次；此外，西部地区多位于我国的地震活动带，特殊的地理位置和地质构造决定了该地区地质灾害频发。但西部地区地质地貌的特殊性和复杂性，加上地震和地质构造运动的影响，泥石流、堰塞湖和山体滑坡等次生灾害在西部地区同样严重。此外，随着我国社会主义市场经济的逐渐放开，社会结构和人民生活方式均发生了巨大变化，由人类活动所引发的巨大损失性事件呈现逐年递增的趋势，社会巨灾风险形势严峻。自 2009 年以来，新疆地区每年均会发生不同程度的恐怖袭击事件，以和田、喀什和鄯善等地最为严重。

巨灾风险治理的法制化是民众生命财产安全的制度保障。灾害立法是指运用法律化和制度化的方式处理巨灾风险的各项事务，建立和完善巨灾风险的相关法律法规是减少巨灾风险损失的重要途径。我国西部地区巨灾风险多发频发，亟须防灾减灾法律法规为其指明正确的治理方向。然而，尽管西部地区巨灾风险多发频发，由于我国西部地区巨灾风险治理理念滞后，防灾减灾法律体系有待进一步完善，相应的整体性、协调性存在较大提升空间，公民参与的力度有待强化，尚未形成完善的与灾害防治相关的法律法规，相应的法律条文存在较大提升空间。具体而言：

首先，西部地区灾害法制建设水平总体较低。就目前我国西部地区防灾减灾法律来看，西部地区有关巨灾风险的立法大多是针对某一具体巨灾风险

① 王雪梅：《巨灾风险及其分散机制研究》，硕士学位论文，西南财经大学，2002 年。

的条例或政策，是在国家法律法规基础上进行细化的具体的规范或行政性文件。虽然专业性和针对性较强，但是无法形成系统完善的法律法规体系，且其法律效力远不及国家法律法规。这是“事后治理”思维模式深度影响的结果，国家往往在每次重大灾难后出台相应的法律条例。这些法律对某次灾害具有极强的操作性，但无法综合协调其他相关法律法规。西部巨灾风险往往伴随着其他灾害的并发，此时的单行法在巨灾风险的法律保障机制和基础性防灾减灾指导方面明显不足。

其次，西部地区灾害治理权威文本所设定的各部门责权不明。由于西部地区自然资源和历史条件的特殊性，我国西部防灾减灾法律与其他地区相关法律具有一定区别。除了全国性的防灾减灾法律条文，西部地区较少针对本区域特点出台有针对性的减灾防灾的正式文本，各部门之间的权责存在模糊不清的状况。从全国层面而言，西部地区巨灾风险的防范体系较为零散，各个灾种治理的技术标准相对落后，缺乏专业性考量，多是由行业主管部门出台的巨灾风险治理文本，缺乏整体性考量，与当前灾害治理的综合化趋势存在较大差距。在巨灾风险评估及治理的实际执行方面，西部地区时常出现地方法规缺位、越位和重叠的问题，不同层级的各个部门权责划分不明，相关部门之间的责任与资源调配存在相互推诿的空间，不同部门之间的协同及配合不足，妨碍防灾减灾工作的开展，导致西部地区巨灾风险评估与关联创新的能力不足。

最后，西部地区巨灾风险治理的法律制定过程中的公民参与相对不足。政府是巨灾风险评估与管理的主导者，肩负着保护群众生命财产不受侵害和损失的责任，是制定灾害治理法律文本的主要领导者。然而，灾害治理涉及社会的方方面面，与社会的每个个体息息相关，有关巨灾风险治理的法律规定，应当最大限度地体现民众意志，充分保障广大民众的知情权，确保民众可以通过各种途径参与到相关规定的制定过程中，提出相应的建议，对拟立法的条文提出具体修改建议，对已实施的法律条文提出完善的意见，这既是宪法和法律赋予民众的权利，同时也是不断提升治理水准的重要途径。西部地区的民众囿于整体政治参与水准的低下，相关的专业素养及参与意识有限，再加上西部地区政府信息透明度相对缺失、民众风险意识较低等现实状况，民众对防灾减灾立法并不热情。在防灾减灾立法及执行过程中，往往公民参与度过低，致使西部地区政府缺乏社会监督和参与，巨灾风险立法难以在灾害来临时起到良好的防灾减灾作用。

二、救援难度巨大与自救能力的成长不足

当前巨灾风险评估与管理，大多数国家采取的都是“自救为主，他救为辅”的防灾策略，但西部地区巨灾风险自救难度较大。受到地理区位和历史条件的影响，我国西部地区巨灾风险发生后的救援难度异常巨大。西部地区自然地理条件普遍恶劣，地形地貌尤为复杂，高原、冰川、山地、丘陵、盆地、谷地遍布其中，植被随海拔的变化而变化，荒漠、草原、森林等植被类型皆备。西北地区大陆性气候特点较为典型，有着高寒多风、干旱少雨、春季多发洪汛等气候特征。而西南地区自然地理特征则相对复杂，受其地形及海拔影响，自然地理特征差异较大，有着高原气候及亚热带季风气候。喜马拉雅高山区及藏北高原气候高寒恶劣、干燥多风。藏东高山峡谷地带、藏南谷地和云贵高原地带地表崎岖、地震频发、干季雨季差异明显、夏季多洪汛的自然地理特征明显。由于西部特殊的地质地貌，居民往往居住分散，受灾点分布广泛，这便加大了救援难度。除此之外，西部地区地形地貌复杂，基础设施建设较为滞后：电力、水利等基础设施的建设不足，致使治理的资源条件受限，制约了内部救援力量的物资储备及供给；交通设施建设等基建相对落后，致使救援力量机动性大大降低，为救援的顺利开展造成阻碍；现代通信系统相对落后，难以适应巨灾救援信息的传递要求，贻误救援的最佳时机；深居大陆腹地，难以获知治理的前沿新动态，处于政权结构的边缘及政治信息传导末端，使得相关的救灾治理能力储备及技术更新整体偏弱。

受到上述因素的影响，西部地区巨灾风险的救援难度巨大，巨灾风险防

范与救援需要大量的人力、物力和财力等因素的支持。然而，由于我国西部地区深居偏远的内陆，经济社会发展较为缓慢，缺乏相应的防灾减灾人力与技术投入，风险预警机制不健全，风险治理能力建设不足，灾后救助工作能力欠缺，巨灾风险治理相应的规则及风险决策规范并没有建立起来，巨灾风险治理的能力储备及技术提升有限，使得西部地区巨灾风险治理自救能力低下，外部救援与内部自救的交互技能较弱，导致西部地区巨灾风险治理异常困难，妨碍了防灾减灾事业的顺利推进。在灾害来临时，我国西部地区往往处于孤立无援的境地。具体而言：

在人力资源层面，西部地区巨灾风险治理的人才储备稀少，专业人才培育及引进工作十分困难，较难培育高质量的防灾减灾专业人才，防灾减灾专业队伍建设异常滞后。此外，由于经济、社会各方面的原因，为数不多的专业人才流失严重，难以形成防灾减灾的合力。在财力层面，西部地区经济发展落后、财力薄弱且公共支出十分有限，西部地区政府的财政收入远远低于其他地区，相比东部沿海发达地区财力缺口及实力相差巨大。以 2019 年为例，广东的财政收入总额为 12651. 46 亿元，西藏财政收入 222. 00 亿元，两者相差约 57 倍。而 2019 年新疆、内蒙古、西藏、广西、甘肃、青海、贵州、宁夏等西部 12 省区的财政收入总和，只占全国地方财政收入总额的 19. 35%，且承担更为刚性的各种财政支出责任，财政压力较大，财力建设迫在眉睫。在物力方面，西部地区各类巨灾风险治理物资储备远远达不到既定要求，相关的物资储备较少，中央政府长期拨款扶持西部地区的政策惯性，客观上也造成了西部地区的政府及民众，在相应的物资储备层面，部分养成了“等、靠、要”的依赖心理，疏于防范巨灾风险，巨灾风险的能力储备严重不足。

三、环境极端脆弱与社会经济跨越式发展的迫切

在灾害学研究中，脆弱性通常指在一定的政治、经济、文化背景下，孕

灾环境区域内特定受灾体对自然灾害表现出的易于受到伤害与损失的性质，是区域自然孕灾环境与各种人类活动相互作用的产物①。相比其他区域而言，西部地区生态环境较为脆弱、资源保护意识和能力相对薄弱，且相应的社会风险抵御能力较低，造成巨灾风险治理能力不足的问题更为突出。西部地区受到气候条件、地理区位和自然资源的共同影响，生态环境对人类活动异常敏感。在这样的条件下，在其他地区对环境不构成威胁的人类活动，在西部地区可能就会造成严重的影响和破坏，人类与自然的矛盾异常突出。除此之外，西部地区社会经济发展相对滞后，传统农牧业生产占有重要地位，进一步加剧了西部地区对气候及自然环境变化的依赖性，从而在生产与生活中表现出较其他地区更为显著的脆弱性。在人口激增、城市化进程加快和工业化步伐提速的背景下，我国西部地区人口密度和资本密度逐渐加大，导致民众对资源的需求剧增。西部民众的生产生活对水、电、交通、通信等资源的依赖性逐渐增强。一旦发生巨灾风险，其影响远远超出受灾范围，且间接影响大大超过直接影响，进一步加剧了西部地区生产与生活的脆弱性。

与此同时，西部地区历史上就是少数民族相对集中、资源丰富却经济发展落后、贫困较为明显的地区。受到自然环境和人类生产生活脆弱性的制约，西部地区虽然自改革开放以来区域经济有了较大的发展，但大多数地区仍然处于相对落后的状态，工业化水平较低，第一产业在三大产业中所占比重较大，城市化水平也相对较低。经济发展滞后、公共服务供给不足和民众生活水平较低的情况，短期内尚未得到根本改变，教育水平整体低下和市场主体发育程度不足的状况，也没有得到彻底的扭转。并且大多数地区与我国其他地区的差距仍在逐渐拉大，尤其是西部边疆地区还处在相对较低的经济发展层次。2016 年，全国人均 GDP 排行中排在前五位的均是东部沿海地区，而排在后五位的则是西部地区，依次是贵州、甘肃、云南、西藏、广西。不

① 商彦蕊：《自然灾害综合研究的新进展——脆弱性研究》，《地域研究与开发》2000 年第 2 期，第 73—77 页。

难看出，相较于资源环境保护来说，经济社会的发展是西部地区现阶段更为重要的任务。

随着西部人口的增长和人类活动的加剧，不断激化着人与资源环境的矛盾，无论是自然资源的承载能力还是社会发展对资源的依赖程度，都造成西部地区生态环境日益脆弱，严重影响西部地区的经济发展。西部地区经济社会发展的相对滞后性给巨灾风险管理造成了较大压力。我国西部地区的民众普遍具有强烈的摆脱贫穷的动机，西部地区政府为了发展经济，确保实现跨越式发展，往往不惜采取非常规的操作方式，采用不合理的耕作方式，引进高污染的工业企业，对森林草地进行过度开荒，放任对资源的过度开采，致使西部原本脆弱的生态环境进一步遭到破坏，而遭到破坏的环境又制约着经济的发展。由此，西部地区逐渐陷入人口、资源和环境的深度矛盾，形成了环境退化、资源破坏和经济落后的恶性循环。

四、风险分担需求强烈与保险行业的相对滞后

我国作为一个多灾害国家，灾害的发生率和损失额均呈上升趋势。20世纪50年代，我国灾害发生率是12.5%，60年代增至42.9%，80年代增至70%。进入21世纪以后，几乎年年都有巨灾风险事件发生。而灾害造成的损失年均高达1000亿元人民币以上，巨灾风险已成为阻碍我国经济发展的巨大障碍。保险是一种实现巨灾风险转移的方式，能将大量的社会资源调配到巨灾补偿之中，并为防灾减灾工作提供专业的帮助①。改革开放以后，我国保险行业逐渐起步，但巨灾风险保险还处于摸索阶段，未建立相关制度，行业规则也没形成。民众对巨灾风险的发生率、损失程度以及巨灾保险功能不甚了解，巨灾风险的参保意愿较低，一旦发生风险，国家和社会力量往往独力主导救援，全面救助受灾民众，这大大降低了保险在巨灾赔偿及救助方面的差别影响。民众往往认为巨灾风险的损失由政府来赔偿是政府义不容辞的责任，极大地削弱

---

① 许飞琼：《西部民族地区的灾害问题与综合治理》，《民族研究》2013年第2期，第5页。

了巨灾风险保险的作用发挥，导致我国巨灾风险发展整体滞后。

在此背景下，虽然我国西部地区自古便是灾害多发区，巨灾保险的市场需求及市场前景广泛，但我国西部地区巨灾保险行业起步晚、投保率低、覆盖面积小等问题已成为不争的事实。诸多保险公司不愿深耕西部市场，使西部地区保险行业发展更为滞后，与东部地区相去甚远。有数据显示，2016年西部12个省、市、自治区所收入的原保险保费仅在全国该项收入中占18.72%。保险对巨灾风险的分散作用在西部地区异常微小，国家保险行业的优惠政策往往不能惠及西部地区，难以实现人民对巨灾补偿的需求，同时加剧了西部地区对政府援助的依赖程度。为完善现有的防灾减灾体系、减少西部地区对国家财政救助的依赖，大力发展西部地区的保险事业刻不容缓。如何有效运用市场机制，充分发挥巨灾保险分担风险的作用，实现巨灾风险的国家、政府、市场的三者协同，强化巨灾风险保险将成为一个未来努力的方向。

五、风险治理难度之大与人才科技储备的欠缺

西部地区是巨灾风险多发频发的地区。无论是干旱、洪涝和地震等自然灾害风险还是恐怖袭击、暴乱等社会风险，都已经成为西部地区常态化的风险类型，应当依据自然灾害风险的可预见性和社会风险的可防治性，做好巨灾风险的防治工作。巨灾风险治理的基础是科技人才储备，将科技人才储备工作作为巨灾风险治理的重要组成部分，贯穿于防灾减灾的整个过程，是巨灾治理取得成效的关键。然而，受自然资源和社会经济条件的制约，我国西部地区现有的科技水平和人才队伍无法满足巨灾风险治理的现实需求，作为主要因素制约了该地区巨灾风险治理能力的提升。故着力培养一批懂技术、善思考、会管理的复合型风险管理专业人才，为风险治理提供智力支持和技术支持，使西部巨灾风险评估与管理建立在进步的科技和高素质劳动者的基础上，是西部地区巨灾风险建设必做的基础工作。可以说，西部地区巨灾风

险管理发展的成效关键在于科学技术的发展和人口素质的提高。地方政府必须高度重视科学教育的发展，通过加大教育投资来引导民众学习先进科学思想和文化知识，以科技进步作为强大动力提高管理者和劳动者的素质，以强化巨灾风险治理的人才及科技的储备。

当前，西部地区政府工作仍然以发展经济与稳定社会为重心，不注重培养风险管理的研究与开发能力，导致西部地区风险治理的社会基础、人才队伍以及技术水准等方面均呈落后状态。随着市场经济浪潮的席卷，我国灾害风险市场逐步形成，相关专业领域的竞争日趋激烈，但西部地区巨灾风险治理领域并未做好充足的准备。面对逐渐增加的竞争压力，西部原本急需的专业人才反而更大频度地流失，科技投入不足、人才储备不够、风险评估技术储备的缺乏、人才引进及培育计划缺少相应成熟的发展条件，导致巨灾风险的技术支撑缺口巨大。

此外，教育资源分布不均、人才短缺且流动率大等因素也一直是制约西部地区巨灾风险管理事业发展的重要因素。国家也在不断加大力度扶持西部地区，比如强化了对西部地区的转移支付，优先安排了一些科技和人才开发项目等，帮助西部地区在科技投入和人才培养方面取得了巨大成就。然而，囿于西部地区自然条件恶劣、民族众多、人口分散、价值观念多元等现实原因，发展信息技术和人力资源需要投入庞大的资源，但西部地区相关的科技文化支出比例相对滞后，巨灾风险治理的公共服务供给能力远远不足，可用于发展科技创新能力和提升人才水平的资金十分有限。2019 年西部地区地方财政中，文化教育和科学技术支出状况相距均值还相差较远，处于全国此类支出最为落后的区域，具体如下表所示。

表 2-5　2019 年西部省区科技文化支出状况

单位：亿元

支出项目＼省份	甘肃	陕西	四川	重庆	贵州	广西	云南	西藏	新疆	内蒙古	青海	宁夏
文化教育	636.1	951.2	1578.9	728.3	1067.7	1014.5	1069.9	263.7	863.1	610.0	221.4	179.3
科学技术	29.4	71.4	185.0	79.2	114.1	72.3	59.0	7.3	40.81	28.5	10.4	31.3

数据来源：中华人民共和国国家统计局。

六、灾害与贫困的链条效应显著

发达地区往往由于其经济基础雄厚，具有较为健全的补偿能力和强大的自我修复能力，故灾害对其正常社会秩序冲击较小，且能够较快恢复灾前水准。贫困往往与巨灾风险相伴相生，灾害是贫困地区致贫的重要因素，同时也因为贫困地区的自然、社会环境更为脆弱，使得灾害对经济的影响更为深重。西部地区“灾害—贫困—灾害”链条的关系十分紧密，灾害多发导致贫困、贫困又导致灾害多发的怪圈无法得到破解，灾贫交加的连锁效应使我国西部地区不仅无法彻底摆脱贫困落后的局面，也无法走上健康持续的发展道路。

贫困问题加剧了西部地区自然风险造成的损害。因为贫困地区如果遭遇灾害，往往很难恢复到灾前生活水平，“因灾致贫”“因灾返贫”的现象正是如此。已有研究表明，自然灾害与贫困是正相关关系①。自然灾害对人类生产生活的破坏会使一部分人处于贫困边缘或是使一部分已经脱贫的民众重返贫困，而贫困又会使人类加重对自然资源的破坏，从而加剧自然灾害。西部地区因经济社会发展的需要较为迫切，往往会过量开采森林、过度使用土地，破坏森林草地生态系统，引发泥石流、洪涝和干旱等自然灾害风险，形成更为脆弱的气候适应形态，对西部传统的农业生产活动带来更为严重的影响，近年来降水量减少、气温持续高升、酸雨现象增多等极端天气更是让贫

① 陈东梅：《以社区为本的灾害风险管理》，硕士学位论文，兰州大学，2010 年。

困地区雪上加霜，给贫困地区的农业、基础设施以及人们的生命财产安全带来不可估量的损失。

与此同时，贫困问题也加剧了西部地区社会风险发生的概率。贫困问题是解决其他社会问题的基础，当前我国社会阶层的划分已呈现出闭合的趋势，阶层之间人口的流动非常困难。贫困是社会弱势群体的典型特征，这些贫困人口容易被社会边缘化，长期压抑在社会最底层，相较于其他人群更容易产生对社会的仇视与不满。当贫困人群努力改善自身生产生活和自我发展条件却得不到满足时，就会产生潜在的社会风险。多民族聚居的西部地区，是我国目前贫困发生率最高的地区，全国80%以上的贫困县都集中在西部地区。多年来，脱贫攻坚一直是该地区的工作重点，也取得了显著的成绩，但目前西部地区的城镇和农村，仍然有相当数量的贫困人口。西藏、云南、广西、新疆和内蒙古等西部地区贫困县数量仍然很多，其中云南数量最多，在国务院公布的592个贫困县名单中，云南有73个国家级贫困县，其中特困县15个，内蒙古、广西、新疆分别占31、28和27个。西部地区少数民族的贫困问题，不仅涉及面广，而且程度严重。在全国范围内，少数民族的绝对贫困人口，占全国绝对贫困人口的比重大约为45%①。西部地区民众受到不同宗教思想、民族文化和观念的剧烈碰撞，更容易引发人群之间、阶层之间、党派之间和民族之间的矛盾冲突，不断爆发的群体事件、社会治安问题、边疆局势动荡等社会问题正是“灾害—贫困效应”在当下的表现。

① 葛忠兴：《中国少数民族地区发展报告》，民族出版社2005年版。

第三章　西部地区巨灾风险的管理需求及目标定位

巨灾风险管理的目的是通过运用权力和各种手段对社会资源进行计划、协调、指挥和控制，通过规定政府、市场、社会组织以及个人的权、责、利的关系，来提高政府对巨灾风险的反应能力和控制能力。一旦发生风险，便能依法采取相关措施，避免事件升级和失控，尽力减少巨灾风险可能带来的损失。因此，了解我国西部地区巨灾风险管理的现状，总结其管理特性和定位，对改进西部地区巨灾风险管理中的不足，完善巨灾风险管理体系和总结经验教训具有重要的理论和现实意义。

第一节　巨灾风险管理的发展阶段

总体而言，我国巨灾风险管理经历了四个发展阶段①：第一阶段是中华人民共和国成立到改革开放初期。新中国成立之后，我国迅速开展社会主义建设，随着社会主义改造的基本完成，我国生产力水平有所提升，当时中央政府非常重视灾害治理工作，依照实际情况，在巨灾风险领域确立了“依靠

① 陈彪：《中国灾害管理制度变迁与绩效研究》，博士学位论文，中国地质大学，2010年。

群众，依靠集体，生产自救为主，辅之以国家必要的救济”的新方针，形成了全社会共同参与巨灾风险治理的新格局。然而，由于当时对宏观环境的错误认知以及不断兴起的政治运动，巨灾风险管理的格局并未真正构建，巨灾风险治理理念并没有得到真正贯彻；第二阶段是改革开放初期到20世纪80年代末期的恢复调整阶段。改革开放初期，巨灾风险治理过程中充分发挥各级政府的主要作用，逐步开展了救灾经费包干、救灾与扶贫工作相结合等制度变革，积极试行商业保险的形式引导市场主体参与巨灾风险的治理，我国巨灾风险治理工作逐步恢复；第三阶段是20世纪90年代的快速发展时期。此时期中国国际减灾委员会成立，我国巨灾风险管理体系不断完善，改变了传统的巨灾风险管理模式，制定及完善了巨灾风险治理过程中的各项制度，逐步夯实救灾物资储备、救灾防治程序等基础工作，建立了巨灾工作分级管理制度，开始明确各级政府的责任，充分调动社会力量参与灾害治理；第四阶段是从1998年至今的科学管理阶段。20世纪末期长江、黄河、松花江等多条主要干流发生全流域性洪涝灾害，暴露出我国巨灾风险治理的诸多缺陷，之后我国开展巨灾风险治理相关工作，通过完善巨灾风险管理体制、优化巨灾风险治理机制、制定巨灾风险治理法以及完善巨灾风险治理预案等多条途径，提升巨灾风险的治理能力，逐步实现巨灾风险治理的科学化与综合化，巨灾风险治理的制度化水准不断提升。

第二节 西部地区巨灾风险管理的探索

传统的灾害管理思维制约着西部地区的巨灾风险管理的优化升级。长期以来，西部地区重视灾后救助，轻视灾前防范，在非工程性措施方面，政策投入及物资储备相对不足，需要进一步强化巨灾风险宣传以及巨灾风险知识教育，向民众传播防灾减灾知识技能等，在救灾资金储备和物资储备工作等方面需要强化相应的政策扶持；在防灾减灾的力量结构中，过于倚重政府的主导力量，并未充分发挥市场机制在巨灾风险管理过程中的作用，在巨灾风险多发频发的现实状况下，没有培育巨灾保险行业，导致区域巨灾保险行业起步晚、投保率低、覆盖面积小，西部地区巨灾保险行业发展远远滞后全国平均水准，西部12个省区保险市场的市场规模不到全国整体规模的二成，巨灾风险管理中的市场机制作用非常有限，过分依靠财政资金支持和投入参与灾害救援，无法满足巨灾风险治理的现实需要，难以应付巨灾导致的经济和社会损失，致使巨灾风险治理过程中当地难以承受巨大的不良后果。西部地区探索实施了由中央政府通过财政方式统筹救灾资金、追加财政预算和安排专项基金等参与到巨灾风险管理的救灾方式。然而，随着巨灾损失补偿和灾后重建的资金投入不断加大，政府面临着日趋严峻的财政支出压力。以2008年汶川地震为例，仅政府投入的灾后重建资金，就占到当年全国财政收入的六分之一。因此，仅仅依靠政府财政资金进行巨灾风险管理较为困难，需要采取多种财政手段，满足巨灾救助、巨灾重建、巨灾安抚等方面的资金需求，多方面筹措巨灾风险治理的资源。

近年来，自然巨灾风险与社会风险日益交织，致灾因子与孕灾环境对经济社会的影响日益复杂，巨灾风险管理已成为涉及全社会的协调行动。我国不再仅仅局限于单一灾种的风险管理模式，为了取得良好的防灾减灾效果，开始探索打破原始的单一灾种管理模式与传统巨灾风险管理体制的格局，尝试使用商业保险、再保险和巨灾债券等方式将风险向资本市场进行转移，利用市场机制来调动广泛的社会资源，采用保险和债券的形式用于灾害补偿，提供相应的防灾减灾服务。在这个过程中，西部地区通过构建统一的灾害管理、指挥和协调机制，初步实现由单一减灾向综合减灾的转变，形成灾害应急管理的合力，包括合理布局防灾减灾的基础设施、统筹规划巨灾风险管理的资源配置等方式。通过开展灾害管理的资源整合，来强化针对巨灾风险的综合治理。

目前西部地区巨灾风险管理模式已经从单一灾种救助政策转变为多灾种的救助体系，通过不断将救灾工作规范化和科学化，使得西部地区巨灾风险管理能力有所提升，形成了较为完善的减灾管理机制。面对频频发生的重大灾害，西部地区在巨灾风险管理上进行了诸多有益的探索和尝试，形成了初步的减灾管理机制，建立了风险监测平台，构建了基本的巨灾风险管理体系。首先，通过卫星遥感、航空遥感、地面和地理观测等工程性措施对地质灾害、洪涝灾害等具体灾种进行防御，投入大量的资金和人力物力进行减灾工程建设；其次，通过开展地震断裂带科学钻探项目，研究地震破裂和应力解除过程，探索知晓地震发生机制、提高地震监视和预警能力；再次，为了获取时空尺度的详细资料，设立地面气象应急加密观测点，研究天气系统的详细结构及其发生、发展、消亡的演变过程，寻求更为有效的预报方法和进行更为有效的服务；然后，为了拓宽巨灾风险治理的资金筹集渠道，陆续开展政府主导的有组织性的社会性慈善捐赠活动，借助企事业单位、行政单位及行业协会组织的统一捐赠等各类专项捐款，采取对口支援等形式，促使巨灾风险管理的资金来源多元化；最后，为了实现巨灾风险救援方面的高效，逐步推进巨灾风险救灾减灾的开放透明，在巨灾风险管理过程中，探索实施通过媒介实时公布灾害的死亡及失踪人数，扩充巨灾管理的透明性，开始接受国外及民间救灾队伍的帮助，促使巨灾风险不断走向规范和完善。

第三节　西部地区巨灾风险管理的现状

巨灾风险管理已经成为经济社会发展和资源环境可持续的保障环节。由于受到自然因素和社会因素的影响以及自身承灾能力薄弱等方面制约，西部地区巨灾风险管理具有较大的难度。要有效解决巨灾风险治理问题，切实减轻西部地区巨灾风险可能造成的损失，必须在尊重自然规律的基础上，明确巨灾风险管理现存的缺陷并进行改进，进一步提升西部地区的防灾减灾能力，构建契合西部实际的巨灾风险管理模式。巨灾风险管理主要包括灾害前的风险降低和风险转移、灾害过程中的有效应对以及灾害后的风险治理等多个方面，最大限度地通过控制致灾因子、改善孕灾环境和规范人类行为等方式，降低巨灾可能造成的社会风险。当前，西部地区巨灾风险管理还有待进一步完善。

首先，巨灾风险管理组织体系不成熟。20世纪50年代，我国初步形成防灾减灾模式，并沿用至今。这种模式呈现出重救轻防、部门分割、资源配置失衡等弊端。我国按照统一指挥、反应灵敏、协调有序、运转高效的原则，建立了包括监测预警机制、信息报告与发布机制、决策和指挥机制、公众沟通与动员机制、恢复与重建机制、社会管理机制等在内的巨灾风险管理机制，其中涉灾部门的职能分工如表3-1所示。从机构设置来看，在中央层面成立了应急管理部，其下辖有国家抗震救灾指挥部、国家防汛抗旱总指挥部、国家森林草原防灭火指挥部、国务院减灾委员会等机构。各省、市、县的防灾减灾部门的设置更为烦琐。部门过多使各部门职能之间存在重叠交叉现象，部门之间界限划分不清，出现巨灾风险时容易造成部门之间的推诿和斗争。西部地区巨灾风险管理组织体系更为复杂，相应的机构设置更为零散，职能与责任交错，管理部门林立，缺乏巨灾风险管理的常设性综合协调机构。虽然有若干风险管理制度，但各部门各自为政、相互分割、配合生疏、部门利益的保护主义倾向严重，面对巨灾风险无法协同作战，按照历史传统及现实便利设置机构的情形不胜枚举。从管理体系来看，西部地区巨灾管理方面存在法定职责不明确、协调能力弱、工作效率低等突出问题。防灾减灾方面法律法规的不完善，导致各部门间的信息共享和协调联动制度、综合协调制度生成滞后，致使社会力量和民间组织参与巨灾风险管理缺乏必要的现实途径。此外，在纵向机构管理体系上，地方政府各层级的权力运行模式存在差异，某些巨灾风险管理的环节，权力过于集中，缺乏明确授权，地方及社会力量参与巨灾风险管理的自主性和积极性不够；在横向协作体系上，西部地区巨灾风险管理的各部门之间权责不清、条块分割情形严重，不同灾种的协同治理缺乏足够的灵活性。巨灾风险管理存在相应的组织体系发育不成熟、机构设置不完善等问题，使其无法适应多元化、市场化、流动性和非集中化的发展趋势，严重阻碍了西部地区巨灾风险管理的发展，给人民生命财产安全带来巨大的潜在隐患。

表 3-1　主要涉灾部门及其主要职能

部门	职能
应急管理部	组织编制国家应急总体预案和规划，指导各地区各部门应对突发事件工作。建立灾情报告系统并统一发布灾情，统筹应急力量建设和物资储备并在救灾时统一调度，指导安全生产类、自然灾害类应急救援，承担国家应对特别重大灾害指挥部工作。指导火灾、水旱灾害、地质灾害等防治。处理好防灾和救灾的关系，明确与相关部门和地方各自职责分工，建立协调配合机制等
自然资源部	负责落实综合防灾减灾规划相关要求，组织编制地质灾害防治规划和防护标准并指导实施。组织指导协调和监督地质灾害调查评价及隐患的普查、详查、排查。指导开展群测群防、专业监测和预报预警等工作，指导开展地质灾害工程治理工作。承担地质灾害应急救援的技术支撑工作。负责海洋观测预报、预警监测和减灾工作，参与重大海洋灾害应急处置等
水利部	负责落实综合防灾减灾规划相关要求，组织编制洪水干旱灾害防治规划和防护标准并指导实施。承担水情旱情监测预警工作。组织编制重要江河湖泊和重要水工程的防御洪水抗御旱灾调度及应急水量调度方案，按程序报批并组织实施。承担防御洪水应急抢险的技术支撑工作。承担台风防御期间重要水工程调度工作
农业农村部	负责农业防灾减灾、农作物重大病虫害防治工作
国家林业和草原局	组织沙尘暴灾害预测预报和应急处置。负责落实综合防灾减灾规划相关要求，组织编制森林和草原火灾防治规划和防护标准并指导实施，指导开展防火巡护、火源管理、防火设施建设等工作
中国地震局	管理全国地震监测预报工作。承担国务院抗震救灾指挥机构的办事机构职责；对地震震情和灾情进行速报；组织地震灾害调查与损失评估；向国务院提出对国内外发生破坏性地震作出快速反应的措施建议等
中国气象局	负责气象灾害的实时监测和预警；做好气象救灾保障服务，指导防御雷电、大雾等气象灾害的防灾减灾工作；参与政府气象灾害防治救灾决策；组织对重大灾害性天气跨地区、跨部门的联防工作

其次，巨灾风险管理手段滞后。巨灾风险管理是政府行为、市场手段以及治理技术的集合，通过采取经济、法律、行政等多种手段，可以影响民众的灾害风险防范意识，引导灾害规避行为选择，协调各方力量参与巨灾风险治理，实现巨灾风险的有效治理，达到预防和管理巨灾风险的目的。随着社

会经济条件复杂性的不断增强，巨灾风险评估与管理已经成为世界性难题。巨灾风险评估与管理的开展，不仅是国家治理能力的具体体现，也是政府管理水准、科技发展水平、法律法规完备程度以及制度建设健全的综合展示。有效的巨灾风险管理能够实施契合实际的有效决策，协调多方力量，整合各种力量，最大限度地发挥人力、物力、财力的效用。当前巨灾风险管理领域有一些惯常方法，如决策树法、故障树分析法、主观评分法、专家评分法、模糊风险综合评估法、层次分析法等，为巨灾风险评估与管理奠定可靠的技术基础。然而，西部地区巨灾风险管理过程中，很多方法及技术仅仅停留在决策设想层面，远远滞后于全国平均水准。在具体的巨灾风险管理过程中，大多沿袭传统的技术方法，更多倚靠巨灾风险治理的经验手段。不仅自身开发能力和技术改造应用能力较弱，同时受到治理理念、地缘偏僻、技术储备不足等因素的影响，西部地区巨灾风险的管理手段无法跟上当前行业发展潮流，改革创新的步伐较慢，相应的技术更新及方法应用较弱，无法及时利用巨灾风险管理的先进设备、技术、经验等，巨灾风险管理的手段还停留在传统作业形式，多靠大组团、多人工的方式参与巨灾风险管理，致使巨灾风险来临之时，西部地区常常无法独立应对突发事件。巨灾风险多发频发的状况下，技术储备严重不足，巨灾科技水平发展缓慢，严重限制巨灾风险的管理。

最后，巨灾风险管理的资源投入不足。我国长期以来在巨灾风险评估与管理过程中，受到“重视救灾，轻视防治”思想的影响，巨灾风险管理的资源投入并未随着社会快速发展而增加。西部地区巨灾风险管理由于有更多的治理需求，相比而言，西部巨灾风险管理的资源投入捉襟见肘，相应的基础设施建设并不完善，导致巨灾风险治理水准偏低。巨灾风险管理的基本需求不能满足，使得巨灾风险管理的漏洞较多，形成了很多巨灾风险的致灾因子，使得巨灾风险的发生概率大增。如西部地区水利建设滞后，作为地质灾害的重灾区和多发区，水灾旱灾的致灾因子较多，发生概率较大，造成的灾害损失也相对较多。根据 2003-2007 年的数据，地质灾害对西部地区造成的经济损失占全国的总损失的36.7%，而与之对应的地质灾害防治投资占全国的比重只有18.5%①。这与西部地区地质灾害风险的损失不对应，也与地质灾害风险带来的直接损失不匹配，无法适应西部地区特殊的地理区位和相对复杂的气候条件，成为巨灾风险管理中的重要制约因素。与之相对应，由于西部地区地形地貌复杂，电力、交通、通信条件相较平原地区有较大差距，基础设施建设较为薄弱，巨灾风险治理成本异常高昂，不仅难以做到有效预防，而且救灾过程通常需要外部救援力量的快速反应，以及需要大量的救灾物资运输费用，因此也需要耗费更多的资源，救援成本相比其他区域更大。我国率先在天津、沈阳、哈尔滨、合肥、郑州、武汉、长沙、南宁、成都和西安等11个地区设立了中央级救灾物资储备库②，部分省市也制定了本省使用的救灾物资储备办法。在西部地区，救灾物资储备的基础设施建设远远不能满足西部地区巨灾风险的需求。2011年开始建设的新疆乌鲁木齐国家级救灾物资储备库，其救援区域不仅涵盖全疆受灾地区，而且需要兼顾西藏阿里地区和周边8个国家救灾物资的救援任务。西部地区巨灾风险的救援，往往难以得到及时且有效的救助，需要耗费大量的运输时间和运输成本。

第四节　西部地区巨灾风险管理的目标定位

西部地区巨灾风险评估与管理，关乎区域经济社会发展，也关乎国家政权稳定，需要高度重视并采取有力措施加以管理。当前西部地区巨灾风险治理存在组织体系不成熟、管理技术手段滞后、资源投入不足等问题，严重制约了西部地区巨灾风险管理的完善与发展。亟须分析巨灾风险治理的特定需求，界定巨灾风险治理的具体边界，厘定巨灾风险管理的资源途径，确定西

---

① 庄天慧、张海霞、杨锦秀：《自然灾害对西南少数民族地区农村贫困的影响研究——基于21个国家级民族贫困县67个村的分析》，《农村经济》2010年第7期，第52—56页。

② 杨子健、李威：《积极发挥国家物资储备对我国救灾物资储备的促进作用》，《宏观经济管理》2007年第9期，第20—22页。

部地区巨灾风险管理与评估的目标定位，为我国西部地区巨灾风险管理指明未来方向。

一、优化西部地区巨灾风险管理的战略理念

自古以来，西部就是少数民族相对比较集中、资源蕴藏丰富、经济发展落后、贫困较为明显的地区。近年来，西部地区经济、社会有了长足的发展，民众生活水准有了显著的提高，但西部大多数地区仍然处于相对落后的状态。总体而言，传统文化和历史因素的影响，西部地区民众的思想观念仍然较为守旧，缺乏市场经济意识，知识及专业技能储备较少，农牧业生产沿袭传统的形式，自然禀赋得不到有效开发。西部区域经济发展滞后、公共服务供给不足以及民众生活水准较低的状况，短期内难以得到根本扭转，教育科技发展水准较低和市场主体发育程度不足的状况，也并未得到有效改善。西部地区经济发展的整体滞后性，使得巨灾风险评估与管理难以展开。

近年来，西部地区经济发展与社会稳定成为区域发展的核心主题，为了迅速扭转经济发展较慢和贫困落后的不利形势，西部地区政府承担了更多的道义责任，拥有更多的发展积极性，动用各种资金和力量去招商引资、寻求项目，却忽略了西部地区的生态脆弱性，放宽监管措施，允许不合理的耕作和经营方式，对森林草地过度开荒，过度开采矿产资源，对小造纸厂、小化工厂、小水泥厂、小化肥厂等“污染转移”的项目，也照单全收，使西部原本脆弱的生态环境进一步恶化，而遭到破坏的环境又制约着西部地区的发展，限制巨灾风险治理及防控能力的发展，使得西部地区陷入经济落后→加快发展→破坏环境→环境脆弱性增强→治理能力弱→巨灾频发→经济落后的恶性循环。这就要求西部地区树立社会经济发展与巨灾风险防治结合的理念。通过巨灾风险评估与管理，增强巨灾风险治理能力，有效治理巨灾风险，切实减轻巨灾风险可能造成的损失，才能为区域发展创造良好的社会经济环境。因此，西部地区经济社会发展的宏观战略中应该包含巨灾风险评估

与管理的内容，将巨灾风险管理视为关系到西部地区整体发展的重要组成部分，为区域发展创造良好环境奠定基础，实现区域经济发展与巨灾风险管理的共同发展。

二、完善西部地区巨灾风险管理的组织体系

国家出台的《突发事件应对法》《防震减灾法》等相关法律，其中也提到了巨灾风险管理的组织体系。目前，我国还没有实现巨灾风险管理组织体系的规范化，相应的制度设计及架构安排需要进一步完善。西部地区受到宏观灾害管理体制的制约，管理部门各司其职，管理不同的灾害种类，形成了以单灾种为主体的单一灾害管理模式，同时对台风、暴雨、洪水、干旱、地震进行单独管理。巨灾风险管理工作中存在条块分割且政出多门的不足，相应的管理组织体系存在发育不成熟、机构设置不完善等问题，不能满足巨灾风险日趋复杂的治理形态，给巨灾风险治理留下了诸多的潜在隐患。在自然巨灾风险与社会风险日益交织、致灾因子与孕灾环境对经济社会的影响日益复杂的背景下，各灾种之间相互交织影响的事实容易被忽略，条块分割的巨灾风险管理方式与单一灾种的风险管理模式，必然无法适应当前巨灾风险治理的格局，较难取得良好的防灾减灾效果。因此，西部地区必须针对区域灾害风险的特性，打破原始的单一灾种管理模式和巨灾风险治理的传统格局，开展灾害管理的资源整合，进一步强化巨灾风险的综合治理，逐步完善巨灾风险管理的组织体系。

在这个过程中，需要充分发挥政府的主导作用，合理布局防灾减灾的基础设施，统筹规划巨灾风险管理的资源配置，充分调动各方参与的积极性，形成巨灾应急管理的合力，从而形成一整套防灾减灾的综合系统。针对西部地区巨灾风险频发、多发的特性，积极探索巨灾风险的综合管理，摸索成立能够处置各种灾害风险事务的综合协同部门，梳理预警、监控、评估等环节的管理流程，积极开展综合研发、强化咨询及业务指导职能，形成更为合理

且反应迅速的管理预案，一旦巨灾风险事件发生，能够做到快速响应、逐级联动，有效协同各方力量，权威性地分配资源，充分发挥巨灾风险管理的协同效应，同时也要优化防灾减灾理念，统筹规划预防、管理、评估、救援以及灾后重建各阶段资源及手段，实现巨灾风险治理组织体系的完善。

三、强化西部地区巨灾风险管理的技术人才支撑

西部巨灾风险评估与管理，需要一大批熟悉西部灾情、扎根西部一线、具备西部情怀的专业技术人才。缺乏优秀的人才队伍是当前西部地区巨灾风险管理水平提升面临的主要瓶颈。受地理区位以及经济发展等众多因素影响，西部地区的教育水平虽然取得了一定的进步，但总体而言，重点科研院校数目较少，巨灾风险相关的专业建设普遍落后于全国平均水准，巨灾风险管理方面的专业技术人才奇缺，存在巨灾风险管理专业教育规模小、设备差、学科弱、经费不足等问题。加之科研院校的专业设置、教学模式与现实需求存在较大的差距，教育知识结构单一、应用知识能力较弱，技术人才储备较少，不能满足于西部地区巨灾风险管理的人才需求。而且，在巨灾风险管理过程中，并没有形成科学的人才使用及激励机制，人才缺口较大与未尽其用现象并存，导致有限的专业技术人才并未发挥应有的作用。

因此，在巨灾风险管理过程中，必须将人才视为风险管理中的宝贵财富。首先，树立人才就是第一资源的工作理念，强化人才队伍是巨灾风险管理战略储备的认知，鼓励高等科研院所加大人才培养力度。针对西部地区急需巨灾风险管理人才的实际状况，发展巨灾风险相关的专业，调整专业设置，优化特色学科格局，加大产学研结合力度，营造有利于人才培养及发展的氛围。其次，通过制度创新和机制改良，给予不同层次人才相应的物质待遇，提供良好的工作环境，采取事业留人与感情留人相结合的方式，构建以业绩和贡献为基础的人才激励机制，最大限度地做到人尽其才、才尽其用，提供更为宽广的事业平台。再次，充分发挥西部区域发展空间、未来前景、

工作氛围等方面的政策优势，主动面向区域外进行人才引进工作，营造积极向上、自由包容、务实宽松的人际环境。最后，探索“不求所有，但求所用”的原则，重点寻求巨灾风险管理适用的专业人才，围绕巨灾数据网络和信息平台所需，做好相应的人才储备工作，使西部巨灾风险的管理机制建立在依靠高素质劳动者的基础上，为巨灾风险管理提供智力支持和技术支持，构建起专业防灾减灾人才队伍的灾害治理格局。

四、做好西部地区巨灾风险管理的物资储备

巨灾风险评估与管理，离不开治理过程中的物资储备，不管是预防、评估、治理还是灾后重建等各流程，都需要相应的设备、机器、帐篷、能源、电力、资金等物资的投入，充足的物资储备对于巨灾风险管理及灾后重建尤为重要。因此，需要完善巨灾物资储备管理体制，加强不同灾种物资储备之间的协同，强化救灾物资储备的有效性和合理性。根据既往巨灾风险发生的数据，合理设定巨灾风险管理的物资储备，采取政府储备与企业储备相结合的方式，充分考量救灾物资储备的地点安排，在确保合理性、安全性以及经济性的前提下，确保巨灾风险管理物资储备的充足，使其能够在关键时刻发挥作用。在西部巨灾风险评估与管理的过程中，需要认真分析既往巨灾风险的数据，针对巨灾风险发生的种类及特性，选择适宜的物资储备，厘清区域巨灾风险发生的规律，考量地理区位及周边资源环境影响，结合西部区域巨灾风险发生的季节与地域特性合理选择西部区域救灾物资储备地点。以西部地区雪灾的发生规律为例，西藏地区的雪灾多发生在每年 11 月至次年 3 月，集中于藏北中东部和昌都的北部地区；而新疆的雪灾主要集中发生在每年秋末，以新疆北部的阿勒泰地区与西疆地区为主；青海地区的雪灾则集中在气候多变的春季，以每年的三月到四月上旬为主，集中在果洛、玉树等地；内蒙古的雪灾多发生在阴山区域，集中在内蒙古中部的各个盟市，对农牧业、电力、能源以及交通行业影响较大，需要充分做好巨灾风险管理的物资储

备，最大限度地降低巨灾风险带来的不良后果。

此外，还需要做好巨灾风险管理物资储备的资金保障，将巨灾风险管理的物资储备列入国家预算体系，纳入政府日常性管理范畴，逐步提高物资储备的标准，鼓励各级政府积极承担责任，重视巨灾风险管理的物资储备。在政府统一规划及领导下，积极推进巨灾风险的储备项目，主动加大巨灾风险预防等环节的资金投入，积极鼓励各方力量参与到巨灾风险管理的物资储备工作。针对西部地区巨灾风险损失愈发严重的情况，西部地区应该合理规划巨灾风险资金，开发适宜区域特性的巨灾风险物资储备补贴核算制度，充分发挥各储备主体的积极性和主动性，强化相应的监管责任，确保有限的储备资金能够用于急需物资的购买、储备、补贴等。按照分级管理、分级负责、分级负担的原则，实现不同灾种中央政府与地方政府合理承担储备责任，主动研判灾情形势，增加储备效力，确保西部地区巨灾风险管理能够具备有效的资源配置和充足的物资储备。

五、夯实西部地区巨灾风险管理的民众风险认知

巨灾风险是威胁人类生存和健康的公共问题，也是难以准确预判的突发公共事件，不仅会造成民众生命财产损失，而且会带来潜在或显性的社会问题。做好巨灾风险评估与管理，是一项关系到人民群众切身利益的基础工作，各级政府都要予以重视，及时提供权威警示信息，提升民众的巨灾风险认知，提高民众对巨灾风险管理咨询的关心程度，从而避免巨灾发生，减轻巨灾风险损失，降低巨灾风险带来的创伤。面对层出不穷的巨灾风险，西部地区需要着手建立常态机制，将民众风险认知纳入巨灾风险管理整体规划中，加强巨灾风险的日常宣传和教育，开展多种形式的培训和宣传，在巨灾风险的各个环节，做好预警、干预、引导及心理重建工作，提升巨灾风险管理能力。

夯实西部地区巨灾风险管理的民众风险认知，需要针对西部地区巨灾风

险的发生机理，充分考虑当地的灾种结构与灾情特征，理清巨灾风险信息传递、信息监测、数据挖掘以及灾情集成各个环节中的具体作用，采用有针对性的教育传播方式，有效畅通涉及巨灾风险的社情民意渠道，借助电视、互联网络、平面媒体等不同媒介，及时引导巨灾风险的社会舆论。尊重民俗文化习惯，通过设立具有民族特色的防灾减灾专题节目和读本、建立西部地区频发灾害的宣传专栏等形式，传播防灾减灾知识和自救技能，提高民众巨灾风险的感性认知，借助多种途径的技能训练，培养民众的巨灾风险意识和自救技能，强化民众对巨灾风险的识别及辨别判断能力，开展和做好“以人为本、预防为主、防治结合”的防灾减灾工作。特别是在地震、泥石流、洪水和旱灾等灾难多发的地区，要有针对性地进行巨灾风险管理知识的宣传普及和倾向性政策的落地实施，让巨灾风险的自救知识和自救技能实现进课堂、入社区、到镇村，最大限度地减少巨灾风险对公共秩序的影响，降低民众生命财产安全损失及心理创伤，实现巨灾风险管理能力的有效提升。

第四章　西部地区巨灾风险评估的理论框架

随着社会的发展，人类活动与自然环境互动更为频繁，社会经济结构与资源支撑之间的关联更为紧密。日益增长的人类社会发展的内在需求与相对有效的资源储备之间的矛盾日益突出，巨灾风险发生的频率日渐增多，巨灾风险对人类社会的影响也在日益加深，使得人们深刻认识到强化我国巨灾风险管理工作的重要性。作为巨灾风险管理中的关键环节，如何对巨灾风险评估工作进行管理创新具有重要意义。然而，巨灾风险评估迄今没有形成科学的理论体系，存在不同种类的灾种治理各自为政、无法实现协同的问题，造成了体制机制上的割裂，也未形成有效便利的方法体系，难以实现灾害风险评估的适用性，辅助性决策功能偏弱，巨灾治理能力及体制优化需进一步强化。因而，本书在梳理国内外现有的巨灾风险评估的理论模型的基础上，结合西部地区的社会经济条件和资源环境特点，形成适合西部地区巨灾风险评估的理论模型。

第一节　巨灾风险评估的研究进展

巨灾风险评估是利用各种适宜的理论，预防灾害发生、控制灾害风险、降低灾害损失的基础性研究。作为灾害风险管理中的核心环节，巨灾风险评估是灾害研究与脆弱性分析的重要衔接，受到研究者和实践者重视。巨灾风险评估指在风险事件发生前后，通过风险识别、风险分析及风险评价等过程，对该事件可能造成的影响和损失进行量化评估工作。巨灾风险评估是一项复杂的综合研究工作，通常需要明确风险管理对象，制定灾害的风险管理目标，利用数理统计方法，借助相关的方法理论，构建以指标为核心的风险评估体系，收集灾害数据资料，建立灾害管理数据库，测算风险概率，明确灾害风险的影响因素及来源。在此基础上，采用诸如致灾因子分析、体制机制分析、影响要素分析、承灾体分析、孕灾环境分析、脆弱性分析、建立灾害损失曲线、风险标准设定以及风险建模等工具进行灾害风险分析，提炼相关灾害风险数据，找出灾害风险发生及演化规律，提出灾害治理的有效措施，从而有效控制风险，降低灾害对人类社会的损失，实现对灾害的良好治理。因此，巨灾风险评估所涉及的领域很多，涵盖生态环境、资源布局、人口结构分布、土地开发、公共政策以及经济社会发展各个方面，是一个典型的综合性和交叉性研究命题。目前，学界从不同视角对巨灾风险评估进行了广泛而深入的研究，取得了诸多进展。

20世纪70年代，国外学者率先开始比较系统地研究灾害风险评估的相关理论和方法。早期研究主要侧重于自然灾害致灾因子发生的概率和一旦发生后可能造成的损失，以及对人口、经济、城市基础设施和环境等方面的冲击，通常包括致灾因子分析评估、脆弱性分析评估、暴露分析评估等①。这一阶段的巨灾风险评估主要局限于单灾种的风险评估，对洪涝、地震、泥石流、台风等具体自然灾害进行了充分的探讨。1970年，美国对发生在加利福尼亚州的地震、洪水等10种自然灾害开展了风险评估。与此同时，美国地调所和住房与城市发展部的政策发展与研究办公室联合对洪水、地震、台风等9种自然灾害进行预测评估，为发生的自然灾害建立起预测模型，并估算

① 尹占娥：《城市自然灾害风险评估与实证研究》，博士学位论文，华东师范大学，2009年。

自然灾害对社会带来的损失。接着，日本和英国等国家也相继开展了针对单一灾种的风险评估工作，并把评估成果作为灾害预测与防灾减灾的重要依据。诸多国际组织也将巨灾风险评估视为防灾减灾的重要手段，提出了多项灾害风险评估的国际合作计划。如 20 世纪 90 年代联合国国际减灾十年（IDNDR）科技委员会组织实施的“全球地震危险性评估计划”等，为世界范围内的单一灾种风险评估研究做出了很大贡献。

20 世纪 90 年代，国内学者开始进行巨灾风险评估的相关研究，尤其是在我国参与“国际减灾十年”活动以来，开展了诸多自然灾害风险评价的探索工作。但该阶段的研究主要运用概率统计的方式对地质、气象、工程灾害等单一灾种进行评估。黄崇福（1994）① 分析了以往概率风险存在的问题，通过模糊集手段建立了一级综合评价模型。接着，他对一级综合评价模型进行了深入扩展，又构建出完整的城市自然灾害风险评价体系，用于单一致灾因子的分析②。周寅康（1995）将风险区价值、风险区承受能力以及抗灾性能作为整体，初步讨论了自然灾害风险评价模型③。黄崇福（1999 年）从整体单一灾种的体制特性出发，探讨如何评估自然灾害风险，并对风险管理的基本理论与框架进行详细的论述④。总的来说，以往的巨灾风险评估研究集中在通过风险概率的方式，对单灾种灾害风险案例的分析，厘清灾害风险评估的现实基础，形成了灾害评估的指标体系，摸索了灾害风险评估的方法，依据灾害的类型及强度，划分了灾害等级，探讨了进行分灾种的灾害风险预报等方面的内容。

---

① 黄崇福、史培军、张远明：《城市自然灾害风险评价的一级模型》，《自然灾害学报》1994 年第 1 期，第 3—8 页。

② 黄崇福、史培军：《城市自然灾害风险评价的二级模型》，《自然灾害学报》1994 年第 2 期，第 22—27 页。

③ 周寅康：《自然灾害风险评价初步研究》，《自然灾害学报》1995 年第 1 期，第 6—11 页。

④ 黄崇福：《自然灾害风险分析的基本原理》，《自然灾害学报》1999 年第 2 期，第 21—30 页。

随着经济社会的快速发展，人类活动的深度介入，日益增长的人类需求与相对有限的资源支撑之间的矛盾日渐凸显。如何运用有效的风险评估手段以控制频发的自然灾害对人类社会造成的影响，已经成为当今灾害风险管理研究最主要的内容之一。目前，单一致灾因子的风险研究较为成熟，然而，由于当前巨灾风险的形成通常是综合因素影响的结果，具有多种巨灾风险的致灾因子，强调某一致灾因子的研究，难以涵盖引发灾害的其他因素，无法审视巨灾风险的整体层面。因此，必须实现涵盖多重致灾因子的灾害风险评估与分析。于是，学者们逐步引入综合评估理念，关注灾害形成的内在机制，重点从社会、政治、经济、文化及人类行为的角度进行巨灾风险评估，将研究的重心转向公共安全建设方面，注重人类社会自身可接受水准，改变以往以概率为基础的静态评估体系，将风险评估和风险管理体系结合起来，关注灾害风险对人类社会经济文化方面的具体影响，重视自然灾害系统各要素之间的关系，以自然灾害风险的演化过程为基准，参照评估对象和显示条件，灵活地调整评估过程，去除灾害风险评估的不利要素，重点做好多灾害风险区域划定及风险预防等工作。借助各种手段和方法，充分模拟现实灾害演化的复杂性，最大限度地提升灾害评估系统的信度和效度。如联合国环境规划署（UNEP）与全球资源信息数据库（GRID）共同构建的“灾害风险指标”（DRI），运用多重方法及充足的数据库，开展了涵盖不同灾种的风险评估分析，借助人类寿命及健康数据，评估了不同国家的人口死亡风险，将之作为重要的致灾因子，分析不同的灾害风险种类下相应的社会经济脆弱性指标体系；欧洲空间观测网络（ESPON）也借助不同灾害情报信息，针对不同的自然灾害、技术风险以及社会风险，在多个欧洲国家开展了涵盖不同灾害风险的综合风险评估①。

此外，巨灾风险的发生，通常会诱发不同种类的其他风险，从而形成更

① Schmidt-Thomé P., “The spatial effects and management of natural and technological hazards in Europe”, Final Report of the European Spatial Planning and Observation Network (ESPON) project, Vol. 1, No. 1, 2005, pp. 1-197.

为复杂的灾害链。对于灾害链，学术界也给予了相应的关注，主要针对地震、暴雨、滑坡等巨大灾害。如周洪波等（2009）① 根据灾害链思想，从模糊综合评判法的视角出发，运用灾害链定量分析方法进行巨灾风险评估。有学者详细分析了事故链和供应链的差别，区分不同的链式风险评估模式，系统分析了区域环境，选择适宜评估的灾害影响因素，对区域灾害链进行分析，提出了综合的灾害链风险评估模式，针对不同区域的灾情综合影响，构建了区域灾害链的指标体系②。多灾种风险评估研究对于区域减灾、区域决策和可持续发展具有重要意义。为了使风险评估理论从理论研究的层面转换到操作化的实践阶段，各研究领域的学者们提出了诸多多灾种风险评估的方法。

纵览这些研究，通常是借助某个单灾种风险评估的研究基础，采用不同的方法体系，融汇不同的灾种风险的因素，将单灾种研究转变为多灾种的综合研究。然而，这些研究通常不会简单地叠加各种灾害发生的致灾因子，而是会依据不同的灾种特性，将发生机理不同的各类巨灾风险放在一起开展系统综合评价，综合考量不同灾害对民众生命财产安全的影响程度③。当前涵盖多重灾害风险的综合评估仍然较为薄弱，主要在于不仅要考虑多种致灾因子可能造成的影响以及相互之间的关联程度，还必须综合分析不同孕灾环境的承灾能力。随着多灾种风险评估的需求日益迫切，灾害风险研究不断强调承灾体与致灾因子的交互影响，有学者引入定量分析工具，尝试多灾种风险的定量评估。

综上所述，国内外学者关于灾害风险评估的研究，主要聚焦于多灾种风险发生机理，从不同角度探讨了灾害风险评估的理论，可以大致归纳为指标

---

① 周红波、高文杰、刘成清：《上海虹桥综合交通枢纽灾害链及其在灾害评估中的应用》，《灾害学》2009 年第 1 期，第 6—12 页。

② 王翔：《区域灾害链风险评估研究》，硕士学位论文，大连理工大学，2011 年。

③ 葛全胜、邹铭、郑景云：《中国自然灾害风险综合评估初步研究》，科学出版社 2008 年版。

体系、风险概率以及情境模拟等不同途径。从灾害风险评估模型的视角来看，指标体系研究路径，多是侧重于单一灾种，建立在概率统计的基础上；而数理模型研究路径更多侧重风险链，依据不同灾种的交互影响，引入数理分析工具进行定量评估。指标体系的选择和筛选都需要理论基础，重点揭示灾害发生而引发的灾害链或多灾害复合灾害群的形成机制，为综合灾害应急决策提供理论依据。

第二节　巨灾风险评估主要模式

巨灾风险评估作为防灾减灾的重要内容之一，从风险概念和风险的形成机制入手，探讨了巨灾风险评估的对象及其构建的指标体系，形成了诸多具有代表性的理论模型并得以应用。因此，需要厘清巨灾风险评估基本概念，详细梳理巨灾风险的致灾因子，结合各个不同的承灾体，系统总结不同的巨灾风险评估理论模型，分析其评估流程和应用特点。通过系统梳理当前评估理论模型，形成巨灾风险评估的初步理论框架，为侧重于运用数理模型的定量评估提供理论依据和参考价值。

一、基于风险构成要素的巨灾风险指数评估模式

巨灾风险指标评估多是以定量的方式测算巨灾风险，其依据通常是灾害强度分布函数或是灾害损失的分布函数。然而，现实中有些巨灾风险的数据资料难以准确获得，相应的理论基础无法提供有效支撑，无法形成巨灾风险的分布函数。为了比较不同区域的巨灾风险，在实践应用中多是围绕风险构成要素进行分析。一般而言，巨灾风险系统由三部分组成，分别是孕灾环境、致灾因子和承灾体，巨灾风险即由诸多不同的子系统相互影响的结果。承灾体主要是承受灾害发生的各个主体，可以按照暴露性和脆弱性两个维度进行划分，具体包括可能发生灾情的农村、森林、社会组织、城镇等；孕灾

环境多是灾害发生的外部环境，可以直接影响灾害发生的复杂程度与强烈程度，对灾害的最终损失发挥着至关重要的作用；致灾因子则是诱发灾害产生的直接因素，是直接引发灾害的重要诱因，多是源于财产损失、人员伤亡、资源破坏以及社会系统紊乱所造成的多重要素。

基于风险构成要素的风险指数评估模式依据灾害风险系统理论，从灾害风险形成机理的角度出发，按照联合国人道主义事务部于 1991 年所提出的"Risk（风险度）= Hazard（危险性）· Vulnerability（脆弱性）"的表达式，将巨灾风险表示为致灾危险程度和承灾体易损能力的乘积。其中，致灾危险性（H_h）是致灾的气象条件（m）、孕灾环境（e_e）和防灾工程（c_{egn}）三个致灾因子的非线性函数，即 $H_h = f(m, e_e, c_{egn})$。灾害的发生不仅和致灾物理因子有关，而且与人类社会所处的自然环境条件以及防灾减灾工程的承灾能力有关。自然环境条件如地理区位、山水分布、地形地貌等往往决定着灾害发生的频率和损失大小，是致灾的重要原因之一。与此同时，防灾减灾工程的建设或破坏也改变着致灾的临界条件，是研究致灾危险性需要考虑的要素；而承灾体的易损性（V_b）由暴露在自然灾害中的承灾体的物理暴露（V_e）以及承灾体的脆弱性（V_f）所组成。承灾体包括了人类本身在内的社会文化环境，其物理暴露性受到孕灾环境的影响，是指受到直接影响的承灾体数量的时空分布。承灾体的脆弱性（V_f）则包含承灾体灾损敏感性（V_d），以及防灾减灾能力（C_d）即防灾能力、抗灾救灾能力、灾后重建能力等。承灾体的灾损敏感性多是指承灾体受到灾害冲击的可能概率，是一种衡量巨灾打击时相应表现机会的动态指标，而防灾减灾能力则是衡量承灾体的应对能力，是一种主要侧重于人类社会主动治理灾害状况的指标。总的来说，基于风险构成要素的风险指数评估模式，涵盖了承灾体暴露性、承灾体灾损敏感性、防灾减灾能力以及致灾因子危险性等多重因素，根据不同权重构筑的指标体系，目的在于实现巨灾风险的系统评估，即 $R = f(H_h, V_e, V_d, C_d)$。巨灾风险便是上述四个要素相互联系、相互作用下形成的复杂系统。

基于风险构成要素的风险指数评估模式从系统论的角度出发，将巨灾风险看作系统，细分其构成要素。通常是历经筛选指标、构建体系、设定权重等步骤，测量巨灾风险数值，经过评分确定巨灾风险指数。风险指数模型立足于风险结构要素与风险强度，聚焦不同指标对巨灾风险要素的动态影响，借助主成分分析和因子分析等方式进行风险评估，主要是用于反映指标变化而引发的巨灾风险变化。运用此风险评估模型的主要优势在于数据资料要求简单且方法便于操作，能够快速得出风险评估结果。主要用于对巨灾风险数据要求不甚精确或指标数据难以完整提供的评估类型，多用于巨灾风险的初步评估，目的在于反映巨灾风险的整体宏观状况，故目前被广泛应用。当前运用此模型较多的是灾害风险指数计划（DRI）、全球自然灾害风险热点计划（Hotspots）、美洲计划（American Programme）等。

灾害风险指数计划（Disaster Risk Index，DRI）聚焦灾害带来的死亡风险①，目的是探究灾害风险的演化机理以及脆弱性在其中的作用，此计划利用各国 1980—2000 年的数据、资料，聚焦自然灾害的平均死亡风险，得出相应的灾害风险评估模型②，$R=H \cdot P_{op} \cdot V_{ul}$，其中，R 为死亡风险，H 为致灾因子，依赖于给定灾害的频率和强度，P_{op} 为暴露区的人口数量，V_{ul} 为脆弱性，依赖于社会、政治、经济状况。经过多年的探索和完善，结合相应的定量数据，该模型在防灾减灾方面取得了非常显著的实践效果，灾害风险指数对尺度灾害风险评估贡献很大，在探索国家发展的风险因素方面表现卓越。

全球自然灾害风险热点计划（Hotspots）主要关注于人类生活领域的风险，借助于 2001 年 9 月至 2004 年 3 月各国灾害时期的人口数据、人均 GDP 数据、历史损失数据等对比，确定灾害死亡指数，以及人类生活区域的高、

---

① Pelling M., Maskrey A., Ruiz P., "United Nations Development Programme", A global report reducing disaster risk: A challenge for development, New York: UNDP, 2004, pp. 1-146.

② Pelling M., "Visions of risk: a review of international indicators of disaster risk and its management", University of London, King's College, 2004.

中、低风险区域①，由世界银行、美国哥伦比亚大学以及 Provention 国际联盟共同完成该计划。

美洲计划②（American Programme），是重点关注国家层面的风险指数，主要是利用拉丁美洲及加勒比海地区的数据，由美国哥伦比亚大学、拉丁美洲和加勒比海地区经济委员会（ECLAC）以及中美洲发展银行（IADB）合作完成，计划开始于 2002 年 8 月，主要借助于美洲 12 个国家的相关数据，聚焦于国家层面的灾害风险构成要素，目的是帮助相关国家决策者能够科学进行灾害风险评估，实施灾害风险管理。该计划实现了研究聚焦点从全球层面到国家层面的转变，开发了灾害赤字指数（DDI）、地方灾害指数（LDI）、普适脆弱性指数（PVI）和风险管理指数（RMI）③，取得了显著的应用效果。

这些研究计划的实施，共同关注于灾害风险高低的评估，都重视灾害中死亡的影响因素，慢慢孕育出灾害死亡的一般理论，即灾害的死亡风险多是由暴露要素的脆弱性、灾害发生的频度和强度以及灾害暴露等要素构成。由于风险指数评估模式属于一种静态评估模型，评估结果的准确性往往依赖于指标的选择以及基于评估者经验的权重设定，均不可避免地带有主观随意性，难以针对巨灾风险的相关特性，在时间和空间维度上进行横向比较，无法准确地把握巨灾风险的不确定性及动态发展变化要素，也无法模拟巨灾风险的复杂性。

二、基于历史灾情数据的风险概率评估模式

巨灾风险的孕育、产生和发展是由于社会中能量系统不平衡而造成的人

① Dilley M., Natural disaster hotspots: a global risk analysis, Washiton: World Bank Publications, 2005.

② Cardona O. D., Hurtado J. E., Chardon A. C., "Indicators of disaster risk and risk management Summary report for WCDR", Program for Latin America and the Caribbean IADB-UNC/DEA, 2005, pp. 1-47.

③ Pelling M., "Visions of risk: a review of international indicators of disaster risk and its management", University of London, King's College, 2004.

类社会损失。各类巨灾风险都有其自身的内在机制和发展规律。基于历史灾情数据的风险概率测算，是采取各种适宜的数理方法及技术，对过往历史数据进行测算，探讨巨灾风险发生演化机理，以寻求巨灾风险治理途径的风险评估模式。由巨灾风险的定义可知，巨灾风险是指人类社会某个群体或是个体遭受到某种巨大伤害、损失或毁灭性等不利影响，以及相应重大风险威胁的可能性。不仅包括规模巨大、后果特别严重的自然灾害或社会风险，而且涵盖那些远超过承受主体和应对主体的认知范围、可承受、可控制能力的自然灾害或社会风险。不管是从保险学还是统计学的视角，风险多被视为各种不确定后果之间的差异程度以及潜在损失的可能性。风险的普遍定义化表达式为：R=P・L。式中 R 表示风险，P 表示频率，L 即为危害度和损失。这一定义带有明显的经济学色彩，认为风险是客观存在并且可以被预测的。在对风险可能造成的伤害程度和发生的概率进行预测的基础上，可以用统计方法测量风险的大小。

基于历史灾情数据的风险概率评估模式，从风险的定义表达式出发，重点关注灾害风险发生的概率，借助数理方法，对历史数据进行统计，寻找灾害强度与灾害损失之间的相关性，利用相对大样本的数据，进行风险评估和建模，以期预测未来灾害风险发生概率及强度大小，实现巨灾风险的科学管理。不难看出，巨灾风险是针对不确定事件而言的。由于巨灾风险具有孕灾环境复杂以及致灾因子多变的特点，且巨灾风险的发生具有很大程度的随机性。因此，学者们往往将巨灾风险的孕育和发生视为随机事件，采用统计学中的概率概念来分析和建立巨灾风险强度和损失与发生频率间的表达式，如图 4-1 所示，R（l）是代表各种巨灾风险，P（l）代表灾害风险发生的概率，l 代表灾害造成的损失。巨灾风险被抽象为包含概率、损失的函数关系，由于巨灾风险的影响因素很多，存在很多的变数，有非常强的复杂性与非确定性，借助概率统计可以更为准确地反映巨灾风险的本质，契合其多变且不易直接判断的实际情形。该模型将灾害的发生视为随机事件，运用理论上成熟的概率统计作为数学工具，使概率测度方式成为进行巨灾风险评估的重要数学方法。在实践中，欧洲和美国的应用最为典型，依据以往的历史资料的统计数据，结合不同灾种的特性，分别计算洪水、干旱、地震、泥石流等的灾害损失—概率曲线，借助此曲线，分别计算不同种类的灾害损失可能，在同一时空维度中进行比较，方便辅助巨灾风险管理决策。学者 Petak 曾系统研究美国滑坡、洪水、地震、龙卷风等九种自然灾害的特征，利用历史数据进行统计研究，计算出各类灾害发生的可能性及潜在的损失①。

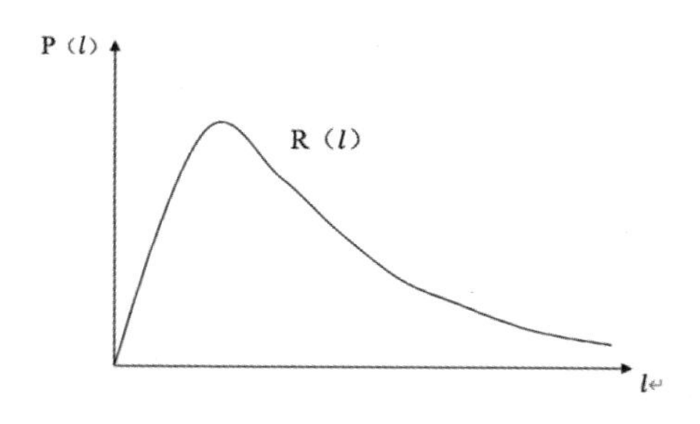

图 4-1　灾害损失—概率曲线

基于历史灾情数据的风险概率评估模式有一定的局限性，必须了解系统参数的分布概率，需要获知灾害风险较为充足的历史数据和灾害发生机理进行测算，与现实灾害发生的机理存在较大差异，经由数理统计出的概率和真实概率往往差异性显著，特别是灾害风险的数据样本较少，较难获知灾害风险概率的具体分布，往往较难测算未来的灾情损失，也无法精确测算灾害风险的大小。因此，应用此评估模式的时候，应该建立在大数据样本良好基础上，计算结果应该反复比对，确保基于历史灾情数据的风险概率评估模式的可靠性与准确性。对于预测未来巨灾风险的损失，由于时间和空间维度上均存在相应的不确定性，概率风险评估无法完全涵盖所有的灾害不确定因素，较难反映巨灾风险产生的机理。因此，也有学者在此基础上，引入灾害风险

① William J. Petak，Arthur A. Atkisson 著；向立云、程晓陶等译，《自然灾害风险评价与减灾政策》，地震出版社，1993 版。

可能性概念，借助模糊数学等方法，提出不确定情况下的灾害风险评估模型①。

三、基于情景模拟的巨灾风险评估模式

情景模拟分析（Scenario Analysis）是用来预测未来发展态势以及分析可能产生的影响的预测方法。它往往根据灾害风险系统中各要素的相互作用机制和对灾害系统动力学原理的认识，充分利用复杂系统仿真建模手段，借助神经网络、元胞自动机、多智能体等原理，结合人类活动的相关规律和历史过往的数据，构建在不同情景下不同巨灾风险频率与相应可能产生的损失的巨灾风险动态评估模型，实现灾害风险的动态评估，模拟灾害在人类行为干预下的演化过程。情境模拟分析属于巨灾风险评估的新尝试，综合考虑历史上致灾因子产生作用的可能性、动态的孕灾环境，考量经济社会发展的变化，充分挖掘致灾因子、孕灾环境与不同承灾体互动方式，按照不同阶段的演进特点，较好地展现灾害风险的不确定性，较为真实地反映灾害风险的动态变化过程，清晰地呈现巨灾风险的孕育、发生和发展轨迹，形成对灾害风险的可视化表达。

基于情景模拟的巨灾风险评估模式能够更加直观地体现灾害风险的动态变化过程与地理区位特征。不同情景下的巨灾风险评估模型，存在较大的差异，不同情景下的评估模型通常综合考量致灾因子、承灾体以及孕灾环境等要素，区分不同的时空及横向尺度，进行有针对性的情景模拟分析。从20世纪80年代开始，巨灾风险管理实践就开始逐步引入基于情景模拟的评估模式，深入探讨巨灾风险的各种情景因素，系统分析巨灾风险评估规律，基于各种历史数据，分别开展巨灾风险的模拟研究，对巨灾风险形成机制进行实测，得出了巨灾风险管理的预测数据，具有较高的准确度和真实性。有不

---

① 黄崇福：《风险分析基本方法探讨》，《自然灾害学报》2011年5期，第1—10页。

同的学者提出了各自不同的评估模型，其中 Kaplan 与 Garrick 在 1981 年提出的评估模型具有较高的认同度，他们提出巨灾风险是涵盖不同灾害情景、不同发生概率以及拥有不同灾害损失的复杂函数，在不同情景下有各自不同的发生概率的灾害曲线，以公式 $R=\{S(e_i), P(e_i), L(e_i)\}, i\in N$ 进行描述，其中 R 代表巨灾风险，$S(e_i)$ 代表不同的灾害情景，$P(e_i)$ 表示灾害发生的概率，$L(e_i)$ 代表期望的灾害损失，形成了相应的风险评估模型概念框架①，具体如图 4-2 所示：

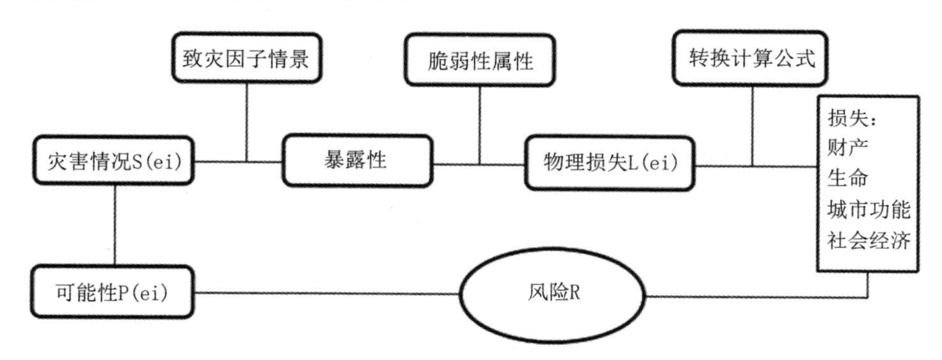

图 4-2　基于情景的巨灾风险评估模型框架

基于情景模拟的巨灾风险评估模式，能够极大提高灾害风险评估结果的准确程度，为厘清灾害形成的内在机制以及发展规律研究提供了重要的科学方法。因此，基于情景模拟的巨灾风险评估模式已经成为巨灾风险评估前沿研究的主要方向。然而，此评估模式需要较为完整和准确的数据资料，不仅需要大量的社情民意统计资料，而且还需要各类记录实践动态的监测数据，并与相关的地理定位技术手段相结合，借助遥感设备，基于 GIS 平台形成高精度的动态数据，便于模拟计算其过程，数据采集、遥感匹配、模拟计算、事件契合等过程都较为复杂，应用难度非常之大。截至目前，此技术尚未在方法和实证研究上有实质性的突破。目前主要是以美国联邦应急管理局

① Kaplan S., Garrick B. J., "On the quantitative definition of risk", *Risk Analysis*, Vol. 1, No. 1 1981, pp. 11-27.

（FEMA）、美国国家建筑科学研究院（NIBS）以及荷兰的国际航天测量与地球学学院（ITC）等研究机构开展的工作为主，其开发了基于情景的风险软件包，用于不同情景灾害风险的自动模拟，美国 FEMA 对迈阿密、波尔特、旧金山等行政区进行地震、飓风和洪水灾害风险的综合评估①。另外，荷兰 ITC 为了应对常见的洪水及风暴灾害，在沿海城市地区综合开展的风险评估工作，都是取得相应成果的典型案例。在国内，一些高校成立了灾害治理相关的研究机构，组建了相应的灾害研究团队②，将国外的类似方法应用至巨灾风险管理研究领域，并取得了重要的进展。

第三节　西部地区巨灾风险评估的理论模型

西部地区是我国巨灾风险的多发之地，日趋增多的地震、洪涝、泥石流等自然灾害风险与环境污染、食品安全、公共安全等社会风险事件，对西部地区巨灾风险的评估与管理提出了更高的要求。相比其他区域而言，西部地区生态环境较为脆弱、人民资源保护意识和能力相对薄弱，且相应的社会风险抵御能力较低，造成巨灾风险治理能力的问题更为突出，需求也更加强烈。本书讨论了如何开展西部地区巨灾风险评估与管理，通过梳理国内外现有的巨灾风险评估的理论模型，结合西部地区的社会经济条件和资源环境特点，整合巨灾风险治理体系，形成适合西部地区巨灾风险评估的理论模型。

随着学界对巨灾风险评估研究的不断深入，国内外学者开始关注巨灾风险不同层次以及不同维度之间的关联。通常而言，巨灾系统由三部分组合构成，分别是孕灾环境、致灾因子以及承灾体，巨灾风险是该系统中不同子系统相互作用而产生的结果。巨灾风险具有动态性和复杂性特征，为了更加准

---

① Buriks C.，Bohn W.，Kennett M.，et al,，Using HAZUS-MH for Risk Assessment，Federal Emergency Management Agency，2004.

② 殷杰：《中国沿海台风风暴潮灾害风险评估研究》，博士学位论文，华东师范大学 2011 年，第 9—11 页。

确地评估巨灾风险的大小，契合巨灾风险动态的变化特征，研究者倾向于借助各种数学工具，利用函数及概率等数学模型进行测算。然而，现实中巨灾的影响因素非常多，具有高度的不确定性和模糊性，借助数学工具并不能确切把握灾害系统的状态和特征。严谨的数学工具，如果无法体现巨灾风险的动态复杂多变特征，就难以准确衡量巨灾风险的程度，所以，要紧密联系巨灾风险的特征，尽可能满足巨灾风险的特性需求，结合巨灾风险评估领域的复杂程度，采取综合的研究方法，测算巨灾风险发生的概率以及损失的可能大小，以便采取针对性的应对措施，来减少、控制和分散灾害对人类生命安全和财产安全可能造成的影响。因此，巨灾风险评估的侧重点在于针对特定的承灾体特性，研究不同种类巨灾风险的概率、可能造成的损失大小，以及在巨灾中对承灾体所造成的冲击。由于巨灾风险是致灾因子的危险性、承灾体的脆弱性和孕灾环境的稳定性等要素综合作用的结果，故本书所构建的巨灾风险评估模型，是充分考量巨灾风险的影响因素，结合巨灾风险的演化机理，借助相应的数理方式，形成相应的概念模型，即 R=（H，V，S）：其中 R 表示巨灾风险；H 表示致灾因子的危险性，用来描述致灾因子活动强度和活动频次的不确定性；V 表示承灾体的脆弱性，用来描述承灾体受到冲击时，受到破坏的一种状态；S 表示孕灾环境的稳定性，即一定时间尺度内的孕灾环境可能诱发或加剧巨灾风险的程度，相较于致灾因子和承灾体，孕灾环境的变化周期相对较大。

首先，孕灾环境是灾害孕育、产生和发展的自然与社会环境。由于环境条件的相对稳定性，灾害的形成与加剧对环境的影响后果有较长的反应时间。相比其他区域而言，西部地区生态环境的稳定性较低且相应的社会风险抵御能力不足。受到气候条件、地理区位和自然资源的共同影响，西部地区生态环境对人类活动异常敏感。在这样的条件下，可能在其他地区对环境构不成威胁的人类活动在西部地区就会造成严重的影响和破坏，人类与自然的矛盾异常突出。而随着西部人口的增长和人类活动的加剧，不断激化着人与资源环境的矛盾，生态环境越发不稳定。而且，西部地区不仅生态环境脆弱，同时具有敏感的社会环境。西部地区的利益分化与利益争夺问题、人口跨境流动问题、境外势力渗透问题等相继凸显，这些带有民族和宗教色彩的问题使得维护社会稳定成为西部地区仅次于经济发展的重要任务。因而，孕灾环境的稳定性成为西部地区巨灾风险评估考虑的重要因素。

其次，致灾因子是诱发巨灾风险的影响要素，可以从致灾因子的发生频率和强度两方面进行测算，通过历史性数据，可以初步得出区域致灾因子的周期过程，从而预测出巨灾风险发生的可能性和强度，或者采用信息扩散等处理方式计算短期内该致灾因子的发生频率。致灾因子会导致直接经济损失和人员伤亡，二者均可以用能够量化的数值进行计算。此外，还有因灾害事件发生而导致的间接损失，如通信、交通中断造成的信息和物资交流的困难，甚至器械失灵而导致的损失，人员伤残造成的生理与精神损失等。

最后，承灾体是包括人类本身在内的社会文化环境，如森林、城镇、工厂等地，是致灾因子直接作用的客体。承灾体的状态会随着自然和社会条件的变化而发生显著改变，随着区域的社会经济发展或产业布局调整，相应的土地规划、人口分布、基础设施建设都可能发生较大变化，需要根据研究需求，结合巨灾风险的以往数据，分析巨灾风险的时空分布与承灾体共同作用的机理，采用成熟的脆弱性指标体系，形成相应的承灾体脆弱性曲线，实现巨灾风险的动态评估。

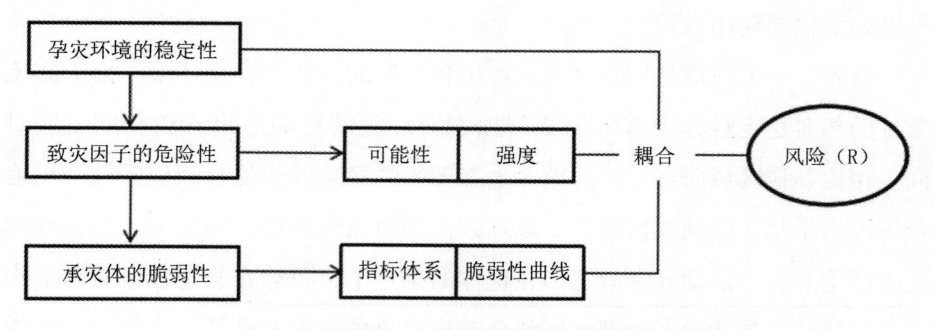

图 4-3　西部地区巨灾风险评估的理论模型

利用巨灾风险评估基本原理对上述概念化理论模型进行操作是巨灾风险评估理论研究的重要组成部分，有助于厘清概念化理论模型表征风险的正确性和适用性。本书所提出的巨灾风险评估理论模型将灾害风险系统作为动态变化的有机整体，而巨灾风险则是稳定性、危险性和脆弱性共同作用的产物。在理论模型的基础上通过建立指标体系的方式，寻求巨灾风险可能造成的损失与灾害风险系统构成要素之间的关联，能够满足不确定分析的要求，符合灾害风险评估的基本原理。同时，通过收集历史灾情数据和资料，可以对特定孕灾环境条件下巨灾风险的发生概率与可能造成的后果进行评估。

第五章　西部地区巨灾风险评估的指标设置与方法运用

风险指数评估模型中致灾因子、承灾体以及孕灾环境三者共同构成巨灾系统，侧重于风险的构成要素，强调整体性，而灾害风险则是该系统中各子系统相互作用的产物。风险指数评估模型通过巨灾风险指标筛选、指标体系构建和指标权重确定来计算巨灾风险指数，重点关注巨灾风险结构要素之间的关联对巨灾风险大小的影响，借助层次分析法进行综合风险评估，多是采取模糊评价的理念，关注由于指标变化导致的巨灾风险波动，以及不同指标对巨灾风险评估的影响程度大小。由于对数据资料要求较低并且方法简便，适用于灾害风险初步评估、快速评估和大中空间尺度的风险评估，风险指数评估模型成为目前被广泛应用的灾害风险评估方式。因而，本书在梳理国内外现有的巨灾风险评估的指标体系的基础上，结合西部地区的社会经济条件和资源环境特点，讨论不同风险的共性因素及个性影响因素，形成适合西部地区巨灾风险评估的指标体系。

第一节　基于指标体系的巨灾风险评估建模概览

通过建构指标体系来评估巨灾风险的方法，关键在于指标的选取和以指标权重的设定为核心的风险评估。评估过程往往依赖于指标的筛选以及基于评估者经验的权重设定，评估结果不是具有实际意义的风险值，而是通过比较风险的高低来获得巨灾风险的相对大小，主要适用于风险的初步探究、快速评估、大中尺度或行政区的风险评估，以及数值数据资料难以获取的风险评估。其优点在于对数据资料要求较低并且方法简便，能够反映巨灾风险的整体宏观状况。基于指标评价的概念模型有多种表达形式，大多是依据灾害风险系统理论进行灾害风险的解构，联合国人道主义事务部曾经在20世纪90年代初期实施了国际灾害风险研究计划框架，遵从于灾害风险形成机理，建立了相应的风险模型，按照“Risk（风险度）= Hazard（危险性）× Vulnerability（脆弱性）”的表达式，将巨灾风险表示为致灾危险程度和承灾体易损能力的乘积。目前，基于指标体系的灾害风险建模，主要有灾害风险指数计划（DRI）、全球自然灾害风险热点计划（Hotspots）、美洲计划（American Programme）、多重风险评估计划（Multi-risk Assessment）等。

一、灾害风险指数计划（DRI）

灾害风险指数计划（DRI）是由联合国借助全球资源信息数据库（GRID），以1980—2000年的资料为基础，对全球灾害进行了风险评估后形成的指数。该指数由联合国发展计划署（UNDP）和联合国环境规划署（UNEP）共同开发，关注灾害中的死亡人数和暴露人数，将两者作为脆弱性重要数据参考，结合EM-DAT等灾害数据库，开发了相对脆弱性指标和社会—经济脆弱性指标两个全球指标序列，是全球第一个以国家为单位的人类脆弱性指标①。该计划的目标是度量灾害造成的死亡风险，并提供一定的定量证据以支持对灾害风险管理、决策和计划的重新定位。

灾害风险指数计划（DRI）是一个以死亡率校准的指数（a mortality-cal-

① Pelling M.，“Visions of risk：a review of international indicators of disaster risk and its management”，University of London，King´s College，2004.

ibrated index)，重点关注灾害中的死亡人数，强调灾害风险是由致灾因子和脆弱性在物理暴露环境下综合作用的结果。致灾因子是灾害风险的主要诱发因素；脆弱性指向于灾害应对能力和适应能力，重点关注灾害响应与灾害恢复能力的欠缺因素集合，具体与社会、政治、经济状况密切相关，不仅包括经济、社会、技术或环境等多个层面要素，而且涵盖促使灾害强度及频率倍增的因素；物理暴露环境则是关注灾害发生地的人口数目。灾害风险评价模型的具体公式如下：$R = H \cdot P_{op} \cdot V_{ul}$，将灾害中的死亡风险阐释为致灾因子、物理暴露性及脆弱性互相作用的结果。

风险可以用死亡人口数量、死亡率和相对于受灾人口死亡率等多种指标表示。灾害风险指数计划（DRI）使用死亡人口数量和死亡率表达每一种致灾因子损失风险，采用相对受灾人口死亡率，经过相应的标准化计算，测量灾害死亡的风险，具体衡量灾害风险的相对脆弱性。灾害中的死亡人数及比例高低，只是灾害风险损失的一个方面，往往不是整个灾害风险中最关键最重要的内容。由于灾害风险中的死亡人数以及死亡比例是一个可以较为全面和准确获取的相关数据①，辅以较为客观真实的灾害暴露人口数，就可以测算出特定灾种的相对死亡比率，得出具体的相对脆弱性②，便于横向比较和评估测量③。由于物理暴露、相对脆弱性和致灾因子的数据便于收集，可以计算由此衍生的灾害风险指数（DRI），不仅可以测量不同灾害的脆弱性指标，而且可以横向比较不同国家不同灾害种类风险程度④。除此之外，脆弱性可以从宏观环境与微观环境两个方面进行，宏观层面如经济、经济活动类

① Pelling M., Maskrey A. and Ruiz P., United Nations Development Programme, A global report reducing disaster risk: A challenge for development, New York: UNDP, 2004, pp. 1-146.

② Pelling M., "Visions of risk: a review of international indicators of disaster risk and its management", University of London, King's College, 2004.

③ 黄惠等:《自然灾害风险点评估国际计划述评——指标体系》,《灾害学》2008 年第 2 期, 第 112—116 页。

④ Pelling M., Maskrey A. and Ruiz P., "United Nations Development Programme", A global report reducing disaster risk: A challenge for development, New York: UNDP, 2004, pp. 1-146.

型、环境的依赖性与质量、人口统计、健康和卫生；微观层面如教育水准、预警能力、发展机会等。选取不同的变量，对比不同社会、经济和环境指标，构建相应的对数回归模型，计算不同灾种的脆弱性数值，测算实际数值的偏差①，形成 24 个社会—经济脆弱性变量，如表 5-1 所示。

表 5-1　脆弱性指标

脆弱性分类	指标	干旱	洪水、地震、气旋	数据源
经济	按购买力评价的人均 GDP	*	*	世界银行
	人口贫困指标（HPI）	*		人类发展报告
	总债息（占商品、服务出口比例）		*	世界银行
	通货膨胀，食品价格（年变化的百分比）		*	世界银行
	失业率（占总劳动力的比例）		*	国际劳工组织
经济活动类型	耕地面积/1000km^2		*	联合国粮农组织
	可耕地及永久耕地面积		*	联合国粮农组织
	城市人口比例		*	联合国人口分会
	农业为 GDP 贡献的比例	*		世界银行
	农业劳动力比例	*		联合国粮农组织
环境的依赖性与质量	森林与林地覆盖率（%）		*	联合国粮农组织
	人类引起的土地退化（GLASOD）	*	*	联合国粮农组织/联合国环境规划署
人口统计	人口增长		*	联合国经济和社会事务部
	城市增长		*	全球资源信息数据库（由联合国经济和社会事务署数据计算）
	人口密度		*	全球资源信息数据库（由世界资源信息数据库人口数据计算）
	年龄抚养比率		*	世界银行

① Pelling M., Maskrey A. and Ruiz P., United Nations Development Programme, A global report reducing disaster risk: A challenge for development, New York: UNDP, 2004, pp. 1-146.

续表

脆弱性分类	指标	干旱	洪水、地震、气旋	数据源
健康和卫生	获得高质量水供应的人口比例（总数、城市、农村）	* * *		世界卫生组织/联合国儿童基金
	每千人居民拥有的医生数量		*	世界银行
	医院床位数量		*	世界银行
	男性、女性居民的预期寿命		*	联合国经济和社会事务部
	5岁以下儿童死亡率	*		联合国经济和社会事务部
预警能力	每千人收音机拥有量		*	世界银行
教育	文盲率		*	世界银行
发展	人类发展指数（HDI）[1]	*	*	联合国开发计划署

*表示各灾种可以选取的指标。

[1] 人类发展指数（HDI）由联合国发展署开发，具体衡量民众在生活状况、生命时长以及文化程度之间的具体状况，这一指数并不能涵盖所有的国家发展信息，国家发展水准需参考其他信息。①

灾害风险指数计划（DRI）通过识别影响灾害致死风险的社会、经济、环境因素，甚至可以揭示灾害风险的因果过程。在灾害风险指数计划（DRI）中，对于每一种致灾因子，依据物理暴露程度、相对脆弱程度和风险程度对各个国家进行了分类。但该计划存在一定的局限性，没有解释清楚社会、经济等方面的状况。同时，灾害风险指数计划（DRI）仅仅只是考量灾害中的死亡人数，主要侧重比较不同国家和不同灾种的相对水准，比如物理暴露、脆弱性和风险的相对水准，但无法涵盖灾害风险的所有内容，特别是对那些死亡人数少、经济损失大的灾害类型的深度分析较为有限。

二、全球自然灾害风险热点计划（Hotspots）

“全球自然灾害风险热点计划”（Global Natural Disaster Risk Hotspots Pro-

---

① Pelling M., Maskrey A. and Ruiz P., United Nations Development Programme, A global report reducing disaster risk: A challenge for development, New York: UNDP, 2004, pp. 1-146.

ject）是由世界银行、美国哥伦比亚大学发起，得到英国国际发展部（DFID）、the ProVention Consortium 机构、联合国开发计划署（UNDP）、环境规划署（UNEP）、挪威外国事务部门、美国国家发展局共同支持的科研项目。该项目的主要内容是深度分析及评估全球不同国家自然灾害，开始于 2001 年 9 月至 2004 年 3 月结束，在全球范围内进行了大量的案例研究，致力于降低灾害损失，关注不同灾害中的死亡风险与经济损失风险，其中死亡风险（Mortality-related Risks）多是用网格化的全球风险指数进行描述，经济损失风险（Economic Risks）以每个网格内每个单元 GDP 的百分比表达，结合不同时期的统计数据进行测算，得出国家和区域层面上的灾害暴露程度及脆弱性，重点识别高风险的区域，得出洪水、地震等不同自然灾害的灾害风险数值，绘制出全球范围的灾害风险热点地图。

具体而言，灾害风险重点关注高风险的自然灾害，针对不同的灾害类别，开发了三个不同的灾害指数，将风险视为灾害等级、物理暴露以及脆弱性等要素的组合，建立了每个灾种风险等级地图，相应的评价指标则是从评估灾害等级、灾害暴露性以及历史脆弱性等指标具体衡量，将计算公式表达为：风险=灾害等级×暴露要素×脆弱性指数，其评价指标主要包括风险、灾害暴露和脆弱性三类指标①。其中，灾害风险损失指标涵盖灾害中的死亡比率、经济损失的总额、灾害经济损失总额占当年 GDP 的比重等不同数据，相应的风险因素的数值可以从每个地区的 EM-DAT 数据库中得到。

全球自然灾害风险热点计划（Hotspots）将这三个指数的原始数据均转化为“2.5×2.5”的格点化数值。格点化后的世界人口数据（GPW）中，包括 1990 年、1995 年和 2000 年三年大约 375000 个亚国家尺度的行政单元。首先，对于没有提供亚国家尺度 GDP 数据的国家，全球自然灾害风险热点计划（Hotspots）采用世界银行提供的 2000 年购买力评价数据估计得到。其

① Dilley M., Natural disaster hotspots: a global risk analysis, Washiton: World Bank Publications, 2005.

次，灾害暴露指标根据不同的灾害类型设定具体参数，如表 5-2 所示。最后，脆弱性指标从理论上讲，当特定地区的人口和经济财产暴露于某种强度的灾害下，会有预期的损失概率密度方程。但是受到数据来源的限制，全球自然灾害风险热点计划（Hotspots）利用从 EM-DAT 数据库中获得的历史灾损数据，仅计算出不同富裕水平地区每种灾害的损失率。为了反映地区的防灾减灾能力差异，全球自然灾害风险热点计划（Hotspots）以人口暴露程度、人均 GDP 和历史损失率作为划分的依据，将每个地区分为低、中低、中高、高四种富裕水平①，最终得到全世界 7 个地区和 4 个财富等级组合成的 28 个地区的财富损失率。

表 5-2　各灾害的主要参数及数据来源

灾害种类	主要参数	研究时段	数据来源
龙卷风	风力频率	1980—2000	UNEP/GRID - Geneva PreView
干旱	异常降水事件加权的标准化降水量（持续 3 个月低于正常降水 50%）	1980—2000	IRI 气候数据图书馆
洪水	极端洪水事件次数	1985—2003	英国达特茅斯洪水观察站；世界大洪水事件地图集
地震	预期的 $pga > 2m/s^2$（50 年发生 10%）大于里氏 4.5 级地震的频率	次数/年 1976—2002	全球地震灾害计划
火山	火山活动的次数	1979—2000	UNEP/GRID-Geneva 和 NGDC
滑坡	滑坡和雪崩指数	次数/年	NGI（挪威地质技术研究所）

全球自然灾害风险热点计划（Hotspots）和灾害风险指数计划（DRI）都是以全球尺度进行灾害评估，灾害风险热点计划（Hotspots）侧重于利用过往的数据，结合风险公式进行测算，重点关注的单一灾害种类中的死亡数

① Pelling M.，"Visions of risk：a review of international indicators of disaster risk and its management"，University of London，King's College，2004.

值，区分了绝对数值和相对数值之间的差别，体现了区域脆弱性的综合特性，最终得出七个地区四个不同财富等级的脆弱性指数，能够较好契合不同经济条件下死亡及经济损失的脆弱性系数，体现不同灾种、不同外在条件的灾害脆弱性差异。然而，该计划无法体现灾害风险对于生态功能、生命健康等方面的影响。同时，该计划是以 20 年为时间尺度，相应的灾害数据相比人类面临的灾害历史而言，记录远远不够，相应的灾害风险评估结果受到数据方面的制约，无法抹平极端灾害事件对数据测算的影响，从而产生难以避免的偏差。

三、美洲计划（American Programme）

美洲计划（American Programme）是在 2002—2005 年间由美洲开发银行（Inter-American Development Bank，IADB）和哥伦比亚大学环境研究所（Institute of Environmental Studies of the National University of Colombia）合作推进。该计划是通过构建灾害风险管理指标体系，借助 1980—2000 年的美洲国家灾害信息，进行系统的定量评估，得出相应的灾害风险评价。该计划本质属于决策者风险决策的辅助工具，辅助决策者更好地评估灾害风险，降低灾害风险损失，提升灾害风险管理成效①。

美洲计划为了衡量美洲国家的风险脆弱性和风险管理水准，借助 Cardona 等学者所提出的巨灾风险分析架构，建立了灾害风险指标体系，综合考量了当前损失和预期损失、人员死亡与经济损失、对人类社会的冲击以及对制度环境的影响等各种要素，包括了经济、基础设施、环境、资源、人员伤亡、制度等方面的指标，综合评定不同国家的脆弱性和灾害风险管理水准。美洲计划为了更系统地做好灾害风险的定量分析，分别开发了宏观、中观、微观层面上不同的灾害风险指数：灾害赤字指数（Disaster Deficit Index，

① Pelling M.，"Visions of risk：a review of international indicators of disaster risk and its management"，University of London，King's College，2004.

DDI）、地方灾害指数（Local Disaster Index，LDI）、普遍脆弱性指数（Prevalent Vulnerability Index，PVI）和风险管理指数（Risk Management Index，RMI）①。其中，灾害赤字指数（DDI）强调从宏观层面衡量国家发生巨灾风险的损失程度；地方灾害指数（LDI）重点观测日常发生的频率较高但强度较低的社会环境风险；普遍脆弱性指数（PVI）重点观测承灾体的状况，由一系列反应脆弱性条件的指标组成，如暴露、社会经济弱点、缺乏社会恢复力等指标；风险管理指数（RMI）关注宏观层面灾害风险的影响要素，重点观测灾害的脆弱性和恢复环节，由衡量国家风险应对行为的指标体系构成，聚焦于防灾减灾措施。

首先，灾害赤字指数（DDI）是用来衡量一个地区灾害发生后造成的经济损失和可用于灾后恢复的财政资源的指标②。该指标体现了最大可能灾害事件（Maximum Considered Event，MCE）造成的损失、资源的需求和公共经济的恢复能力三者之间的关系。决策部门可以依据该指标，对地区的财政暴露和潜在赤字予以考虑。灾害赤字指数（DDI）是潜在损失与经济恢复力的比值，具体的计算式：DDI = MCE loss/Economic resilience。在公式中，MCE loss 是指潜在损失，由致灾因子发生的超越概率和暴露物的脆弱性共同决定，可以通过模型计算得出，$L_R = EV(I_R, F_S)K$③。其中，E 代表可能造成损失财物的经济总值；V 代表脆弱性，用以衡量灾害强度的指标；I_R 代表灾害重现期灾害强度的指标；F_S 代表灾害发生地的灾害治理的影响因素；K 是校正影响的脆弱性相关因子。

Economic resilience 是指经济恢复力，通常是发生灾害之后，可能获得所

① 万蓓蕾：《基于 AHP—模糊综合评价模型的上海城市社区风险评估研究》，硕士学位论文，复旦大学，2011 年。

② Pelling M.，"Visions of risk：a review of international indicators of disaster risk and its management"，University of London，King's College，2004.

③ Cardona O. D.，Hurtado J. E. and Chardon A. C.，"Indicators of disaster risk and risk management main technical report"，Program for Latin America and the Caribbean IADB－UNC/IDEA，World Bank，2005，pp. 1－216.

有资金的总和，具体包括：该地区所能得到的由政府承保的物质和基础设施的保险偿付资金 F_1^P，灾害发生下一年度，为治理灾害而提供的、可供支配的灾害储备基金 F_2^P，公共和私人、国内和国外的援救和捐助资金 F_3^P，通过新增税收所能得到的可能金额 F_4^P，重新调整预算分配资金 F_5^P，来自国外组织和资本市场的信贷资金 F_6^P，来自商业银行和中央银行国内信贷资金 F_7^P①。DDI 与评估主体治理灾害的经济能力呈负相关，其数值越大，说明评估主体的灾害损失相比经济恢复力而言越严重，当数值大于 1 时，说明评估主体不具备自我处置相应等级的巨灾风险能力②。为了更为科学地评估主体灾害风险的财务应对能力，在前述基础上，还开发了补充灾害赤字指数 DDI′，用以表示每年预计损失或是纯风险保险费用（The Pure Risk Premium）与每年资金花费的比值，将每年用以防范风险的储备金或保险额纳入其中，用以综合评价灾害风险数值③。

其次，地方灾害指数（LDI）是用来识别那些与极端事件相比更容易发生的、强度稍弱的灾害事件所导致的社会环境风险。这类灾害事件通常在局部地区发生且不属于突发性灾害，但是会对社会和经济方面较脆弱的人群产生重大影响，甚至会严重影响国家发展。该指数主要用于评估某地发生巨灾风险的可能性，以及由此引发的各种累积影响。由于该指数描述的多是强度小、频率高的灾害事件，如洪水、滑坡、雪崩、森林火灾和干旱等灾害，往往能显示空间变量和次国家级的灾害分布。地方灾害指数（LDI）由灾害死亡人数、受影响人口数以及物质损失数值等 3 个次级指标构成，即 LDI =

---

① Cardona O. D., Hurtado J. E. and Chardon A. C., “Indicators of disaster risk and risk management main technical report”, Program for Latin America and the Caribbean IADB-UNC/IDEA, World Bank, 2005, pp. 1-216.

② Cardona O. D., Hurtado J. E. and Chardon A. C., “Indicators of disaster risk and risk management Summary report for WCDR”, Program for Latin America and the Caribbean IADB-UNC/I-DEA, 2005, pp. 1-47.

③ Cardona O. D., Hurtado J. E. and Chardon A. C., “Indicators of disaster risk and risk management main technical report”, Program for Latin America and the Caribbean IADB-UNC/IDEA, World Bank, 2005, pp. 1-216.

$LDI_{Deaths}+LDI_{Affected}+LDI_{Losses}$，可以分别评估地区或城市层级。该指数越高，说明评估客体受灾害影响的规律性越高，灾害的分布等级和地理分布具有可供借鉴的规律性。同样，地方灾害指数（LDI）计算了补充指标 LDI’，它主要表现所有地区尺度的灾害总损失（直接物理损失）的集中度，即反映了国家或地区内部风险的差异性①。

再次，普适脆弱性指数（PVI）是衡量评估客体内部脆弱性的复合指标，这一指标在衡量脆弱性方面具有较强的互通性，不需要区分特定灾种、响应能力、受影响的既定范围，适用于评估内部固有的脆弱性。具体由因暴露程度而产生的易损性、社会—经济脆弱性、恢复力缺乏等 3 个次级指标的平均值得出，即 $PVI=(PVI_{exposure}+PVI_{fragility}+PVI_{lack\ of\ resilience})/3$。三个指标主要是识别巨灾风险后的脆弱性表现，具体内容涵盖不同阶段不同主体的状况、薄弱环节、容易受损等方面的定量数据。暴露和敏感度是灾害风险存在的必要条件，通常由易受影响的人口、财产、投资、生产、生计、古迹和人类活动等相关指标测量；社会—经济脆弱度可以用贫穷、个人安全的缺乏、文盲、收入不平等、失业、通货膨胀、债务等指标来反映。这些指标反映了一个国家或地区的弱点，它加重了危险事件的直接影响。即使这些影响无法累计，它们也会对社会发展和经济水平产生重要影响；恢复力缺乏程度可以用人类发展、人类资产、经济再分配、管理、财政保护等指标来反映，这些指标反映了灾后恢复或消化吸收灾害影响的能力。总的来说，普适脆弱性指数（PVI）包括由于物质和人类的物理暴露程度而产生的易损性 $PVI_{exposure}$；容易产生间接和潜在的社会经济脆弱性 $PVI_{fragility}$；以及灾后应对能力的缺乏 $PVI_{lack\ of\ resilience}$。

---

① Cardona O. D., Hurtado J. E. and Chardon A. C., “Indicators of disaster risk and risk management Summary report for WCDR”, Program for Latin America and the Caribbean IADB-UNC/I-DEA, 2005, pp. 1-47.

表 5-3 PVI 的 3 个次级指标①

ES	SF	LR
1. 年均人口自然增长率（%）	1. 人口贫困指数（HPI-1）	1. 人口发展指数（HDI）[lnv][1]
2. 年均城市增长率（%）	2. 依赖人口/劳动适龄人口	2. 性别相关的发展指数（GDI）[lnv]
3. 人口密度（人/km^2）	3. 由 Gini 指数计算社会不平等、财富集中问题	3. 养老金、健康医疗和教育的社会支出（占 GDP 的比例）[lnv]
4. 贫穷人口（收入<1 元/d）	4. 失业率（%）	4. 政府管理指数（WGI）[lnv]
5. 资金储备（百万元/km^2）	5. 通货膨胀、食品价格（年增长率%）	5. 基础设施和房屋保险（占 GDP 的比例）[lnv]
6. 商品和服务的进出口（占 GDP 的比例）	6. 农业与 GDP 增长的相关性（年增长率%）	6. 每千人居民拥有电视机数 [lnv]
7. 国内固定投资总值（占 GDP 的比例）	7. 债息（占 GDP 的比例）	7. 每千人居民拥有病床数 [1nv]
8. 可耕地及永久作物（占土地面积的比例）	8. 人为土地退化（GLASOD）	8. 环境可持续指数（ESI）[lnv]

[1]：[Inv] 的数值需要做转化，如果是负值，需要转化为 1 减去这个数的相反数，由计算式表示为：$-R=1-R$。

此外，美洲计划中有关城市层级的评估实践是建立在哥伦比亚首都波哥大地震风险评估模式基础上的②，设定了具体评估指标及相应权重（具体如图 5-1 所示）。为了强化指标体系的解释力，进一步扩充指标的辨识度，在城市层级的指标基础上，具体细分了物质风险指标、社会经济脆弱性指标以及恢复力缺乏指标，限定了相关的影响因素，设定不同的分析单元，将物质风险、社会风险和总风险取值均转化到 0—1 的范围内，构建了有关物质风

① Cardona O. D., Hurtado J. E. and Chardon A. C., "Indicators of disaster risk and risk management Summary report for WCDR", Program for Latin America and the Caribbean IADB-UNC/IDEA, 2005, pp. 1-47.

② Cardona O. D., Hurtado J. E. and Chardon A. C., "Indicators of disaster risk and risk management Summary report for WCDR", Program for Latin America and the Caribbean IADB-UNC/IDEA, 2005, pp. 1-47.

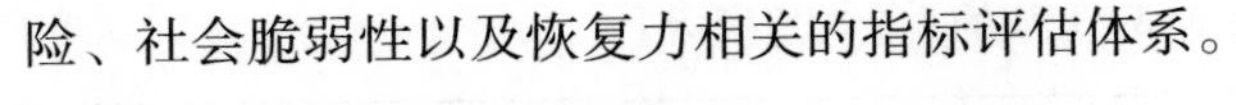
险、社会脆弱性以及恢复力相关的指标评估体系。

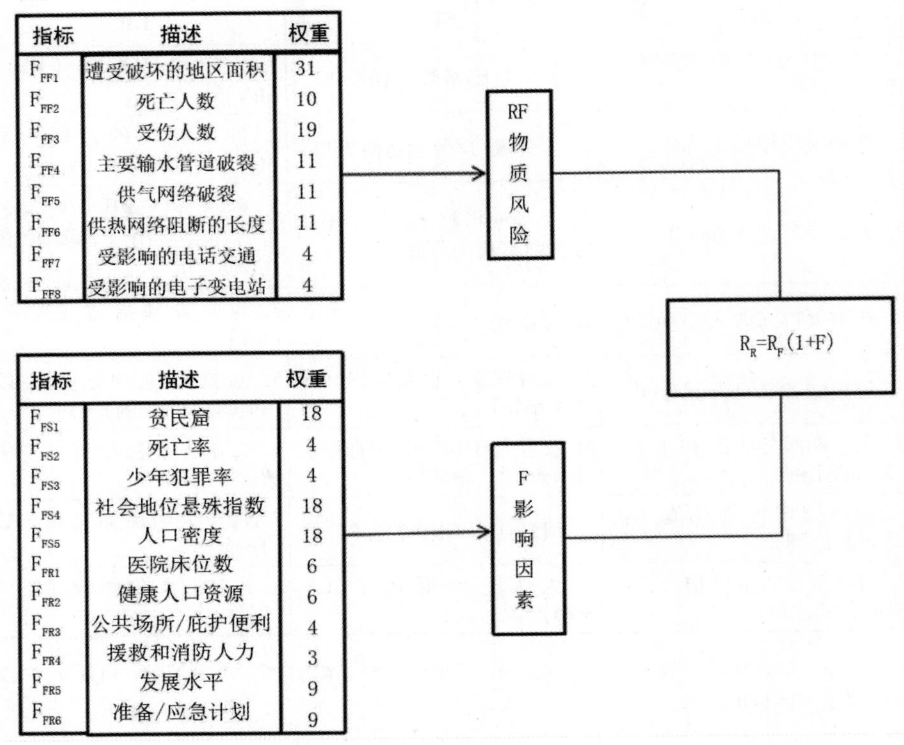

指标	描述	权重
F_{FF1}	遭受破坏的地区面积	31
F_{FF2}	死亡人数	10
F_{FF3}	受伤人数	19
F_{FF4}	主要输水管道破裂	11
F_{FF5}	供气网络破裂	11
F_{FF6}	供热网络阻断的长度	11
F_{FF7}	受影响的电话交通	4
F_{FF8}	受影响的电子变电站	4

指标	描述	权重
F_{FS1}	贫民窟	18
F_{FS2}	死亡率	4
F_{FS3}	少年犯罪率	4
F_{FS4}	社会地位悬殊指数	18
F_{FS5}	人口密度	18
F_{FR1}	医院床位数	6
F_{FR2}	健康人口资源	6
F_{FR3}	公共场所/庇护便利	4
F_{FR4}	援救和消防人力	3
F_{FR5}	发展水平	9
F_{FR6}	准备/应急计划	9

图 5-1　城市级的物质风险、社会经济脆弱性和恢复力缺乏的指标及其权重①

最后，风险管理指数（RMI）是衡量一个国家或地区风险管理表现的具体指数。关注灾害风险过程中的管理应对行为，重点考察灾害预防和灾害恢复环节，聚焦各政府机构和社会组织为了降低风险损失，减弱风险破坏，而逐步发展出来的风险治理能力状况、相应的制度建设和应急储备情形。风险管理指数涵盖整个风险治理的全过程，包括风险识别、降低风险、风险管理以及财政保护等，采用主客观的方式，聚焦全社会的风险感知、风险预报、

① Cardona O. D., Hurtado J. E. and Chardon A. C., "Indicators of disaster risk and risk management Summary report for WCDR", Program for Latin America and the Caribbean IADB－UNC/IDEA, 2005, pp. 1-47.

风险减缓、风险响应、风险转移、风险治理制度化等不同方面，赋予指标相应的定量权重，由各国风险管理专家分别给出相应的分值，最终由各指标经过加权求和，获得最终的指标数值。

表 5-4　RMI 的 4 个次级指标①

RI	RR	DM	FP
1. 系统的灾害和损失清单	1. 考虑土地利用和城市规划的风险	1. 应急运作的组织和协作	1. 内部体制的、多部门和分散的组织
2. 致灾因子监测和预报	2. 流域干预和环境保护	2. 应急响应计划和预警系统的实施	2. 使机构变强的储蓄金
3. 致灾因子评价和制图	3. 灾害事件控制和保护技术的实施	3. 设备、工具和基础设施的捐赠	3. 预算分配和资金筹集
4. 脆弱性与风险评估	4. 住房改善和居民点倒塌房屋的重建	4. 内部机构响应的模拟、升级和测试	4. 社会安全网络和资金响应的实施
5. 公共信息与社会参与度	5. 安全标准和建筑法规的升级和执行	5. 社区准备和演习	5. 保险总额和公共财产的损失转移措施
6. 灾害管理的培训教育	6. 公共和私人财产的加固和改进	6. 修复和重建计划	6. 房屋和私人部门基础设施及再保险的储备金

四、多重风险评估计划（Multi-risk Assessment）

多重风险评估计划是针对致灾因子进行评估的特定方法，是由欧洲空间观测网络在风险评估实践中实施，考量环境和人力的影响因素，系统分析致灾因子导致的诸多风险，综合评价特定区域潜在风险的方法体系②。多重风险评估计划特别重视不同方面的致灾因素总体影响，在对欧盟 27 国、挪威

① Cardona O. D., Hurtado J. E. and Chardon A. C., "Indicators of disaster risk and risk management Summary report for WCDR", Program for Latin America and the Caribbean IADB-UNC/IDEA, 2005, pp. 1-47.

② Greiving S., Fleischhauer M. and Lückenkötter J., "A methodology for an integrated risk assessment of spatially relevant hazards", Journal of environmental planning and management, Vol. 49, No. 1 (2006), pp. 1-19.

等所在的区域进行综合灾害风险评价时①，更多地用于超越国家范围的风险评估，综合所有相关风险因素，分析源自自然和技术层面的致灾因子，试图测量一个地区总体的潜在风险②。随着评估技术的发展，相应的应用范围开始逐步拓展至不同空间尺度的巨灾风险评估，并聚焦于承灾体的脆弱性特质，强调考察风险应对能力，综合评定承灾体的风险暴露程度，通过将致灾因子的强度和概率定量化得出潜在危害，输出综合致灾因子图、综合脆弱性图和综合风险图。

首先，综合致灾因子图是通过考量单个致灾因子的相关信息，将致灾因子的地点及频率进行汇总，依据致灾因子的频率及量级，划分不同的致灾因子等级，结合专家的主观意见，反映各地区所有灾害发生的可能性，综合进行评定。综合致灾因子图重点分析致灾因子的分布情形，借助图表形式，往往通过将所有致灾因子的强度加权求和得到，表 5-5 为 Stefan Greiving 所确定的致灾因子指标。

表 5-5　致灾因子指标

自然和技术灾害	灾害指标	相对重要性（%）
雪灾	可能出现崩塌的地区数	2. 3
干旱	观测到的干旱数据（1904—1995）	7. 5
地震	峰值地面加速度、伤亡人数	11. 1
极端温度	高温天数、热浪严寒日数、寒潮天数	3. 6
洪灾	大规模河流洪灾事件重现期（1985—2002）	15. 6

① Schmidt-Thomé P., Kallio H., Greiving S., et al, "Development of Natural Hazard maps for European Regions", EU - MEDIN Forum on Disaster Research "The Road to Harmonisation", Thessaloniki, Greece, 2003, pp. 26-27.

② Schmidt-Thomé P., "The spatial effects and management of natural and technological hazards in Europe", Final Report of the European Spatial Planning and Observation Network (ESPON) project, 2005, pp. 1-197.

续表

自然和技术灾害	灾害指标	相对重要性（%）
森林大火	每 1000km² 内的火灾次数（1997—2003）、生物地理区	11.4
滑坡	专家意见（向所有欧洲地质专家发放问卷）	6
风暴潮	冬季风暴出现频率、冬季风速的变化	4.5
海啸	由海啸引发的重力滑坡区域，临近构造活动带的区域，临近已经发生过由地震、火山爆发或海底滑坡引发的海啸的构造活动带	1.4
火山喷发	过去 1 万年已知的火山喷发	2.8
空难	5km 距离范围内的机场数量、每年的乘客数量	7.5
主要事故	各区域内每 km² 内化学工厂的数量	2.1
核事故	核电站的位置、距核电站的距离	8.4
石油生产、加工、储蓄、运输	区域内炼油厂、石油港和石油管线的总数	2.3

其次，综合脆弱性图是借助所有的灾害相关信息，通过相互比对灾害暴露程度与应对能力，来综合评定一个地方的总体脆弱性的图表。灾害暴露程度与一个地区人类活动的范围及深度有关，可以借助经济指标、人口指标以及自然生态指标进行测定。区域的经济发展指标基本能够表明这一地区的工业、农业以及生产能力的发展程度，可以侧面分析相应地区的灾害暴露度，同时也可以反映一个地区应对灾害时可以调配的资源总量，从而分析一个地区应对和管理灾害的响应潜力。常住人口数据可以具体分析灾害可能的受灾人数。自然生态指标可以反映一个地区的生态保护情形，测量一个地区的生态脆弱性。欧洲空间观测网络在实施具体项目评定时，分别从经济和社会层面考量脆弱性，形成的脆弱性指标及其权重，如表 5-6 所示①，并依据不同的强度频率，划分了 5 个不同的脆弱性等级。

① Schmidt-Thomé P., “The spatial effects and management of natural and technological hazards in Europe”, Final Report of the European Spatial Planning and Observation Network (ESPON) project, 2005, pp. 1-197.

表 5-6　脆弱性指标及其权重

指标	要素	脆弱性
区域人均 GDP	10%	-
人口密度	30%灾害暴露	50%综合脆弱性图
自然区的破碎化程度	10%	1—5 级
国家人均 GDP	50%应对能力	50%

多重风险评估计划是在脆弱性理论的基础上进行的综合巨灾评估，借助各种灾害信息进行分析，叠加致灾因子图和脆弱性图，采用等级矩阵法，按照致灾因子的强度及频率，将脆弱性划分为 5 个不同的等级，并以此作为横轴，以灾害损失的数据得出致灾强度等级作为纵轴，综合得出区域风险等级图表，形成最终的综合风险图，实现巨灾风险等级的综合风险评估。当前国际巨灾风险评估正逐步走向标准化和系统化，以灾害风险指数计划（DRI）、全球自然灾害风险热点计划（Hotspots）、美洲计划（American Programme）和多重风险评估计划（Multi-risk Assessment）为主要内容的指数评估模型，均有其各自的指标体系和数据来源。指标及权重的确立是巨灾风险评估的关键议题，如何选取及确立合适的指标及权重，是确保巨灾风险评估的关键核心要素。本书通过梳理以往灾害风险指标研究成果，归纳指标选取及权重确立的相关原理，可以科学地设定西部巨灾风险评估的指标及权重，为推进巨灾风险指标建设提供借鉴。

第二节　西部地区巨灾风险评估的指标设置

西部地区是我国巨灾风险的多发之地，日趋增多的地震、洪涝、泥石流等自然灾害风险与环境污染、食品安全、公共安全等社会风险挑战，对西部地区巨灾风险的评估与管理提出了更高的要求。相比其他区域而言，西部地区生态环境较为脆弱、资源保护意识和能力相对薄弱，且相应的社会风险抵御能力较低，造成巨灾风险治理能力的问题更为突出，需求也更加强烈。总的来说，西部地区自然巨灾风险多是地质灾害、泥石流、地震、火灾、洪水等。此外，还受到风暴灾害和雪灾等巨灾风险的威胁。同时受到历史条件和民族文化的影响，西部地区社会风险的构成更加复杂，尤其在西部民族地区社会矛盾显得更加突出。在未透彻知悉巨灾风险诱发机理的现状下，运用合成指标是惯用的评估方法。具体而言，指标体系的构建是以巨灾风险的起因及表征等方面为基础，通过数理计算等原理得出相关指数，来表示地区巨灾风险程度的相对大小。

基于指标体系的巨灾风险评估在我国灾害风险管理中的应用也尤为广泛，主要是针对单一灾种进行分析。如杜鹃等（2006）重视致灾因子、孕灾环境的自然属性和承灾体的社会属性，聚焦我国常见的洪水这一单一灾种，根据洪水特性构建了洪水灾害的指标体系，并对湘江流域的洪水进行了综合风险评估①；刘少军等（2010）以台风过程中发生的暴雨的危险性指数、地形因子和社会经济易损性为主要指标，分析评估了海南岛台风过程引发的灾害风险）②。此外，也有诸多学者从综合风险评估的角度出发，针对特定区域进行巨灾风险评估。如学者殷杰等（2009）选用指标体系的风险建模范式和方法构建了包含 19 个指标的评估体系，进行了上海城市自然灾害综合风险评估③；颜峻等（2010）针对城市灾害风险特性，注重强化社区应急管理的重要性，探讨了可行的区域灾害风险评估方法，利用 AHP 方法以及模糊隶属度函数等多重定量方法，提出灾害致灾因子、承灾体暴露性、脆弱性以及社区应急能力等四方面因素是城市灾害管理的核心要素，并以此为基础，

① 杜鹃、何飞、史培军：《湘江流域洪水灾害综合风险评价》，《自然灾害学报》2006 年第 6 期，第 38—44 页。

② 刘少军、张京红、蔡大鑫等：《台风过程引发洪涝灾害的风险评估——以海南岛为例》，《自然灾害学报》2010 年第 3 期，第 146—150 页。

③ 殷杰、尹占娥、许世远：《上海市灾害综合风险定量评估研究》，《地理科学》2009 年第 3 期，第 450—454 页。

构建了城市灾害风险评估体系①；巫丽芸等（2014）以区域为研究尺度，侧重灾害的危险程度，聚焦灾害治理过程中的应对能力建设，利用相关数据，生成了防灾能力指数、承灾能力指数、恢复力指数，选择相应的灾害易损性评估指标体系，构建了生态系统灾害风险评估框架②。不难看出，基于指标体系的巨灾风险评估认为孕灾环境、致灾因子和承灾体三者共同构成巨灾系统，巨灾风险则是致灾因子、承灾体、孕灾环境相互交错的产物，具有危险性、暴露性以及脆弱性等多重特征。在实践中常常运用归纳风险构成要素的方式来描述风险，并针对不同灾种或地区特征补充和完善指标体系，进行巨灾风险的评估。

本书在梳理国内外现有的巨灾风险评估的指标体系的基础上，结合西部地区的社会经济条件和资源环境特点，讨论不同风险的共性及个性影响因素，构建出适应于西部地区巨灾风险评估的指标体系。其中，致灾因子危险性是指存在于孕灾环境中的致灾因子，可能导致的诸如财产损失、人员伤亡、资源环境破坏和社会系统紊乱等现象的程度。致灾因子数反映区域危险源的数量；自然灾害和社会风险发生概率反映了西部地区经常发生的灾害类别及该灾种的发生频数；年均因灾死亡率和因灾经济损失反映了灾害可能造成的人员伤亡情况以及经济损失程度。承灾体是包括人类本身在内的社会文化环境，如森林、城镇、工厂等地。承灾体暴露和敏感性是灾害风险存在的必要条件，通常由易受影响的人口、财产、生产、设施和人类活动等指标表示。人口密度、建筑物覆盖率、生活垃圾无害化处理率、森林与林地覆盖率等能够反映可能暴露在灾害风险中的人口和物质数量；而城镇化率不仅能够反映暴露在巨灾风险中的城镇数量，还能反映区域城乡结构；人口自然增长率、城市增长率则主要反映人口增长和人口聚集程度造成的承灾体敏感性。

---

① 颜峻、左哲：《自然灾害风险评估指标体系及方法研究》，《中国安全科学学报》2010年第11期，第61—65页。

② 巫丽芸、何东进、洪伟等：《自然灾害风险评估与灾害易损性研究进展》，《灾害学》2014年第4期，第129—135页。

孕灾环境脆弱性揭示了地区的经济社会环境存在的弱点，它加重了危险事件的直接影响。即使这些影响无法累计，它们也会对社会发展和经济水平产生重要影响，可以用居民消费价格指数、恩格尔系数、失业率、有害生物防治率等指标来反映。抗灾恢复力反映了灾后恢复或消化吸收灾害影响的能力，通常使用人均 GDP、社会支出、保险支出等指标反映区域防灾减灾经济实力、医疗救助等政府灾害管理水平和应急救助能力。具体如表 5-7 所示。

表 5-7　西部地区巨灾风险评估的指标体系

因素	指标	旱灾	地质灾害	洪涝	气象灾害	森林灾害	社会风险
致灾因子危险性	致灾因子数	*	*	*	*	*	*
	自然灾害发生频率（次/万平方千米）	*	*	*	*	*	
	社会风险发生频率（%）						*
	年均因灾死亡率（‰）	*	*	*	*	*	*
	年均因灾经济损失（亿元）	*	*	*	*	*	*
承灾体暴露—敏感性	人口密度（人/平方公里）	*	*	*	*	*	*
	城镇化率（%）	*	*	*		*	*
	建筑物覆盖率（%）		*	*			*
	生活垃圾无害化处理率（%）		*	*	*		*
	森林与林地覆盖率（%）		*	*	*	*	
	年均人口自然增长率（‰）	*	*	*	*		*
	年均城市增长率（%）		*	*			*

续表

因素	指标	旱灾	地质灾害	洪涝	气象灾害	森林灾害	社会风险
孕灾环境脆弱性	恩格尔系数（%）	*	*	*	*	*	*
	失业率（%）		*	*	*	*	*
	居民消费价格指数（上年=100）	*	*	*	*		*
	农林牧渔业总产值占 GDP 比例（%）	*	*	*	*	*	
	耕地面积（公顷）	*	*	*	*		
	有害生物防治率（%）	*	*	*	*	*	
	公共安全支出占公共预算比例（%）						*
抗灾恢复力	人均 GDP（元）	*	*	*	*	*	*
	医疗和教育支出占公共预算比例（%）	*	*	*	*	*	*
	社保和就业支出占公共预算比例（%）	*	*	*	*	*	*
	每千人居民拥有医生数(人)		*	*	*		*
	每千人居民拥有病床数(位)		*	*	*		*

* 表示各灾种可以选取的指标。

巨灾风险评估作为巨灾风险管理的核心，已经成为灾害研究的热点问题。本书在梳理国内外现有的巨灾风险评估的指标体系的基础上，结合西部地区的社会经济条件和资源环境特点，从致灾因子危险性、承灾体暴露—敏感性、孕灾环境脆弱性和抗灾恢复力 4 个方面设定指标，形成适合西部地区巨灾风险评估的指标体系，并针对西部地区频发的巨灾风险列举可以用于风险评估的指标。

第三节　西部地区巨灾风险评估的方法运用

指标权重的确定是巨灾风险指数评估中的核心任务，是指指标在整体评价中价值的高低和相对重要的程度以及所占比例的大小量化值。指标体系中，不同指标的重要程度存在差别，对结果的影响力也大有不同，需要在评估中设定不同的比值，赋予指标不同的权重系数，实现指标体系的针对性与有效性。目前，本书研究小组在西部地区巨灾风险评估体系的设置过程中，具体使用了德尔菲法、层次分析法和主成分分析法等方法，通过梳理操作流程，为巨灾风险指标体系权重的设立提供了具体的路径。

一、德尔菲法

德尔菲法（Delphi Method）是管理决策活动中常用的技术方法，常用于评估、决策、规划、沟通等管理环节，属于一种定性预测的主观方法，目的是减少在集体讨论时常见的权威屈从或意见盲从现象，又被称为专家规定程序调查法。在西部地区巨灾风险评估与管理创新中，先选定了巨灾管理领域的专家，共计 16 人，分别来自高校、科研机构以及政府实践部门，涵盖自然科学和社会科学领域，对西部地区巨灾风险评估指标的权重进行征询，依照德尔菲法的既定程序，将指标排序及比重比例制作成为表格，借助匿名通讯的方式，分别征求选定专家对权重比例的意见，经过多轮反复征询，专家对于指标权重的意见逐渐趋同。在德尔菲法实施过程中，本书特别重视各专家的独立意见，重点分析权重分歧过高的指标，详细列举了这个问题的相关背景资料，最大限度地减少权威人士的意见干扰，总结专家意见的理由及依据，以书面形式逐轮收集意见，反复进行征询，最终得出较为一致的指标权重。具体操作过程说明如图 5-2 所示。

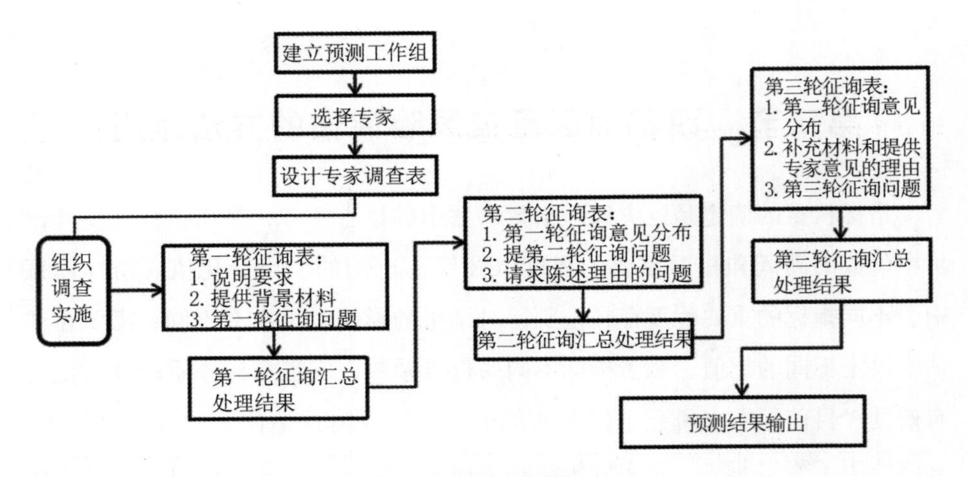

图 5-2　德尔菲法流程说明图

二、 层次分析法

层次分析法（Analytic Hierarchy Process，简称 AHP）是一种将复杂问题进行要素化、条理化的决策方法，其基本思路是将复杂问题简单化，充分考量影响问题的各个层面，借助定量与定性分析方法，对比不同要素的权重进行比较和排序①。在管理实践中，多是将管理任务具体细分为目标、准则以及方案等不同层次的要素，借助网络系统理论和多目标综合评价等方法，注重不同要素之间的彼此联系与相互关联。层次分析法非常适用于西部地区巨灾风险评估与管理创新研究，可以使不同层次的巨灾治理目标更加契合，有效解决巨灾风险中难以定量描述的一些具体决策问题。在西部地区巨灾风险评估指标权重设定时，本书将西部地区巨灾风险评估从多个层次展开，包括致灾因子的危险性、承灾体的暴露性、孕灾环境的脆弱性和抗灾恢复力等，具体细分巨灾风险的各个要素，使之能够有序化及条理化，结合专家意见和

① 曾现进、李天宏、温晓玲：《基于 AHP 和向量模法的宜昌市水环境承载力研究》，《环境科学与技术》2013 年第 6 期，第 200—205 页。

本书研究小组综合讨论意见，对西部地区巨灾风险要素的重要性进行衡量比较，展开定量描述，重点关注指标的设定权重的影响因素，并依据数学方法确立不同层次的不同次序，最大限度地保持巨灾风险评估体系的完整性与结构的科学性，从而保证西部巨灾风险管理指标具有稳定性。具体的操作步骤如下。

（一）建立判断矩阵

判断矩阵是以西部巨灾风险评估体系中的上层要素（A）作为评价准则，对本层要素（B）两两判断确定矩阵，其一般形式为：

$$A=(b_{ij})=\frac{b_i}{b_j}\qquad (i\neq j) \tag{1}$$

$$A=(b_{ij})=1\qquad (i=j) \tag{2}$$

判断矩阵应满足：

$$b_{ij}=\frac{1}{b_{ji}} \tag{3}$$

对判断矩阵进行建构时，通常要按照历史数据以及专家意见来判断下层每一个指标对相应的上层指标的重要程度，并按照1-9的判断尺度加以量化（表5-8）。

表 5-8　西部巨灾风险评估目标重要性判断标度

标度	说明
1	同层次的两指标相比，具有同等重要程度
3	两指标相比，一个指标比另一个指标稍微重要
5	两指标相比，一个指标比另一个指标明显重要
7	两指标相比，一个指标比另一个指标非常重要
9	两指标相比，一个指标比另一个指标极端重要
2，4，6，8	两个相邻判断的中间值，需要折中时采用

（二）层次单排序和一致性检验

层次单排序重点按照西部地区巨灾风险评估指标的层次，依据不同层级的因素对同层次的指标重要性进行排序，确定指标的不同权重值。即对判断矩阵 A，计算满足 $AW=\lambda_{max}W$ 的最大特征根及其所对应的特征向量，该特征向量的数学表达式为：

$$W=(w_1, w_2, \cdots, w_n)T \tag{4}$$

其中，$w_i=(\prod/b_{ij})\cdots(i, j=1, 2, \cdots, n)$

通过对判断矩阵特征向量的归一化，可得相应的层次单排序的权重向量，即为归一化后的特征向量。在西部地区巨灾风险评估指标权重设定过程中，由于西部地区巨灾风险的影响因素众多，不同专家的观点出现较大分歧，巨灾风险的指标权重设定的判断矩阵出现不一致的情况。因此，对于每一层次作单排序时，详细做了一致性的检验。确定以下判断准则：

$$CI=\lambda_{max}-\frac{n}{n-1} \tag{5}$$

$$CR=CI/RI \tag{6}$$

RI 为判断矩阵的随机一致性指标，巨灾风险评估指标体系的一致性指标 $CR<0.1$，达到了较为理想的情况，体现了很好的随机一致性。

（三）层次总排序和一致性检验

西部地区巨灾风险评估指标体系权重的确立，将西部地区巨灾风险的总目标按照不同阶段及不同环节的步骤进行了分解，确立了相应的评价标准，将巨灾风险的各个影响因素有序地分解到不同的层次结构。经过了不同指标相互比较和衡量的过程，通过同一层次不同指标单次排序，自上而下地计算了相同层次所有因素的权重变量。如在指标体系的上层 A 层上有 n 个元素，相对总目标的权重向量为 $W=(w_1, w_2, \cdots, w_n)$，其下层 B 有 m 个元素，他们对于上一层次 A 的某个元素 j 的权重向量为 $W' = (w_{1j}, w_{2j}, \cdots, w_{nj})$，则 B 层相对总目标的权重向量为 $W * W'$，依据矩阵的不同特征向量特性，分析每一层次的不同因素对上一层级的权重影响比例，分别进行加权求和，得出不同备选方案的优先次序。在比较不同层级的影响因素时，虽然尽最大限度保证每一层级的评价标准保持一致，但是难以区分细微差异。为避免这种累积的误差影响层次总排序，本书对总体模型进行了检验，确保了指标体系层次结构是整体统一的。

三、主成分分析法

主成分分析（Principal Component Analysis，PCA）是一种科学研究与实践中常见的科学方法，主要是通过不断组合变量，实现数学降维，采取主分量分析，尽可能多地反映原有变量的信息统计方式。主成分分析方法的应用，最早可以追溯到 K. Pearson 于 1901 年开创的非随机变量的多元转化分析。1933 年，H. A. Hotelling 用离差平方和方差，衡量不同因素的影响大小。经过多年的实践完善，此种方法的应用在科学研究中已经非常普遍，特别是在社会保障、经济地理、环境保护、数量经济学、数学建模以及分子动力学模拟等领域①。主成分分析法关注研究问题的每个变量或因素，期待从中提取不同程度的关联信息，去粗成精、去伪存真，剔除不相关的信息变量，尽可能地多维度分析既定研究问题，建立综合的不相关变量，丰富原有分析路径，降低研究难度。

在西部地区巨灾风险评估与管理过程中，为了全面分析西部地区巨灾风险，需要系统提炼与巨灾风险相关的变量因素，准确考量变量之间的诸多要素，重点探讨巨灾风险各个变量影响巨灾风险的确切程度，剔除多余的变量干扰，构建能够反映巨灾风险评估各个因素的综合变量函数，尽可能地保持巨灾风险的原本信息，有效降低巨灾风险评估的难度，借助协方差矩阵对主

---

① 赵希男：《主成份分析法评价功能浅析》，《系统工程》1995 年第 2 期，第 24—27 页。

成分进行相应的赋权，这样就可以利用少量的主成分使得数据的维度降低。其实现步骤如下：

首先，对原始数据进行标准化处理。为了准确地进行评估，确保数据的标准化程度，需要借助极差正规化、标准化和均值化的方法，对西部地区巨灾风险评估的数据及指标属性差异进行权衡，消除指标量纲及属性的差异，进行标准化处理，最大限度地避免对巨灾风险评价结果的影响。其次，形成巨灾风险的标准化矩阵，求解相关系数矩阵。$R = [r_{ij}] \times p$，其中 $r_{ij}(i, j = 1, 2, \cdots, p)$ 为原变量 x_i 与 x_j 的相关系数，$r_{ij} = r_{ji}$，其计算公式为 $r_{ij} = \frac{\sum_{k=1}^{n}(X_{ki} - \overline{X}_i)(X_{kj} - \overline{X}_j)}{\sqrt{\sum_{k=1}^{n}(X_{ki} - \overline{X}_i)^2 \sum_{k=1}^{n}(X_{kj} - \overline{X}_j)^2}}$。再次，解释相关矩阵的特征方程 $|\lambda I - R| = 0$，求出特征值作为主成分并按照大小顺序进行排列，其信息利用率需达到85%以上。分别求出对应特征根的特征向量 $e_i(i = 1, 2, \cdots, p)$。最后，计算主成分载荷 $l_{ij} = p(z_i, x_j) = \sqrt{\lambda_i} e_{ij}(i, j = 1, 2, \cdots, p)$，并得出各主成分的得分即其贡献率。

主成分分析在取得较好的分析效果的同时也减少了指标选择工作量。因其在对原指标变量进行变换后形成了彼此相互独立的主成分，各指标之间相关程度较高，消除了评价指标间的相关影响。相较于其他统计方法，其在指标选择上相对容易，节省了研究者在指标选择上的精力。巨灾风险评估与管理为了减少评估计算工作量，在保留巨灾风险绝大多数信息的情况下，通过提炼少数综合指标替代巨灾风险的各项原有指标，消除评级指标层级较多的问题，克服巨灾风险评估过程中难以确定权数的困难。同时，巨灾风险评估的主成分权数的贡献率，反映了不同原始数据信息量，可以借助主成分分析法所包含的信息量占到全部信息量的比重，合理地确定不同指标的具体权数。由于主成分分析同样存在着局限性，主成分解释其含义多少带有模糊性，不如原始指标清楚确切。这就直接关系到所提取的主成分的贡献率能否达到较高水平，能否给出符合实际背景和意义的解释，否则主成分将空有信息量而无实际含义。

巨灾风险评估受到评估目的、灾害类型、评估空间尺度等多种条件的限制和影响，其设定指标和度量权重所选择的方法也具有明显差异。本书通过详细阐述指标权重设定的具体方法和操作流程，为西部地区巨灾风险评估指标的权重设定提供思路。而在西部地区风险评估的过程中，应该针对其评估要求因地制宜地选择权重设定方法。

第六章　西部地区巨灾风险的评估过程

随着社会经济的发展和人口的迅速增长，人类与资源环境的矛盾日益突出，如何运用有效的风险评估手段以控制频发的巨灾对人类社会造成的影响，已经成为当今灾害风险管理研究的主要内容之一。风险评估（Risk Assessment）指在风险事件发生前后，通过风险识别、风险分析及风险评价等过程对该事件可能造成的影响和损失进行量化评估的工作。灾害风险评估是人类社会预防灾害、控制和降低灾害风险的重要基础性研究，作为灾害风险管理中的核心环节，是灾害研究与脆弱性分析的重要衔接。基于指标体系的风险指数评估模式对数据资料要求较低并且方法简便，适用于灾害风险初步评估、快速评估和大中空间尺度的风险评估，成为目前被广泛应用的灾害风险评估方式。因此，本书依据西部地区巨灾风险评估的指标体系和权重设定，对该地区巨灾风险进行初步评估和结果分析。

第一节　研究区域概况

中国西部地区包括十二个省、直辖市和自治区，依次是内蒙古、广西、重庆、四川、贵州、云南、西藏、陕西、甘肃、青海、宁夏、新疆等。面积广袤，占我国陆上面积的71%。陆地边境线长达1.8万余公里，约占全国陆地边境线的91%；与东南亚许多国家隔海相望，有大陆海岸线1595公里，约占全国海岸线的1/11。疆域辽阔的西部地区，人口总体上较为稀少，仅占我国人口总数的28%，人口密度较低，而且西部大部分地区是我国经济欠发达、需要加强开发的地区。

一、西部地区自然地理概况

从西部地区气候条件来看，我国西南地区云、贵、川、渝、桂五省（市）因受其热带季风气候和亚热带季风气候特点影响，冬春两季属干季，降水稀少、气温偏高，加之近年来全球气候变暖、太平洋厄尔尼诺现象加剧，造成海洋季风无法登陆降雨。五省气候对厄尔尼诺现象响应滞后，容易造成气候干旱。而我国西北地区受其深居内陆的自然因素影响，该区绝大部分地区属干旱半干旱的温带大陆性气候，终年降水偏少，其干旱特征自东向西逐步显著。由于西北地区属中温带和暖温带，冬季寒冷、夏季高温，季节性温度变化较为明显，气温日较差与年较差较大，受全球气候变暖影响，该区域干旱程度进一步加剧；地处我国西部的青藏高原地区，就总体气候特点而言，属高山高原气候，夏季多雨多冰雹，冬季干燥，夏冬两季干湿差异分明。气温四季差异并不明显，终年气温偏低，大部分地区最暖月均气温在15℃以下，气温随高度和纬度的升高而降低，气温日较差较大，年较差较小。

从西部地区地理条件来看，西南五省区属我国地形的第二阶梯，地表起伏较大，多数地面海拔在1500—2000米之间，该区最高海拔为玉龙雪山，海拔5596米，而最低海拔位于长江河谷地带，海拔在300米以下。该区地表结构错综复杂，横断山脉、巫山、大巴山等山脉横亘其中，云贵高原、四川盆地以长江为界分据南北，喀斯特地貌亦为奇特壮观。西南地区水文资源丰富，长江流域和怒江、澜沧江、金沙江三江流经其中，水电能源充沛。同时，自然生物资源也较为丰富，大量矿产资源蕴藏在复杂的地貌之中，五省区铁矿、煤矿、有色金属等矿产储量均居全国前列；而我国西北地区地处我国地形的第一阶梯，大体位于大兴安岭以西，昆仑山—阿尔金山、祁连山以北。地形以高原盆地为主，东部地区为内蒙古高原，中部为黄土高原，西部地区山脉与盆地相间排列，形成“三山夹两盆”的地形特点。总体而言，植被分布自西向东呈经度地带性，分别为草原、荒漠草原和荒漠。水文特征以内流河、内陆湖为主，河湖较少，水量较少，季节变化明显。但是矿产资源种类较为丰富，储量较大，煤矿、稀土、石油、铁矿、盐矿、金矿蕴藏丰富；青藏高原地区同样地处我国地形的第一阶梯，位于横断山脉以西，喜马拉雅山脉以北，昆仑山、阿尔金山以南，地势高峻，平均海拔在4000米以上，高原冰川广布，雪峰连绵，高山湖泊、高山沼泽遍布其中，水文上内外流水系众多，该区是长江、黄河、雅鲁藏布江等亚洲主要河流的发源地，湖泊众多，有青海湖、纳木错等1500多个高原湖泊，周边河段落差大，水能资源丰富，主要矿产资源为盐矿、石膏。

二、西部地区社会经济概况

独特的自然环境导致西部地区不同于东部的生产生活方式、经济经营方式，甚至是政治制度。西部地区由于群山的封锁，自历史上就与东部地区交流甚少，经济、文化发展落后，同时由于气候环境恶劣，农业的发展落后于东部地区，自古以来就很难成为政治、经济中心。

西部地区历史上就是少数民族相对集中的、资源丰富却较为贫穷的地区。尽管改革开放以来，国家战略向西部给予一定程度的政策倾斜，区域经济有了较大的发展，但大多数地区仍然处于相对落后状态，工业化水平较低，第一产业在三大产业中所占比重较大，城市化水平也相对较低。西部地区经济发展、公共服务供给不足和民众生活水平较低的情况，短期内尚未得到根本改变，教育水平整体低下和市场主体发育程度不足的状况，也没有得到彻底扭转，并且东、西部经济上的差距还在拉大，大部分西部地区尤其是边疆地区还处在相对较低的经济发展层次。2019年，全国人均GDP排行中排在前三位的均是东部沿海地区，而排在后三位的则是西部地区，依次分别是贵州、云南和甘肃。在西部省区范围内，民族自治地方经济发展水平往往更低，其重要原因之一就是西部地区市场经济发展相对滞后。由于西部地区市场经济不发达，市场主体的发育程度较低，西部地区经济社会发展的相对滞后性给巨灾风险管理和控制造成了较大压力。

从政治环境层面来看，西部地区的政治环境受到其历史文化、民族传统、宗教信仰的深度影响。对于政府部门来说，西部地区政权的人员构成、活动方式也具有其独特的政府文化。为解决国内民族问题，中国共产党在成立之初便确立了民族区域自治制度作为保障我国少数民族自治权、处理民族问题、促进民族团结和各民族共同繁荣的根本政治制度。总体来说，我国西部地区民族区域自治制度的现代演变经历了确立、巩固和发展、完善和全面发展三个阶段。在实行民族区域自治制度的六十多年间，民族区域自治制度在建设民主制度、保障少数民族权利、促进民族地区发展等方面起到了重要作用。

从社会文化层面来看，西部地区民族众多，社会文化经历了多次的融合，最终形成了极具民族特色的地域文化。如云南省的少数民族多达55个，排在全国首位；内蒙古自治区和新疆维吾尔自治区分别为49、46个①。不难看出，西部地区是名副其实的多民族共处地区。此外，西部地区由于其特殊的地理位置，更容易和境外地区接触交流而受到境外文化的影响和渗透。

我国西部地区受到地理区位、历史条件和民族文化等因素的影响，不仅生态环境更加脆弱，而且社会发展较为滞后。同时，西部地区社会风险的构成更加复杂，尤其在西部民族地区社会矛盾显得更加突出。相比其他区域而言，西部地区资源保护意识和能力相对薄弱，且相应的社会风险抵御能力较低，具有巨灾风险种类繁多、发生频率高、灾害之间连带性强的特点。因此，我国西部地区经济发展滞后、生态环境脆弱和社会关系高度复杂的现状对西部巨灾风险的评估和管理提出了更高要求。

---

① 周平：《中国边疆治理研究》，经济科学出版社2011年版。

三、西部地区主要灾害类型

由于地理位置特殊、自然气候和地质条件复杂多变等原因，我国西部地区巨灾风险种类繁多。不仅各类灾害分布地域广泛、形式异常多变，而且破坏性巨灾常常导致次生灾害并发、综合性突发事件增多等现象，使目前西部地区已经成为我国巨灾活动最为严重的地区。这其中既包括自然环境自身引发的风险，也涵盖人类活动诱发的风险。这些巨灾风险给人类社会的生产生活带来了不同程度的损害，而且往往影响经济政治的稳定，引发严重的社会矛盾和冲突。

首先，我国西部地区地处干旱半干旱的大陆性气候带，年降水稀少且蒸发量大，使晋、甘、陕等黄土高原地区气候干旱，成为我国旱灾的重灾区。而位于亚热带季风湿润气候区的陕西南部及四川、重庆、云南、贵州等西南广大地区，受江河洪涝及局部暴雨的影响也常有洪涝灾害发生。其次，我国西部地区以黄土塬、沙漠和山脉为主要地貌，形成了特殊地表因素和复杂的深层地质条件，使地质和土地灾害活跃，如滑坡、崩塌、泥石流等地质灾害在我国西部地区常常发生，且经常引起洪水、滑坡、崩塌等次生灾害①。最后，我国西部草原属于典型的内陆干旱、半干旱草原区和荒漠区，生物的生存和资源的分布与内陆脆弱的生态环境紧密相连。在长期的发展中，生物灾害和生态环境恶化的恶性循环，使西部地区在生态建设的过程中不断产生新的生物灾害，如农作物病虫害、森林病虫害、畜禽和水产养殖动物疫病等生物灾害。

总体来说，西部地区的自然巨灾风险以地质灾害、旱灾与洪涝灾害为主，此外还受到生物灾害、森林火灾、风暴灾害和雪灾等巨灾的影响。而社会风险是指人类活动带来的社会损失的不确定性。具体形态包括恐怖事件、群体性事件、化学污染、矿难、爆炸等。我国西部地区偏离国家的政治经济

---

① 何爱平:《西部地区的灾害经济问题与对策》,《青海社会科学》2001 年第 1 期，第 43—46 页。

文化中心，各方面均相对落后，社会矛盾不仅表现出高发的增长态势，而且带有西部地区独有的民族问题和宗教问题。除了技术事故、环境灾害、疾病灾害这些传统巨灾风险问题以外，西部地区的利益分化与利益争夺问题、人口跨境流动问题、境外势力渗透问题等相继凸显，使西部地区社会风险的构成更加复杂，尤其在西部民族地区，社会矛盾显得更加突出。这些带有民族和宗教色彩的问题给西部地区巨灾风险管理造成了诸多困难。

第二节　指标体系与权重设定

西部地区是我国巨灾风险的多发之地，日趋增多的地震、洪涝、泥石流等自然灾害风险与环境污染、食品安全、公共安全等社会风险事件，对西部地区巨灾风险的评估与管理提出了更高的要求。由于当前对巨灾风险形成机制和原理未能研究透彻，学者们通常使用指标合成法探讨巨灾风险评价。

一、指标体系构建

基于指标体系的巨灾风险评估在我国灾害风险管理中应用尤为广泛。本书在梳理国内外现有的巨灾风险评估的指标体系的基础上，结合西部地区的社会经济条件和资源环境特点，讨论不同风险的共性因素及个性影响因素，构建出适用于西部地区巨灾风险评估的指标体系。致灾因子危险性是指存在于孕灾环境中的致灾因子，可能导致诸如财产损失、人员伤亡、资源环境破坏和社会系统紊乱等现象的程度，是灾害发生的直接原因；承灾体是包括人类本身在内的社会文化环境，如森林、城镇、工厂等地。承灾体暴露敏感性是灾害风险存在的必要条件，通常由易受影响的人口、财产、生产、设施和人类活动等指标表示；孕灾环境脆弱性揭示了地区的经济社会环境存在的弱点，它加重了危险事件的直接影响。即使这些影响无法累计，它们也会对社会发展和经济水平产生重要影响；抗灾恢复力反映了灾后恢复或消化吸收灾害影响的能力，通常用来反映区域防灾减灾经济实力、医疗救助等政府灾害管理水平和应急救助能力。具体如表 6-1 所示。

表 6-1　西部地区巨灾风险评估指标体系

目标层	准则层	指标名称	指标单位
巨灾综合风险（A）	致灾因子危险性（B）	致灾因子数（B_1）	（次）
		自然灾害发生频率（B_2）	（次/万平方公里）
		社会风险发生频率（B_3）	（次/平方公里）
		年均因灾死亡率（B_4）	（‰）
		年均因灾经济损失（B_5）	（亿元）
	承灾体暴露—敏感性（C）	人口密度（C_1）	（人/平方公里）
		城镇化率（C_2）	（%）
		建筑物覆盖率（C_3）	（%）
		生活垃圾无害化处理率（C_4）	（%）
		森林与林地覆盖率（C_5）	（%）
		年均人口自然增长率（C_6）	（‰）
		年均城市增长率（C_7）	（%）
	孕灾环境脆弱性（D）	恩格尔系数（D_1）	（%）
		失业率（D_2）	（%）
		居民消费价格指数（上年=100）（D_3）	（-）
		农林牧渔业总产值占 GDP 比例（D_4）	（%）
		人均耕地面积（D_5）	（公顷）
		有害生物防治率（D_6）	（%）
		公共安全支出占公共预算比例（D_7）	（%）
	抗灾恢复力（E）	人均 GDP（E_1）	（元）
		医疗卫生和教育支出占公共预算比例（E_2）	（%）
		社会保障和就业支出占公共预算比例（E_3）	（%）
		每千人居民拥有医生数（E_4）	（人）
		每千人居民拥有病床数（E_5）	（张）

根据表 6-1 所示，目标层是西部地区巨灾综合风险，准则层由致灾因子危险性、承灾体暴露—敏感性、孕灾环境脆弱性、抗灾恢复力四个方面组成。其中致灾因子危险性是以多年灾害观测数据为基础评估的；承灾体暴露—敏感性、孕灾环境脆弱性和抗灾恢复力均以查阅到的描述经济、社会、人口的数据为基础进一步计算得出。下面从数学运算方面具体阐释本书提出的西部地区巨灾综合风险评估指标体系指标的构成。B_1 致灾因子数表示可能导致巨灾风险的异变因子数量，由专家根据历史数据进行评估打分；B_2 自然灾害发生频率=每年发生自然灾害的次数/区域总面积；B_3 社会风险发生频率为 2000 年 1 月 1 日至 2019 年 12 月 31 日，西部 12 个省、市、自治区内，规模在 100 人以上群体性事件的数量；B_4 年均因灾死亡率=每年因灾害造成的人员死亡人数/区域总人口；B_5 年均因灾经济损失为每年因灾害造成的经济损失；C_1 人口密度=区域总人口/区域面积；C_2 城镇化率=城镇人口/区域总人口；C_3 建筑物覆盖率=建筑物面积/区域面积；C_4 生活垃圾无害化处理率=无害化生活垃圾/生活垃圾总量；C_5 森林与林地覆盖率=森林与林地面积/区域面积；C_6 年均人口自然增长率=（每年年末人口数-每年年初人口数）/每年平均人口数；C_7 年均城市增长率=（每年年末城镇面积-每年年初城镇面积）/每年年初城镇面积；D_1 恩格尔系数=食物支出金额/总支出金额；D_2 失业率=失业人口/区域总人口；D_3 居民消费价格指数：将价格指数的基期设定为上一年，且将基期价格水平设定为 100；D_4 农业牧渔业总产值占 GDP 比例=农林牧渔业总产值/区域 GDP；D_5 人均耕地面积=区域耕地面积/区域总人口；D_6 有害生物防治率=有害生物防治面积/有害生物发生面积；D_7 公共安全支出占公共预算比例=公共安全支出/区域公共预算；E_1 人均 GDP=区域 GDP/区域总人口数；E_2 医疗卫生和教育支出占公共预算比例=医疗卫生教育财政支出/区域公共预算；E_3 社会保障和就业支出占公共预算比例=社会保障和就业支出/区域公共预算；E_4 每千人居民拥有医生数为区域内每千人居民拥有的医生数量；E_5 每千人居民拥有病床数为区域内每千人居民拥有的病床数量。在西部地区巨灾风险评估过程中，需要依据频发灾种的特点和规律选择相应指标进行具体的分析，各灾种的指标选取如表 6-2 所示。

表 6-2　西部地区巨灾风险评估指标体系

因素	指标	旱灾	洪涝、地质、气象灾害	森林灾害	社会风险
致灾因子危险性（B）	致灾因子数（B_1）	*	*	*	*
	自然灾害发生频率（B_2）	*	*	*	
	社会风险发生频率（B_3）				*
	年均因灾死亡率（B_4）		*	*	*
	年均因灾经济损失（B_5）	*	*	*	*
承灾体暴露—敏感性（C）	人口密度（C_1）	*	*	*	*
	城镇化率（C_2）		*		*
	建筑物覆盖率（C_3）		*		*
	生活垃圾无害化处理率（C_4）		*		*
	森林与林地覆盖率（C_5）	*	*	*	
	年均人口自然增长率（C_6）	*	*	*	*
	年均城市增长率（C_7）		*		*
孕灾环境脆弱性（D）	恩格尔系数（D_1）	*	*	*	*
	失业率（D_2）		*	*	*
	居民消费价格指数（D_3）	*	*		*
	农林牧渔业总产值占 GDP 比例（D_4）	*			*
	人均耕地面积（D_5）	*	*		
	有害生物防治率（D_6）	*	*	*	
	公共安全支出占公共预算比例（D_7）				*
抗灾恢复力（E）	人均 GDP（E_1）	*	*	*	*
	医疗卫生和教育支出占公共预算比例（E_2）	*	*	*	*
	社会保障和就业支出占公共预算比例（E_3）	*	*	*	*
	每千人居民拥有医生数（E_4）		*	*	*
	每千人居民拥有病床数（E_5）		*	*	*

*表示各灾种可以选取的指标。

巨灾风险评估作为巨灾风险管理的核心，已经成为灾害研究的热点问题。本书在梳理国内外现有的巨灾风险评估的指标体系的基础上，结合西部地区的社会经济条件和资源环境特点，从致灾因子危险性、承灾体暴露—敏感性、孕灾环境脆弱性和抗灾恢复力 4 个方面设定指标，形成适合西部地区巨灾风险评估的指标体系，并针对西部地区频发的巨灾风险列举可以用于风险评估的指标。

二、指标权重确定

指标权重是指标在整体评价中价值的高低和相对重要的程度以及所占比例大小的量化值。在西部地区巨灾风险评估的过程中，需要依据频发灾种的特点和规律选择相应指标进行权重设定，因而本书对西部地区各灾害的指标权重做出区分后，进行权重比例汇总，以得出各省区的综合巨灾风险值。

西部地区受到气候特点的影响，往往冬、春两季属干季，呈现降水稀少和气温偏高的特点，加之近年来全球气候变暖、太平洋厄尔尼诺现象加剧，我国西部地区的极端天气逐渐增多，干旱成为西部地区最主要的自然气候特征。近年来，西部地区干旱灾害频发，且涉及范围广泛。在过去 50 年里，西部共发生 34 次干旱，其中甘肃、宁夏每 2 年便发生一次旱灾。就发生频率而言，旱灾已经成为仅次于地质灾害的重大自然灾害。旱灾风险评估主要是揭示干旱风险发生的可能性及其规律。其中，致灾因子数反映了区域内可能导致旱灾发生的危险源的数量，如降雨量、地壳板块滑移、水土流失等；自然灾害发生频率代表了区域内旱灾的发生频率，它由每年发生旱灾的次数和区域总面积决定；年均因灾经济损失反映了旱灾可能造成的经济损失程度，包括善后处理支出的费用和毁坏财产的价值等；人口密度、森林与林地覆盖率能够反映承灾体的暴露程度，即可能受到旱灾风险影响的人口和物质数量；年均人口自然增长率则主要反映人口增长造成的农作物、林业等承灾体的敏感性；恩格尔系数反应干旱灾害的直接影响，表现出了旱灾、农业减产与贫困程度增加之间的恶性循环；居民消费价格指数、农林牧渔业总产值占 GDP 比例代表了旱灾可能对食品价格甚至农作物产业带来的影响；人均耕地面积和有害生物防治率则反映了旱灾可能对土地资源造成的损害，如耕地面积的减少、土地沙漠化等现象的产生；人均 GDP、医疗卫生和教育支出占公共预算比例、社会保障和就业支出占公共预算比例等指标反映区域预防和治理旱灾的经济实力、医疗救助等政府灾害管理水平和保险赔付能力。旱灾风险评估的指标权重如表 6-3 所示。

表 6-3　旱灾风险评估指标权重

指标	B：0. 3400	C：0. 1357	D：0. 2370	E：0. 2873	各指标对目标层权重
致灾因子数（B_1）	0. 3108				0. 1057
自然灾害发生频率（B_2）	0. 4934				0. 1677
年均因灾经济损失（B_5）	0. 1958				0. 0666
人口密度（C_1）		0. 5396			0. 0732
森林与林地覆盖率（C_5）		0. 1634			0. 0222
年均人口自然增长率（C_6）		0. 2970			0. 0403
恩格尔系数（D_1）			0. 3560		0. 0844
居民消费价格指数（D_3）			0. 1164		0. 0276
农林牧渔业总产值占 GDP 比例（D_4）			0. 0936		0. 0222
人均耕地面积（D_5）			0. 2361		0. 0469
有害生物防治率（D_6）			0. 1978		0. 0560
人均 GDP（E_1）				0. 5499	0. 1580
医疗卫生和教育支出占公共预算比例（E_2）				0. 2098	0. 0603
社会保障和就业支出占公共预算比例（E_3）				0. 2402	0. 0690

尽管西部地区以干旱为主要灾害特征，但受江河洪涝及局部暴雨的影响，西部地区也常有洪涝、风暴、雪灾等气象灾害的发生。西部 12 个省市自治区近年来均有不同程度的洪涝等气象灾害发生，部分省份地区发生频率远超全国平均水平。此外，我国西部地区地形以山地丘陵为主，地质构造复杂、表层岩体破碎，特殊的地表因素和复杂的深层地质条件，使该地区滑坡、崩塌、泥石流等地质灾害发生频繁，成为威胁西部地区民众生命安全和生产安全最主要的灾害。西部地区地壳运动的活跃和岩石圈碰撞带的广泛分布，导致了西部地区地震灾害频发。仅 2018 年的数据显示，我国西部各地地质灾害发生频次的平均值将近全国平均值的一倍。不难看出，地质灾害已经成为影响西部地区经济社会发展和人民生活稳定的最主要自然巨灾风险。

由于洪涝、气象灾害与地质灾害可选取的评估指标相同，将西部地区频发的自然灾害共同设定权重指标。其中，致灾因子数反映区域可能导致洪涝、气象灾害与地质灾害的危险源的数量，不同灾种危险源数量也有所不同；自然灾害发生频率代表了西部地区洪涝、气象灾害与地质灾害的发生频率，它由每年发生该灾害的次数和区域总面积决定；年均因灾死亡率和因灾经济损失反映了洪涝、气象灾害与地质灾害可能造成的人员伤亡情况以及经济损失程度。洪涝、气象灾害、地质灾害与旱灾不同的是，目前旱灾造成粮食歉收或缺乏饮用水而导致死亡的概率极低。而洪涝、气象灾害与地质灾害仍会造成大面积人员伤亡，因此年均因灾死亡率是评估上述三种灾害必须考虑的指标；人口密度、建筑物覆盖率、生活垃圾无害化处理率、森林与林地覆盖率等能够反映可能暴露在洪涝、气象灾害与地质灾害中的人口和物质数量；而城镇化率不仅能够反映暴露在上述灾害中的城镇数量，还能反映区域城乡结构。上述指标的大小代表区域受到洪涝、气象灾害与地质灾害的影响程度。

洪涝、气象灾害与地质灾害不仅会危害农作物、林业的发展，也会对城镇建筑和基础设施造成破坏；年均人口自然增长率、年均城市增长率则主要反映人口增长和人口聚集造成的建筑、人口、基础设施等承灾体敏感性。恩格尔系数、失业率、居民消费价格指数、人均耕地面积、有害生物防治率等指标加重了洪涝、气象灾害与地质灾害对社会发展和经济水平的消极影响；人均 GDP、医疗卫生和教育支出占公共预算比例、社会保障和就业支出占公共预算比例、每千人居民拥有医生数、每千人居民拥有病床数等指标反映区域防灾减灾的经济实力、政府灾害管理水平和应急救助能力。不难看出，由于西部地区洪涝、地质灾害和气象灾害造成的影响范围更加广泛，该灾害风险评估所涉及的指标相较于旱灾便更加全面，具体指标如表 6-4 所示。

表 6-4　洪涝、地质、气象灾害风险评估指标权重

指标	B：0.3400	C：0.1357	D：0.2370	E：0.2873	各指标对目标层权重
致灾因子数（B_1）	0.2781				0.0945
自然灾害发生频率（B_2）	0.3952				0.1344
年均因灾死亡率（B_4）	0.1634				0.0555
年均因灾经济损失（B_5）	0.1634				0.0555
人口密度（C_1）		0.2902			0.0394
城镇化率（C_2）		0.0662			0.0255
建筑物覆盖率（C_3）		0.1074			0.0201
生活垃圾无害化处理率（C_4）		0.1881			0.0150
森林与林地覆盖率（C_5）		0.1483			0.0090
年均人口自然增长率（C_6）		0.1109			0.0146
年均城市增长率（C_7）		0.0889			0.0121
恩格尔系数（D_1）			0.3403		0.0806
失业率（D_2）			0.0893		0.0368
居民消费价格指数（D_3）			0.2426		0.0212
人均耕地面积（D_5）			0.1726		0.0409
有害生物防治率（D_6）			0.1552		0.0575
人均 GDP（E_1）				0.3955	0.1136

续表

指标	B：0.3400	C：0.1357	D：0.2370	E：0.2873	各指标对目标层权重
医疗卫生和教育支出占公共预算比例（E_2）				0.1929	0.0554
社会保障和就业支出占公共预算比例（E_3）				0.1370	0.0394
每千人居民拥有医生数（E_4）				0.1685	0.0484
每千人居民拥有病床数（E_5）				0.1060	0.0305

我国西部拥有大面积的森林、林地和草原，且属于典型的内陆干旱、半干旱的草原区和荒漠区。在长期的发展过程中，森林灾害在西部地区屡见不鲜，包括森林气象灾害以及森林生物灾害。我国西部地区单森林火灾于2013年便发生了1579次，成为威胁西部地区的主要自然灾害之一。由于承灾体和孕灾环境的单一性，森林灾害风险评估的指标体系相较于洪涝、地质、气象灾害较少。其中，致灾因子数反映区域可能导致森林灾害的危险源的数量，如可能造成森林气象灾害的低温、高温、干旱等，以及可能造成森林生物灾害的病原体或木本植物；自然灾害发生频率代表了森林灾害的发生频率，它由每年发生该灾害的次数和区域总面积决定；年均因灾死亡率和因灾经济损失反映了森林灾害可能造成的人员伤亡情况以及经济损失程度；人口密度、森林与林地覆盖率等能够反映可能暴露在森林灾害中的人口和林地数量，由于森林灾害的承灾体不涉及建筑物及相关基础设施，因而城镇化率、建筑物覆盖率和生活垃圾无害化处理率便不予考虑；年均人口自然增长率则主要反映人口增长程度造成的承灾体敏感性，随着人口的逐渐增加，可能暴露在森林灾害中的承灾体也逐渐增加；年均城市增长率则相反，城市数量的增加以及城市人口的聚集不会成为影响承灾体敏感性的因素；恩格尔系数和失业率加重了森林灾害对经济社会环境的直接影响；有害生物防治率则增加了森林灾害可能对土地资源造成的损害，形成森林灾害与土地退化之间的恶性循环；人均GDP、医疗卫生和教育支出占公共预算比例、社会保障和就业

支出占公共预算比例等指标反映区域预防和治理森林灾害的经济实力、政府灾害管理水平和保险赔付能力；每千人居民拥有医生数和每千人居民拥有病床数则表明森林灾害发生后，区域对受灾民众的医疗救助能力。具体如表6-5所示。

表6-5　森林灾害风险评估指标权重

指标	B：0.3400	C：0.1357	D：0.2370	E：0.2873	各指标对目标层权重
致灾因子数（B_1）	0.2781				0.0945
自然灾害发生频率（B_2）	0.3952				0.1344
年均因灾死亡率（B_4）	0.1634				0.0555
年均因灾经济损失（B_5）	0.1634				0.0555
人口密度（C_1）		0.3874			0.0526
森林与林地覆盖率（C_5）		0.4434			0.0602
年均人口自然增长率（C_6）		0.1692			0.0230
恩格尔系数（D_1）			0.3108		0.0737
失业率（D_2）			0.4934		0.0464
有害生物防治率（D_6）			0.1958		0.1169
人均GDP（E_1）				0.3955	0.1136
医疗卫生和教育支出占公共预算比例（E_2）				0.1929	0.0554
社会保障和就业支出占公共预算比例（E_3）				0.1370	0.0394
每千人居民拥有医生数（E_4）				0.1685	0.0484
每千人居民拥有病床数（E_5）				0.1060	0.0305

而社会风险是指人类活动带来的社会损失的不确定性。我国西部地区偏离国家的政治经济文化中心，除了技术事故、环境灾害、疾病灾害这些传统社会风险以外，西部地区的利益分化与利益争夺问题、人口跨境流动问题、境外势力渗透问题等相继凸显，并且呈现逐年递增的态势。其中，致灾因子

数反映区域可能造成社会风险的危险源的数量；社会风险发生频率代表了西部地区社会风险的发生频率，同样由每年发生社会风险的次数和区域总面积决定；年均因灾死亡率和因灾经济损失反映了灾害可能造成的人员伤亡情况以及经济损失程度；人口密度、建筑物覆盖率和生活垃圾无害化处理率能够反映可能暴露在社会风险中的人口和物质数量；而城镇化率不仅能够反映暴露在巨灾风险中的城镇数量，还能反映区域城乡结构；由于森林与林地不是受到社会风险的承灾体，因而森林与林地覆盖率则不属于社会风险评估的范畴；年均人口自然增长率、年均城市增长率则主要反映人口增长和人口聚集程度造成的承灾体敏感性；恩格尔系数、失业率、居民消费价格指数、农林牧渔业总产值占 GDP 比例和失业率分别反映了可能由于经济发展滞后或社会不公平导致的孕灾环境的弱点；公共安全支出占公共预算比例是衡量地方政府对公共安全的资金投入，能够反映财政在公共安全方面的供给情况，可以直接影响一个地区公共安全的质量；人均 GDP、医疗卫生和教育支出占公共预算比例、社会保障和就业支出占公共预算比例等指标反映区域预防和治理社会风险的经济实力、政府灾害管理水平和保险赔付能力；每千人居民拥有医生数和每千人居民拥有病床数则表明社会风险发生后，区域对受灾民众的医疗救助能力。具体如表 6-6 所示。

表 6-6　社会风险评估指标权重

指标	B：0.3400	C：0.1357	D：0.2370	E：0.2873	各指标对目标层权重
致灾因子数（B_1）	0.2781				0.0945
社会风险发生频率（B_3）	0.3952				0.1344
年均因灾死亡率（B_4）	0.1634				0.0555
年均因灾经济损失（B_5）	0.1634				0.0555
人口密度（C_1）		0.2081			0.0282
城镇化率（C_2）		0.1002			0.0445
建筑物覆盖率（C_3）		0.328			0.0188

续表

指标	B: 0.3400	C: 0.1357	D: 0.2370	E: 0.2873	各指标对目标层权重
生活垃圾无害化处理率（C_4）		0.1384			0.0188
年均人口自然增长率（C_6）		0.1384			0.0136
年均城市增长率（C_7）		0.0870			0.0118
恩格尔系数（D_1）			0.3649		0.0865
失业率（D_2）			0.1801		0.0567
居民消费价格指数（D_3）			0.2392		0.0256
农林牧渔业总产值占 GDP 比例（D_4）			0.1079		0.0427
公共安全支出占公共预算比例（D_7）			0.1079		0.0256
人均 GDP（E_1）				0.3955	0.1136
医疗卫生和教育支出占公共预算比例（E_2）				0.1929	0.0554
社会保障和就业支出占公共预算比例（E_3）				0.1370	0.0394
每千人居民拥有医生数（E_4）				0.1685	0.0484
每千人居民拥有病床数（E_5）				0.1060	0.0305

由于西部地区社会经济条件和资源环境的历史性和独特性，本书从致灾因子危险性、承灾体暴露—敏感性、孕灾环境脆弱性和抗灾恢复力 4 个方面建立指标，形成适合西部地区巨灾风险评估的指标体系，并针对西部地区频发的旱灾、洪涝灾害、地质灾害、气象灾害和社会风险等巨灾风险列举可以用于不同巨灾风险的评估指标及其权重。

第三节　数据收集与处理

数据的收集和处理作为巨灾风险评估中的重要环节，影响着风险评估结果的准确性。本书所需数据主要包括研究区域的基础数据和频发灾种的灾情数据等，数据来源包括与巨灾风险相关的年鉴、网络资源与报刊资源等。而由于指标体系中单项指标的量纲和属性不同，因此需要消除指标量纲和属性差异对评价结果的影响，通过运用均值化的方法对指标数据进行标准化处理，能够保证各研究区域之间巨灾风险得分的可比性。

一、数据来源

以我国西部地区 12 个省级行政区作为评估主体，在时间维度的选取上主要考虑到社会发展状况、资源利用情况、环境变化趋势以及数据可获得性等因素的影响。综合来看，21 世纪以来的 2000—2019 年的数据对本研究的解释力度更充分。同时，通过中国统计年鉴、各省（市、自治区）公布的统计公报、环境质量状况公报等资料获取指标数据，也保证了数据的真实性以及后续评估的科学性。

二、数据标准化

由于各省区巨灾风险评价指标体系中单项指标很多都具有不同的量纲和属性，对评估结果造成一定的影响。通过利用均值化的原理处理数据，可以消除量纲和属性的影响，得出标准化的数据，具体的计算公式如下：

$$x'_{ij} = \frac{x_{ij}}{\bar{x}} \qquad (1)$$

公式（1）中：x_{ij}表示某项指标的原始值，$\bar{x}$ 表示原始指标的平均值，从而保证了数据的可比性。

在指标数据标准化和权值确定之后，对各省区单一灾种风险的测度可通过线性加权和法进行，计算公式为：

$$F = \sum_{i=1}^{n} F_i W_i \qquad (2)$$

公式（2）中：F_i 表示指标层的评价值，W_i 表示该指标的权重。从而以指标计算为基础逐层计算出西部各省区单一灾种风险的评价值。

由于 B_1 致灾因子数、B_2 自然灾害发生频率、B_3 社会风险发生频率、B_4 年均因灾死亡率、B_5 年均因灾经济损失、C_1 人口密度、C_2 城镇化率、C_3 建筑物覆盖率、C_6 年均人口自然增长率、C_7 年均城市增长率、D_1 恩格尔系数、D_2 失业率、D_3 居民消费价格指数（上年=100）等指标反映的是正向的威胁程度，即该指标得分越高，代表巨灾发生的可能性或者影响强度会越大。在评估时，采用正向计分比较原则，因此对上述指标的得分进行反向处理，得出最终的用于评估的分数。下表 6-7 列出西部十二个省份在各个指标上的得分：

表 6-7　西部各省、自治区、直辖市巨灾风险评估指标标准化得分

省份	内蒙古	广西	重庆	四川	贵州	云南	西藏	陕西	甘肃	青海	宁夏	新疆
B_1 致灾因子数	36.45	14.72	38.13	2.01	53.18	13.04	96.66	33.11	63.21	93.31	91.64	68.23
B_2 自然灾害发生频率	98.45	35.93	15.66	42.43	19.88	67.91	97.96	50.91	57.72	98.98	94.76	99.20
B_3 社会风险发生频率	82.66	16.18	56.65	56.07	50.87	7.51	97.11	36.42	47.98	79.77	97.11	85.55
B_4 年均因灾死亡率	99.99	99.91	98.74	61.65	98.21	96.88	94.54	98.83	96.16	81.83	99.68	99.14
B_5 年均因灾经济损失	99.99	99.99	100.00	99.95	99.99	99.99	100.00	100.00	99.99	100.00	100.00	99.99
C_1 人口密度	91.16	13.60	68.91	28.42	12.12	50.60	98.96	22.72	75.90	96.69	59.77	94.44
C_2 城镇化率	99.34	99.52	99.36	99.54	99.55	99.57	99.70	99.44	99.56	99.46	42.23	99.49
C_3 建筑物覆盖率	76.53	25.99	32.20	38.41	253.17	61.74	99.01	25.68	59.27	91.55	41.87	85.95
C_4 生活垃圾无害化处理率	99.43	99.38	99.42	99.36	99.52	99.36	99.42	99.42	99.62	99.33	99.46	99.51
C_5 森林与林地覆盖率	99.59	98.80	99.19	99.21	99.10	98.93	99.74	99.19	99.79	99.88	99.80	99.92
C_6 年均人口自然增长率	99.97	94.37	99.70	99.98	99.95	99.95	99.92	99.70	99.96	99.93	99.93	99.29
C_7 年均城市增长率	68.09	58.11	41.44	51.43	43.69	12.97	65.09	56.20	69.18	58.41	41.32	56.39
D_1 恩格尔系数	54.95	44.40	44.97	44.64	44.54	45.57	38.44	55.78	54.21	51.00	58.12	53.08
D_2 失业率	99.49	99.55	99.51	99.45	99.52	99.49	99.50	99.54	99.62	99.55	99.44	99.56
D_3 居民消费价格指数（上年=100）	50.29	50.25	50.47	49.61	50.32	50.33	50.31	50.32	50.17	49.86	50.19	50.19
D_4 农林牧渔业总产值占 GDP 比例	49.79	32.58	68.31	45.72	45.75	46.75	57.03	63.60	50.87	64.17	60.52	40.20
D_5 人均耕地面积	9.31	71.83	80.24	80.08	56.47	55.80	73.75	73.88	34.76	63.55	31.72	28.44

续表

省份	内蒙古	广西	重庆	四川	贵州	云南	西藏	陕西	甘肃	青海	宁夏	新疆
D_6 有害生物防治率	99.56	99.78	99.38	99.30	99.39	99.33	99.54	99.53	99.45	99.56	99.58	99.48
D_7 公共安全支出占公共预算比例	43.03	32.33	58.21	40.70	35.74	32.89	24.70	64.72	46.07	47.53	42.92	12.53
E_1 人均 GDP（元）	6.80	44.79	13.01	33.83	51.35	47.40	42.40	17.90	52.75	37.54	23.29	25.52
E_2 医疗卫生和教育支出占公共预算比例	60.01	41.09	59.47	50.66	41.57	45.30	89.36	47.24	47.74	59.78	57.11	48.92
E_3 社会保障和就业支出占公共预算比例	58.24	65.41	51.98	53.71	69.23	59.42	78.47	50.88	52.05	48.73	63.42	67.34
E_4 每千人居民拥有医生数	66.24	1.15	46.92	78.38	50.31	78.40	45.42	72.73	76.91	29.46	43.98	16.11
E_5 每千人居民拥有病床数	51.33	57.44	53.34	46.87	55.86	52.63	57.72	46.41	52.75	45.37	55.96	33.16

第四节　西部各省风险评估指标描述

一、内蒙古自治区巨灾风险评估

内蒙古自治区地处我国北疆，面积 118.3 万平方公里，地域广袤，是中国面积第三大省区。内蒙古跨经度较广，土壤类型丰富，适宜发展林牧业。全区基本为高原型地貌，高原面积超过总面积的一半。内蒙古气候主要是温带大陆性季风气候，河流众多，但水资源在各地区分布不均，仅东部地区水资源较为丰富。内蒙古的人口密度较低，城乡人口比例约为 1.5∶1，生产总值增长迅速。

表 6-8 内蒙古自治区相关指标数值

年份	2000	2001	2002	2003	2004	2005	2006	2007	2008	2009	2010	2011	2012	2013	2014	2015	2016	2017	2018	2019
B_2 自然灾害发生频率(次/万平方公里)	/	/	/	1.48	1.43	1.48	1.59	1.60	1.46	0.85	0.96	0.55	0.51	0.68	0.47	1.63	1.42	1.50	1.02	1.21
B_4 年均因灾死亡率(‰)	/	/	/	/	0.0015	0.0013	0.0023	0.0016	0.0025	0.0011	0.0011	0.0012	0.0026	0.0030	0.0007	0.0010	0.0007	0.0007	0.0010	/
B_5 年均因灾经济损失(亿元)	/	/	/	/	85.00	24.60	130.20	143.70	97.61	249.70	138.30	103.10	152.80	128.90	113.10	113.50	179.80	126.50	144.50	/
C_1 人口密度(人/平方公里)	20.05	20.13	20.15	20.17	20.23	20.31	20.42	20.53	20.66	20.78	20.90	20.98	21.05	21.11	21.17	21.23	21.30	21.38	21.42	21.47
C_2 城镇化率(%)	42.20	43.54	44.05	44.74	45.86	47.20	48.64	50.15	51.72	53.40	55.53	56.62	57.74	58.71	59.51	60.30	61.19	62.01	62.71	63.36
C_3 建筑物覆盖率(%)	/	/	/	1.18	1.24	1.22	1.23	1.25	1.26	/	/	/	/	/	/	/	/	/	/	/
C_4 生活垃圾无害化处理率(%)	/	/	/	32.29	41.30	42.67	48.28	53.98	54.99	72.01	82.80	83.47	91.22	93.56	96.07	97.72	98.87	99.41	98.05	98.05
C_5 森林与林地覆盖率(%)	11.80	14.80	14.80	17.57	17.57	17.57	17.57	17.57	17.57	20.00	20.00	20.00	20.00	21.03	21.03	21.03	21.03	21.03	22.10	22.10
C_6 年均人口自然增长率(‰)	6.10	4.98	3.68	3.07	3.55	4.62	3.96	4.48	4.27	3.96	3.76	3.50	3.70	3.36	3.56	2.40	3.30	3.73	2.40	2.57
C_7 年均城市增长率(%)	0.81	10.74	1.23	2.18	2.94	17.88	0.70	6.82	-0.14	10.17	6.44	3.73	5.18	6.48	-1.77	3.41	1.34	2.22	0.07	-0.03
D_{1a} 城镇居民家庭恩格尔系数(%)	34.50	33.90	31.50	31.50	32.50	31.40	30.30	30.44	32.82	30.50	30.10	31.25	30.80	31.78	28.70	28.39	28.30	27.37	26.94	26.40

续表

年份	2000	2001	2002	2003	2004	2005	2006	2007	2008	2009	2010	2011	2012	2013	2014	2015	2016	2017	2018	2019
D_{1b}农村居民家庭恩格尔系数(%)	47.70	46.50	46.00	43.50	45.30	45.10	41.00	41.00	42.25	41.70	38.80	39.30	39.00	37.49	30.60	29.33	29.34	27.86	27.50	27.30
D_2失业率(%)	3.34	3.65	4.10	4.50	4.59	4.26	4.13	4.00	4.10	4.05	3.90	3.80	3.73	3.66	3.59	3.65	3.65	3.63	3.58	3.70
D_3居民消费价格指数(上年=100)	101.30	100.60	100.20	102.20	102.90	102.40	101.50	104.60	105.70	99.70	103.20	105.60	103.10	103.20	101.60	101.10	101.20	101.70	101.80	102.40
D_4农林牧渔业总产值占GDP比例(%)	35.29	32.44	30.24	27.90	28.93	27.82	25.43	24.71	24.44	22.10	22.49	23.32	23.40	23.72	22.92	21.33	20.33	18.89	18.50	18.45
D_5人均耕地面积(公顷)	0.31	0.30	0.30	0.29	0.30	0.31	0.30	0.29	0.29	0.29	0.29	0.29	0.37	0.37	0.37	0.36	0.37	0.37	0.37	0.37
D_6有害生物防治率(%)	/	/	/	/	68.00	95.48	54.44	51.66	47.74	40.95	46.01	37.39	88.34	49.39	43.06	54.00	54.00	54.18	54.10	56.51
D_7公共安全支出占公共预算比例(%)	/	/	/	/	/	/	5.86	5.62	5.26	5.03	5.30	4.88	5.06	4.77	4.65	4.34	4.92	5.52	5.12	4.88
E_1人均GDP(元)	6502	7210	8146	10015	12315	14695	17275	21334	25620	28982	33262	38185	42120	45684	48610	51633	54816	59017	63772	67852
E_2医疗卫生和教育支出占公共预算比例(%)	15.72	15.96	15.42	15.97	14.84	14.60	15.18	18.24	18.30	17.98	19.48	18.58	18.04	17.71	18.18	18.66	18.61	19.54	18.46	18.27
E_3社会保障和就业支出占公共预算比例(%)	5.91	5.06	5.61	5.48	7.41	4.76	4.94	14.05	13.17	14.27	12.86	12.18	12.71	13.32	13.71	14.23	14.24	15.54	14.64	14.24
E_4每千人居民拥有医生数(人)	2.20	2.20	2.10	2.10	2.10	2.10	2.10	2.00	2.10	2.20	2.20	2.30	2.40	2.50	2.50	2.60	2.60	2.80	2.90	3.00
E_5每千人居民拥有病床数(张)	2.82	2.84	2.53	2.54	2.57	2.68	2.71	2.74	3.04	3.21	3.57	3.63	4.01	4.39	4.72	4.97	5.16	5.57	5.88	6.35

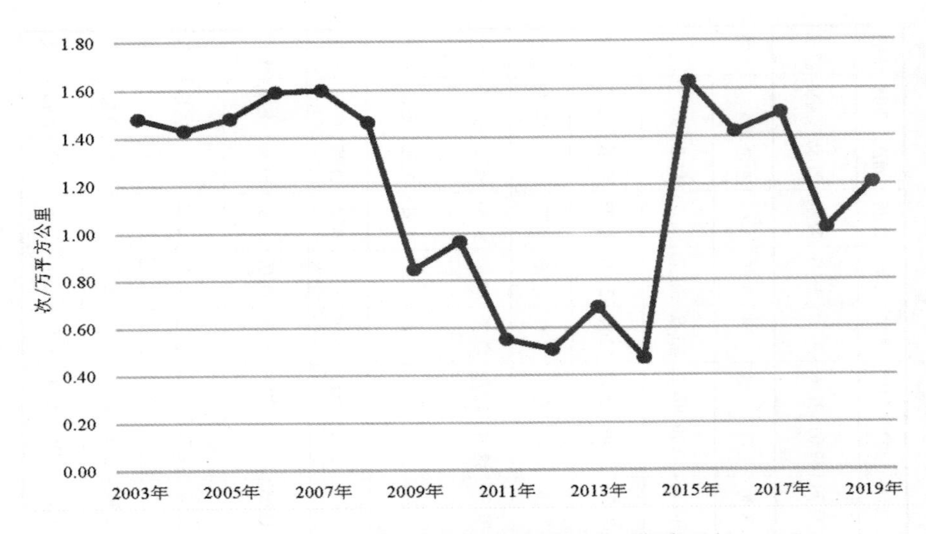

图 6-1　内蒙古自治区自然灾害发生频率

因数据不足，图 6-1 只统计了 2003—2019 年内蒙古自治区自然灾害发生的频率。2015 年自然灾害发生频率最高，为 1.63 次/万平方公里，2014 年自然灾害发生频数是近年来最低，为 0.47 次/万平方公里。因每个省面积不同，因此选用自然灾害发生频率来作为该指标，计算出每万平方公里内自然灾害发生的次数。由上图可以看出，内蒙古自治区自然灾害发生频率没有明显的规律。

因数据不足，图 6-2 只统计了 2004—2018 年的内蒙古自治区年均因灾死亡率。从图可知，内蒙古自治区的年均因灾死亡率在 2004—2018 年间并没有呈现明显的变化规律，在 2013 年达到了最高值，为 0.003‰。

因数据不足，图 6-3 只统计了 2004—2018 年间内蒙古自治区年均因灾经济损失情况，2009 年的因灾经济损失最大，达到 249.7 亿元。总体来看，内蒙古的因灾经济损失呈现不规则的波动，各年之间很不均衡。

图 6-4 统计了 2000—2019 年内蒙古自治区的人口状况。由图可直观地看出，内蒙古的人口密度呈逐年的上升趋势，2000 年最低为 20.05 人/平方公里，2019 年为 21.47 人/平方公里。

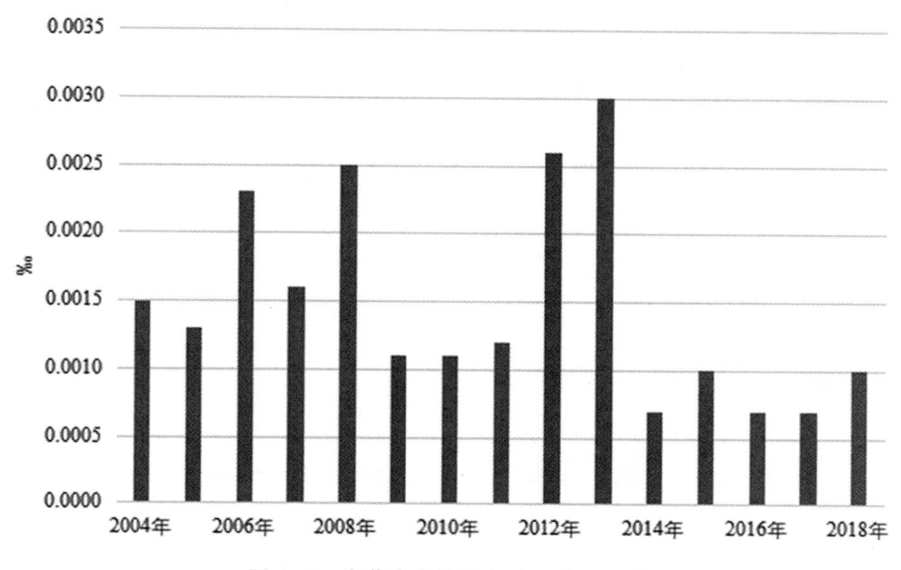

图 6-2　内蒙古自治区年均因灾死亡率

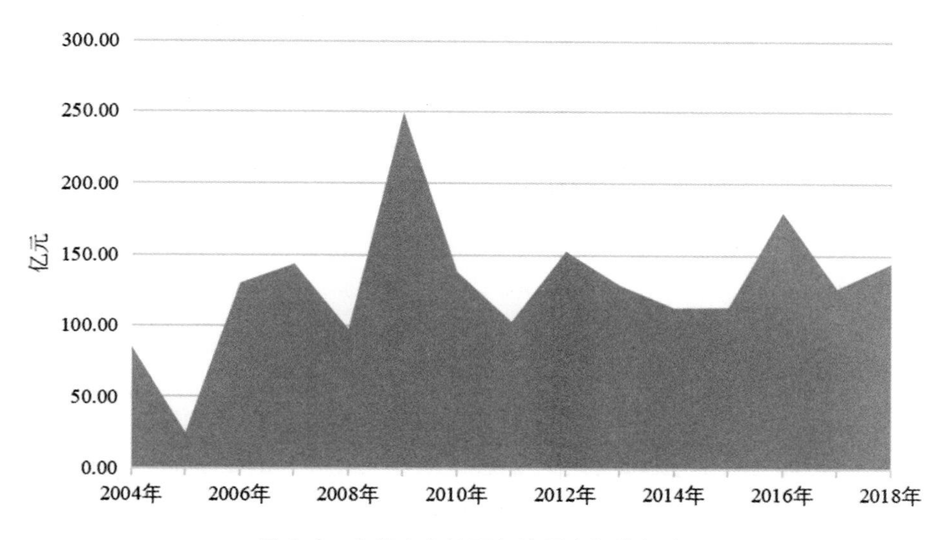

图 6-3　内蒙古自治区年均因灾经济损失

图 6-5 统计了内蒙古自治区 2000—2019 年的城镇化率，随着农牧民向城镇迁移的大趋势，内蒙古的城镇化率亦是逐年增长。2000 年的城镇化率为 42. 2%，2007 年的城镇化率第一次突破 50%，为 50. 15%，到 2019 年时，城

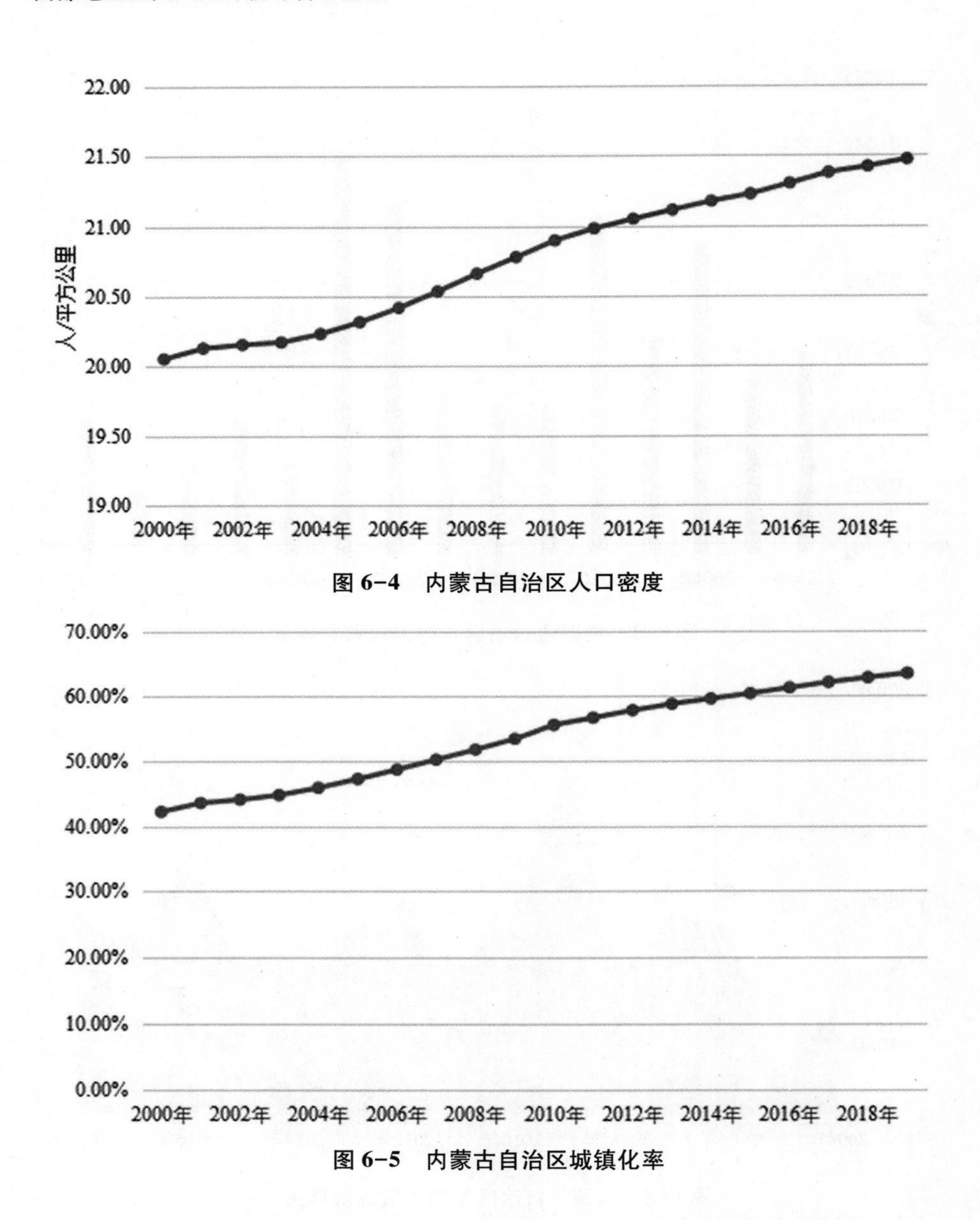

图 6-4　内蒙古自治区人口密度

图 6-5　内蒙古自治区城镇化率

镇化率达到 63.36%。内蒙古自治区城镇化率的增长趋势较为平缓，每年增加的幅度都不高，但一直保持增长的趋势。

因数据不足，图 6-6 统计了 2003—2008 年内蒙古自治区的建筑物覆盖率。总体上是呈上升趋势的，但 2005 年建筑物覆盖率出现了下降，直到

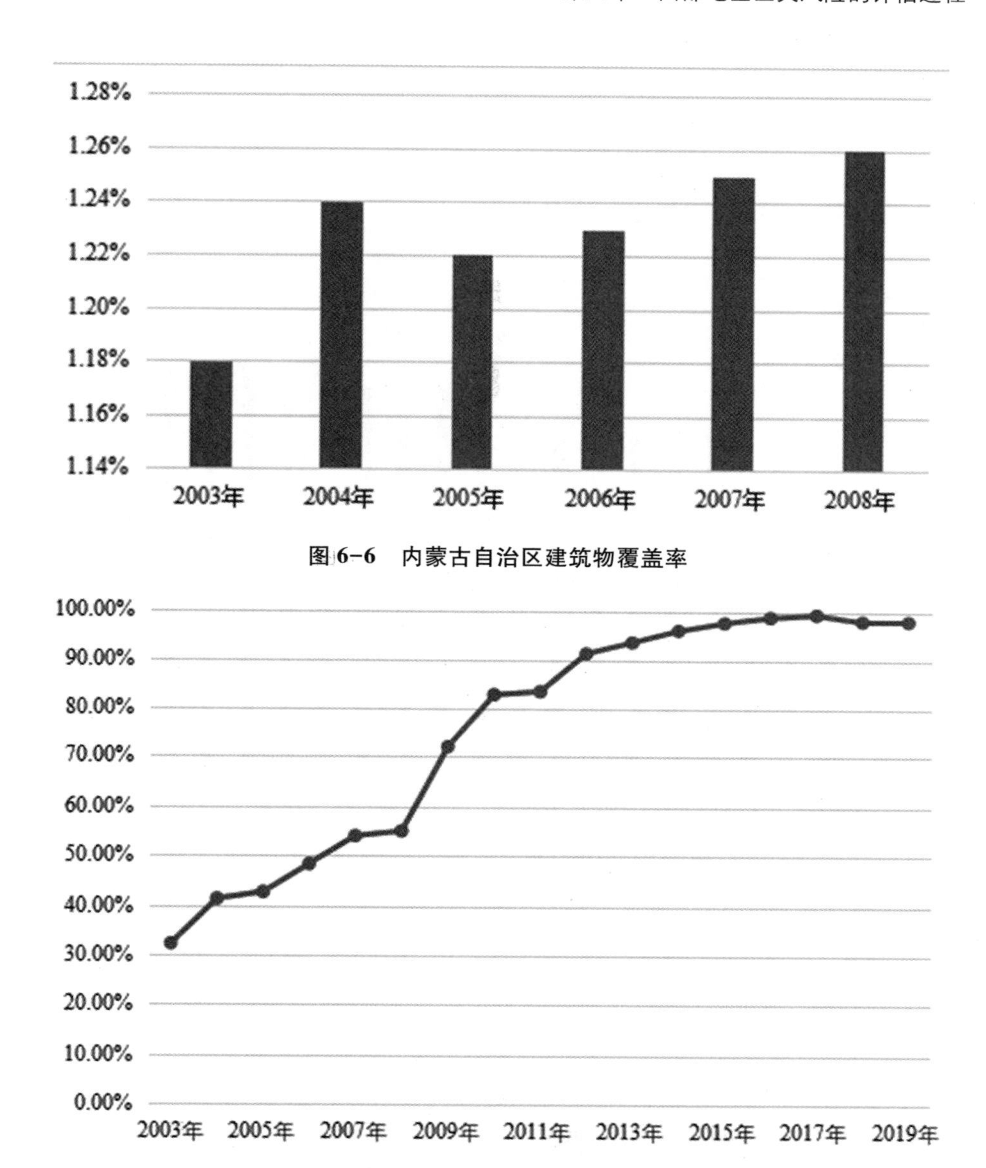

图 6-6　内蒙古自治区建筑物覆盖率

图 6-7　内蒙古自治区生活垃圾无害化处理率

2007 年，建筑物覆盖率才重新超过 2004 年。建筑物覆盖率的变化幅度是缓慢的。

因数据不足，图 6-7 只统计了 2003—2019 年内蒙古自治区的生活垃圾无害化处理率。总体来看，生活垃圾无害化处理率呈现上升的趋势，2003 年最低，为 32. 29%，2017 年最高，为 99. 41%。其中 2008—2010 年的上升幅度较大，两年间从不到 60%上升到超过 80%。2010 年以后，上升幅度逐渐趋缓。

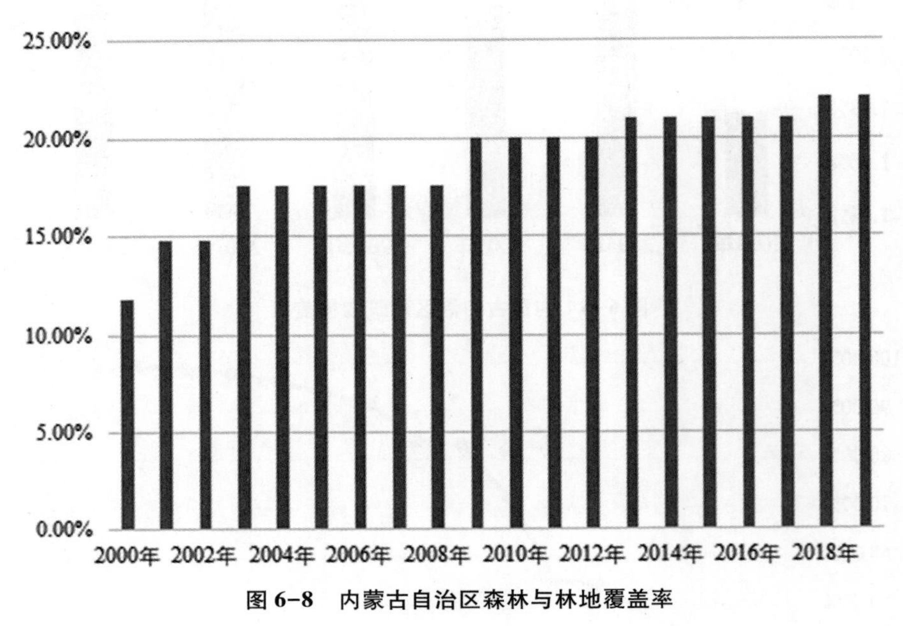

图 6-8　内蒙古自治区森林与林地覆盖率

图 6-8 统计了 2000—2019 年内蒙古自治区的森林与林地覆盖率，总体上呈现上升的趋势。2000—2001 年、2002—2003 年、2008—2009 年之间的增长幅度较大，其他年份之间则较为平缓，没有明显的波动。

图 6-9 统计了 2000—2019 年间内蒙古自治区的人口自然增长率。内蒙古自治区的人口自然增长率呈现不规则的波动，2015 年和 2018 年的人口自然增长率最低，为 2. 4‰，2000 年的人口自然增长率最高，为 6. 1‰。

图 6-10 统计了 2000—2019 年内蒙古自治区的城市增长率。其中在 2008 年、2014 年和 2019 年的城市增长率为负，其余年份均为正，但城市增长的幅度波动很大，且没有规律性。城市增长率最快的是 2005 年，为 17. 88%，2014 年城市缩小得最快，增长率为-1. 77%。城市建成区面积从 2000 年的

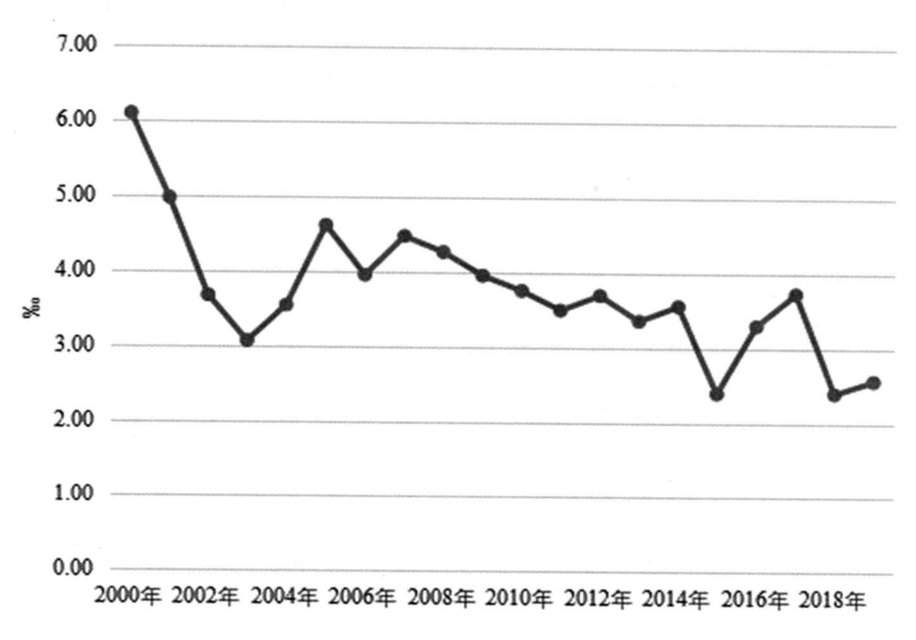

图 6-9　内蒙古自治区年均人口自然增长率

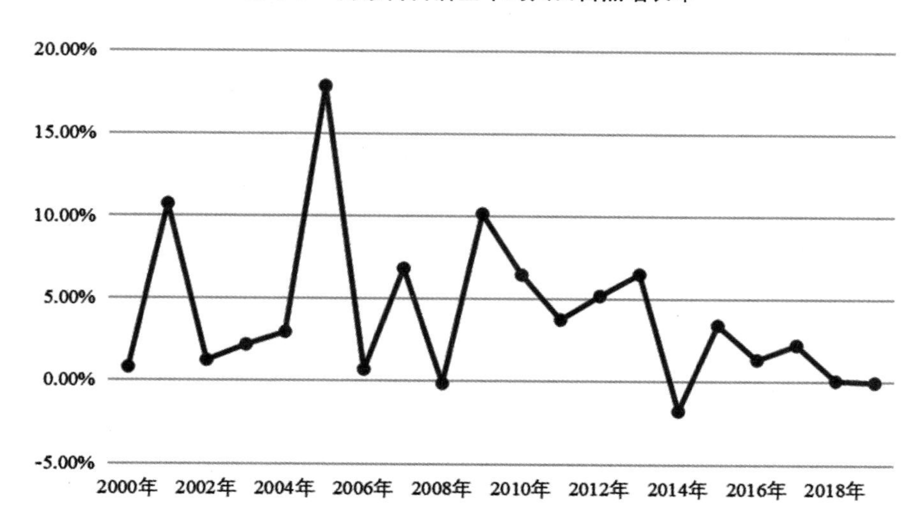

图 6-10　内蒙古自治区城市增长率

593 平方公里增长到 2014 年的 1184. 81 平方公里。

图 6-11 统计了 2000—2019 年内蒙古自治区的城镇居民家庭恩格尔系数

和农村居民家庭恩格尔系数，城镇居民家庭恩格尔系数均低于农村居民家庭恩格尔系数。2000—2013 年，城镇和农村的恩格尔系数差距较大，2013 年以后，两者的差距有逐年缩小的趋势。

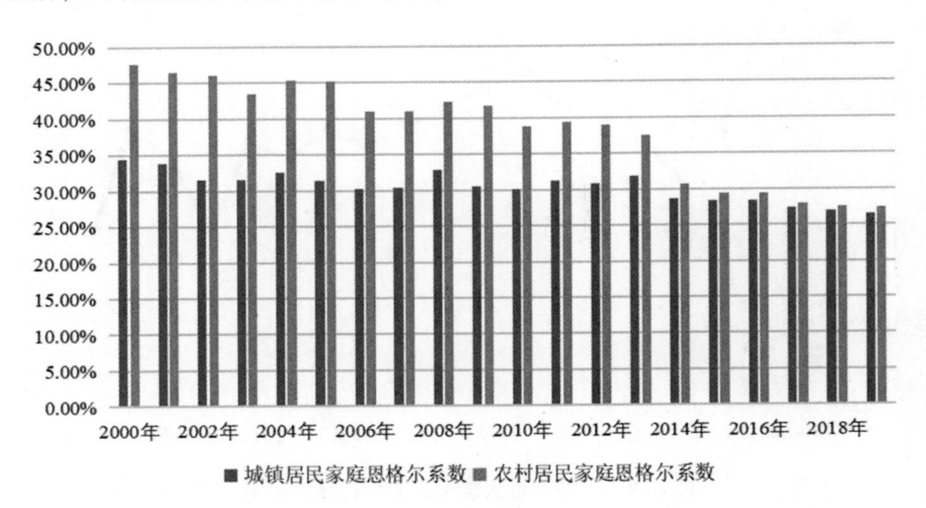

图 6-11　内蒙古自治区居民家庭恩格尔系数

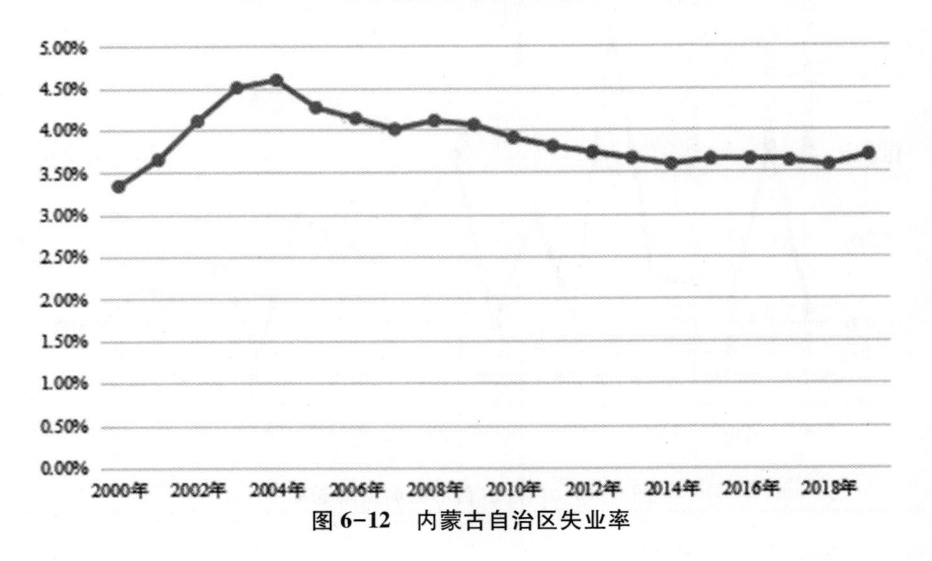

图 6-12　内蒙古自治区失业率

图 6-12 统计了 2000—2019 年内蒙古自治区的失业率，2004 年内蒙古自治区的失业率最高，为 4. 59%，2000 年的失业率最低，为 3. 34%。整体的

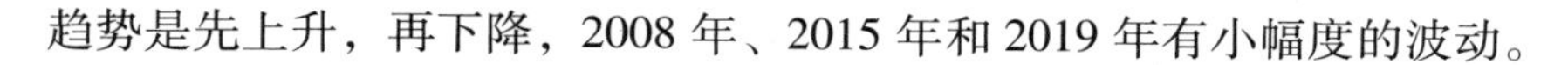

趋势是先上升，再下降，2008 年、2015 年和 2019 年有小幅度的波动。

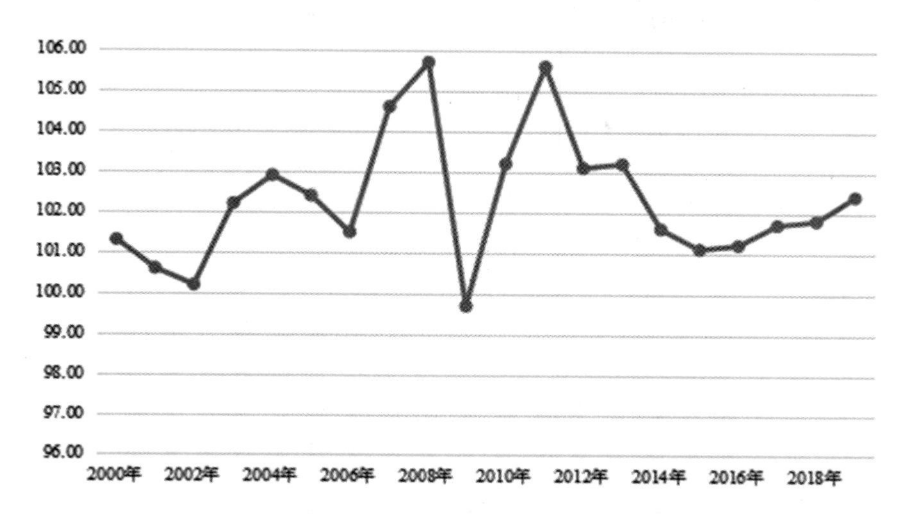

图 6-13　内蒙古自治区居民消费价格指数（上年=100）

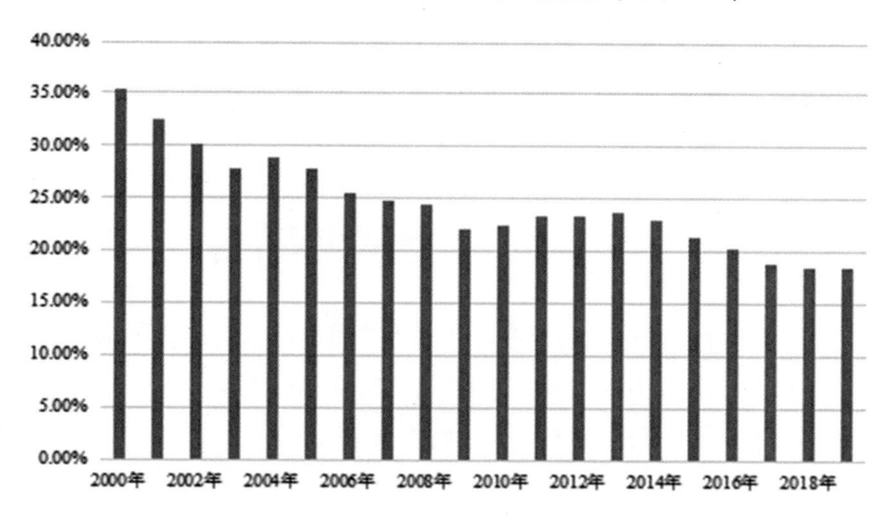

图 6-14　内蒙古自治区农林牧渔业总产值占 GDP 比例

图 6-13 统计了 2000—2019 年间内蒙古自治区居民的消费价格指数，居民消费价格指数在一定程度上能反映通货膨胀的情况。内蒙古自治区的居民消费价格指数呈现出不规律的波动，其中 2008 年和 2011 年是最高的峰值，

2009 年是最低的谷值，2012—2013 年、2015—2016 年和 2017—2018 年的波动最平缓，其他年份之间的波动相对较大。

图 6-14 统计了 2000—2019 年内蒙古自治区农林牧渔业总产值占 GDP 的比例。由上图可以看出，比例总体上呈下降的趋势，从 2000 年 35. 29%下降到 2019 年的 18. 45%。农林牧渔业总产值占 GDP 的比例在 2009—2015 年基本持平。

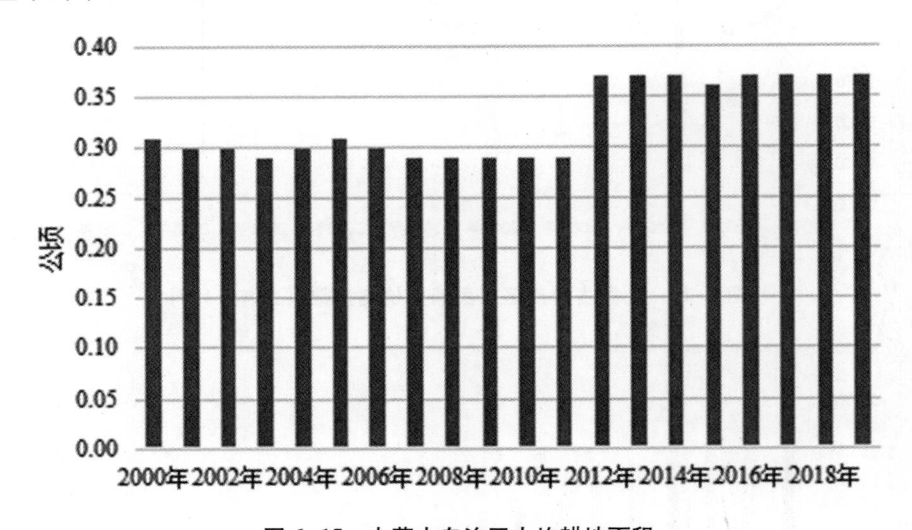

图 6-15　内蒙古自治区人均耕地面积

图 6-15 统计了 2000—2019 年间内蒙古自治区的人均耕地面积。人均耕地面积在 0. 29 公顷至 0. 37 公顷之间浮动，2011—2012 年上升得最快，人均耕地面积达到 0. 37 公顷，此后一直维持在这个水平左右。

因数据不足，图 6-16 只统计了 2004—2019 年间内蒙古自治区的有害生物防治率。从图中可以看出 2005 年的时候，内蒙古自治区的有害生物防治率最高，为 95. 48%，另一个高峰出现在 2012 年，为 88. 34%。在 2011 年的时候，内蒙古自治区的有害生物防治率最低，为 37. 39%。整体波动趋势不规则，大多数年份的有害生物防治率不到 60%。

因数据不足，图 6-17 只统计了 2006—2019 年间内蒙古自治区的公共安

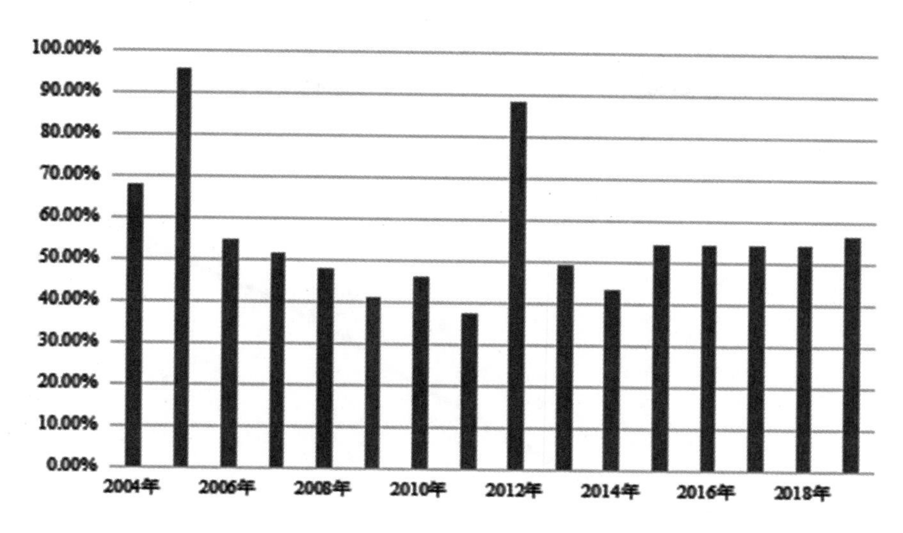

图 6-16　内蒙古自治区有害生物防治率

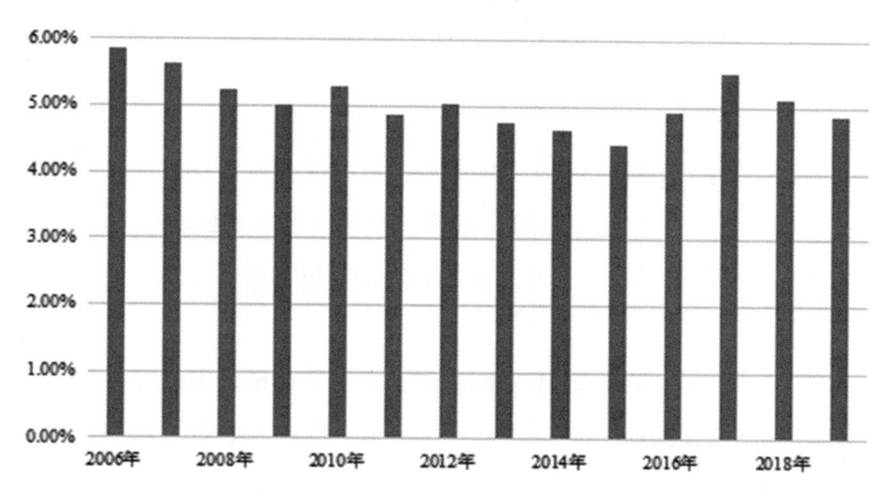

图 6-17　内蒙古自治区公共安全支出占公共预算比例

全支出占公共预算比例。公共安全支出占公共预算的比例在一定程度上能反映该地区对社会风险的治理情况。内蒙古自治区的公共安全支出占公共预算的比例呈现不规则的变化趋势，在 2010 年、2012 年、2016 年和 2017 年有小幅度的上升，但总体上是下降的，2006 年占比最高，达到 5.86%，2015 年占比最低，为 4. 34%。

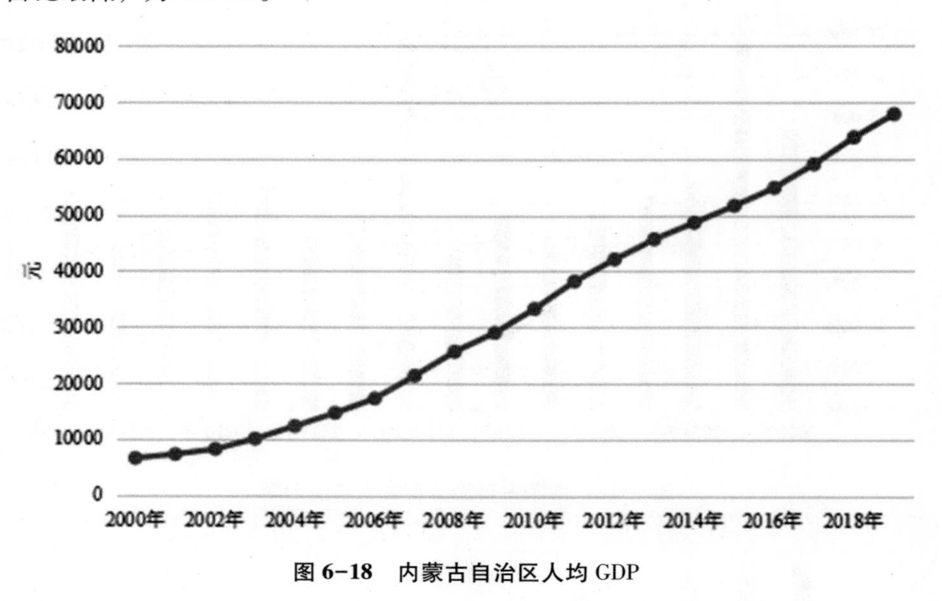

图 6-18　内蒙古自治区人均 GDP

图 6-18 统计了 2000—2019 年间内蒙古自治区的人均 GDP。内蒙古自治区的人均 GDP 呈逐年上升的趋势，2004—2019 年上升趋势最快。2000 年的人均 GDP 为 6502 元，到 2019 年，内蒙古自治区的人均 GDP 上升到了 67852 元，涨幅明显。

图 6-19 统计了 2000—2019 年间内蒙古自治区的医疗卫生和教育支出占公共预算比例。由图可以看出，医疗卫生和教育支出占公共预算的比例呈不规则的波动。2017 年时内蒙古自治区的医疗卫生和教育支出占公共预算比例最高，为 19. 54%，2005 年时该比例最低，为 14. 6%。总的来看，波动并不明显。

图 6-20 统计了 2000—2019 年间内蒙古自治区的社会保障和就业支出占公共预算比例。社会保障和就业支出占公共预算的比例呈现出不规律的小幅度波动。在 2005 年社会保障和就业支出占公共预算的比例最低，仅为 4. 76%，在 2017 年该比例最高，达到 15. 54%。

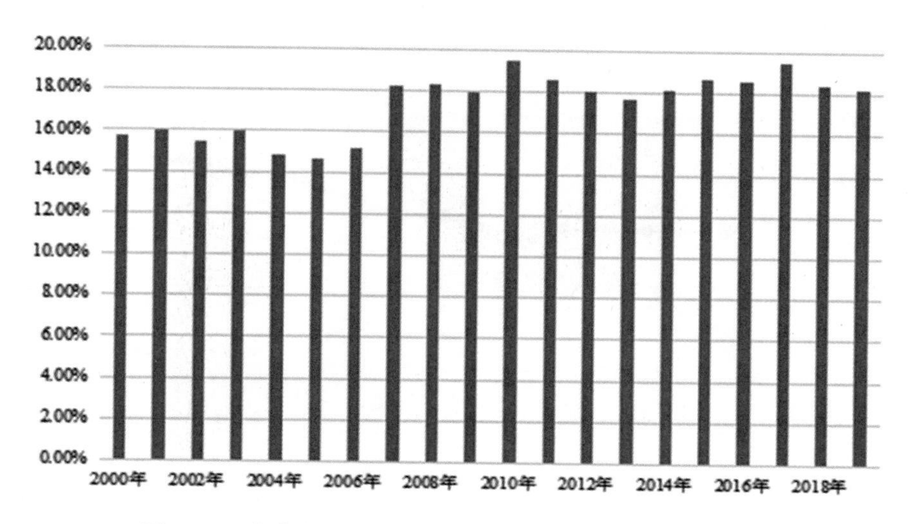

图 6-19　内蒙古自治区医疗卫生和教育支出占公共预算比例

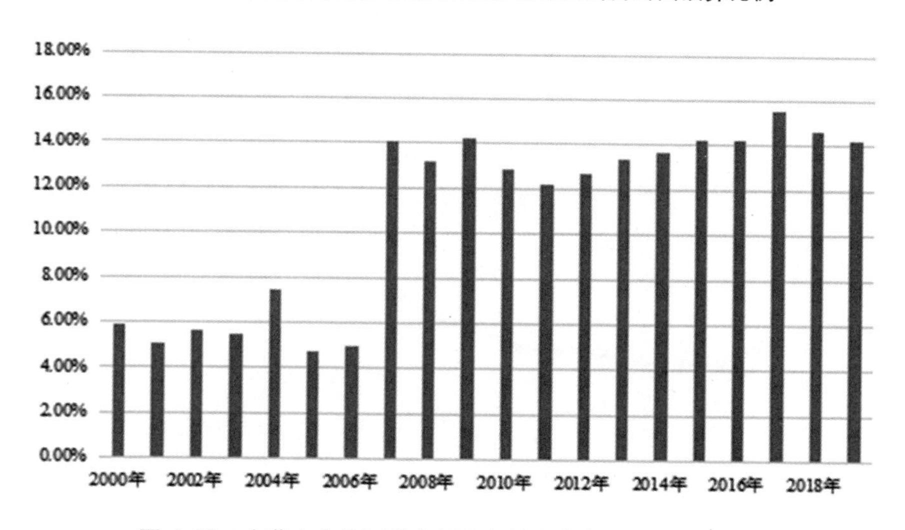

图 6-20　内蒙古自治区社会保障和就业支出占公共预算比例

图 6-21 统计了 2000—2019 年间内蒙古自治区的每千人居民拥有医生数。在总体上，内蒙古自治区的每千人居民拥有医生数呈上升趋势，在 2002—2007 年之间出现了下降的现象。2007 年内蒙古自治区每千人居民拥有医生数最少，仅为 2 人，2019 年最多为 3 人。

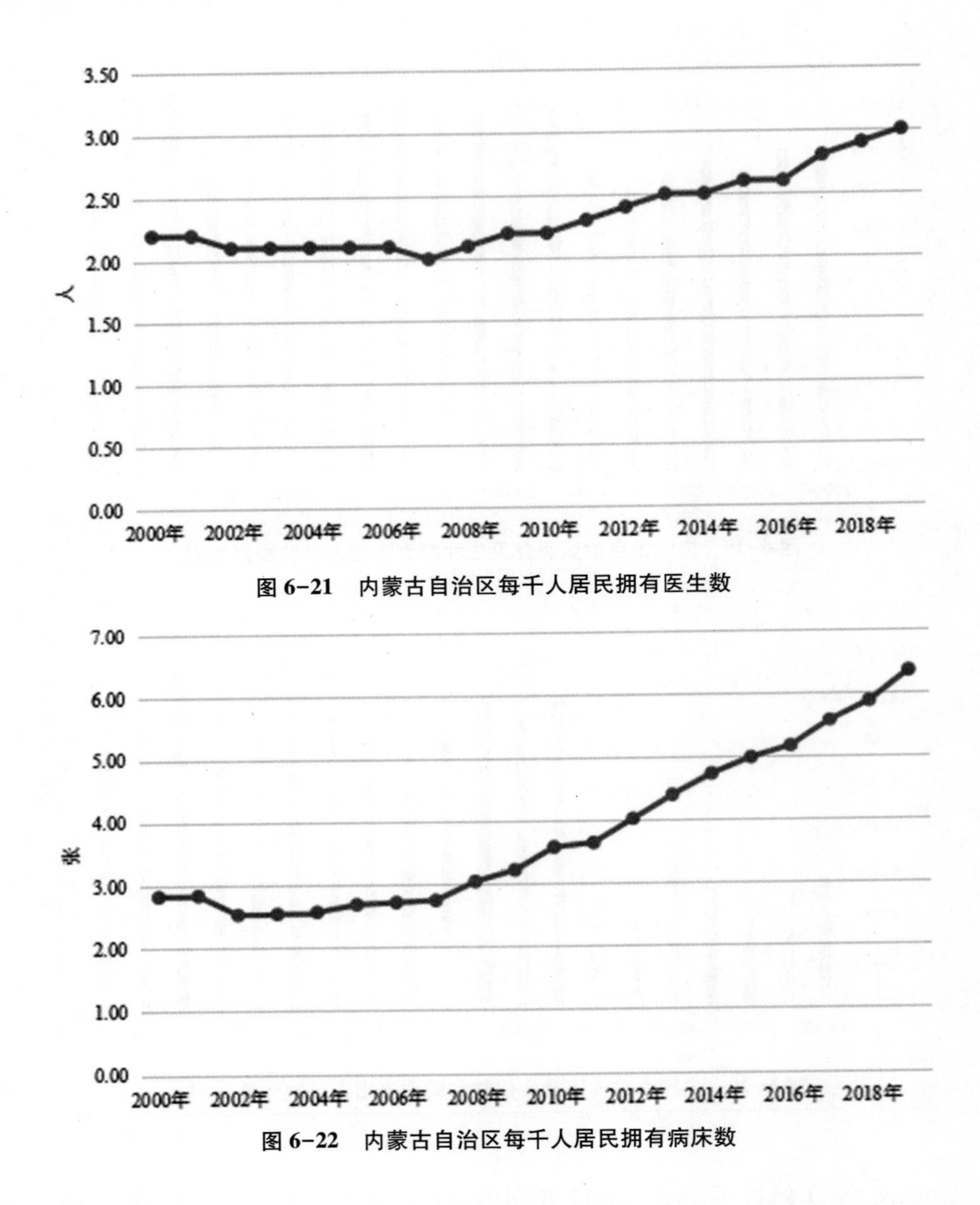

图 6-21　内蒙古自治区每千人居民拥有医生数

图 6-22　内蒙古自治区每千人居民拥有病床数

图 6-22 统计了 2000—2019 年间内蒙古自治区的每千人居民拥有病床数。在总体上，内蒙古自治区的每千人居民拥有病床数呈上升趋势，其中 2012—2019 年上升趋势最为明显。2002 年和 2003 年内蒙古自治区每千人居

民拥有病床数最少，为2.53张，2019年最多，为6.35张。每千人居民拥有的病床数与每千人居民拥有医生数大体是呈正相关的。

二、广西壮族自治区巨灾风险评估

广西壮族自治区位于我国南段，与越南接壤，面积为23.67万平方公里，在中国各省市中排在第九位。广西地貌类型丰富，山地与高原环伺，中部则以平原为主。广西气候属于亚热带季风气候，雨水充沛，夏季时间长。广西的常住人口中，男女比例约为1.1:1，城乡人口比例约为0.85:1，但城乡人口差距在逐年缩小。广西民族种类众多，是我国少数民族人口最多的省份。广西的生产总值增幅在国内处于中下水平。

表 6-9 广西壮族自治区相关指标数值

年份	2000	2001	2002	2003	2004	2005	2006	2007	2008	2009	2010	2011	2012	2013	2014	2015	2016	2017	2018	2019
B_2 自然灾害发生频率（次/万平方公里）	/	/	/	/	76.98	30.67	109.42	42.12	73.30	39.80	81.33	33.46	29.78	32.02	17.36	55.47	25.05	59.02	30.16	32.91
B_4 年均因灾死亡率（‰）	/	/	/	/	0.0018	0.0028	0.0030	0.0017	0.0025	0.0007	0.0025	0.0011	0.0008	0.0018	0.0011	0.0011	0.0011	0.0016	0.0006	0.0018
B_5 年均因灾经济损失（亿元）	/	/	/	/	69.20	91.20	108.30	49.10	354.45	66.20	108.70	76.50	45.60	63.10	191.70	48.50	28.50	99.00	14.50	100.50
C_1 人口密度（人/平方公里）	201.00	202.00	204.00	205.00	206.00	208.00	209.00	201.00	203.00	205.00	195.00	196.00	197.00	199.00	201.00	202.00	204.00	206.00	207.00	209.00
C_2 城镇化率（%）	28.15	28.20	28.30	29.06	31.70	33.62	34.64	36.24	38.16	39.20	40.00	41.80	43.53	44.81	46.01	47.06	48.08	49.21	50.22	51.09
C_3 建筑物覆盖率（%）	/	/	/	3.70	3.76	3.84	3.94	3.99	4.03	3.88	/	/	/	/	/	/	/	/	/	/
C_4 生活垃圾无害化处理率（%）	75.72	68.32	64.43	60.54	60.89	61.38	57.48	68.38	82.30	86.32	91.14	95.49	98.00	96.44	95.40	98.65	98.96	99.92	99.94	99.96
C_5 森林与林地覆盖率（%）	/	41.33	41.33	41.33	41.33	52.71	52.71	52.71	54.19	57.78	58.00	60.52	61.40	61.84	62.00	62.24	62.28	62.31	41.33	/
C_6 年均人口自然增长率（‰）	7.90	7.73	7.00	7.29	7.20	8.16	8.34	8.20	8.70	8.53	8.65	7.67	7.89	7.93	7.86	7.90	7.87	8.92	8.16	7.17
C_7 年均城市增长率（%）	3.38	5.06	4.10	6.96	3.55	8.81	-4.39	10.24	3.28	4.75	3.19	11.64	6.82	6.47	3.40	6.90	4.60	5.99	4.41	4.53
D_{1a} 城镇居民家庭恩格尔系数（%）	39.90	37.70	40.70	40.00	44.00	42.50	42.10	41.70	42.40	39.90	38.10	39.50	39.00	37.90	35.20	34.40	34.40	33.20	30.70	30.50

续表

年份	2000	2001	2002	2003	2004	2005	2006	2007	2008	2009	2010	2011	2012	2013	2014	2015	2016	2017	2018	2019
D_{1b}农村居民家庭恩格尔系数(%)	55.40	52.30	51.90	51.30	54.30	50.50	49.50	50.20	53.40	48.70	48.50	43.80	42.80	40.00	36.90	35.40	34.50	32.20	30.10	30.90
D_2失业率(%)	3.20	3.50	3.70	3.60	4.10	4.20	4.20	3.79	3.75	3.70	3.70	3.50	3.40	3.30	3.20	2.92	2.93	2.21	2.34	2.60
D_3居民消费价格指数(上年=100)	99.70	100.60	99.10	101.10	104.40	102.40	101.30	106.10	107.80	97.90	103.00	105.90	103.23	102.21	102.10	101.51	101.60	101.61	102.30	103.70
D_4农林牧渔业总产值占GDP比例(%)	39.85	38.30	36.32	36.84	39.17	38.70	36.72	37.01	37.02	33.47	31.82	32.27	30.88	30.17	29.05	28.36	28.30	26.41	25.01	25.89
D_5人均耕地面积(公顷)	0.09	0.09	0.09	0.09	0.09	0.09	0.09	0.08	0.08	0.09	0.09	0.09	0.08	0.08	0.08	0.08	0.08	0.08	0.08	0.08
D_6有害生物防治率(%)	/	/	/	45.00	52.00	25.80	28.80	25.48	22.04	23.80	24.21	20.68	15.24	18.61	27.70	45.00	/	/	/	/
D_7公共安全支出占公共预算比例(%)	/	/	/	/	/	/	/	8.36	7.37	6.64	6.23	5.48	5.10	5.57	5.52	5.43	5.93	5.77	5.90	5.34
E_1人均GDP(元)	4319	5058	5558	6119	7182	8068	9421	11542	13471	14708	18070	22258	24238	26483	28687	30990	33458	36595	40012	42964
E_2医疗卫生和教育支出占公共预算比例(%)	21.80	22.08	21.44	22.57	22.18	21.46	23.15	24.36	25.44	25.45	26.52	27.10	28.22	27.91	29.19	29.60	29.78	29.18	27.86	27.00
E_3社会保障和就业支出占公共预算比例(%)	3.00	3.21	4.69	4.98	3.93	5.06	4.39	11.22	9.94	12.56	10.81	9.85	9.46	10.85	11.13	11.33	12.13	13.83	14.49	13.96
E_4每千人居民拥有医生数(人)	2.67	2.67	2.53	2.42	2.57	2.63	2.75	3.05	3.23	3.49	3.60	3.92	4.21	4.87	5.44	5.73	5.73	5.99	6.00	6.50
E_5每千人居民拥有病床数(张)	1.74	1.79	1.72	1.69	1.75	1.77	1.82	2.06	2.28	2.53	2.60	2.72	2.99	3.69	3.95	4.06	4.32	5.00	4.80	5.20

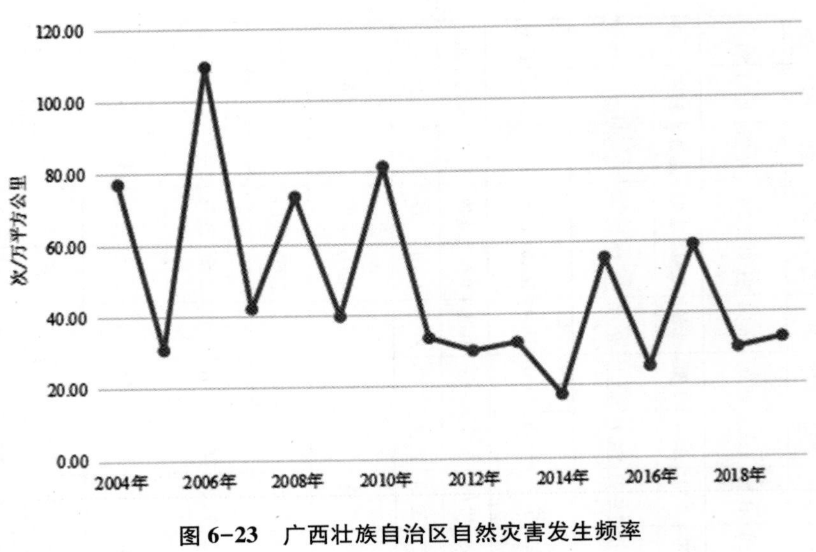

图 6-23　广西壮族自治区自然灾害发生频率

因数据不足，图 6-23 只统计了 2004—2019 年广西壮族自治区自然灾害发生的频率。2006 年自然灾害发生频率最高，为 109. 42 次/万平方公里，2014 年自然灾害发生频率最低，为 17. 36 次/万平方公里。因每个省面积不同，因此选用自然灾害发生频率作为该指标，计算出每万平方公里内自然灾害发生的次数。由上图可以看出，广西壮族自治区自然灾害发生频率相邻年间波动较大。

因数据不足，图 6-24 只统计了 2004—2019 年广西壮族自治区年均因灾死亡率。从图 6-24 可以看出，广西壮族自治区的年均因灾死亡率呈现不规则的变化趋势，在 2006 年达到了最高值，为 0. 003‰，2008—2009 年的下降趋势很明显。

因数据不足，图 6-25 只统计了 2004—2019 年间广西壮族自治区的因灾经济损失情况。2008 年的因灾经济损失最大，达到 354. 45 亿元，2018 年的因灾经济损失最小，仅为 14. 5 亿元。其他年份的因灾经济损失呈现不规则的波动。

图 6-26 统计了 2000—2019 年广西壮族自治区的人口密度状况，由图中

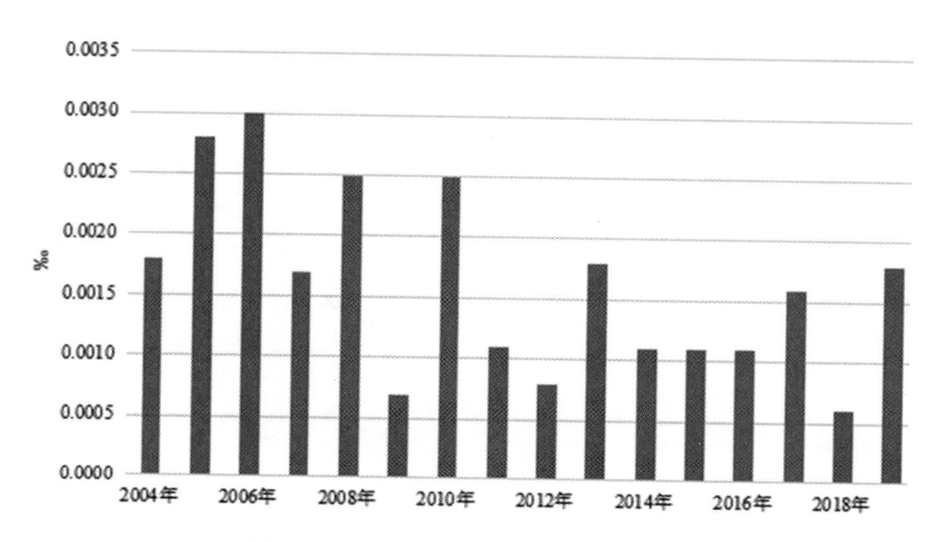

图 6-24　广西壮族自治区年均因灾死亡率

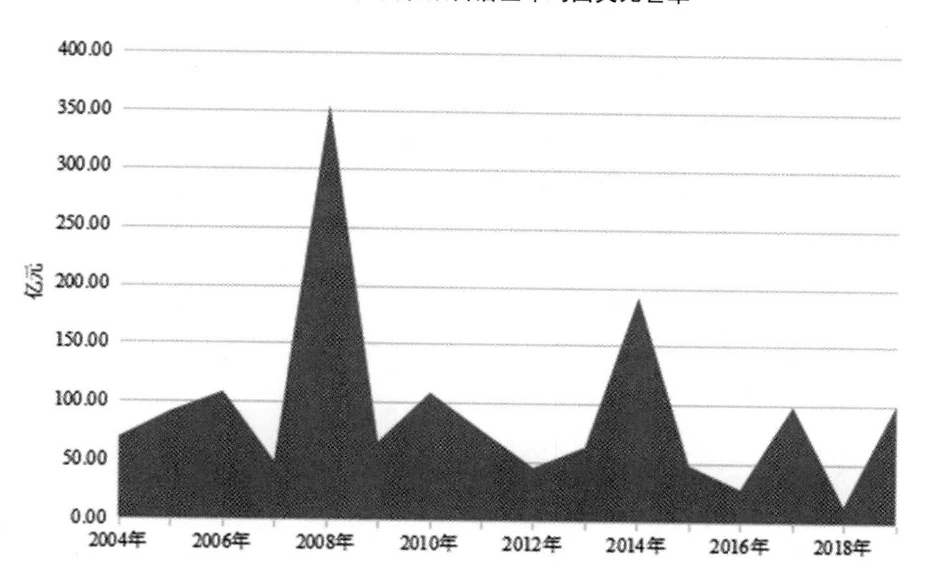

图 6-25　广西壮族自治区因灾经济损失

可直观地看出，广西的人口密度呈山峰状波动，从 2006—2007 年、2009—2010 年两个区间人口密度均为下降趋势。人口密度最高出现在 2006 年和 2019 年，为 209 人/平方公里，最低是 2010 年，为 195 人/平方公里。

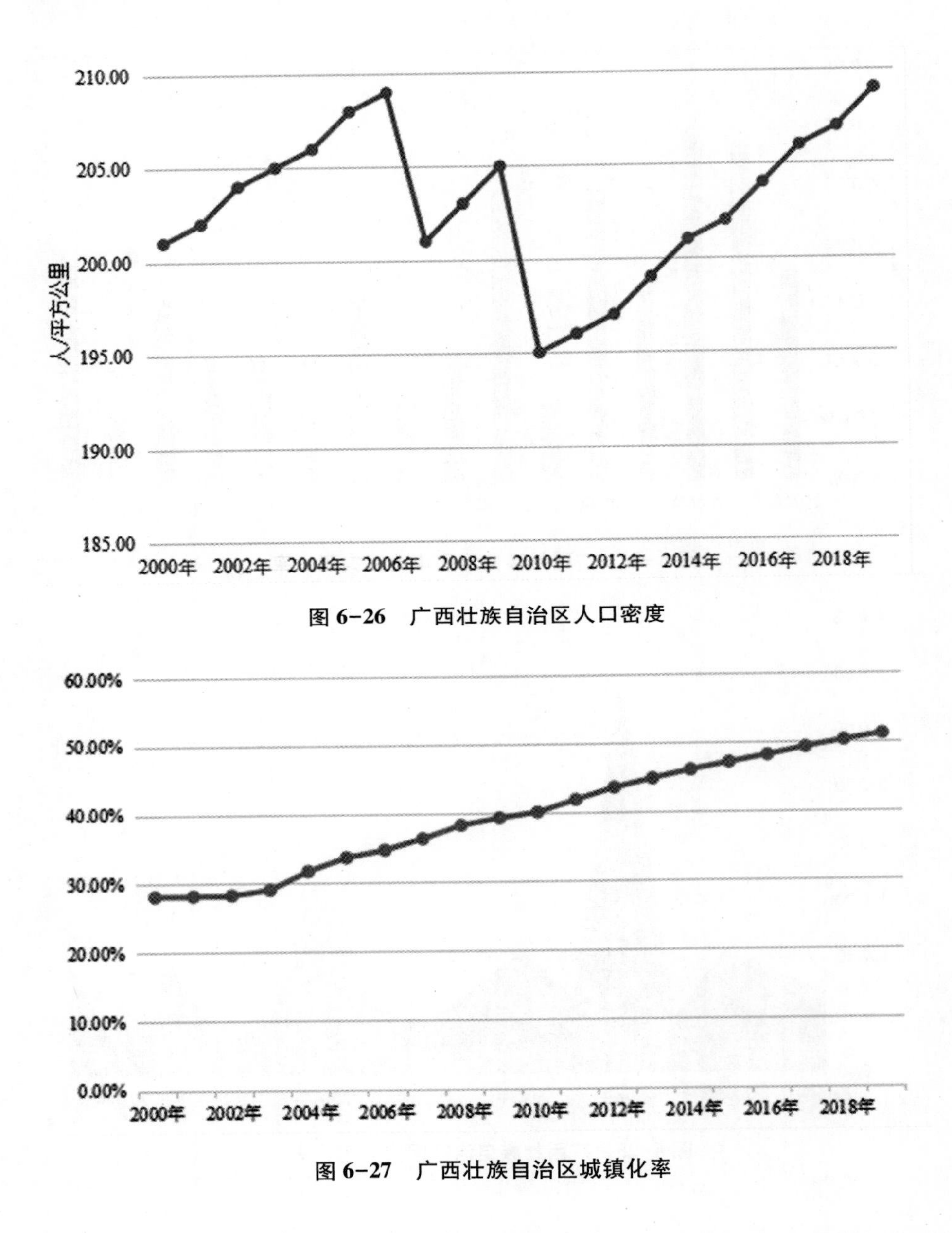

图 6-26　广西壮族自治区人口密度

图 6-27　广西壮族自治区城镇化率

图 6-27 统计了广西壮族自治区从 2000—2019 年的城镇化率，随着农村居民向城镇迁移的大趋势，广西的城镇化率亦是逐年增长，2000 年的城镇化

率为 28.15%，到 2019 年，城镇化率增长到 51.09%。广西壮族自治区城镇化率的增长趋势较为平缓，每年增加的幅度都不高，但一直保持增长的趋势。

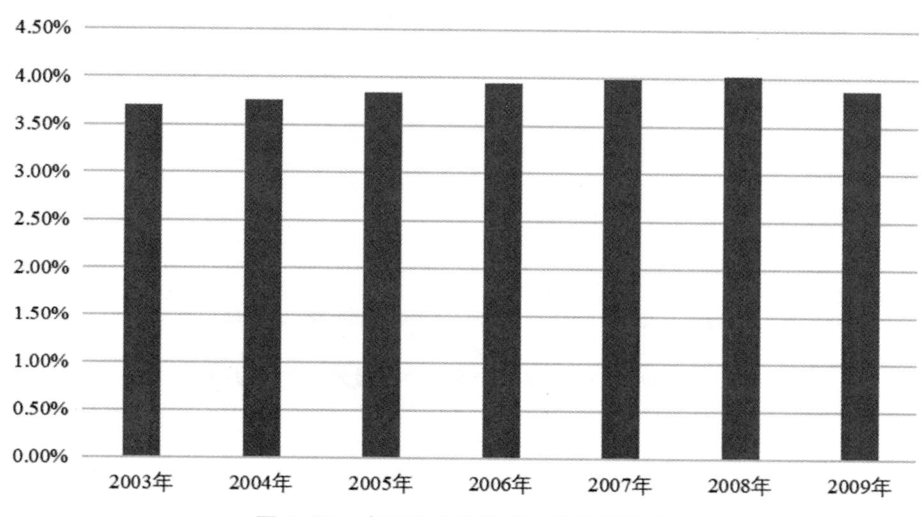

图 6-28　广西壮族自治区建筑物覆盖率

因数据不足，图 6-28 统计了 2003—2009 年广西壮族自治区的建筑物覆盖率。建筑物覆盖率的变化幅度是缓慢的。从 2003—2008 年呈现逐年上升的趋势，最低的为 2003 年，仅为 3.7%。但 2008—2009 年建筑物覆盖率是下降的，从 4.03%下降到 3.88%。

图 6-29 统计了 2000—2019 年广西壮族自治区的生活垃圾无害化处理率。生活垃圾无害化处理率总体上呈现上升的趋势，但最低的年份出现在 2006 年，为 57.48%，2019 年的最高，为 99.96%。其中 2006—2008 年的上升幅度最大，其他年份之间变化幅度较小。

因数据不足，图 6-30 只统计了 2001—2017 年广西壮族自治区的森林与林地覆盖率。总体上呈现上升的趋势，从 2001 年的 41.33%上升到 2017 年的 62.31%。2004—2005 年之间的增长幅度较大，其他年份之间则较为平缓。

图 6-31 统计了 2000—2019 年间广西壮族自治区的人口自然增长率。广

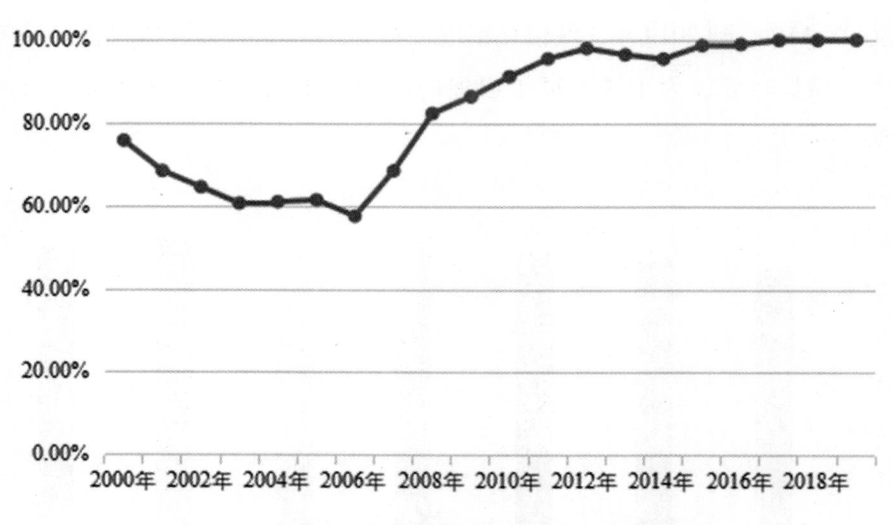

图 6-29　广西壮族自治区生活垃圾无害化处理率

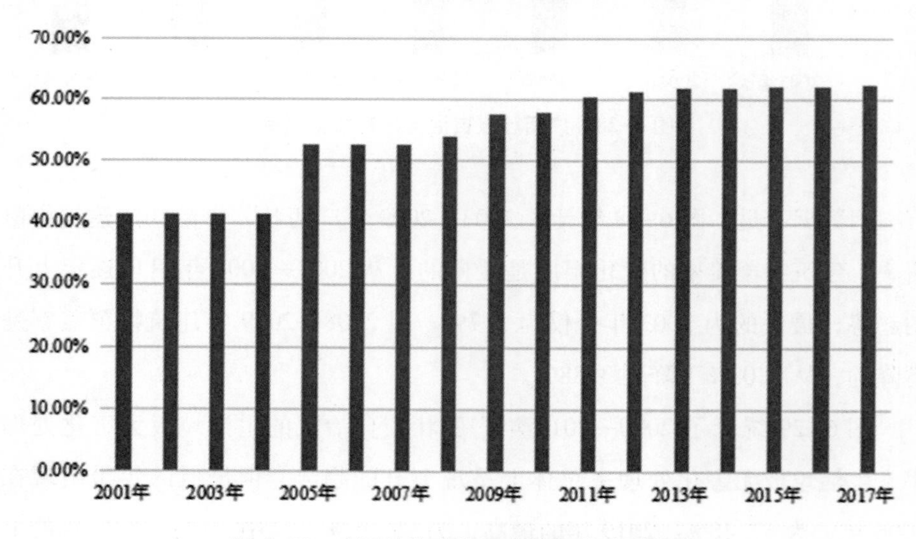

图 6-30　广西壮族自治区森林与林地覆盖率

西壮族自治区的人口是不断增加的，没有负增长的情况。增长率呈现不规则的波动，2002 年的人口自然增长率最低，为 7‰，2017 年的人口自然增长率最高，为 8. 92‰。大部分年份的人口自然增长率在 7‰至 8‰之间小幅度的波动。

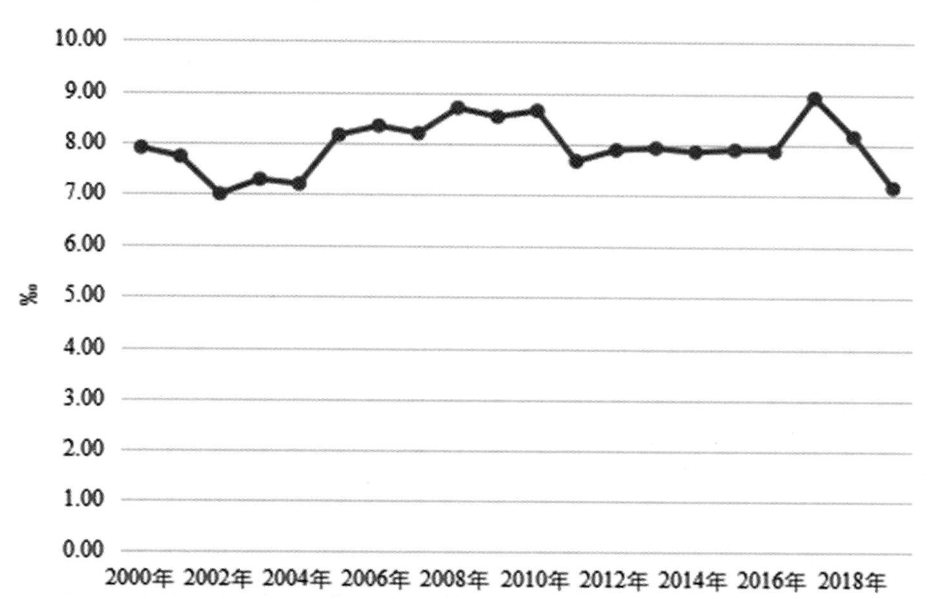

图 6-31　广西壮族自治区人口自然增长率

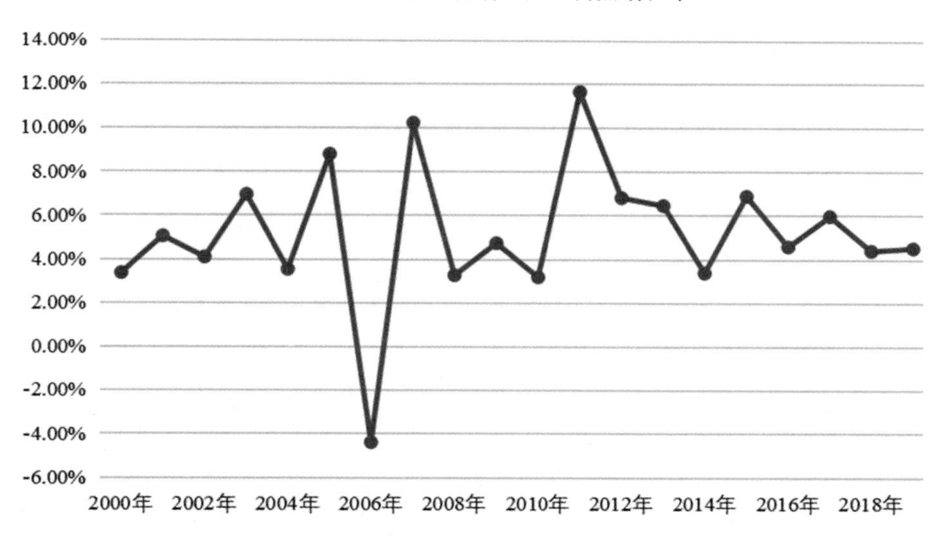

图 6-32　广西壮族自治区城市增长率

图 6-32 统计了 2000—2019 年广西壮族自治区的城市增长率。其中 2006 年的城市增长率为负，其余年份为正，但城市增长率的波动幅度很大，没有

明显的规律。城市增长最快的是 2011 年，增长率为 11. 64%，城市增长率最低的为 2010 年，增长率为 3. 19%。2006 年城市增长率为负增长，增长率为 -4. 39%。城市建成区面积从 2000 年的 585. 93 平方公里增长到 2019 年的 1542. 78 平方公里。

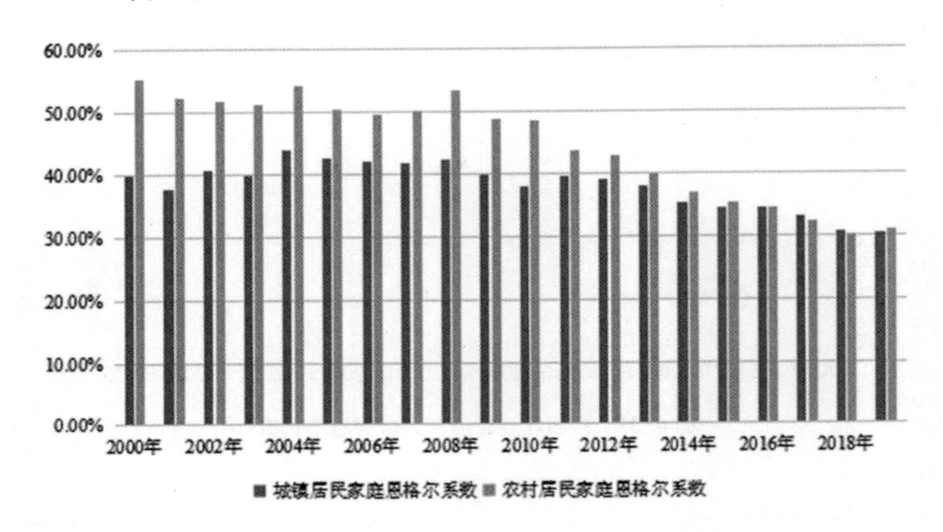

图 6-33　广西壮族自治区居民家庭恩格尔系数

图 6-33 统计了 2000—2019 年广西壮族自治区的城镇居民家庭恩格尔系数和农村居民家庭恩格尔系数，由上图的对比可看出，除了 2017 年和 2018 年之外，历年的城镇居民家庭恩格尔系数都低于农村居民家庭恩格尔系数。城乡之间恩格尔系数的差距呈现逐渐缩小的趋势。

图 6-34 统计了 2000—2019 年广西壮族自治区的失业率，失业率在总体上呈现先上升后下降的趋势，2006 年广西壮族自治区的失业率最高，为 4. 2%，2017 年的失业率最低，为 2. 21%。相邻年份之间的变化趋势没有明显的规律。

图 6-35 统计了 2000—2019 年间广西壮族自治区的居民消费价格指数，在一定程度上能反映其通货膨胀的情况。广西壮族自治区的居民消费价格指

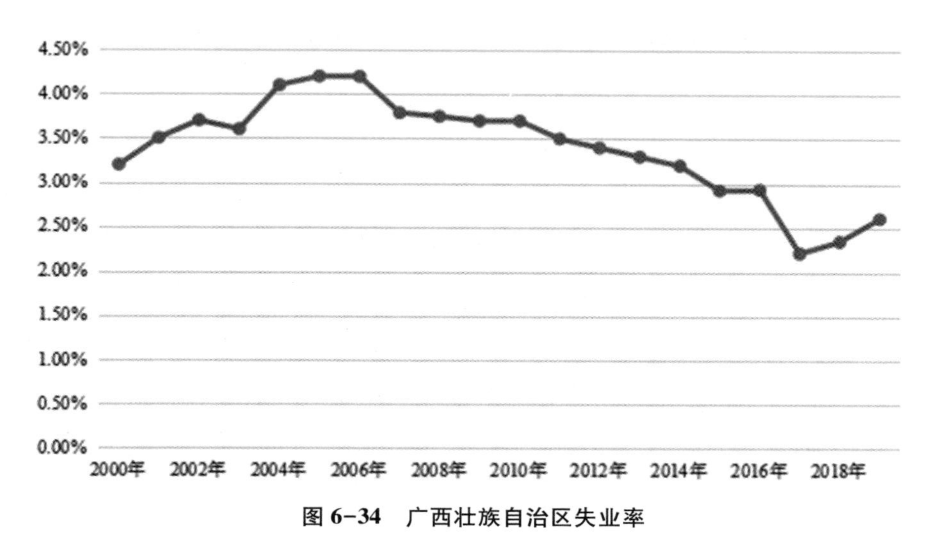

图 6-34　广西壮族自治区失业率

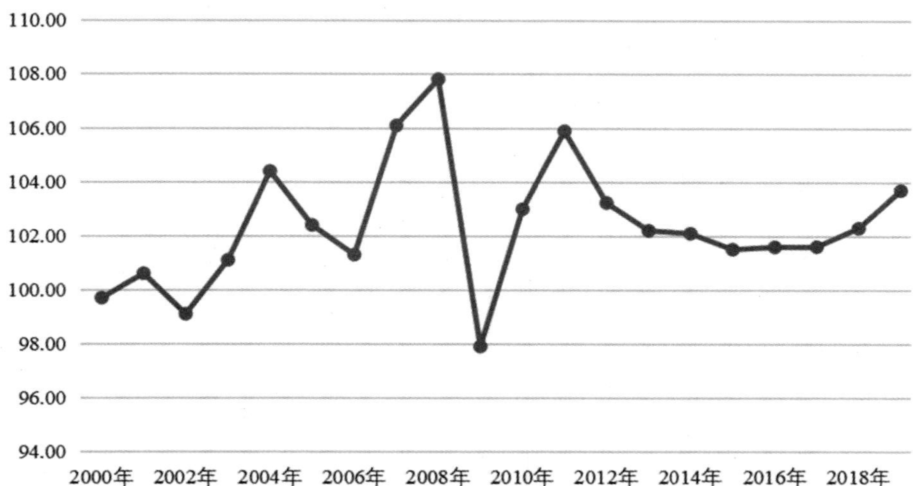

图 6-35　广西壮族自治区居民消费价格指数（上年=100）

数呈现出不规律的波动，其中 2008 年是最高的峰值，2009 年是最低的谷值，相邻年份之间的变化没有规律性。

图 6-36 统计了 2000—2019 年广西壮族自治区农林牧渔业总产值占 GDP 的比例。图中可以看出，农林牧渔业总产值占 GDP 的比例总体上呈下降的趋势，从 2000 年最高达到 39. 85%下降到 2019 年的 25. 89%。农林牧渔业总

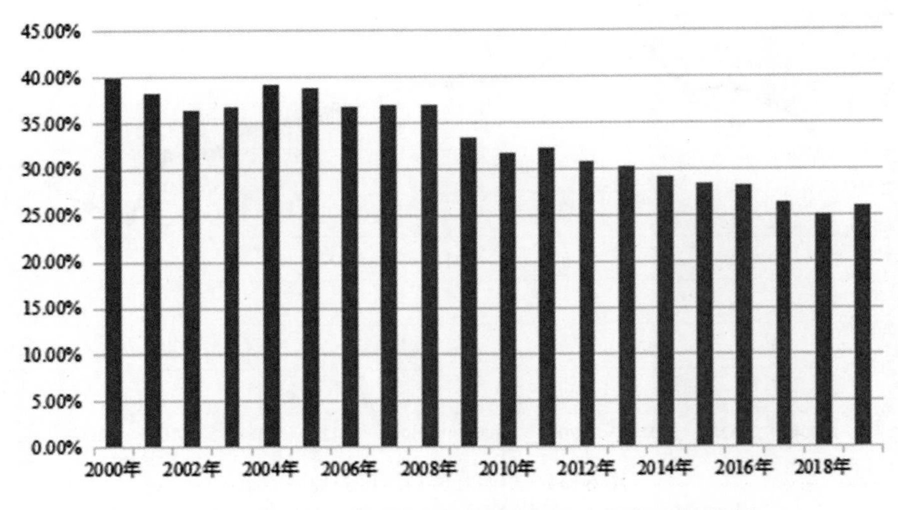

图 6-36　广西壮族自治区农林牧渔业总产值占 GDP 比例

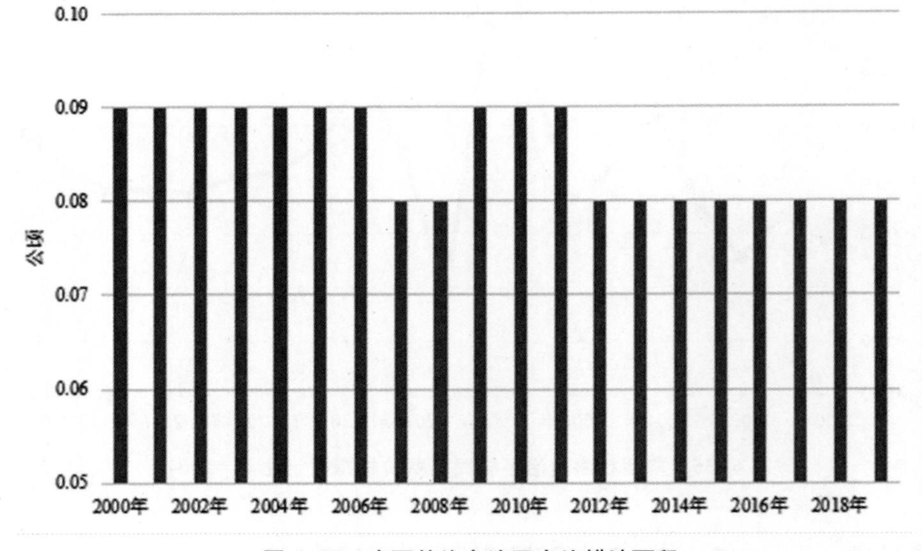

图 6-37　广西壮族自治区人均耕地面积

产值占 GDP 比例在 2002—2004 年以及 2006—2008 年有小幅度的提升，2008—2009 年的下降幅度最大。

图 6-37 统计了 2000—2019 年间广西壮族自治区的人均耕地面积。人均

耕地面积在 0. 08 公顷至 0. 09 公顷之间浮动，在 2008—2009 年是呈上升趋势，其余年份均呈持平或小幅下降的趋势。

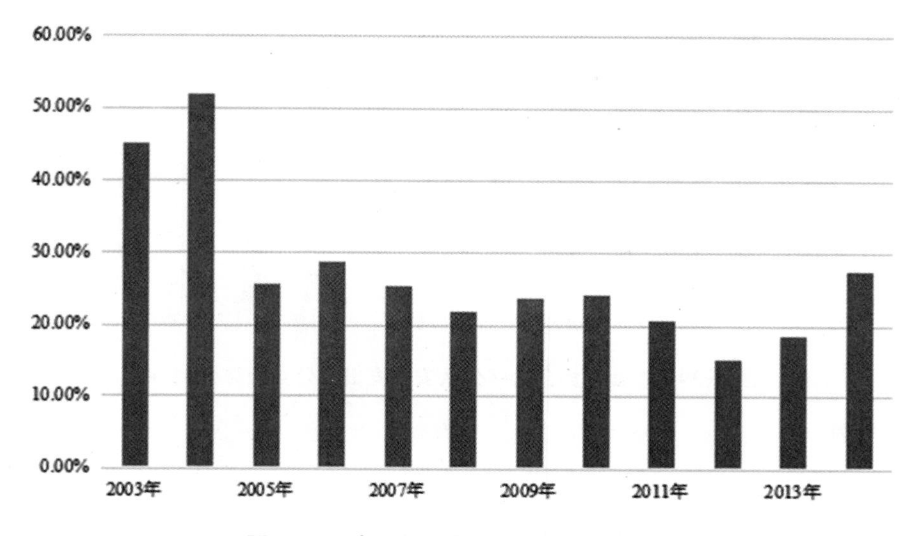

图 6-38　广西壮族自治区有害生物防治率

因数据不足，图 6-38 只统计了 2003—2014 年间广西壮族自治区的有害生物防治率。可以看出 2004 年的时候，广西壮族自治区的有害生物防治率最高，为 52%。2005—2014 年，有害生物防治率均处于较低的水平，相邻年份之间呈小幅度的波动。最低的年份是在 2012 年，仅为 15. 24%。大多数年份的有害生物防治率不到 30%。

因数据不足，图 6-39 只统计了 2007—2019 年间广西壮族自治区的公共安全支出占公共预算比例，公共安全支出占公共预算的比例在一定程度上能反映该地区对社会风险的治理情况。广西壮族自治区的公共安全支出占公共预算的比例呈现出先下降后有小幅度上升的趋势，但总体上是下降的，2007 年占比最高，达到 8. 36%，2012 年占比最低，为 5. 1%。

图 6-40 统计了 2000—2019 年间广西壮族自治区的人均 GDP。广西壮族自治区人均 GDP 呈逐年上升的趋势，2000—2004 年上升趋势比较平缓，

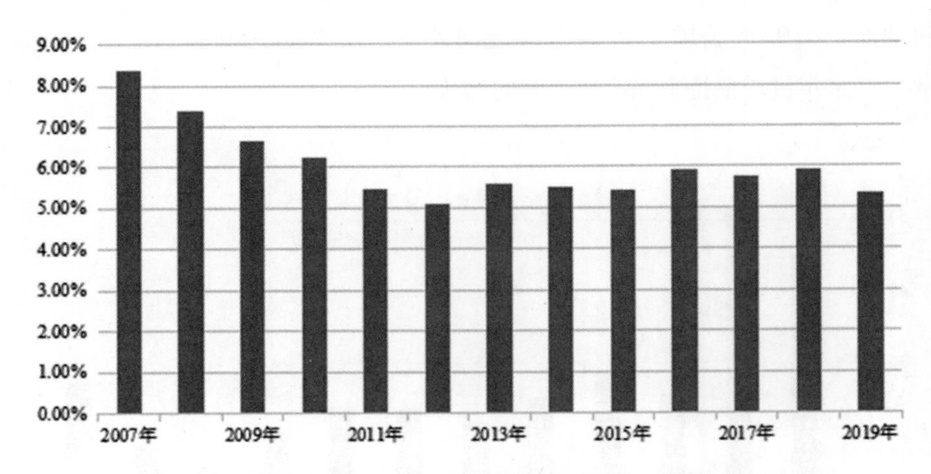

图 6-39　广西壮族自治区公共安全支出占公共预算比例

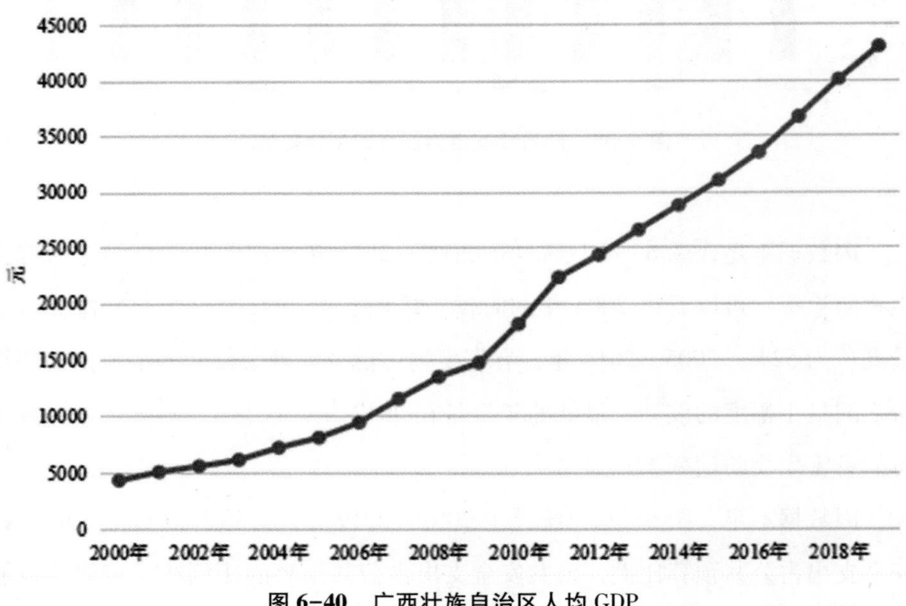

图 6-40　广西壮族自治区人均 GDP

2009—2011 年上升趋势最快。2000 年的人均 GDP 为 4319 元，到 2019 年，人均 GDP 上升到了 42964 元，涨幅明显。

图 6-41 统计了 2000—2019 年间广西壮族自治区的医疗卫生和教育支出占公共预算比例。广西壮族自治区的该项支出占公共预算的比例在总体上呈

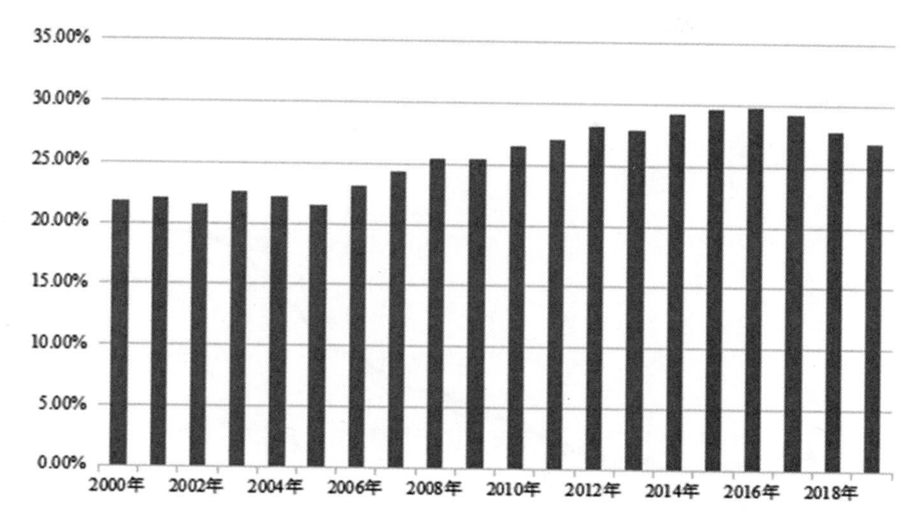

图 6-41　广西壮族自治区医疗卫生和教育支出占公共预算比例

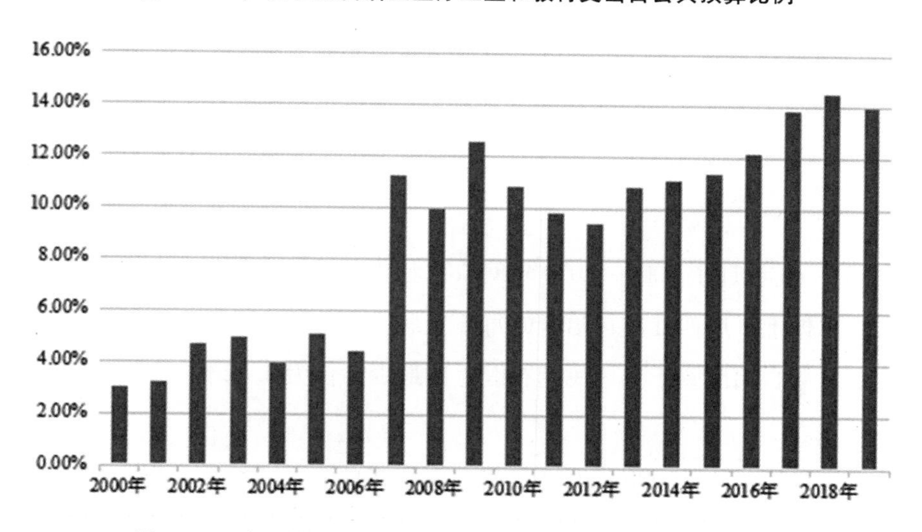

图 6-42　广西壮族自治区社会保障和就业支出占公共预算比例

上升的趋势。2016 年时该比例最高，为 29.78%，2002 年时该比例最低，为 21.44%。

图 6-42 统计了 2000—2019 年间广西壮族自治区的社会保障和就业支出占公共预算比例。社会保障和就业支出占公共预算的比例呈现出不规律的小

幅度的波动。在2000年比例最低，仅为3%，在2018年该比例最高，达到14.49%。但从2012年以后，该比例呈现逐年上升的趋势。

图6-43　广西壮族自治区每千人居民拥有医生数

图6-43统计了2000—2019年间广西壮族自治区的每千人居民拥有医生数。在总体上，广西壮族自治区的每千人居民拥有医生数呈上升趋势。2003年广西壮族自治区每千人居民拥有医生数最少，仅为2.42人，2019年最多，为6.5人。

图6-44统计了2000—2019年间广西壮族自治区的每千人居民拥有病床数。在总体上，广西壮族自治区的每千人居民拥有病床数总体上呈上升趋势。2003年广西壮族自治区每千人居民拥有病床数最少，仅为1.69张，2019年最多为5.2张。每千人居民拥有的病床数与每千人居民拥有医生数大体是呈正相关的。

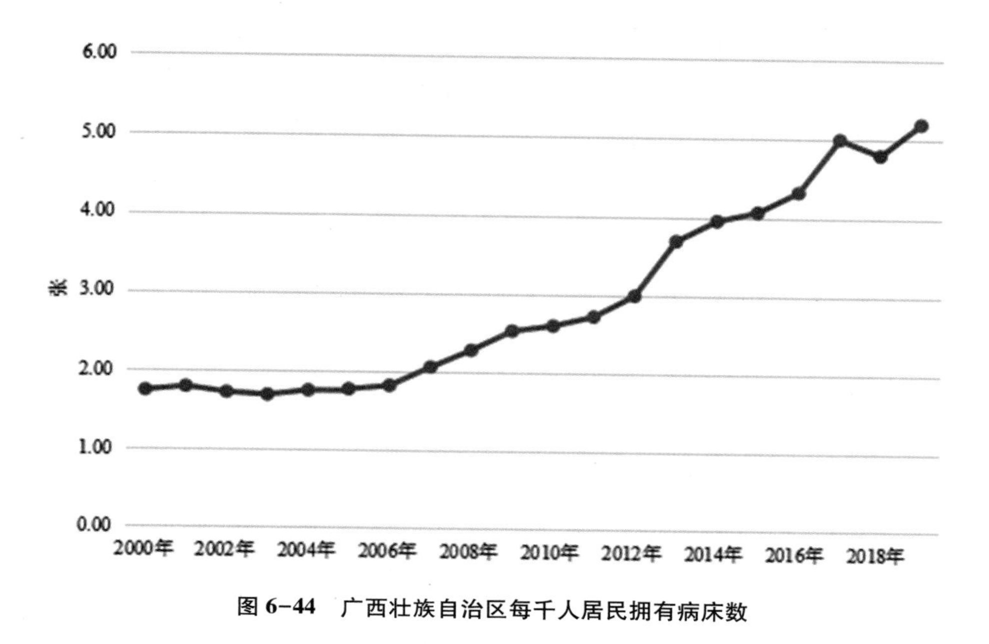

图 6-44　广西壮族自治区每千人居民拥有病床数

三、重庆市巨灾风险评估

重庆市地处我国西南，面积 8.24 万平方公里，是我国面积最大的直辖市。长江上游横贯重庆，水能潜力巨大。山地、丘陵众多，因此重庆也被称为“山城”。重庆气候属于亚热带季风性湿润气候，四季分明，具有丰沛的降水量，且集中在夏季。重庆市的城镇化率超过 60%，人口的男女比例为 1.02:1，在民族分布上，土家族和苗族是重庆人口较多的少数民族。重庆市的地区生产总值增幅较大，且第二和第三产业的发展程度远高于第一产业。

表 6-10　重庆市相关指标数值

年份	2000	2001	2002	2003	2004	2005	2006	2007	2008	2009	2010	2011	2012	2013	2014	2015	2016	2017	2018	2019
B_2 自然灾害发生频率（次/万平方公里）	/	/	/	/	237.86	85.80	70.27	414.44	87.99	120.87	67.48	37.99	79.00	47.57	3.03	9.71	14.93	73.91	21.48	15.53
B_4 年均因灾死亡率（‰）	/	/	/	/	0.0059	0.0018	0.0003	0.0055	0.0021	0.0049	0.0035	0.0011	0.0011	0.0009	0.0034	0.0009	0.0018	0.0015	0.0007	0.0009
B_5 年均因灾经济损失（亿元）	/	/	/	/	53.00	32.80	101.40	74.60	84.63	48.46	68.30	71.90	56.00	51.10	98.50	22.00	47.90	24.50	18.60	19.60
C_1 人口密度（人/平方公里）	375.13	375.96	377.89	367.73	381.58	384.61	388.21	392.64	395.27	397.53	400.90	404.10	405.76	407.58	458.16	409.20	411.66	411.39	413.06	379.13
C_2 城镇化率（%）	35.59	37.40	39.91	41.90	43.52	45.20	46.70	48.34	49.99	51.59	53.02	55.02	56.98	58.34	59.60	60.94	62.60	64.08	65.50	66.80
C_3 建筑物覆盖率（%）	/	/	/	6.55	6.78	6.91	7.01	7.11	7.20	/	/	/	/	/	/	/	/	/	/	/
C_4 生活垃圾无害化处理率（%）	/	/	/	38.53	36.49	39.78	44.48	52.43	68.52	69.16	79.84	90.27	97.23	96.44	95.78	98.02	98.53	98.96	99.07	99.71
C_5 森林与林地覆盖率（%）	/	28.74	30.90	28.74	32.55	32.55	32.55	32.55	32.55	37.26	37.26	41.40	37.26	41.42	41.42	43.06	43.06	43.06	43.06	43.06
C_6 年均人口自然增长率（‰）	3.45	2.80	3.28	2.69	2.85	3.00	3.40	3.80	3.80	3.70	2.77	3.17	4.00	3.60	3.62	3.86	4.53	3.91	3.48	2.91
C_7 年均城市增长率（%）	1.84	5.93	23.86	16.98	-1.09	13.14	10.62	7.65	6.91	10.05	10.68	16.62	-0.04	5.35	5.32	4.02	-2.27	5.26	5.09	1.66
D_{1a} 城镇居民家庭恩格尔系数（%）	42.20	40.80	38.00	38.00	37.80	36.45	36.30	37.00	39.60	37.70	37.60	39.10	41.50	40.70	34.50	33.60	32.70	32.10	31.50	31.20

续表

年份	2000	2001	2002	2003	2004	2005	2006	2007	2008	2009	2010	2011	2012	2013	2014	2015	2016	2017	2018	2019
D_{1b}农村居民家庭恩格尔系数(%)	53.60	54.10	55.80	52.50	56.00	52.80	52.20	54.50	53.30	49.10	48.30	46.80	44.20	43.80	40.50	40.00	38.70	36.50	34.90	34.90
D_2失业率(%)	3.50	3.90	4.10	4.10	4.10	4.10	4.00	4.00	4.20	4.00	3.90	3.50	3.30	3.40	3.50	3.60	3.70	3.50	3.30	2.60
D_3居民消费价格指数(上年=100)	96.70	101.70	99.60	100.58	103.67	100.80	102.40	104.70	105.60	98.40	103.20	105.30	102.60	102.70	101.80	101.40	101.80	101.00	102.00	102.70
D_4农林牧渔业总产值占GDP比例(%)	25.97	24.42	23.16	21.49	22.75	19.09	16.31	15.41	15.04	13.98	12.88	12.64	12.29	11.84	11.18	11.06	11.10	10.34	10.08	9.90
D_5人均耕地面积(公顷)	0.05	0.05	0.04	0.04	0.07	0.04	0.04	0.07	0.07	0.08	0.06	0.04	0.05	0.05	0.06	0.06	0.07	0.07	0.07	0.08
D_6有害生物防治率(%)	/	/	/	85.00	85.00	79.40	82.10	95.30	82.90	94.70	97.40	75.50	63.30	54.00	55.30	85.00	/	/	/	/
D_7公共安全支出占公共预算比例(%)	/	/	/	/	/	5.64	5.81	5.03	4.55	4.16	3.57	3.38	5.14	4.90	4.83	5.36	5.65	5.44	5.71	5.54
E_1人均GDP(元)	5579	6241	7071	8108	9640	12394	13915	16605	20490	22920	27596	34500	38914	43223	47850	34500	58502	63442	65933	75828
E_2医疗卫生和教育支出占公共预算比例(%)	17.85	17.65	15.97	15.74	15.63	12.13	13.40	14.11	14.16	14.78	12.21	11.68	20.85	20.75	21.68	22.42	22.67	22.60	23.21	22.93
E_3社会保障和就业支出占公共预算比例(%)	10.96	9.04	10.86	9.94	8.28	9.66	13.51	12.61	11.89	11.31	8.63	8.55	14.10	14.10	15.22	15.02	16.01	16.21	17.00	18.15
E_4每千人居民拥有医生数(人)	2.87	2.79	2.56	2.59	2.47	2.49	2.49	2.59	1.21	1.36	1.45	3.61	4.47	4.23	5.16	5.50	5.88	6.23	6.75	7.19
E_5每千人居民拥有病床数(张)	2.12	2.10	1.99	2.09	2.03	2.04	2.14	2.31	2.39	2.65	3.14	3.47	4.44	4.96	5.37	5.85	6.26	6.71	7.10	7.42

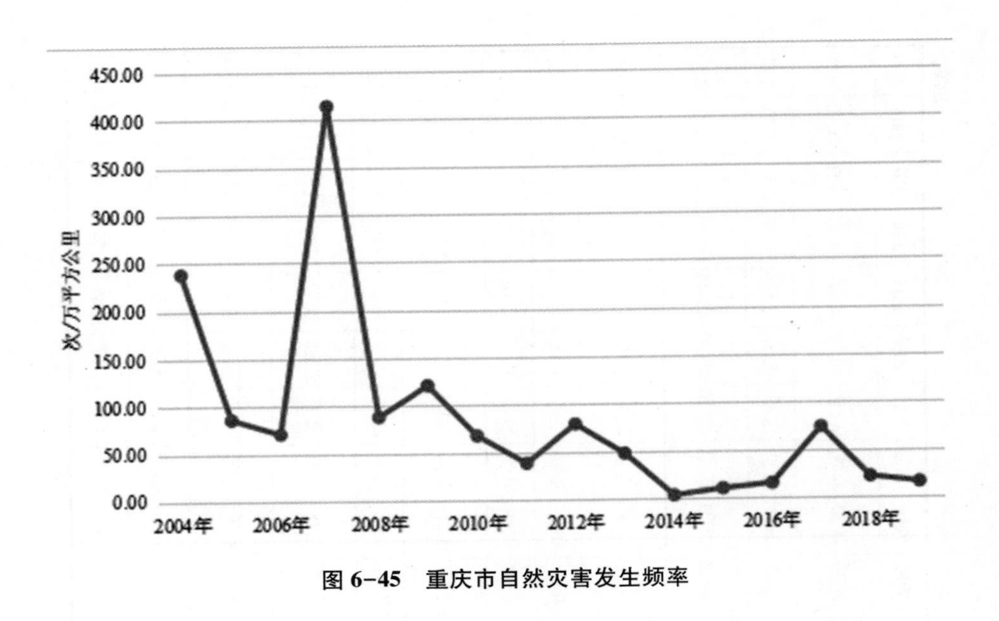

图 6-45　重庆市自然灾害发生频率

因数据不足，图 6-45 只统计了 2004—2019 年重庆市自然灾害发生的频率。2007 年自然灾害发生频率最高，为 414.44 次/万平方公里，2014 年自然灾害发生频率是近年来最低，为 3.03 次/万平方公里。因每个省（市）面积不同，因此选用自然灾害发生频率作为该指标，计算出每万平方公里内自然灾害发生的次数。由图可以看出，重庆市自然灾害发生频率波动较大，在近年来基本维持在较低的水平。

因数据不足，图 6-46 只统计了 2004—2019 年重庆市的年均因灾死亡率。因灾死亡率呈现出不规则的变动规律。2004 年的因灾死亡率最高，为 0.0059‰，2006 年的最低，为 0.0003‰。

因数据不足，图 6-47 只统计了 2004—2019 年间重庆市的因灾经济损失情况。总体来看，重庆市的因灾经济损失呈现不规则的波动。2006 年和 2014 年的因灾经济损失大于其他年份，分别为 101.4 亿元、98.5 亿元。2015 年的因灾经济损失最小，为 22 亿元。因灾经济损失的最高值和最低值之间差距很大。

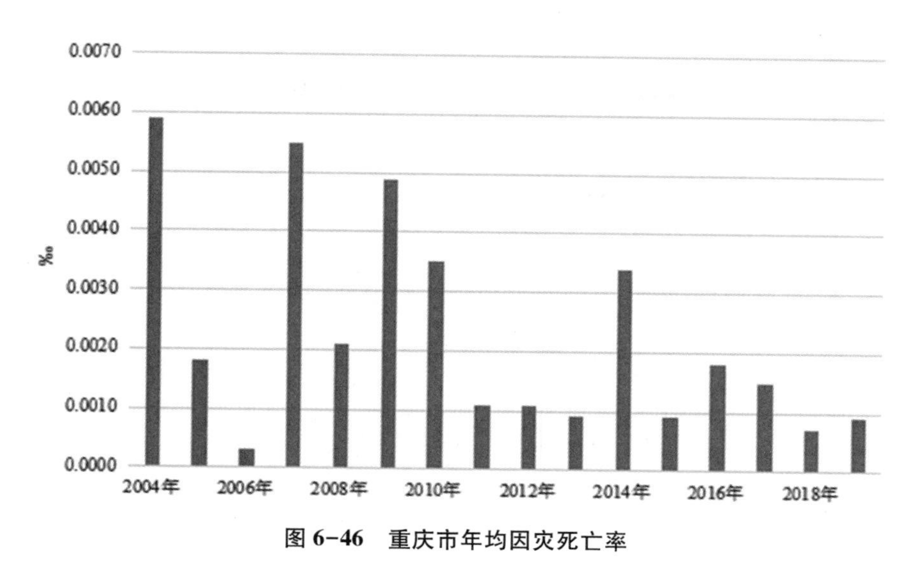

图 6-46　重庆市年均因灾死亡率

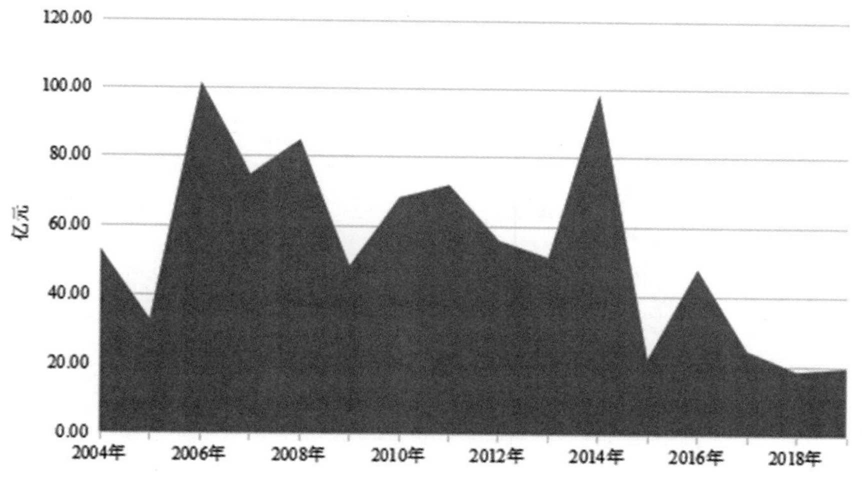

图 6-47　重庆市因灾经济损失

图 6-48 统计了 2000—2019 年重庆市的人口密度状况。由图可直观地看出，重庆市的人口密度呈不规则的波动，2003 年最低，为 367.73 人/平方公里，2014 年最高，为 458.16 人/平方公里。

图 6-49 统计了 2000—2019 年重庆市的城镇化率。随着农牧民向城镇迁移的大趋势，重庆市的城镇化率亦是逐年增长，2000 年的城镇化率为

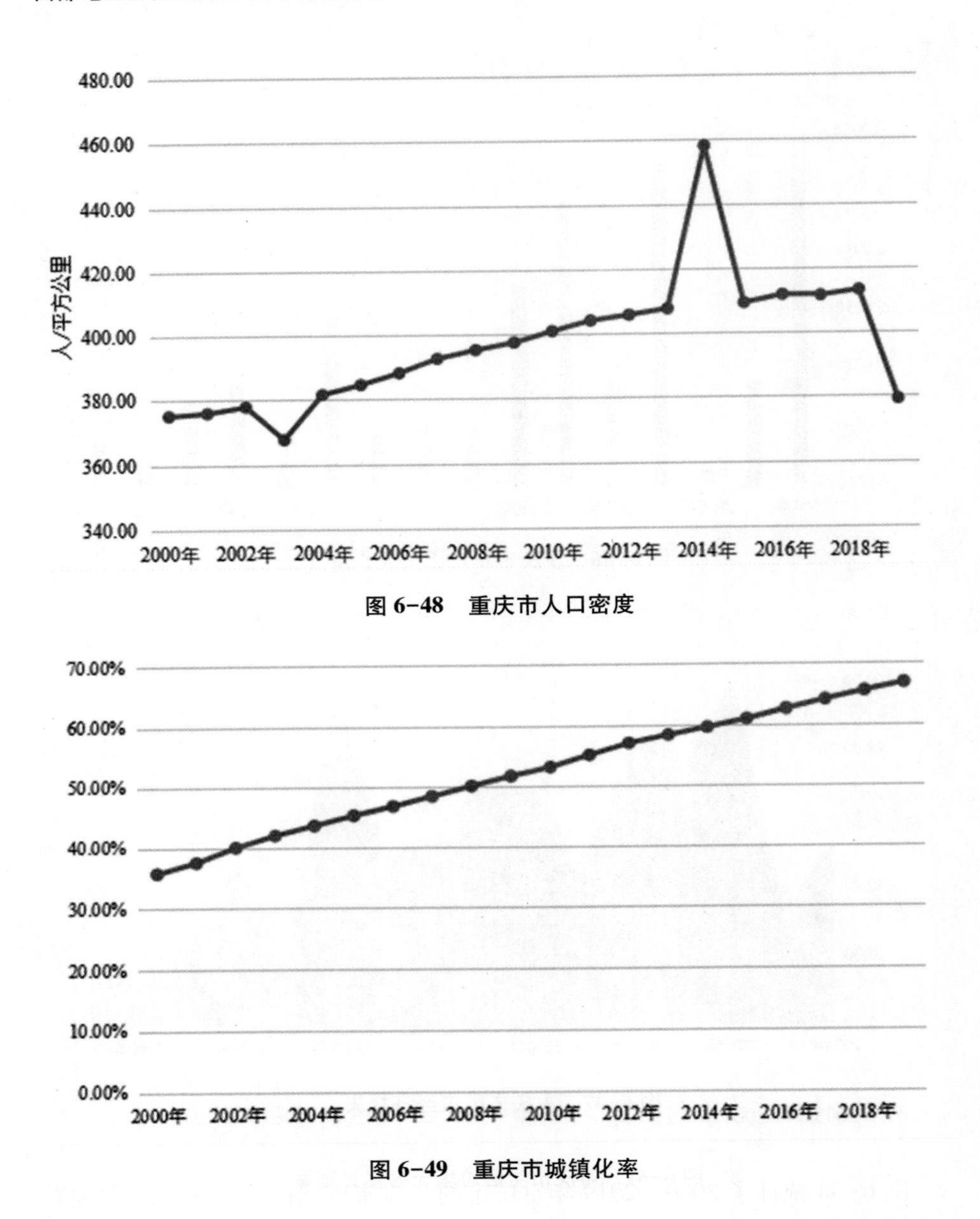

图 6-48　重庆市人口密度

图 6-49　重庆市城镇化率

35. 59%，2009 年的城镇化率第一次突破 50%，为 51. 59%，到 2019 年时，城镇化率达到 66. 8%。重庆市的城镇化率每年增加的幅度较稳定。

因数据不足，图 6-50 只统计了 2003—2008 年重庆市的建筑物覆盖率。

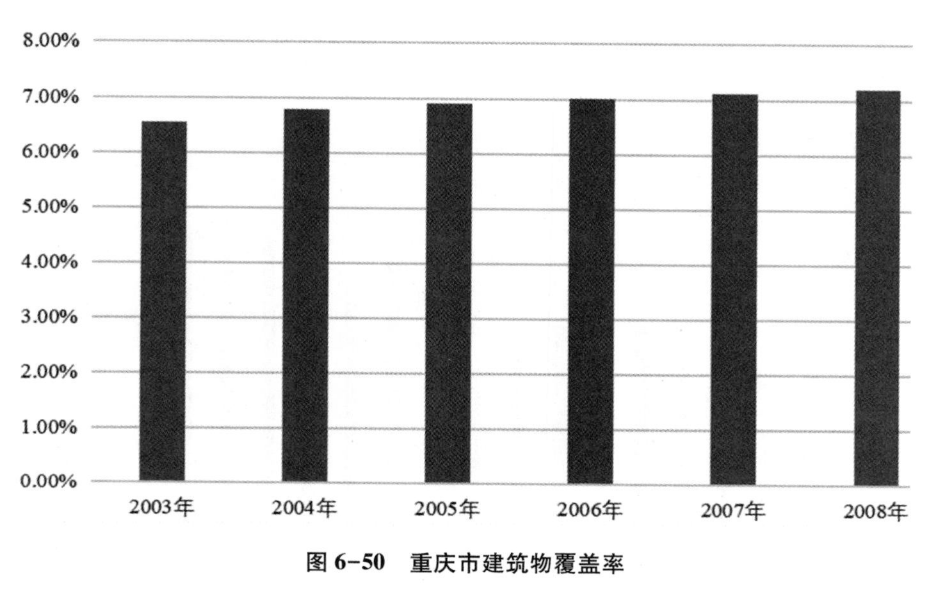

图 6-50　重庆市建筑物覆盖率

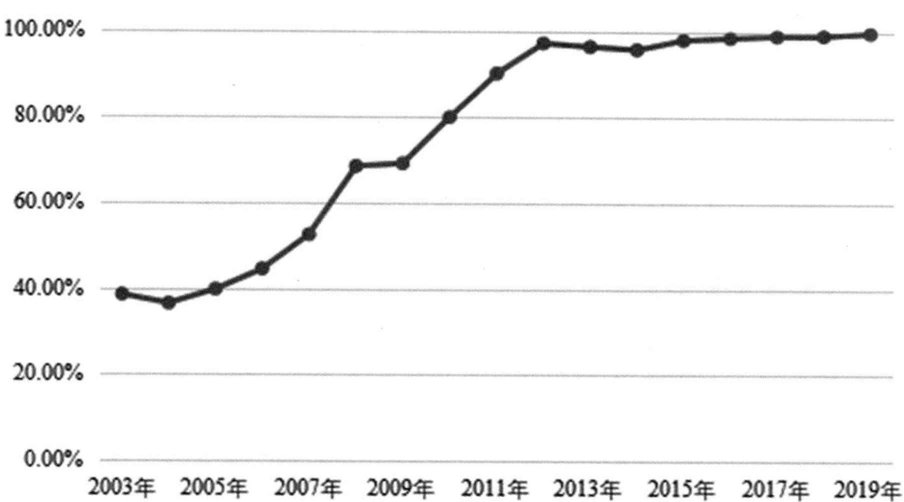

图 6-51　重庆市生活垃圾无害化处理率

2003 年建筑物覆盖率最低，为 6.55%，2008 年建筑物覆盖率最高，为 7.2%，各年份之间的增加幅度较为平缓。

因数据不足，图 6-51 只统计了 2003—2019 年重庆市的生活垃圾无害化处理率。生活垃圾无害化处理率呈现上升的趋势，2004 年的最低，为 36.49%，2019 年的最高，为 99.71%。其中 2009—2012 年的上升幅度最大，2012 年以后则趋于平缓，略有波动。

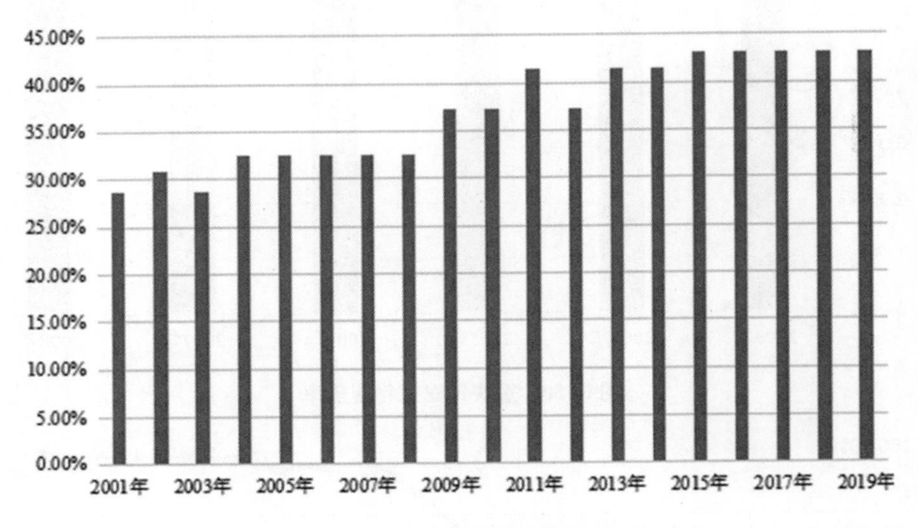

图 6-52 重庆市森林与林地覆盖率

因数据不足，图 6-52 只统计了 2001—2019 年重庆市的森林与林地覆盖率，总体上呈现上升的趋势，从 2001 年的 28.74% 上升到 2019 年的 43.06%。2008—2009 年、2012—2013 年的增长幅度较大，其他年份则较为平缓或持平，没有明显的波动。

图 6-53 统计了 2000—2019 年重庆市的人口自然增长率。2003 年的人口自然增长率最低，为 2.69‰，2016 年的人口自然增长率最高，为 4.53‰。人口自然增长率集中在 3‰到 4‰，波动浮动较小。

图 6-54 统计了 2000—2019 年之间重庆市的城市增长率。其中在 2004 年、2012 年和 2016 年的城市增长率为负，分别为-1.09%、-0.04%和-2.27%，其余年份均保持正向增长，城市增长率的幅度波动很大，没有明显的规律。城市增长率最高的是 2002 年，增长率为 23.86%，2019 年城市正向增长得最慢，增长率为 1.66%。城市建成区面积从 2000 年的 426.74 平方公

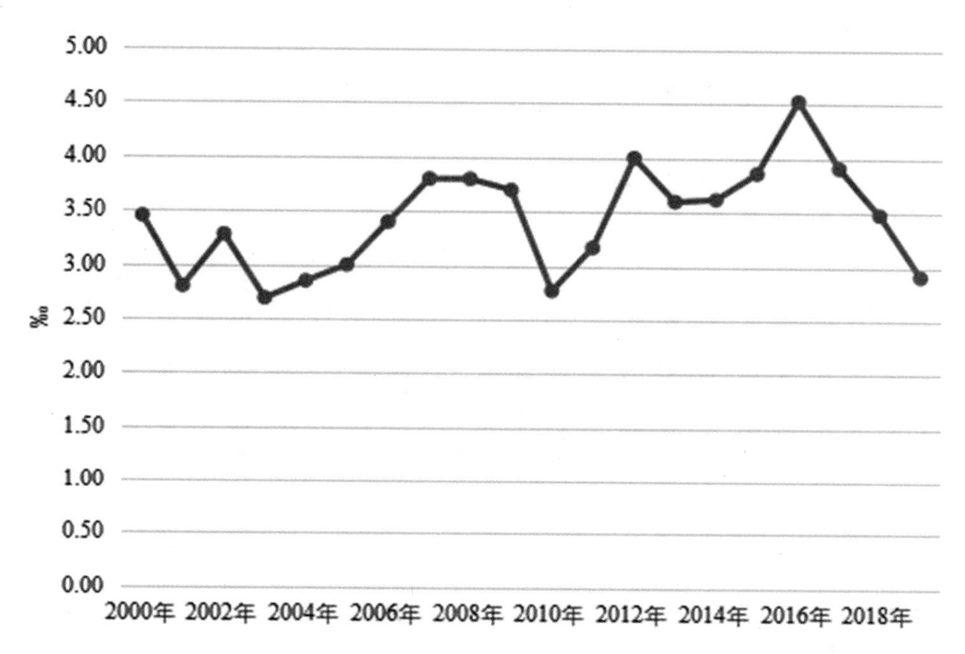

图 6-53 重庆市人口自然增长率

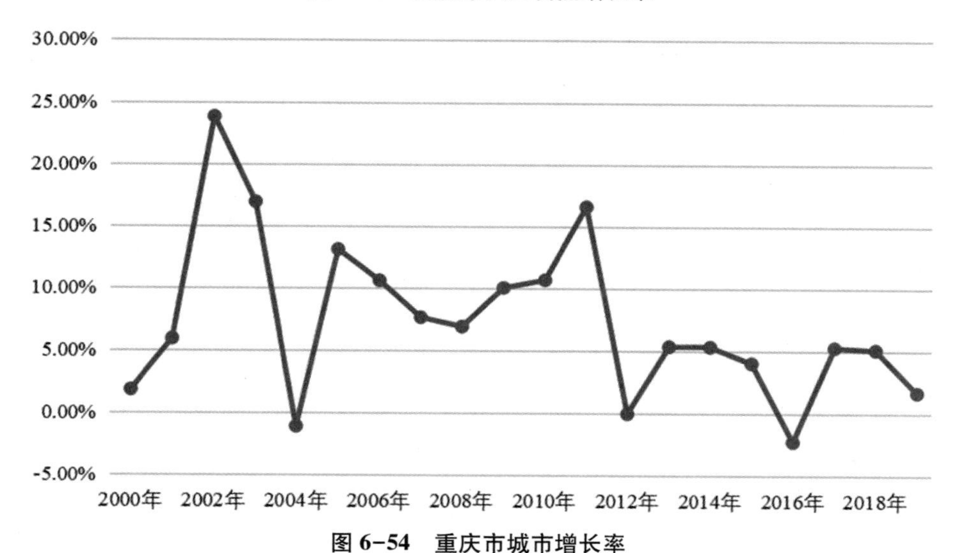

图 6-54 重庆市城市增长率

里增长到 2019 年的 1680. 52 平方公里。

图 6-55 统计了 2000—2019 年重庆市的城镇居民家庭恩格尔系数和农村

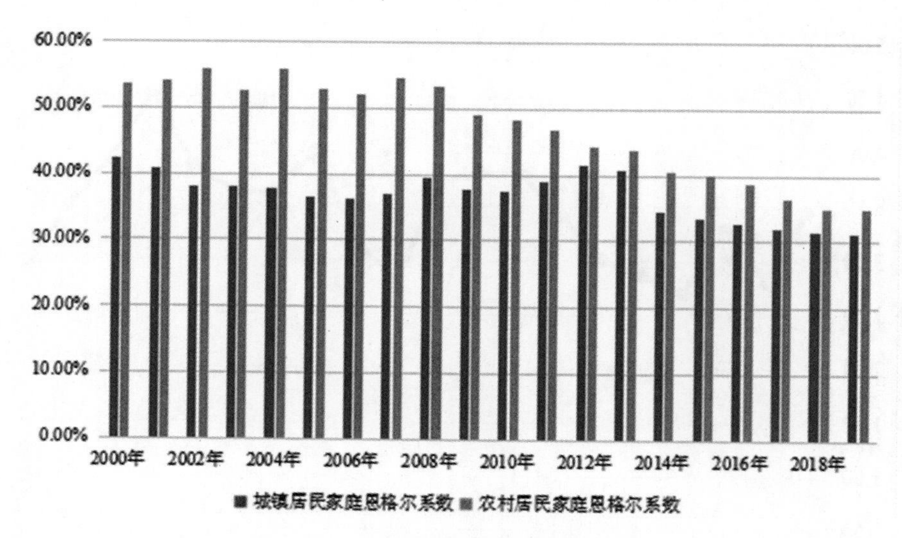

图 6-55　重庆市居民家庭恩格尔系数

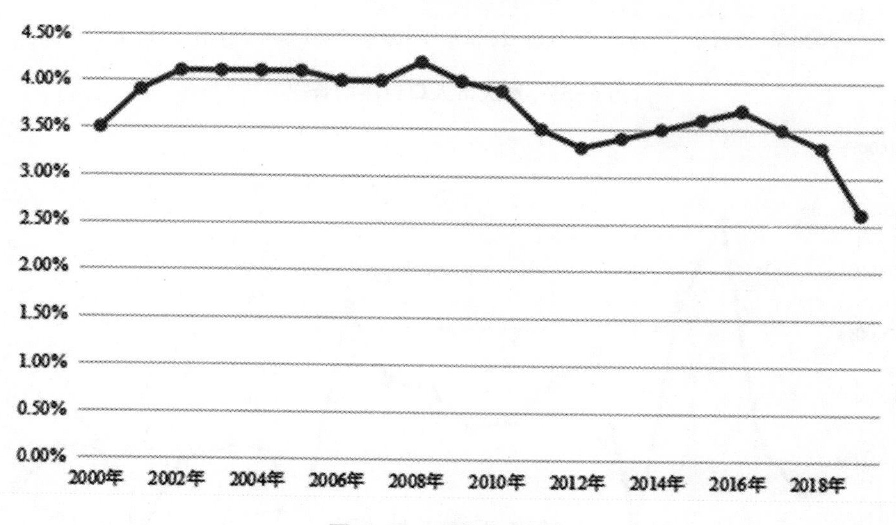

图 6-56　重庆市失业率

居民家庭恩格尔系数，所有年份的城镇居民家庭恩格尔系数都低于农村居民家庭恩格尔系数。城镇和农村的居民家庭恩格尔系数均呈现无规律的波动，但自 2011 年以后两者的差距逐渐缩小。

图 6-56 统计了 2000—2019 年重庆市的失业率。2008 年重庆市的失业率

最高，为 4.2%，2019 年的失业率最低，为 2.6%。在 2002—2009 年，失业率均在 4%以上，2008 年以后，失业率有明显的下降。

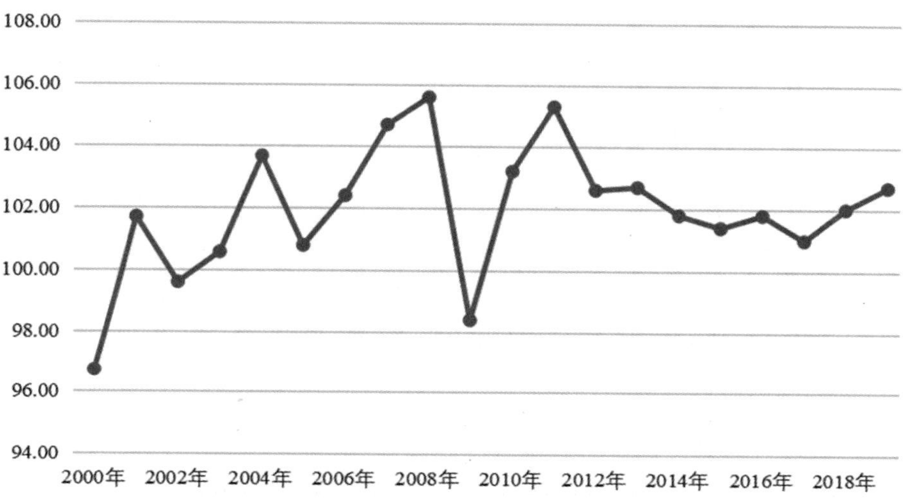

图 6-57　重庆市居民消费价格指数（上年=100）

图 6-57 统计了 2000—2019 年间重庆市的居民消费价格指数，居民消费价格指数在一定程度上能反映通货膨胀的情况。重庆市的居民消费价格指数呈现出不规律的波动，其中 2008 年达到峰值，2000 年是最低值，2012—2013 年的波动最平缓，其他年份之间的波动相对较大。

图 6-58 统计了 2000—2019 年重庆市农林牧渔业总产值占 GDP 的比例。由图可以看出，农林牧渔业总产值占 GDP 的比例总体上呈下降的趋势，从 2000 年最高 25.97%下降到 2019 年的 9.9%。

图 6-59 统计了 2000—2019 年重庆市的人均耕地面积。由图可以看出，人均耕地面积呈现不规则的变化规律，2009 年和 2019 年的人均耕地面积最大为 0.08 公顷，2002—2003 年、2005—2008 年和 2011 年的人均耕地面积最小为 0.04 公顷。

因数据不足，图 6-60 只统计了 2003—2014 年重庆市的有害生物防治率。从图可以看出，2010 年重庆市的有害生物防治率最高，为 97.47%，

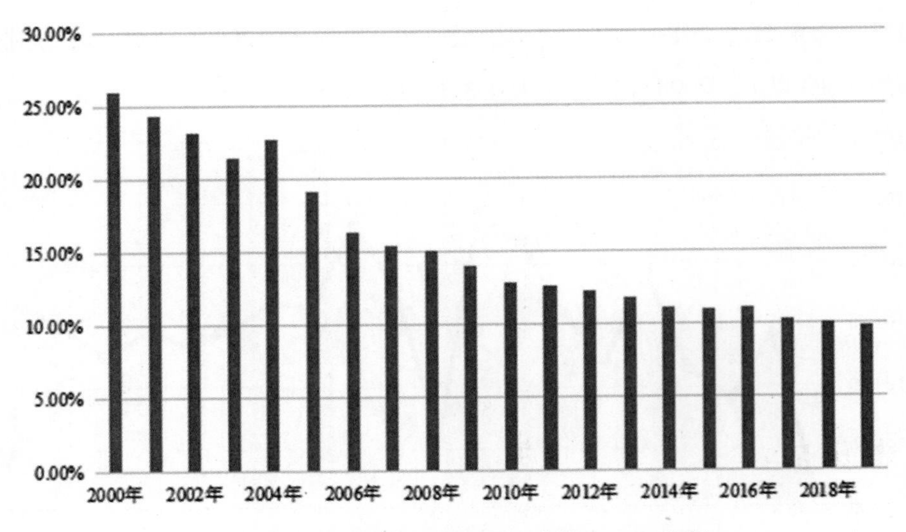

图 6-58　重庆市农林牧渔业总产值占 GDP 比例

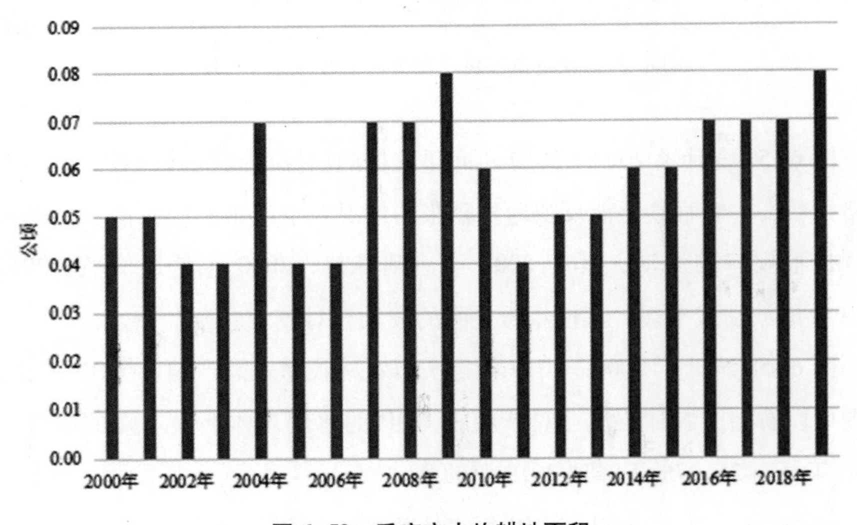

图 6-59　重庆市人均耕地面积

2013 年重庆市的有害生物防治率最低，为 54%。整体波动趋势不规则，大多数年份的有害生物防治率在 80%以上，但近几年的防治率下降明显。

因数据不足，图 6-61 只统计了 2005—2019 年重庆市的公共安全支出占公共预算比例，公共安全支出占公共预算的比例在一定程度上能反映该地区

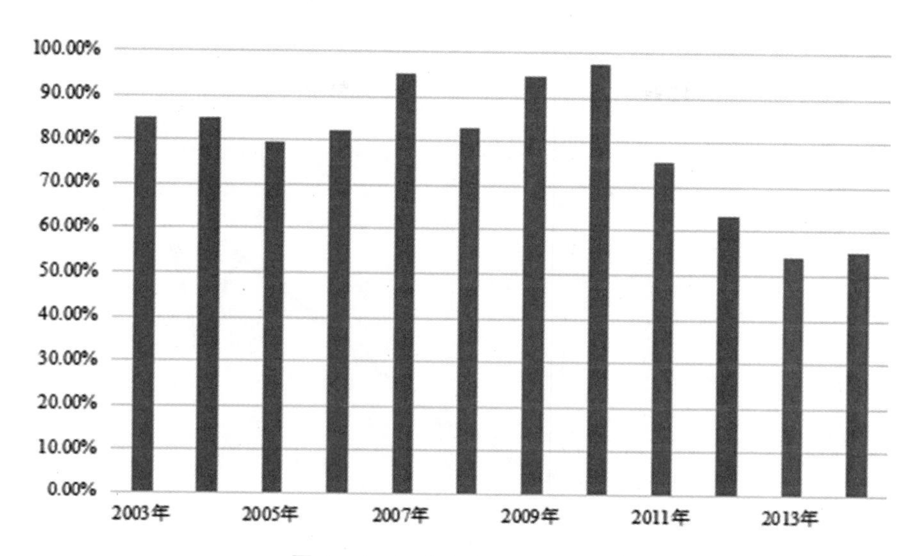

图 6-60　重庆市有害生物防治率

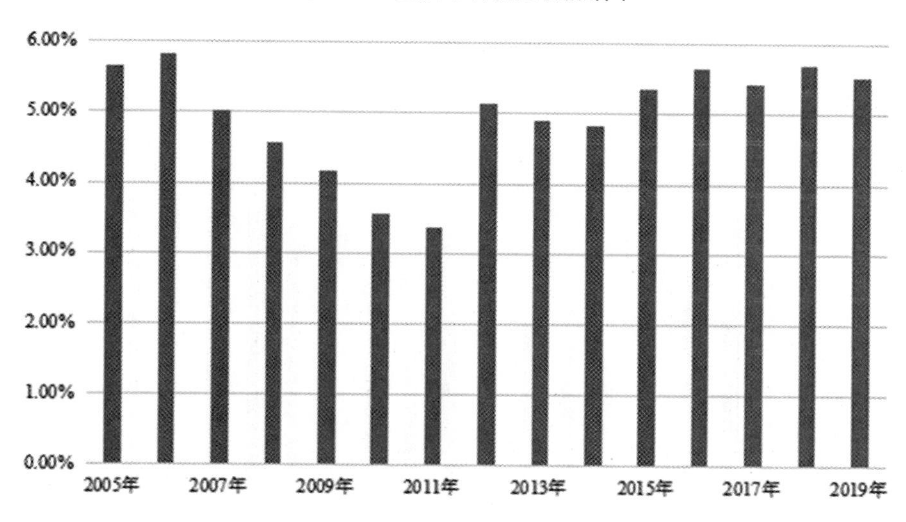

图 6-61　重庆市公共安全支出占公共预算比例

对社会风险的治理情况。重庆市公共安全支出占公共预算的比例呈现出先下降后上升最终持平的状态，在 2011—2012 年该比例有明显的上升，从 3. 38%上升到 5. 14%。2006 年占比最高，达到 5. 81%，2011 年占比最低，为 3. 38%。

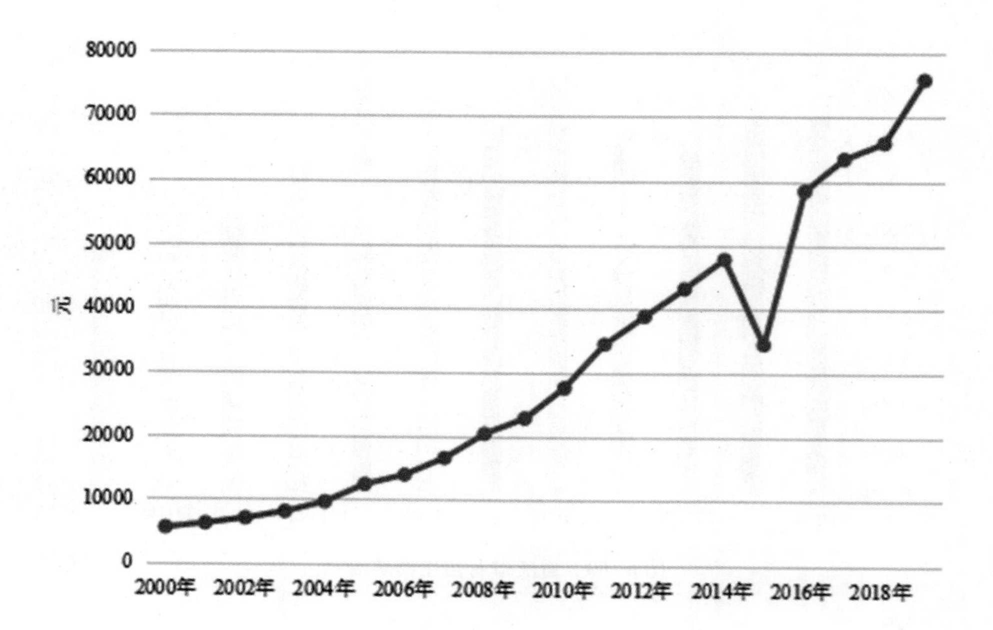

图 6-62　重庆市人均 GDP

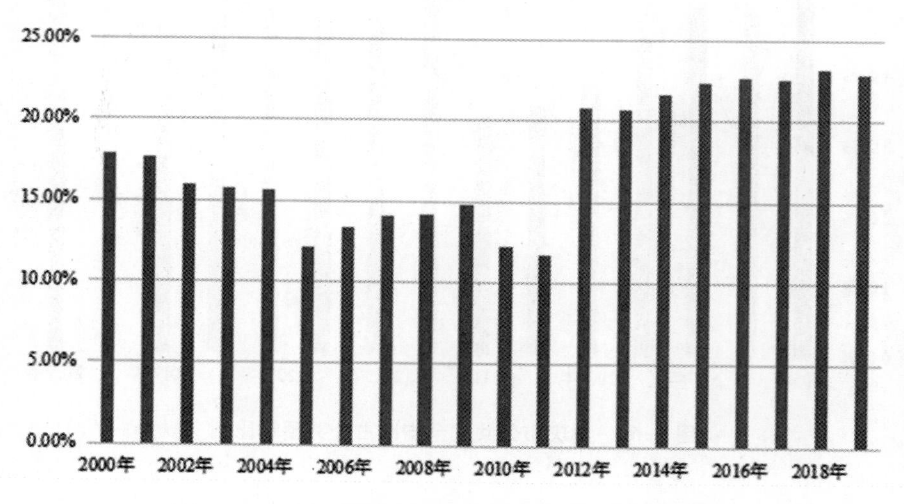

图 6-63　重庆市医疗卫生和教育支出占公共预算比例

图 6-62 统计了 2000—2019 年重庆市的人均 GDP，重庆市的人均 GDP 总体上呈逐年上升的趋势。2000 年的人均 GDP 为 5579 元，到 2019 年，重

庆的人均 GDP 上升到了 75828 元，涨幅明显。

图 6-63 统计了 2000—2019 年重庆市的医疗卫生和教育支出占公共预算比例。重庆市投入到医疗卫生和教育的经费占公共预算的比例呈不规则的波动。2018 年时该比例最高，为 23. 21%，2011 年时该比例最低，为 11. 68%。从 2011—2012 年该比例有明显的上升，其后基本持平。

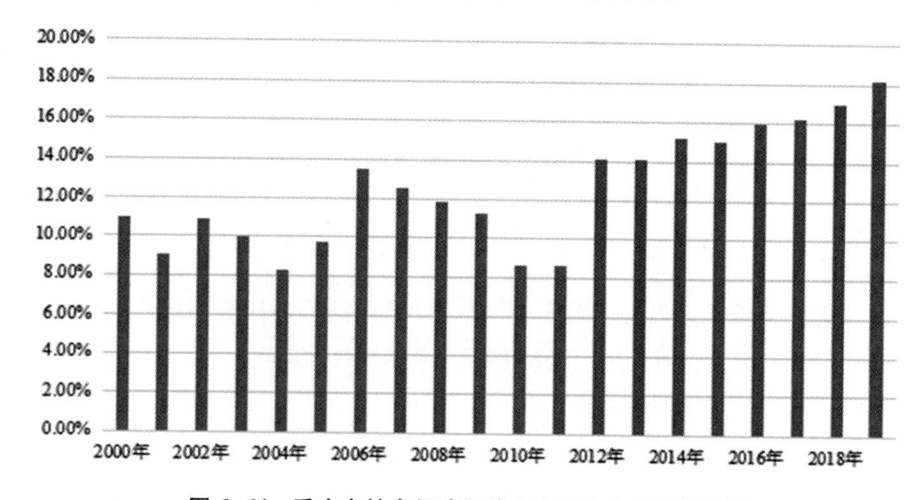

图 6-64　重庆市社会保障和就业支出占公共预算比例

图 6-64 统计了 2000—2019 年重庆市的社会保障和就业支出占公共预算比例。社会保障和就业支出占公共预算的比例呈现出不规律的小幅度波动。2004 年社会保障和就业支出占公共预算的比例最低，仅为 8. 28%，2019 年该比例最高，达到 18. 15%。2011—2012 年，该比例上升幅度最大，从 2012 年后，该比例则稳中有升。

图 6-65 统计了 2000—2019 年重庆市的每千人居民拥有医生数。总体上，重庆市的每千人居民拥有医生数呈上升趋势，在 2007—2008 年和 2012—2013 年出现了下降的现象。2008 年重庆每千人居民拥有医生数最少，仅为 1. 21 人，2019 年最多，为 7. 19 人。

图 6-66 统计了 2000—2019 年间重庆市的每千人居民拥有病床数。总体

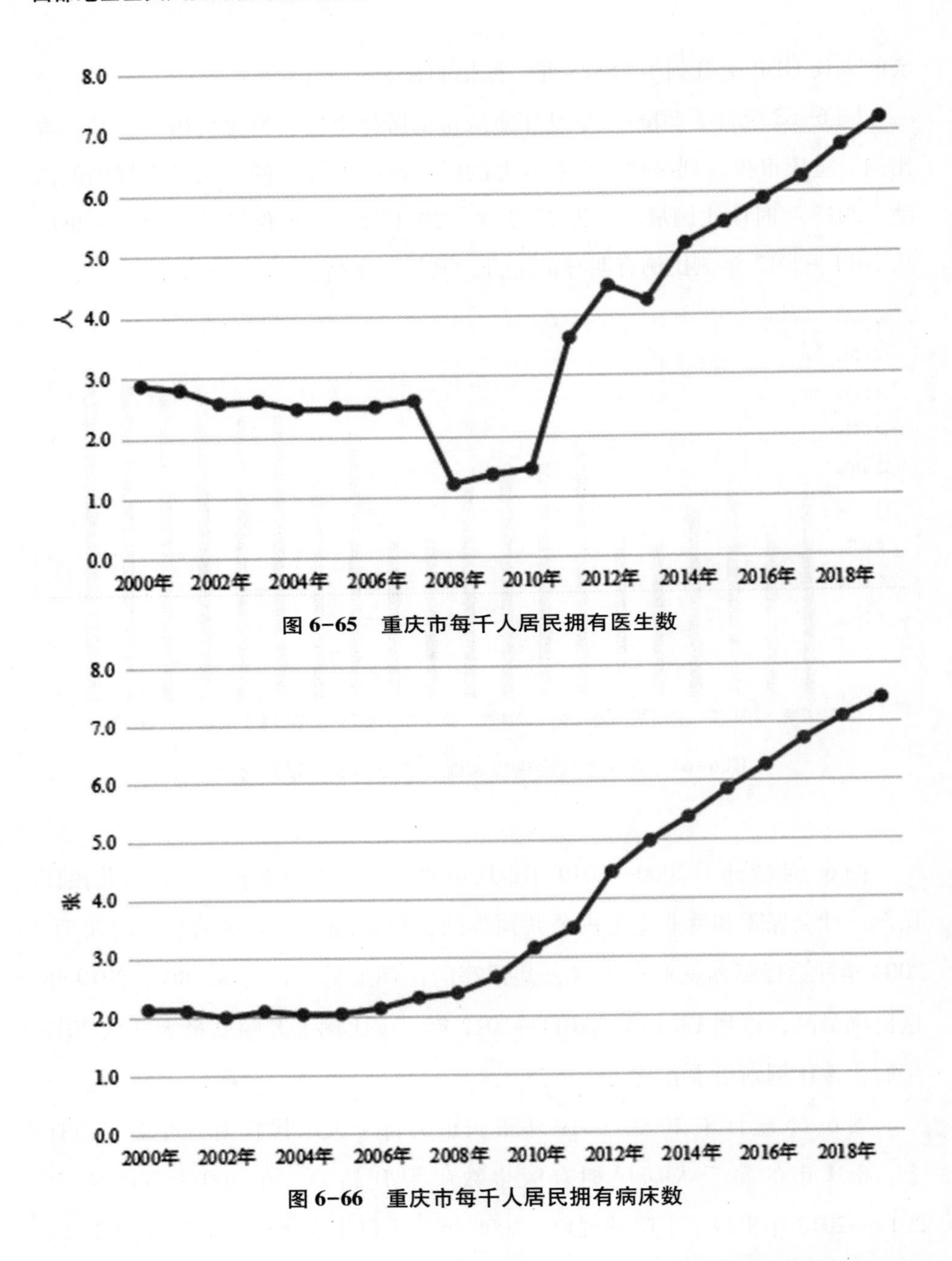

图 6-65　重庆市每千人居民拥有医生数

图 6-66　重庆市每千人居民拥有病床数

上，重庆的每千人居民拥有病床数呈上升趋势。2002 年重庆每千人居民拥有病床数最少，仅为 1.99 张，2019 年最多为 7.42 张。每千人居民拥有的病床数与每千人居民拥有医生数大体是呈正相关的。

四、四川省巨灾风险评估

四川省地处我国的西南部，面积为48.6万平方公里，是我国面积第五大省。四川省地势明显西高东低，属于第一、二级阶梯的过渡地带，地貌涵盖山地、高原、丘陵、盆地，土壤类型丰富，古有“天府之国”的美称。四川省的气候因其地貌的复杂而呈现多样性的特点，盆地以亚热带湿润气候为主，山区呈现垂直气候带。四川省的城乡人口比例约为0.91∶1，民族众多，少数民族人口占总人口的5.4%。四川省经济发展迅速，其经济总量是全国第六，综合实力在西部地区居首。

表 6-11　四川省相关指标数值

年份	2000	2001	2002	2003	2004	2005	2006	2007	2008	2009	2010	2011	2012	2013	2014	2015	2016	2017	2018	2019
B_2 自然灾害发生频率(次/万平方公里)	/	/	/	/	23.52	8.81	16.58	168.00	132.53	25.60	51.91	47.98	75.12	66.28	9.30	12.02	10.51	7.53	16.77	18.37
B_4 年均因灾死亡率(‰)	/	/	/	/	0.0042	0.0027	0.0021	0.0030	1.0667	0.0041	0.0030	0.0014	0.0027	0.0071	0.0010	0.0008	0.0007	0.0018	0.0004	0.0012
B_5 年均因灾经济损失(亿元)	/	/	/	/	91.40	108.10	154.10	121.80	7865.00	143.32	489.90	360.40	402.40	1210.60	205.40	132.00	77.50	153.90	340.50	340.90
C_1 人口密度(人/平方公里)	169.44	167.55	166.87	168.23	166.46	168.97	168.09	167.22	167.45	168.42	165.47	165.64	166.18	166.81	167.49	168.81	170.00	170.82	171.63	172.33
C_2 城镇化率(%)	16.85	21.05	21.80	22.36	22.74	33.00	34.30	35.60	37.40	38.70	40.19	41.83	43.53	44.90	46.30	47.69	49.21	50.79	52.29	53.79
C_3 建筑物覆盖率(%)	/	/	/	3.16	3.18	3.21	3.25	3.27	3.30	/	/	/	/	/	/	/	/	/	/	/
C_4 生活垃圾无害化处理率(%)	/	/	/	44.80	51.20	57.00	69.90	80.60	83.50	86.90	88.40	88.30	95.00	95.40	96.80	98.60	98.50	99.30	99.80	99.82
C_5 森林与林地覆盖率(%)	/	/	/	34.30	34.30	34.30	34.30	34.30	34.30	35.20	35.20	35.20	35.20	35.20	38.00	38.00	38.00	38.00	38.00	38.00
C_6 年均人口自然增长率(‰)	5.10	4.37	3.89	3.12	2.78	2.90	2.86	2.92	2.39	2.72	2.31	2.98	2.97	3.00	3.20	3.36	3.49	4.23	4.04	3.61
C_7 年均城市增长率(%)	3.74	10.19	9.94	12.98	2.69	3.52	-11.78	4.36	4.77	8.46	7.96	9.72	6.35	8.22	7.70	2.93	14.64	8.28	5.30	2.41
D_{1a} 城镇居民家庭恩格尔系数(%)	41.50	40.20	39.80	38.90	40.20	39.30	37.70	41.20	44.00	40.40	39.50	40.70	40.40	34.88	34.94	35.19	34.46	33.33	31.78	32.64

续表

年份	2000	2001	2002	2003	2004	2005	2006	2007	2008	2009	2010	2011	2012	2013	2014	2015	2016	2017	2018	2019
D_{1b}农村居民家庭恩格尔系数(%)	54.60	54.70	53.90	53.90	55.60	54.70	50.80	52.30	52.00	42.00	48.27	46.24	46.85	40.03	39.75	39.12	38.14	37.16	35.24	34.71
D_2失业率(%)	3.97	4.30	4.50	4.40	4.40	4.60	4.50	4.30	4.57	4.30	4.10	4.10	4.12	4.12	4.15	4.12	4.15	4.01	3.47	3.31
D_3居民消费价格指数(上年=100)	110.70	102.40	107.00	108.10	104.90	101.70	102.30	105.90	105.10	100.80	103.20	105.30	102.50	102.80	101.60	101.50	101.90	101.40	101.70	103.20
D_4农林牧渔业总产值占GDP比例(%)	35.98	34.16	33.88	33.46	35.30	33.28	29.94	31.97	30.98	26.07	23.75	23.46	22.76	21.40	20.63	21.19	20.90	18.83	17.69	16.92
D_5人均耕地面积(公顷)	0.05	0.05	0.05	0.05	0.05	0.05	0.05	0.05	0.05	0.05	0.05	0.05	0.05	0.05	0.08	0.08	0.08	0.08	0.08	0.08
D_6有害生物防治率(%)	93.00	93.50	84.60	94.30	95.80	83.30	81.70	73.00	68.10	79.40	80.10	93.30	98.30	98.50	89.90	98.50	97.50	96.00	97.80	95.40
D_7公共安全支出占公共预算比例(%)	/	/	/	/	/	/	/	7.11	5.19	5.09	5.13	5.26	5.00	5.20	4.70	4.93	5.36	5.43	5.44	5.08
E_1人均GDP(元)	4815	5273	5826	6523	7886	8993	10638	12996	15495	17339	21182	26133	29608	32617	35128	36836	39695	44651	48883	55774
E_2医疗卫生和教育支出占公共预算比例(%)	19.18	18.53	18.20	19.16	17.51	18.42	17.76	22.27	17.39	18.67	18.88	22.62	26.00	24.49	24.14	25.86	25.90	25.57	24.13	24.37
E_3社会保障和就业支出占公共预算比例(%)	6.15	7.42	8.09	7.32	7.26	7.80	6.64	15.47	15.23	12.70	12.06	13.81	12.48	13.40	13.64	14.83	16.48	17.28	16.94	17.03
E_4每千人居民拥有医生数(人)	1.58	1.60	1.07	1.05	1.05	1.05	1.08	1.12	1.19	1.33	1.43	1.52	1.61	1.72	1.78	1.82	1.86	1.96	2.06	2.21
E_5每千人居民拥有病床数(张)	2.32	2.33	2.31	2.30	2.37	2.37	2.47	2.64	3.00	3.37	3.76	4.16	4.83	5.26	5.65	5.96	6.28	6.79	7.18	7.54

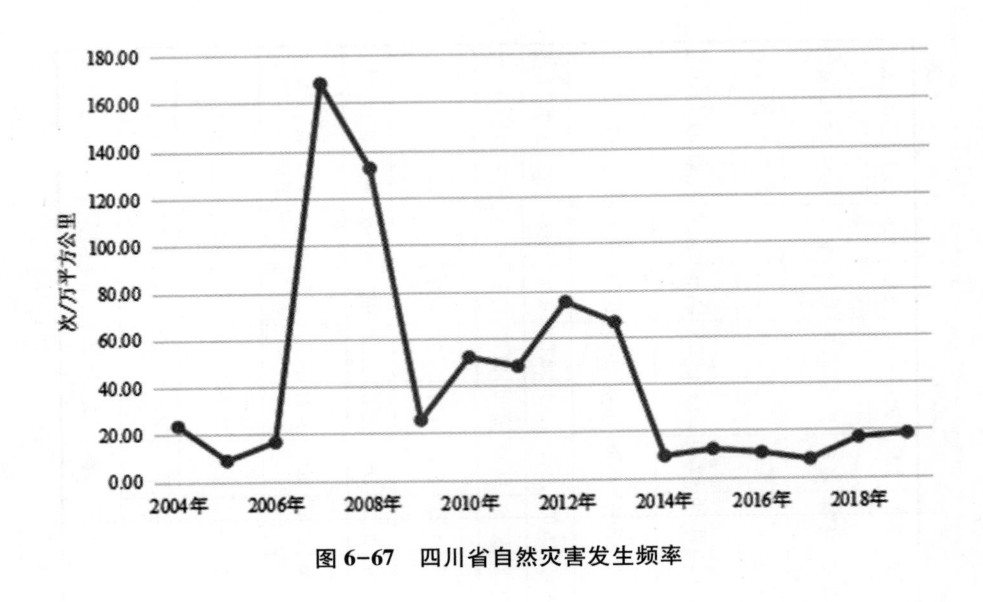

图 6-67　四川省自然灾害发生频率

因数据不足，图 6-67 只统计了 2004—2019 年四川省自然灾害发生的频数，2007 年自然灾害发生频率最高，为 168 次/万平方公里，2017 年自然灾害发生频率最低，为 7.53 次/万平方公里。因每个省面积不同，因此选用自然灾害发生频率来作为该指标，计算出每万平方公里内自然灾害发生的次数。由上图可以看出，四川省自然灾害发生频率没有明显的规律。

因数据不足，图 6-68 只统计了 2004—2019 年四川省年均因灾死亡率，因 2008 年的汶川地震，死亡率达到最高，为 1.0667‰，其他年份的因灾死亡率比 2008 年均有大幅度的下降。

因数据不足，图 6-69 只统计了 2004—2019 年四川省因灾经济损失情况，2008 年的因灾经济损失最大，达到 7865 亿元。在 2013 年也是个小高峰，损失为 1210.6 亿元，其他年份损失均较小。总体来看，四川省因灾经济损失呈现不规则的波动，各年之间很不均衡。

图 6-70 统计了 2000—2019 年四川省的人口密度状况。由下图可直观地看出，四川省人口密度呈不规则的波动，2019 年的人口密度最大，为 172.33 人/平方公里。2010 年以后，人口密度有逐年上涨的趋势。

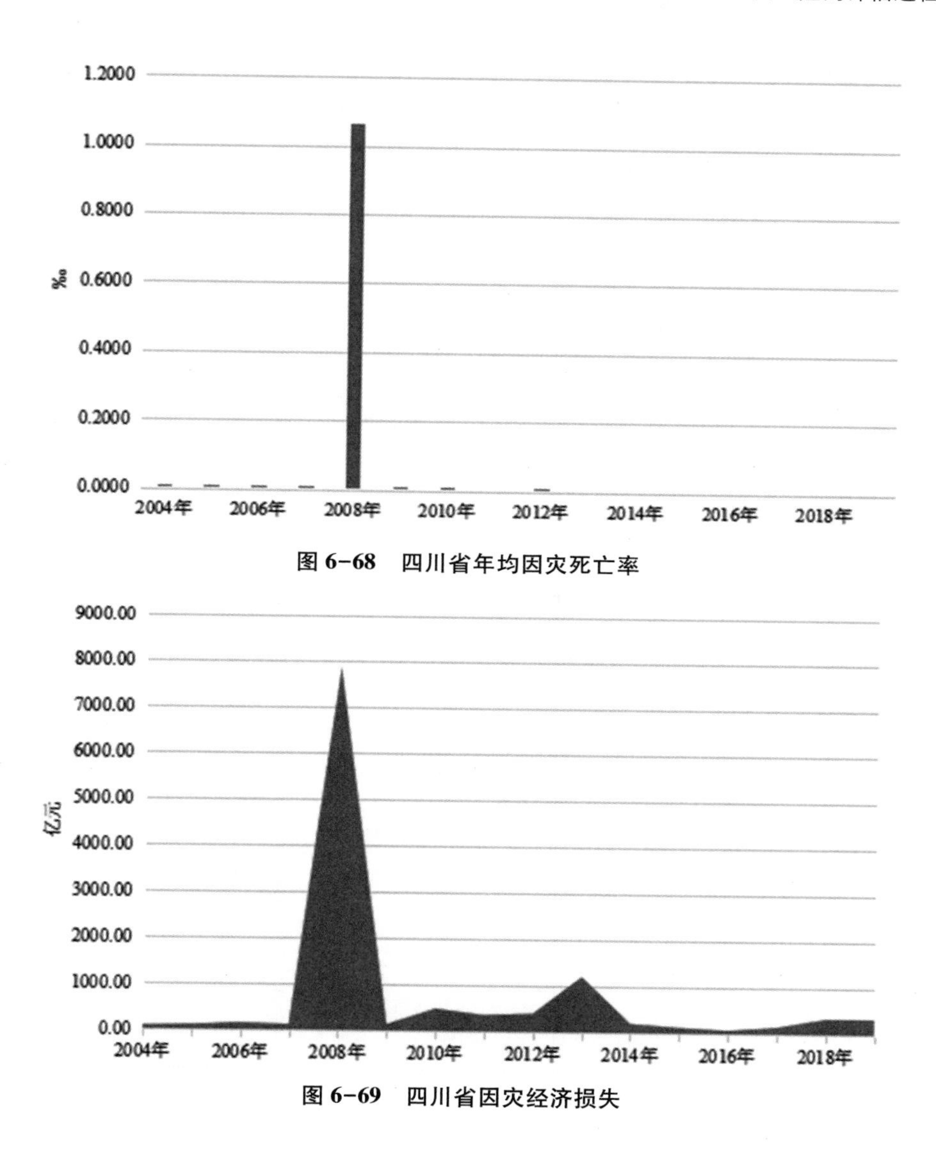

图 6-68　四川省年均因灾死亡率

图 6-69　四川省因灾经济损失

图 6-71 统计了 2000—2019 年四川省的城镇化率，随着城镇化的大趋势，四川省城镇化率亦是逐年增长，2000 年的城镇化率为 16.85%，2010 年的城镇化率第一次突破 40%，为 40.19%，到 2019 年时，城镇化率达到 53.79%。四川省的城镇化率的增长趋势较为平缓，每年增加的幅度都不高，但一直保持增长的趋势。

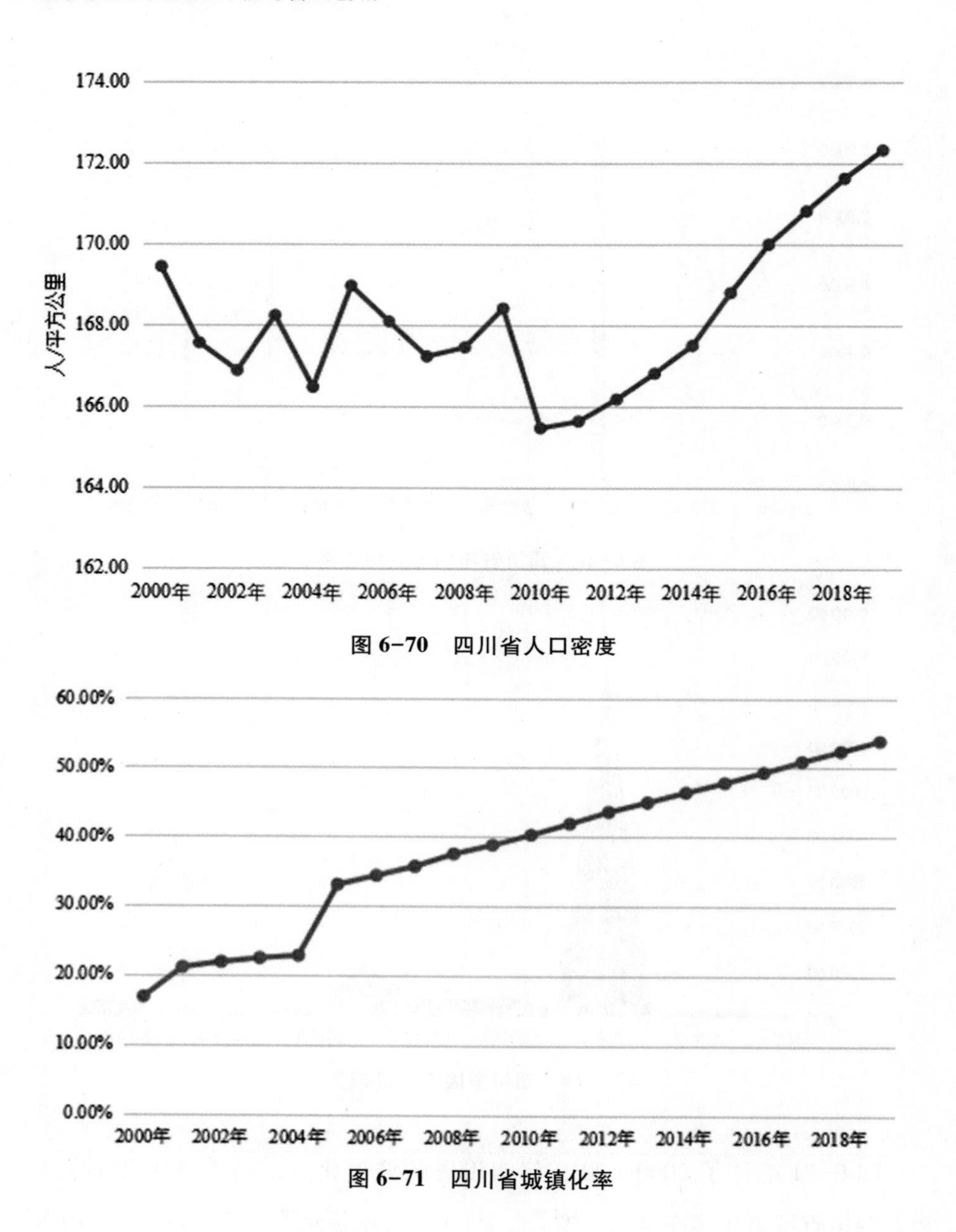

图 6-70　四川省人口密度

图 6-71　四川省城镇化率

因数据不足，图 6-72 只统计了 2003—2008 年四川省的建筑物覆盖率。总体上是呈上升趋势的，在 2003 年建筑物覆盖率最低，仅为 3.16%，到 2008 年，建筑物覆盖率就增加到 3.3%，每年增加的比率并不高，但一直保

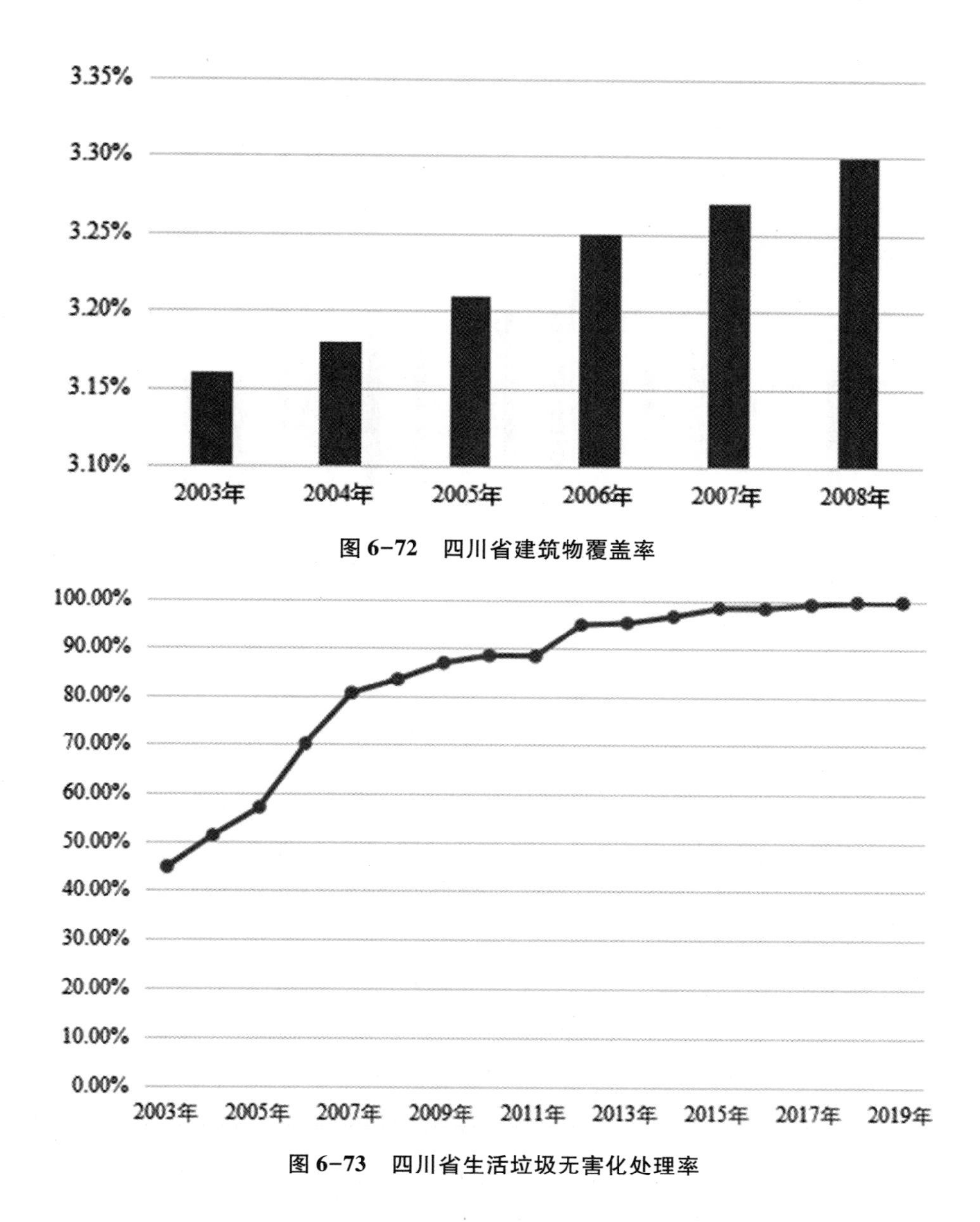

图 6-72　四川省建筑物覆盖率

图 6-73　四川省生活垃圾无害化处理率

持稳定的增长。

因数据不足，图 6-73 只统计了 2003—2019 年四川省的生活垃圾无害化处理率。生活垃圾无害化处理率总体上是呈现上升的趋势，2003 年的最低，

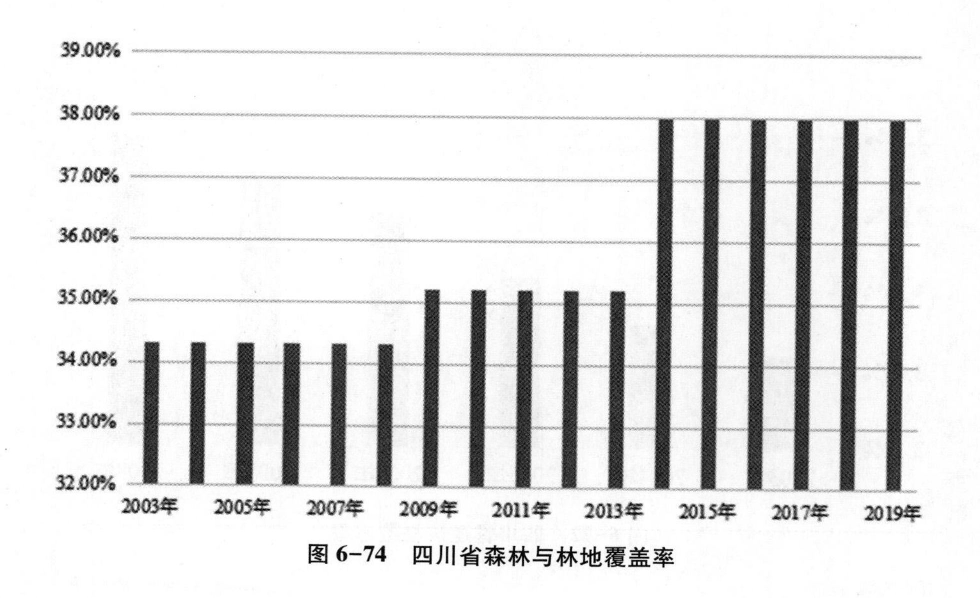

图 6-74　四川省森林与林地覆盖率

为 44.8%，2019 年的最高，为 99.82%。其中 2003—2007 年的上升幅度较大，2012—2019 年的上升幅度较小。

因数据不足，图 6-74 只统计了 2003—2019 年四川省的森林与林地覆盖率，总体上呈现上升的趋势，从 2003 年的 34.3%上升到 2019 年的 38%。2003—2008 年、2009—2013 年以及 2014—2019 年之间没有明显的波动。

图 6-75 统计了 2000—2019 年间四川省的人口自然增长率。四川省的人口是不断增加的，没有负增长的情况。增长率呈现不规则的波动，2010 年的人口自然增长率最低，为 2.31‰，2000 年的人口自然增长率最高，为 5.1‰。大部分年份的人口自然增长率在 2‰至 4‰之间波动。

图 6-76 统计了 2000—2019 年四川省的城市增长率。其中在 2006 年的城市增长率为负，为-11.78%，其余年份为正，但城市增长的波动幅度很大，且没有规律性。城市增长最快的是 2016 年，增长率为 14.64%，2019 年城市正向增长得最慢，增长率为 2.41%。城市建成区面积从 2000 年的 991.71 平方公里增长到 2019 年的 3054.31 平方公里。

图 6-77 统计了 2000—2019 年四川省的城镇居民家庭恩格尔系数和农村

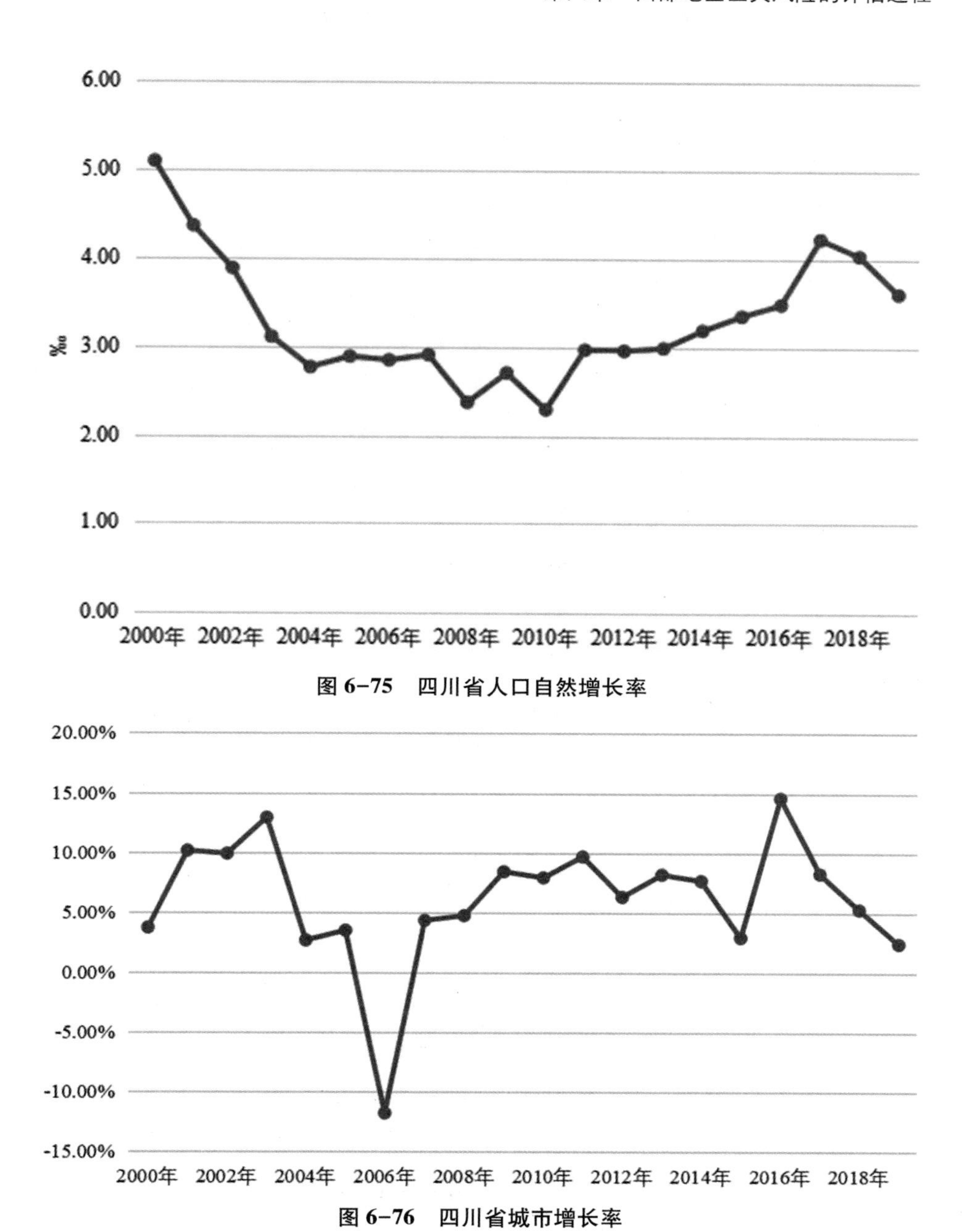

图 6-75　四川省人口自然增长率

图 6-76　四川省城市增长率

居民家庭恩格尔系数，每个年份的城镇居民家庭恩格尔系数都低于农村居民家庭恩格尔系数。2000—2008 年城镇和农村的恩格尔系数差距较大，2011

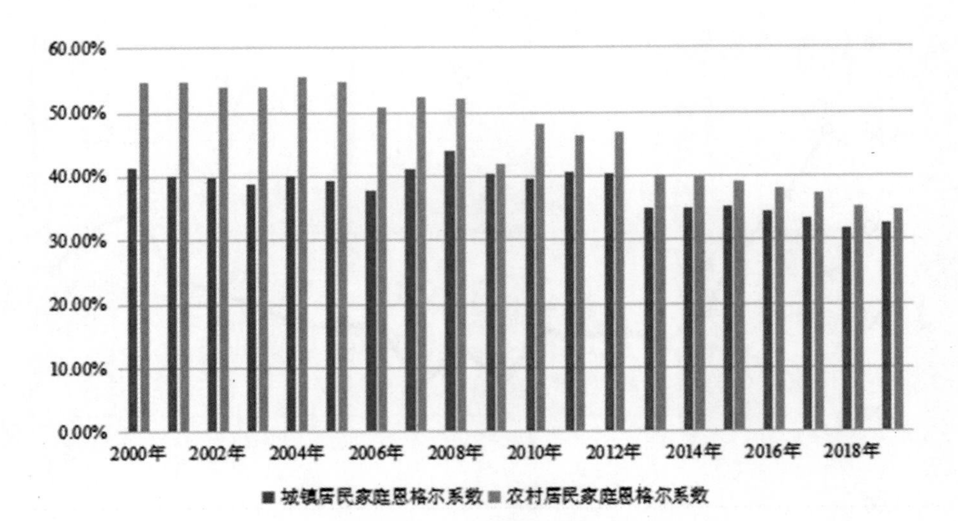

图 6-77　四川省居民家庭恩格尔系数

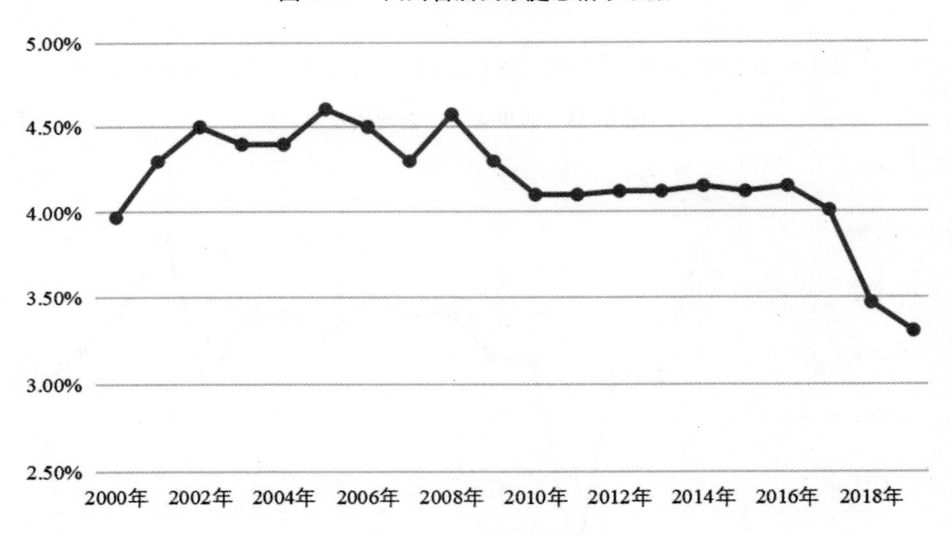

图 6-78　四川省失业率

年后二者的差距逐步缩小，且均有逐年降低的趋势。

图 6-78 统计了 2000—2019 年四川省的失业率，2005 年四川的失业率最高，为 4.60%，2019 年的失业率最低，为 3.31%。

图 6-79 统计了 2000—2019 年间四川省的居民消费价格指数，居民消费

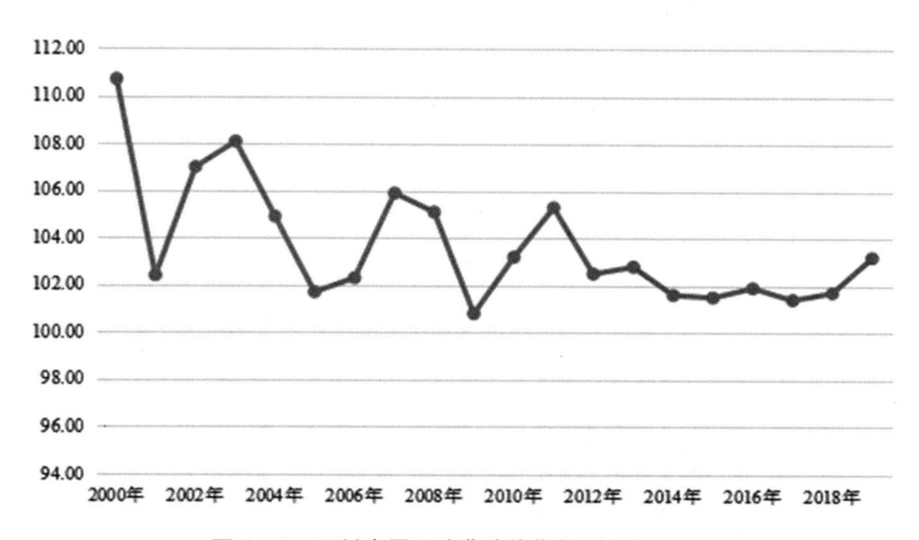

图 6-79　四川省居民消费价格指数（上年=100）

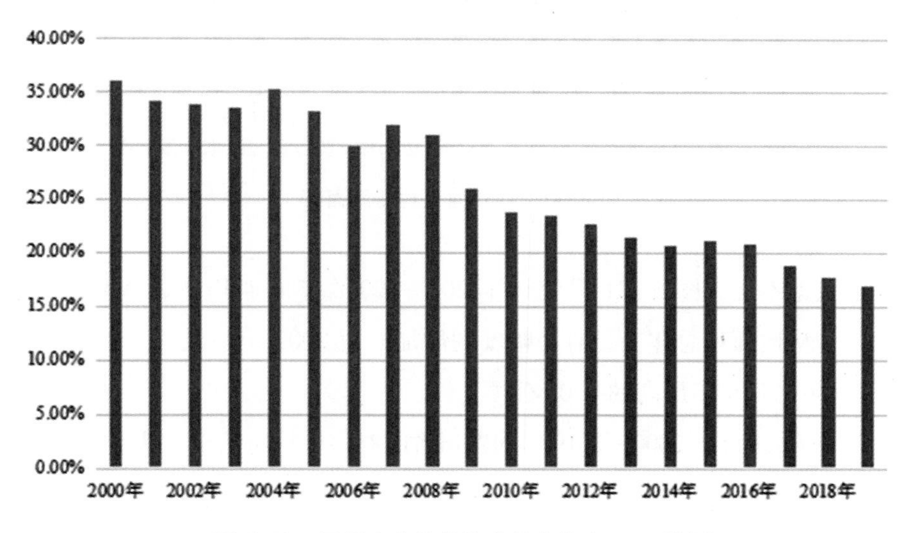

图 6-80　四川省农林牧渔业总产值占 GDP 比例

价格指数在一定程度上能反映通货膨胀的情况。四川省的居民消费价格指数呈现出不规律的波动，其中 2000 年是最高的峰值，2009 年是最低的谷值，相邻年份之间的波动较大，没有明显的规律。

图 6-80 统计了 2000—2019 年四川省农林牧渔业总产值占 GDP 的比例。

由上图可以看出，农林牧渔业总产值占 GDP 的比例总体上呈下降的趋势，从 2000 年最高达到 35. 98%下降到 2019 年的最低占比 16. 92%。期间在 2004 年、2007 年和 2015 年，农林牧渔业总产值占 GDP 的比例有小幅度的上升。

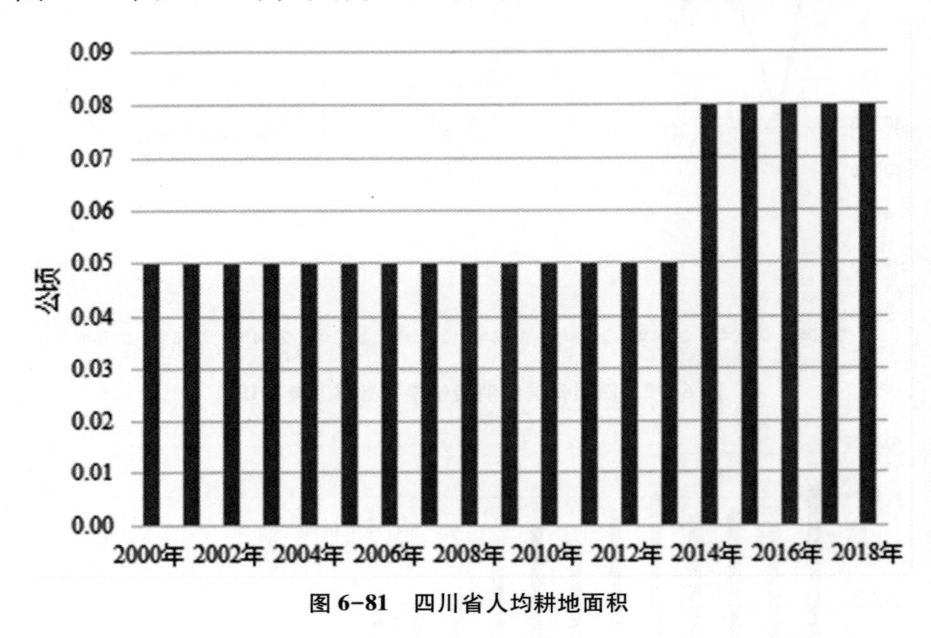

图 6-81　四川省人均耕地面积

因数据不足，图 6-81 只统计了 2000—2018 年间四川省的人均耕地面积。人均耕地面积总体上是有小幅度的增加，由 2000 年最低的 0. 05 公顷增长至 2014—2019 年最高的 0. 08 公顷。

图 6-82 统计了 2000—2019 年间四川省的有害生物防治率。从下图可以看出，整体波动趋势不规则。在 2013 年和 2015 年，四川省有害生物防治率最高，为 98. 5%，在 2008 年的时候，四川省有害生物防治率最低，为 68. 1%。

因数据不足，图 6-83 只统计了 2007—2019 年四川省的公共安全支出占公共预算比例，公共安全支出占公共预算的比例在一定程度上能反映该地区对社会风险的治理情况。四川省的公共安全支出在数量上是逐年上升的，占公共预算的比例上则总体呈现出下降的趋势，2007 年占比最高，达到 7. 11%，2014 年占比最低，为 4. 7%。2007 年后有明显的下降，之后则相对持平。

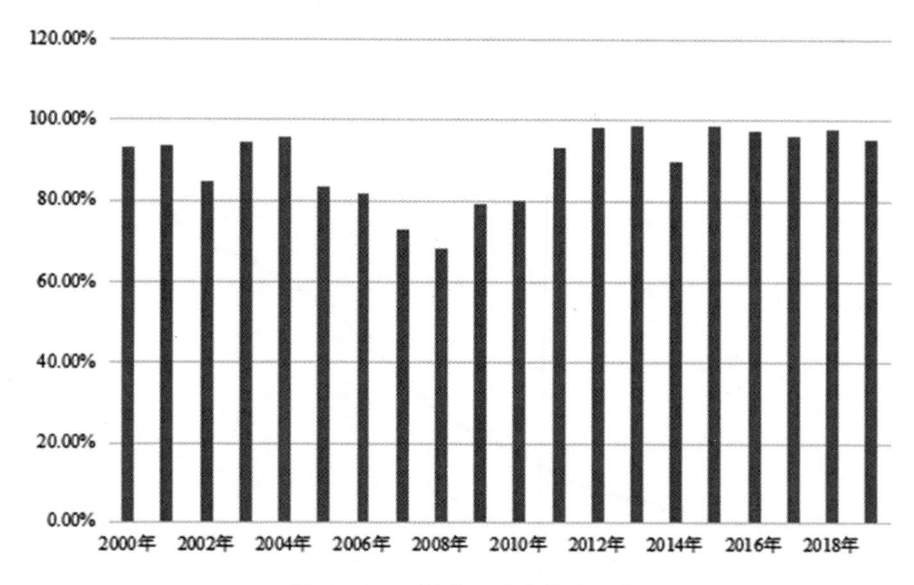

图 6-82　四川省有害生物防治率

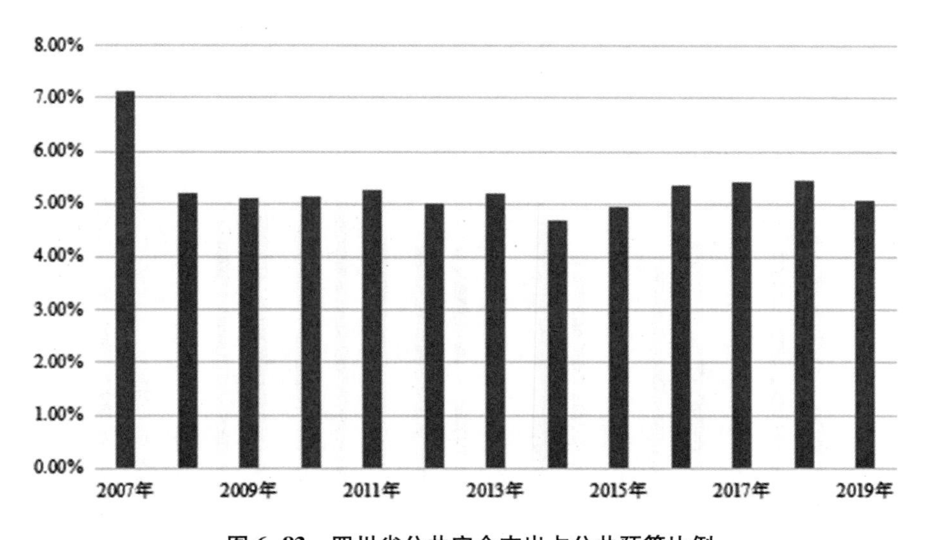

图 6-83　四川省公共安全支出占公共预算比例

图 6-84 统计了 2000—2019 年间四川省的人均 GDP，四川省的人均 GDP 呈逐年上升的趋势。2000 年的人均 GDP 为 4815 元，到 2019 年，四川省的人均 GDP 上升到了 55774 元，涨幅明显。

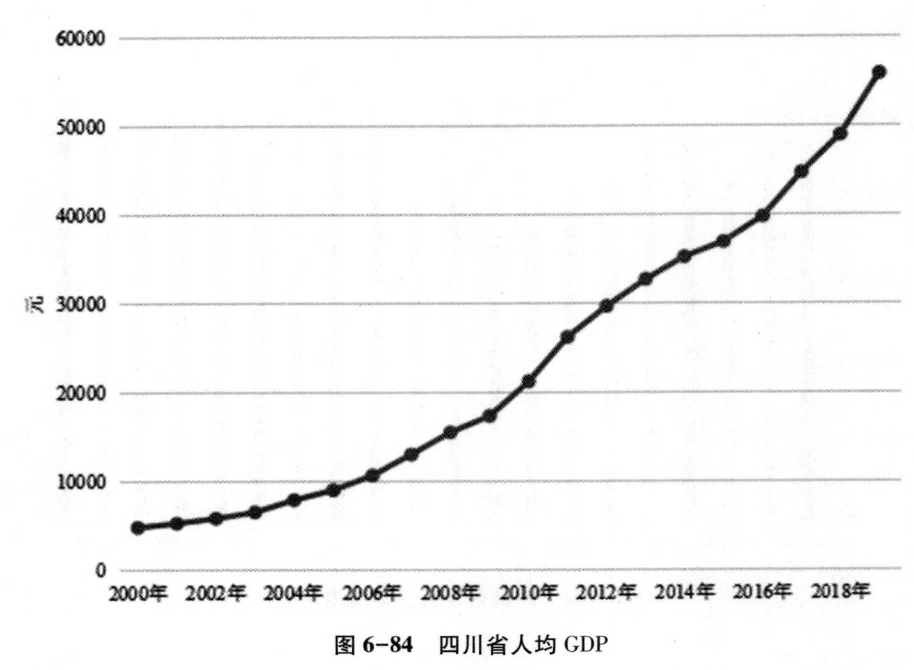

图 6-84　四川省人均 GDP

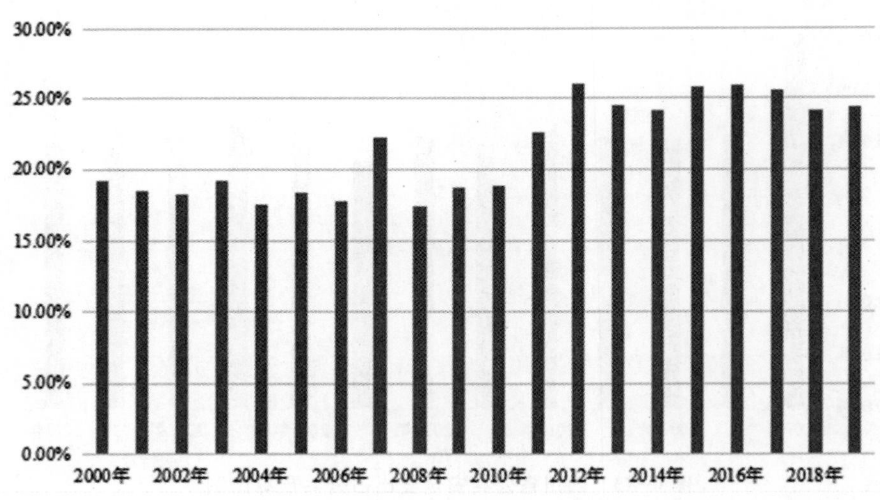

图 6-85　四川省医疗卫生和教育支出占公共预算比例

图 6-85 统计了 2000—2019 年四川省的医疗卫生和教育支出占公共预算比例。四川省投入到医疗卫生和教育的经费占公共预算的比例呈不规则的波

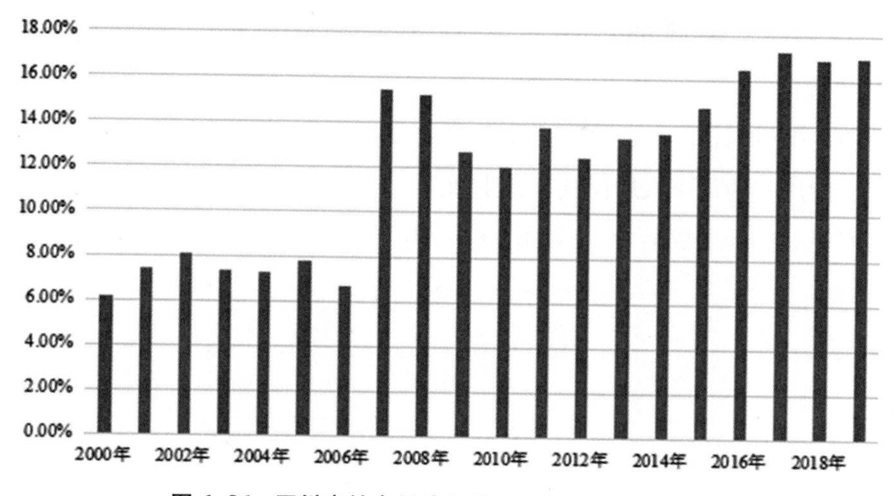

图 6-86　四川省社会保障和就业支出占公共预算比例

图 6-87　四川省每千人居民拥有医生数

动。2012 年时四川省医疗卫生和教育支出占公共预算比例最高，为 26%，2008 年时该比例最低，为 17. 39%。

图 6-86 统计了 2000—2019 年四川省的社会保障和就业支出占公共预算比例。社会保障和就业支出占公共预算的比例呈现出不规律的小幅度的波

动。2000 年社会保障和就业支出占公共预算的比例最低，仅为 6. 15%，在 2017 年该比例最高，达到 17. 28%。

图 6-87 统计了 2000—2019 年间四川省的每千人居民拥有医生数。在总体上，四川省的每千人居民拥有医生数呈上升趋势，2003—2005 年四川省每千人居民拥有医生数最少,仅为 1. 05 人,2019 年最多为 2. 21 人。

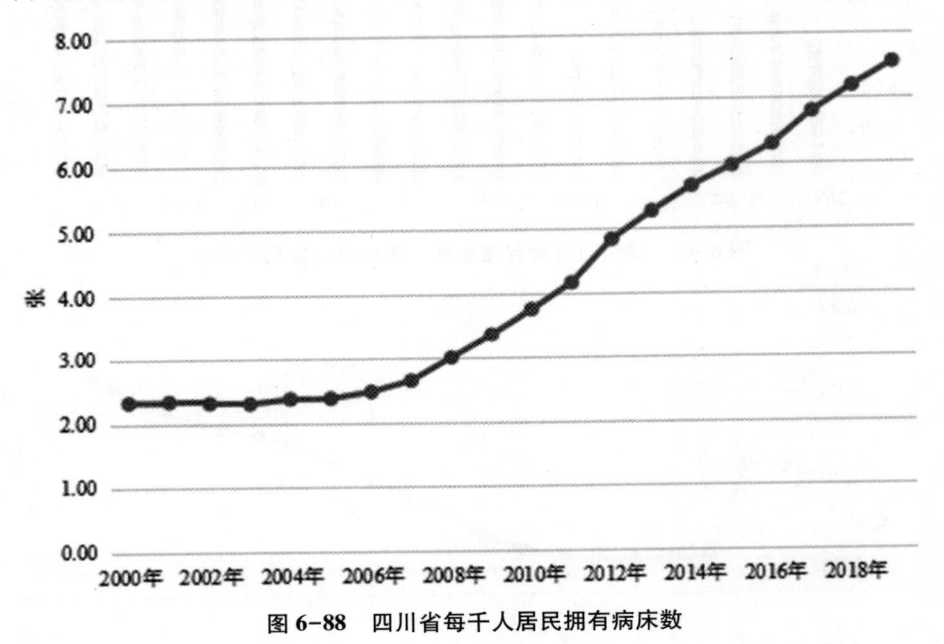

图 6-88　四川省每千人居民拥有病床数

图 6-88 统计了 2000—2019 年间四川省的每千人居民拥有病床数。在总体上，四川省的每千人居民拥有病床数呈上升趋势。2003 年四川省每千人居民拥有病床数最少，仅为 2. 3 张，2019 年最多，为 7. 54 张。每千人居民拥有的病床数与每千人居民拥有医生数大体是呈正相关的。

五、贵州省巨灾风险评估

贵州地位于我国西南部，面积 17.6 万平方公里，在我国各省市中排第 16。境内多高原和山地，总体地势由西向东倾斜，平均海拔为 1100 米左右。贵州省的气候多样，以亚热带湿润季风气候为主，冬季温暖，夏季凉爽，有明显的雨季，和较多的灾害性天气。贵州省的城镇化率为 42.01%，少数民族人口众多，占全省总人口的三分之一。地区生产总值增速位居全国前列。

表 6-12　贵州省相关指标数值

年份	2000	2001	2002	2003	2004	2005	2006	2007	2008	2009	2010	2011	2012	2013	2014	2015	2016	2017	2018	2019
B_2 自然灾害发生频率(次/万平方公里)	/	/	/	/	95.85	72.10	79.15	116.93	170.06	101.88	191.19	36.99	26.14	17.90	11.59	18.52	7.67	9.38	3.35	2.73
B_4 年均因灾死亡率(‰)	/	/	/	/	0.0064	0.0037	0.0051	0.0050	0.0056	0.0019	0.0045	0.0024	0.0015	0.0019	0.0042	0.0019	0.0032	0.0019	0.0003	0.0021
B_5 年均因灾经济损失(亿元)	/	/	/	/	23.70	23.10	55.50	38.20	223.48	34.00	178.60	249.20	65.80	129.00	198.00	72.60	173.30	57.60	39.10	47.00
C_1 人口密度(人/平方公里)	213.41	215.85	218.01	219.89	221.82	211.93	209.66	206.36	204.32	200.97	197.67	197.10	197.95	198.98	199.32	200.57	201.99	203.41	204.55	205.80
C_2 城镇化率(%)	23.87	23.96	24.29	24.77	26.28	26.87	27.46	28.24	29.11	29.89	33.81	34.96	36.41	37.83	40.02	42.01	44.15	46.02	47.52	49.02
C_3 建筑物覆盖率(%)	/	/	/	2.98	3.04	3.07	3.11	3.14	3.16	/	/	/	/	/	/	/	/	/	/	/
C_4 生活垃圾无害化处理率(%)	/	/	/	26.08	39.75	57.85	68.02	71.15	35.60	39.80	45.40	47.50	51.60	63.80	78.80	84.70	88.70	90.30	92.00	93.10
C_5 森林与林地覆盖率(%)	/	/	/	20.81	23.83	23.83	23.83	23.83	39.93	39.93	40.52	41.53	47.00	48.00	49.00	50.00	52.00	55.30	57.00	60.00
C_6 年均人口自然增长率(‰)	13.06	11.33	10.75	9.04	8.73	7.38	7.26	6.68	6.72	6.96	7.41	6.38	6.31	5.90	5.80	5.80	6.50	7.10	7.05	6.70
C_7 年均城市增长率(%)	2.35	4.26	5.38	8.63	-4.54	11.92	8.82	-2.20	17.23	-0.80	0.80	9.55	15.31	18.65	4.08	9.02	7.03	11.93	11.41	3.07
D_{1a} 城镇居民家庭恩格尔系数(%)	43.00	40.80	38.90	39.80	41.10	39.90	38.70	41.20	43.10	41.50	39.90	40.20	39.70	35.90	34.90	34.00	33.20	33.00	32.40	32.20

续表

年份	2000	2001	2002	2003	2004	2005	2006	2007	2008	2009	2010	2011	2012	2013	2014	2015	2016	2017	2018	2019
D_{1b}农村居民家庭恩格尔系数(%)	62.70	60.00	58.10	54.70	58.20	52.80	51.50	52.20	51.70	45.20	46.30	47.70	44.60	43.00	41.70	39.80	38.70	38.00	36.90	36.70
D_2失业率(%)	3.82	4.00	4.10	4.00	4.10	4.20	4.10	3.97	3.98	3.80	3.60	3.60	3.30	3.30	3.30	3.29	3.24	3.23	3.16	3.11
D_3居民消费价格指数(上年=100)	99.50	101.80	99.00	101.20	104.00	101.00	101.70	106.40	107.60	98.70	102.90	105.10	102.70	102.50	102.40	101.80	101.40	100.90	101.80	102.40
D_4农林牧渔业总产值占GDP比例(%)	41.57	36.94	34.69	32.72	31.27	28.51	25.72	24.17	23.69	22.37	21.68	20.44	20.97	20.56	22.86	25.98	26.26	25.09	23.58	23.19
D_5人均耕地面积(公顷)	0.14	0.13	0.13	0.13	0.13	0.13	0.13	0.12	0.12	0.13	0.13	0.13	0.13	0.13	0.13	0.13	0.13	0.13	0.13	0.13
D6有害生物防治率(%)	/	/	/	78.00	81.00	83.58	92.73	80.06	73.39	80.34	80.12	43.79	69.43	78.33	87.50	/	/	/	/	/
D_7公共安全支出占公共预算比例(%)	/	/	/	/	/	/	/	7.19	6.45	6.04	6.22	5.22	5.31	5.46	5.31	5.48	5.86	5.81	5.62	4.71
E_1人均GDP(元)	2662	2895	3153	3603	4316	5052	5787	6915	8824	10309	13119	16413	19710	23151	26437	29956	33291	38137	42767	46433
E_2医疗卫生和教育支出占公共预算比例(%)	21.25	21.06	22.08	23.30	22.30	22.89	23.25	27.04	28.16	26.20	25.73	24.46	25.24	25.61	26.41	28.64	29.00	29.12	29.48	26.94
E_3社会保障和就业支出占公共预算比例(%)	5.89	5.90	6.63	5.94	5.48	4.87	4.52	8.90	10.18	10.93	8.63	8.66	8.52	8.58	8.36	8.62	8.68	10.84	10.80	9.90
E_4每千人居民拥有医生数(人)	1.22	1.23	1.13	1.12	1.22	0.95	1.11	1.15	0.96	1.01	1.04	2.68	3.72	3.64	4.85	7.33	7.80	8.43	8.99	9.58
E_5每千人居民拥有病床数(张)	1.48	1.48	1.51	1.49	1.49	1.66	1.79	2.07	2.30	2.23	2.51	2.77	4.00	4.76	5.19	5.57	5.91	6.51	6.82	7.31

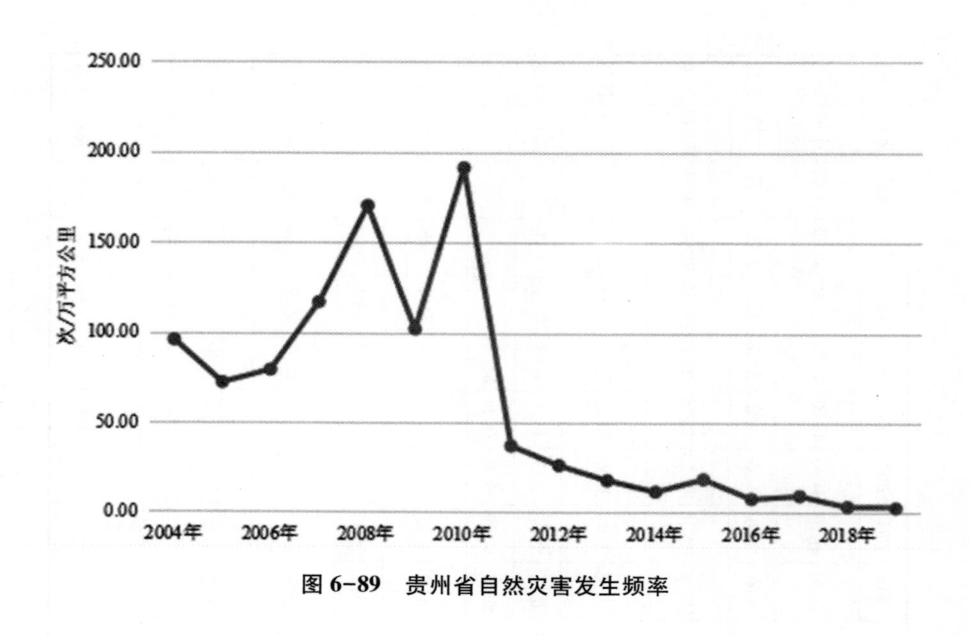

图 6-89　贵州省自然灾害发生频率

因数据不足，图 6-89 只统计了 2004—2019 年贵州省自然灾害发生的频率，2010 年自然灾害发生频率最高，为 191.19 次/万平方公里，2019 年自然灾害发生频率是近年来最低，为 2.73 次/万平方公里。因每个省面积不同，因此选用自然灾害发生频率来作为该指标，计算出每万平方公里内自然灾害发生的次数。由上图可以看出，贵州省自然灾害发生频率没有明显的规律。

因数据不足，图 6-90 只统计了 2004—2019 年贵州省年均因灾死亡率，总体上呈现不规则的变化趋势，在 2004 年达到了最高值，为 0.0064‰，2018 年的最低为 0.0003‰。

因数据不足，图 6-91 只统计了 2004—2019 年间贵州省因灾经济损失情况，2011 年的因灾经济损失最大，达到 249.2 亿元，2011—2012 年的因灾经济损失下降得最快，2005 年的因灾经济损失最小，为 23.1 亿元。总体来看，贵州省的因灾经济损失呈现不规则的波动。

图 6-92 统计了 2000—2019 年贵州省的人口密度状况，由图可直观地看

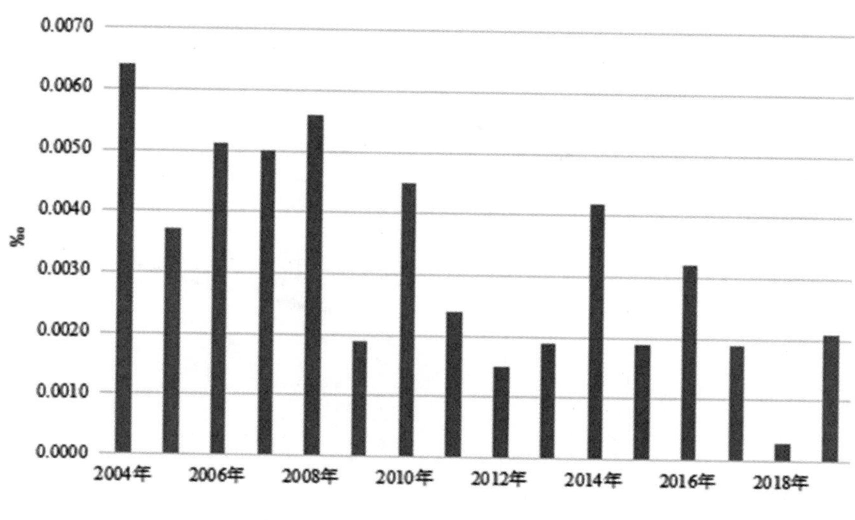

图 6-90　贵州省年均因灾死亡率

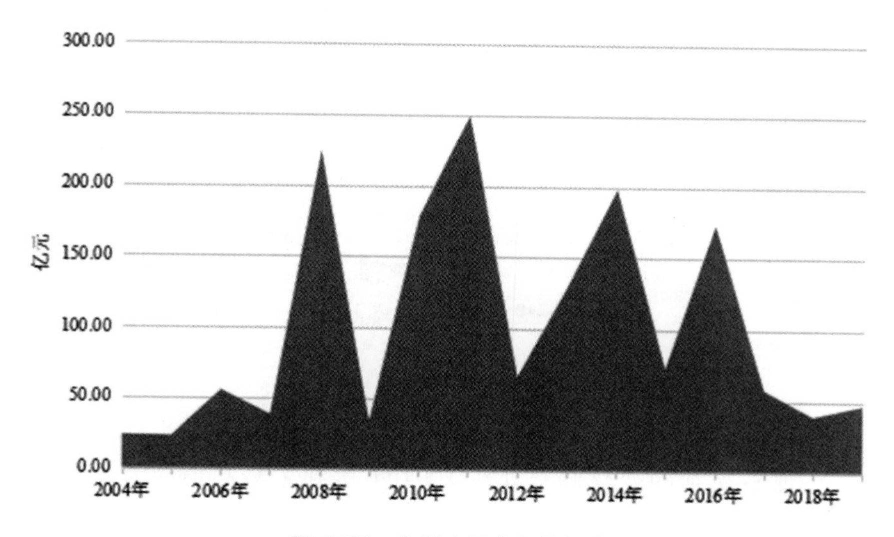

图 6-91　贵州省因灾经济损失

出，贵州省人口密度呈先上升后下降再上升的势头，2011 年人口密度最低，为 197. 1 人/平方公里，2004 年人口密度最高，为 221. 82 人/平方公里。

图 6-93 统计了贵州省 2000—2019 年的城镇化率。随着城镇化的不断发展，贵州省城镇化率亦是逐年增长，2000 年的城镇化率为 23. 87%，到 2014

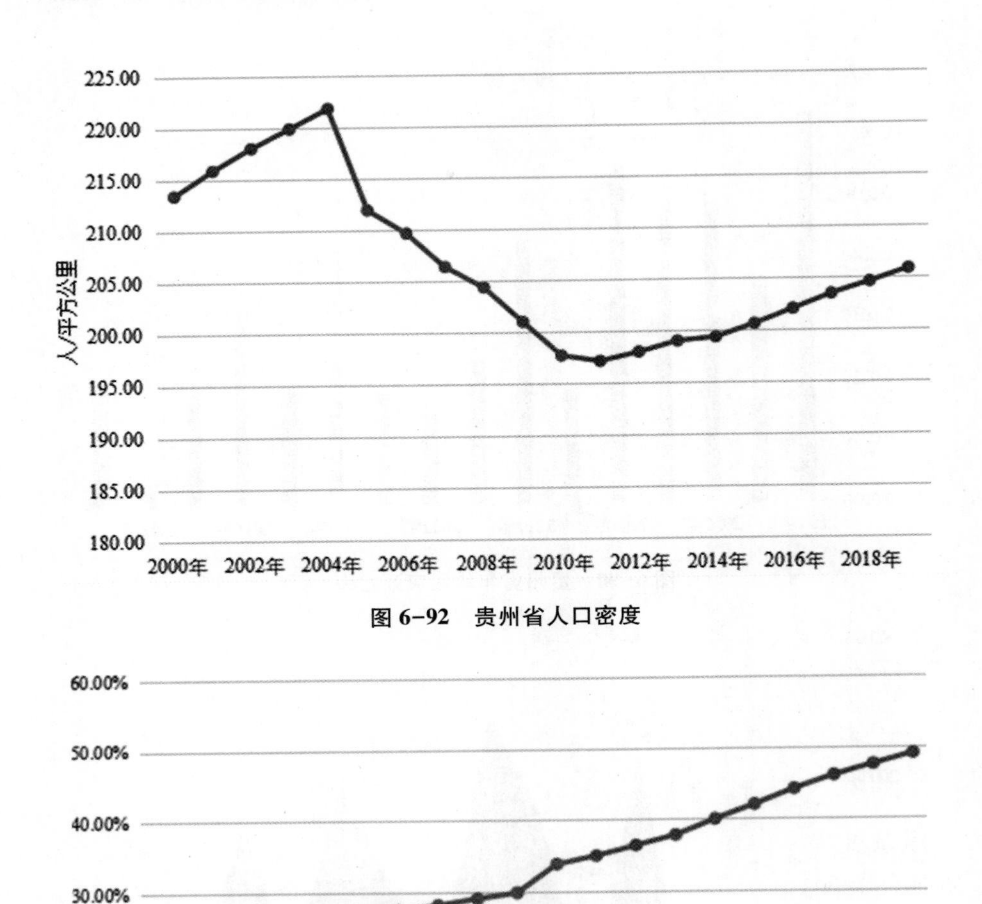

图 6-92　贵州省人口密度

图 6-93　贵州省城镇化率

年时，城镇化率达到 40.02%，首次突破 40%，直至 2019 年的 49.02%。贵州城镇化率的增长趋势较为平缓，每年增加的幅度都不高，但一直保持增长的趋势。

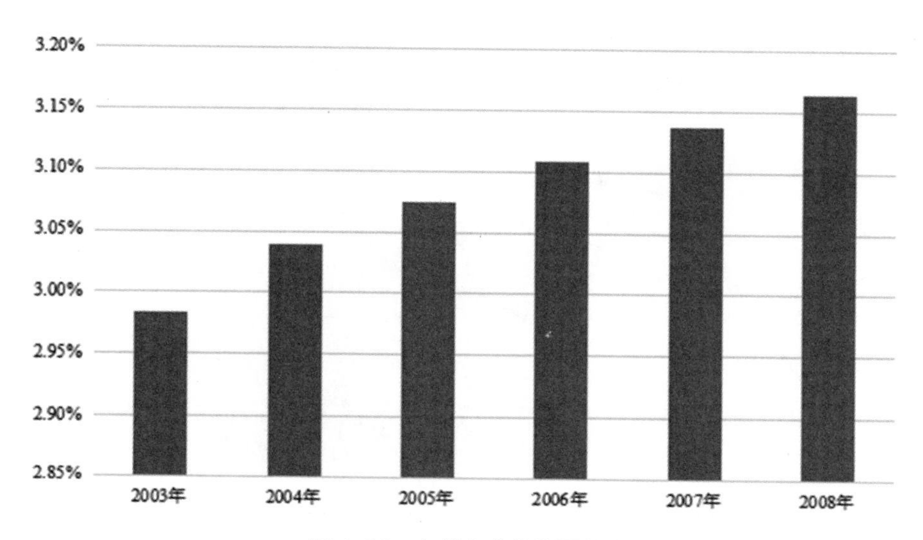

图 6-94　贵州省建筑物覆盖率

因数据不足，图 6-94 只统计了 2003—2008 年贵州省的建筑物覆盖率。总体上呈上升趋势，2003 年的建筑物覆盖率最低为 2.98%，到 2008 年上升到 3.16%，虽然增长的幅度不大，但每年都较匀速地增长。

因数据不足，图 6-95 只统计了 2003—2019 年贵州省的生活垃圾无害化处理率。2003 年生活垃圾无害化处理率的最低，为 26.08%，2019 年的最高，为 93.1%。其中 2003—2006 年和 2012—2015 年的上升幅度较大。2015 年以后，每年的生活垃圾无害化处理率上升较平缓。

因数据不足，图 6-96 只统计了 2003—2019 年贵州省森林与林地覆盖率。可以看出，总体上呈现上升的趋势，从 2003 年的 20.81%上升到 2019 年的 60%。2007—2008 年的增长幅度较大，其他年份则较为平缓，没有明显的波动。

图 6-97 统计了 2000—2019 年间贵州省的人口自然增长率。贵州省的人口是不断增加的，没有负增长的情况。增长率呈现不规则的波动，2014—2015 年的人口自然增长率最低，为 5.8‰，2000 年的人口自然增长率最高，为 13.06‰。大部分年份的人口自然增长率在 7‰左右小幅度的波动。

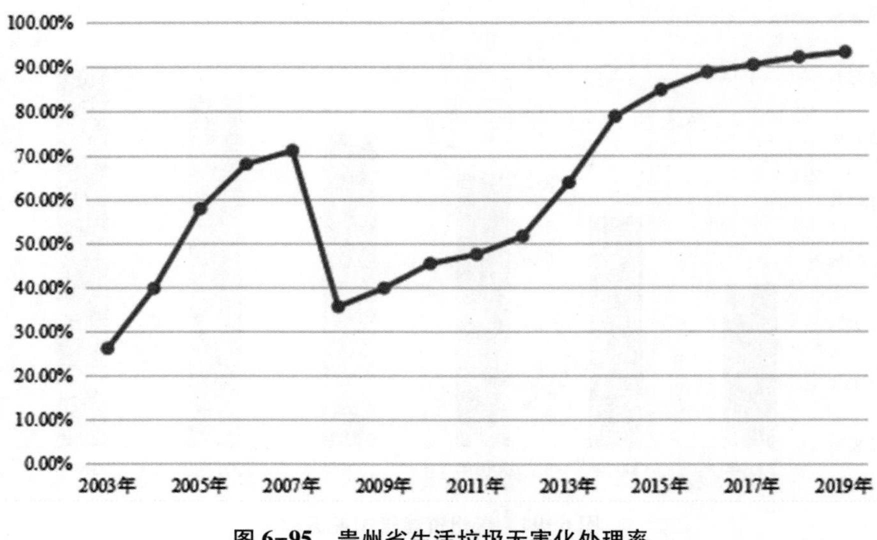

图 6-95　贵州省生活垃圾无害化处理率

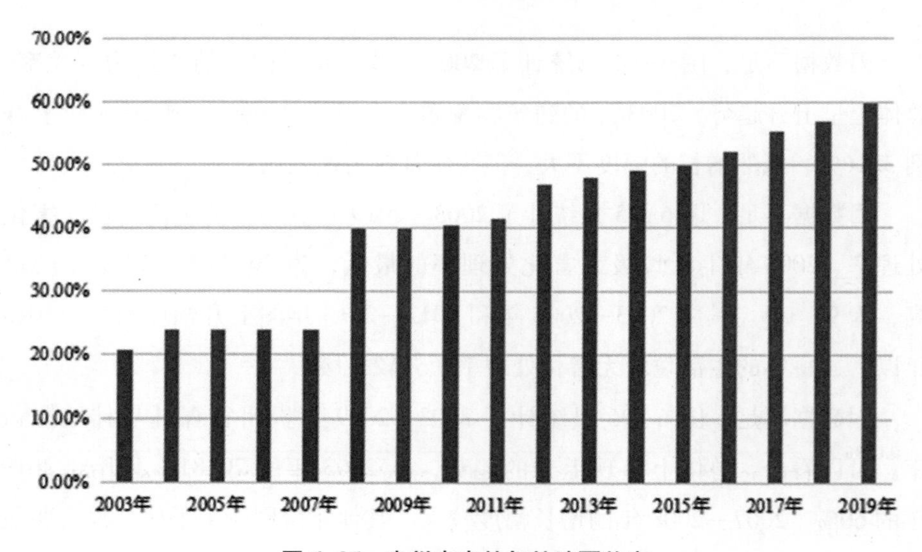

图 6-96　贵州省森林与林地覆盖率

图 6-98 统计了 2000—2019 年贵州省的城市增长率。其中在 2004 年、2007 年和 2009 年的城市增长率为负，其余年份为正，但城市增长的幅度波动很大，且没有规律性。城市增长最快的是 2013 年，增长率为 18.65%，

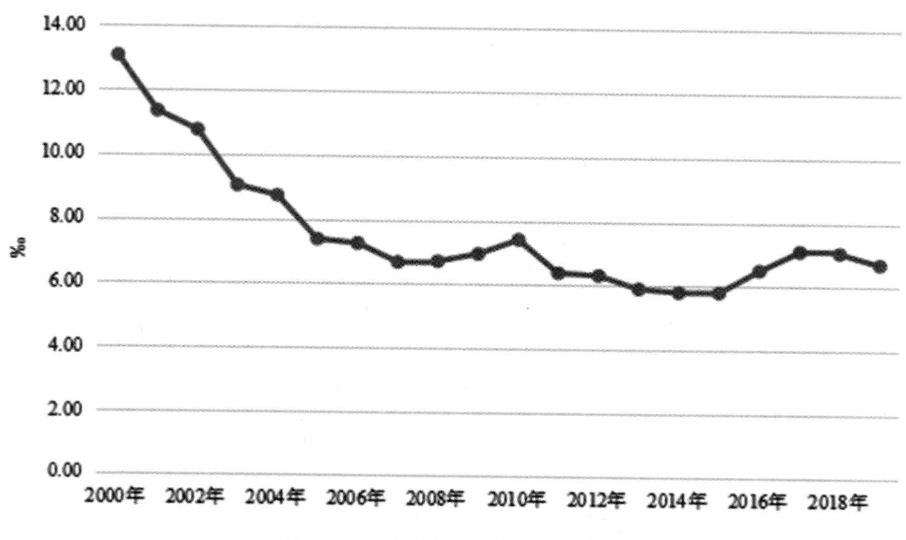

图 6-97　贵州省人口自然增长率

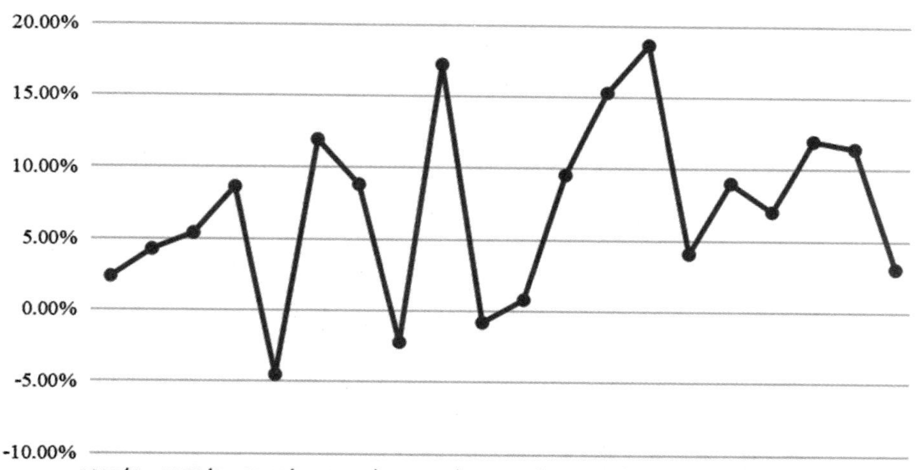

图 6-98　贵州省城市增长率

2004 年城市缩小得最快，增长率为-4.54%。城市建成区面积从 2000 年的 291.65 平方公里增长到 2019 年的 1085.52 平方公里。

图 6-99 统计了 2000—2019 年贵州省的城镇居民家庭恩格尔系数和农村居民家庭恩格尔系数，所有年份城镇居民家庭恩格尔系数都低于农村居民家

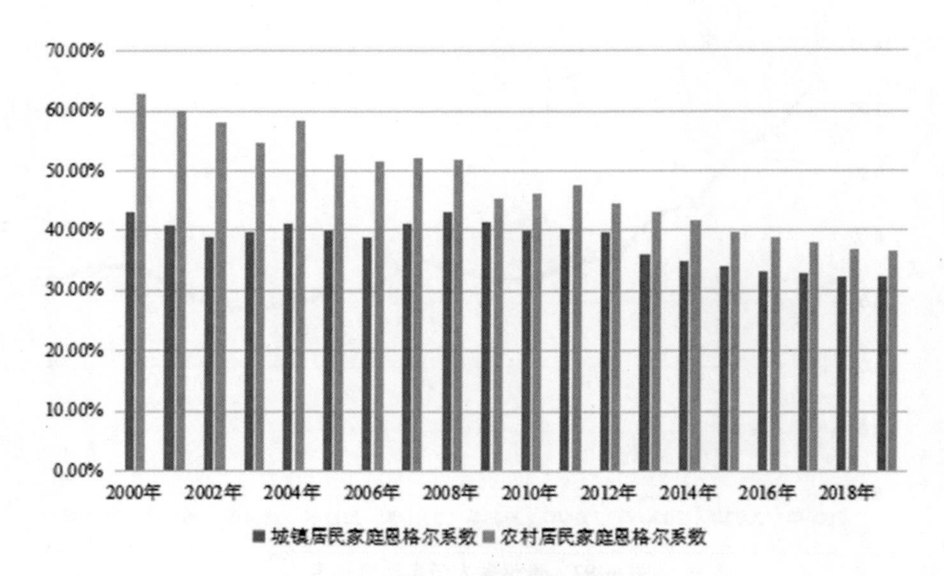

图 6-99　贵州省居民家庭恩格尔系数

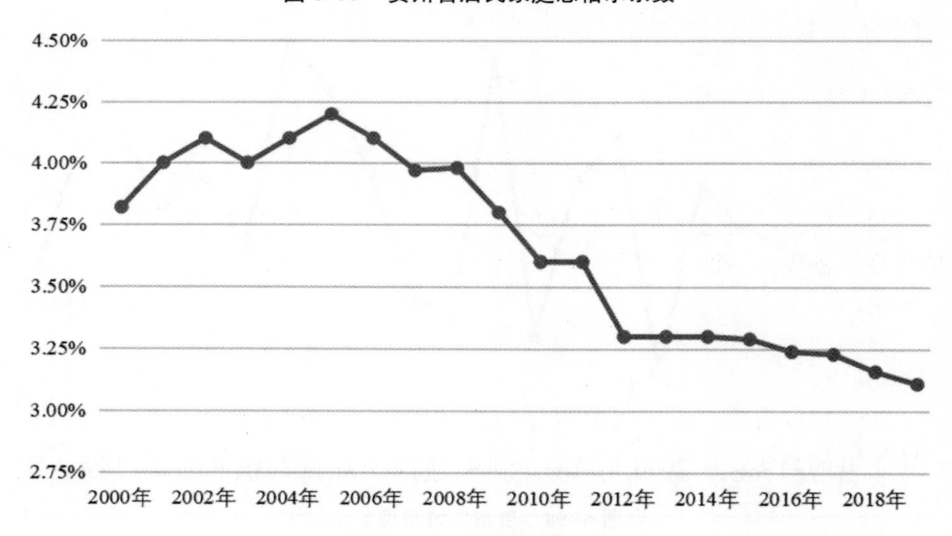

图 6-100　贵州省失业率

庭恩格尔系数。城镇居民家庭恩格尔系数和农村居民家庭恩格尔系数之间的差距也没有明显的规律，但总体都是降低的。

图 6-100 统计了 2001—2019 年贵州省的失业率。2005 年贵州省的失业

率最高，为 4. 2%，2019 年的失业率最低，为 3. 11%。整体的趋势是先上升再下降。

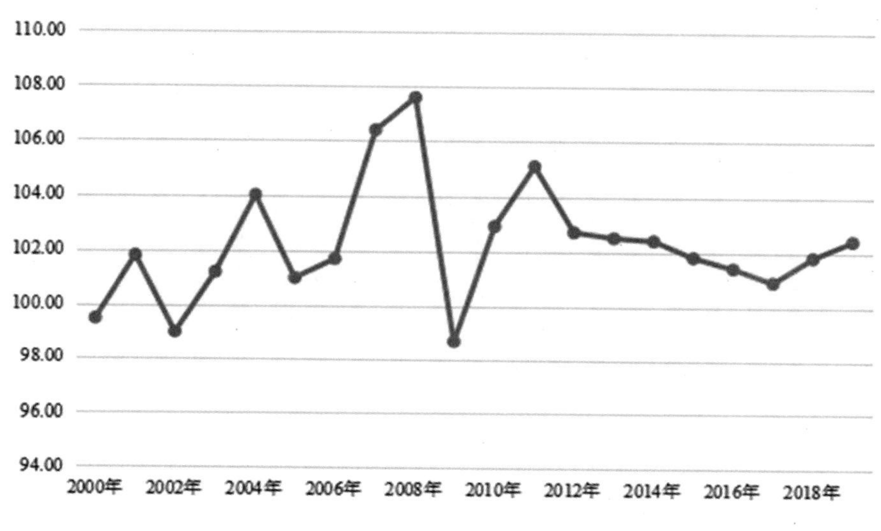

图 6-101　贵州省居民消费价格指数（上年=100）

图 6-101 统计了 2000—2019 年间贵州省的居民消费价格指数，居民消费价格指数在一定程度上能反映通货膨胀的情况。贵州省的居民消费价格指数呈现出不规律的波动，其中 2008 年是最高的峰值，2009 年是最低的谷值，2012—2014 年的波动最平缓，其他年份之间的波动相对较大。

图 6-102 统计了 2000—2019 年贵州省农林牧渔业总产值占 GDP 的比例。由图可以看出，农林牧渔业总产值占 GDP 的比例总体上呈先下降后小幅度上升的趋势，从 2000 年最高达到 41. 57%下降到 2019 年的 23. 19%。农林牧渔业总产值占 GDP 的比例最低的是 2011 年，为 20. 44%。

图 6-103 统计了 2000—2019 年间贵州省的人均耕地面积。人均耕地面积最低是 2007 年和 2008 年，人均耕地仅为 0. 12 公顷，2000 年最高，为 0. 14 公顷。

因数据不足，图 6-104 只统计了 2003—2014 年间贵州省的有害生物防治率。从图可以看出 2006 年贵州省的有害生物防治率最高，为 92. 73%，另

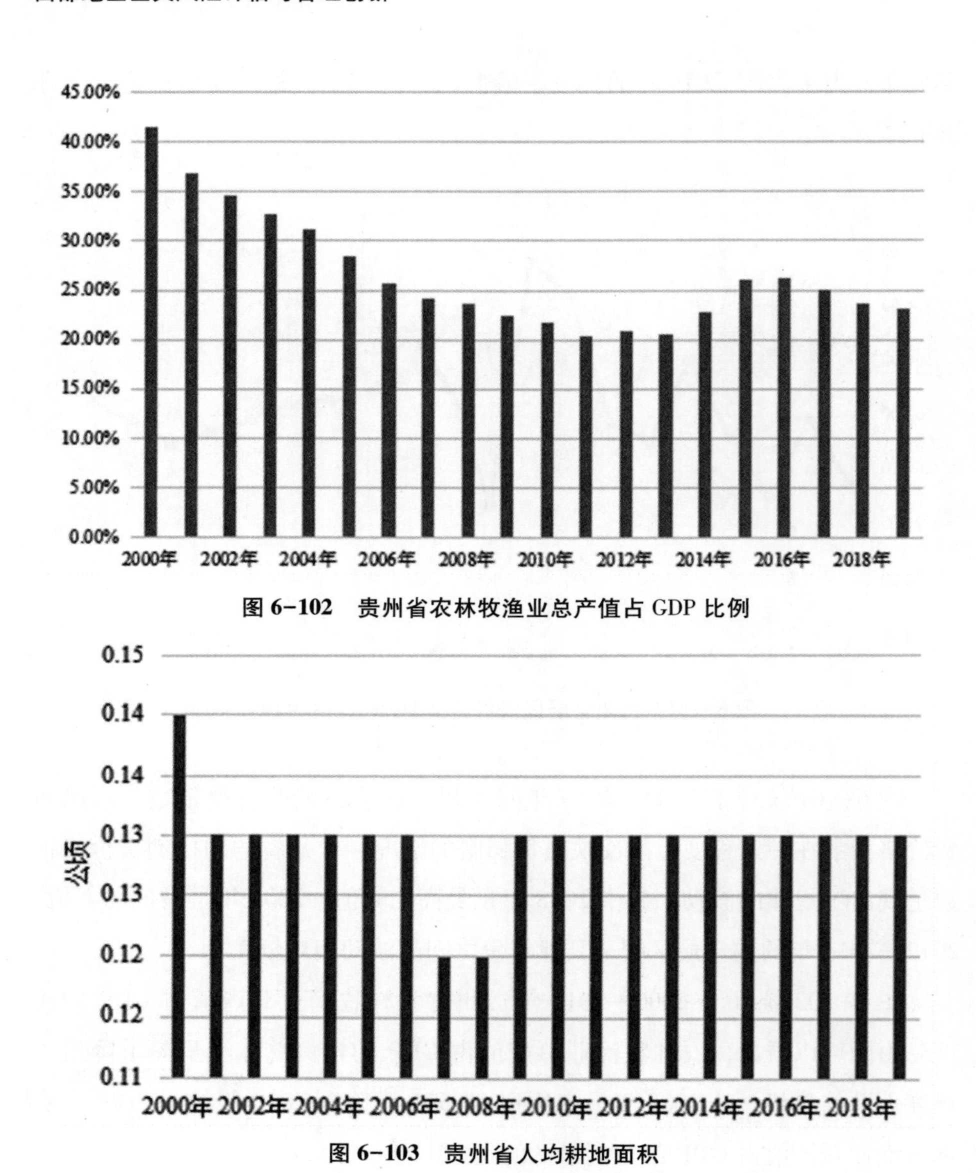

图 6-102　贵州省农林牧渔业总产值占 GDP 比例

图 6-103　贵州省人均耕地面积

一个高峰出现在 2014 年，为 87.5%。在 2011 年的时候，贵州省的有害生物防治率最低，为 43.79%。整体波动趋势不规则，大多数年份的有害生物防治率高于 70%。

因数据不足，图 6-105 只统计了 2007—2019 年间贵州省的公共安全支

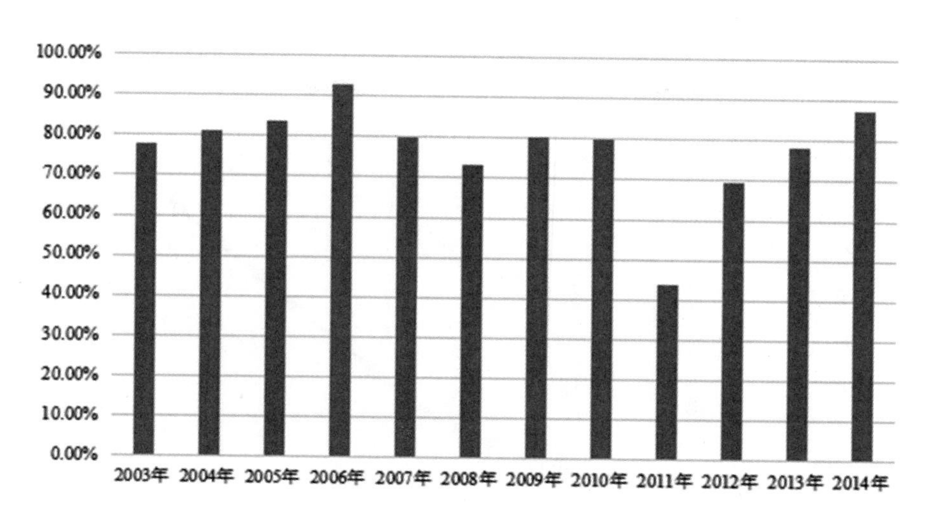

图 6-104　贵州省有害生物防治率

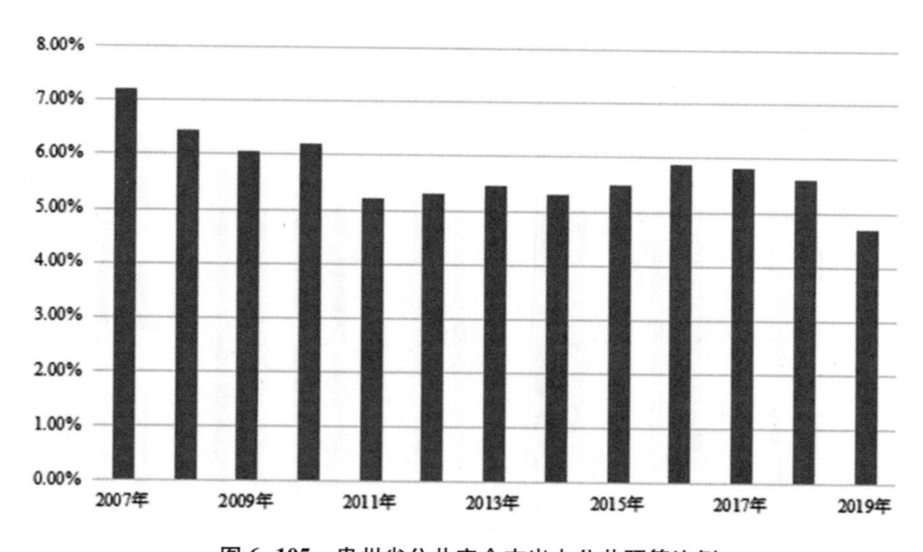

图 6-105　贵州省公共安全支出占公共预算比例

出占公共预算比例，公共安全支出占公共预算的比例在一定程度上能反映该地区对社会风险的治理情况。贵州省公共安全支出占公共预算的比例呈现出下降的趋势，2007 年占比最高，达到 7. 19%，2019 年占比最低，为 4. 71%。

图 6-106 统计了 2000—2019 年间贵州省的人均 GDP，贵州省人均 GDP

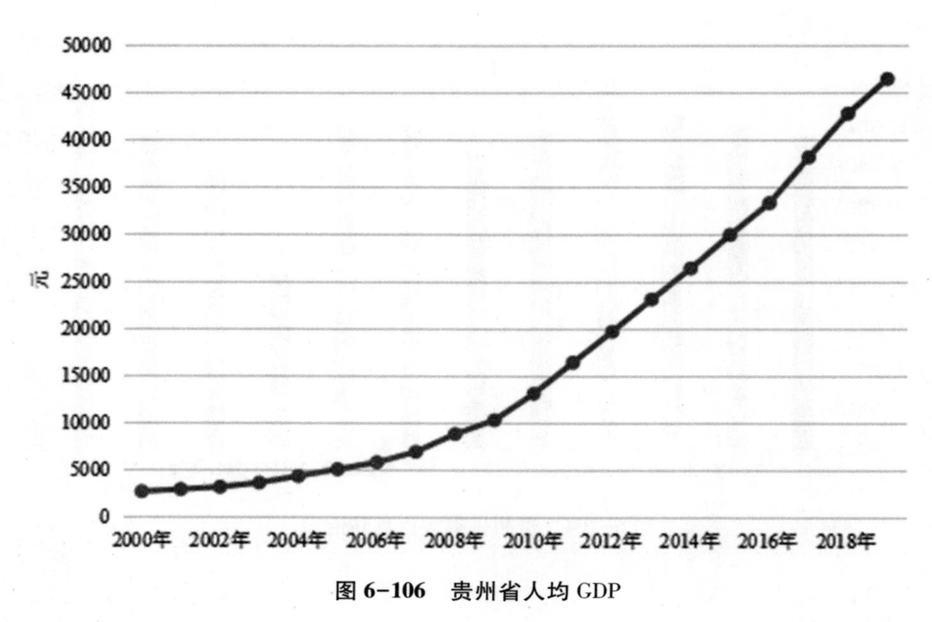

图 6-106　贵州省人均 GDP

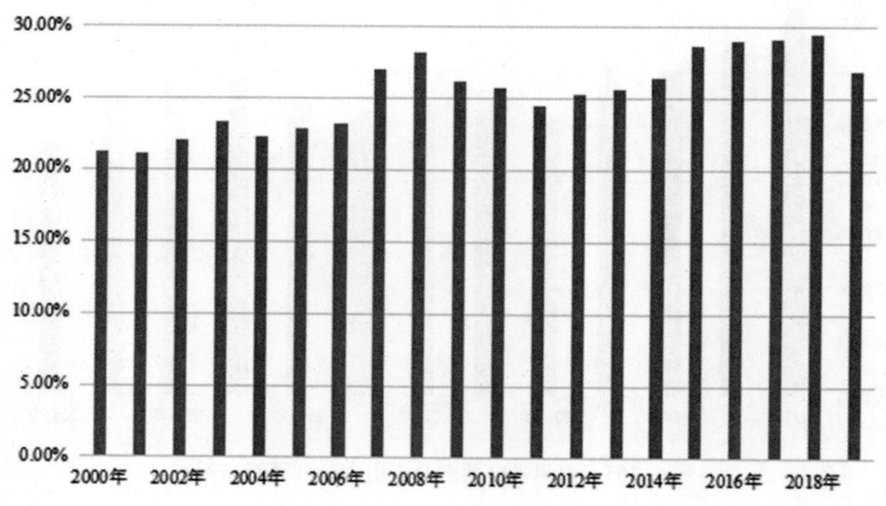

图 6-107　贵州省医疗卫生和教育支出占公共预算比例

呈逐年上升的趋势，2009—2019 年上升速度较快。2000 年的人均 GDP 为 2662 元，到 2019 年，贵州省人均 GDP 上升到了 46433 元，涨幅明显。

图 6-107 统计了 2000—2019 年间贵州省的医疗卫生和教育支出占公共

预算比例。贵州省投入到医疗卫生和教育的经费占公共预算的比例呈波动的趋势。2018 年贵州省医疗卫生和教育支出占公共预算比例最高，为 29.48%，2001 年该比例最低，为 21.06%。

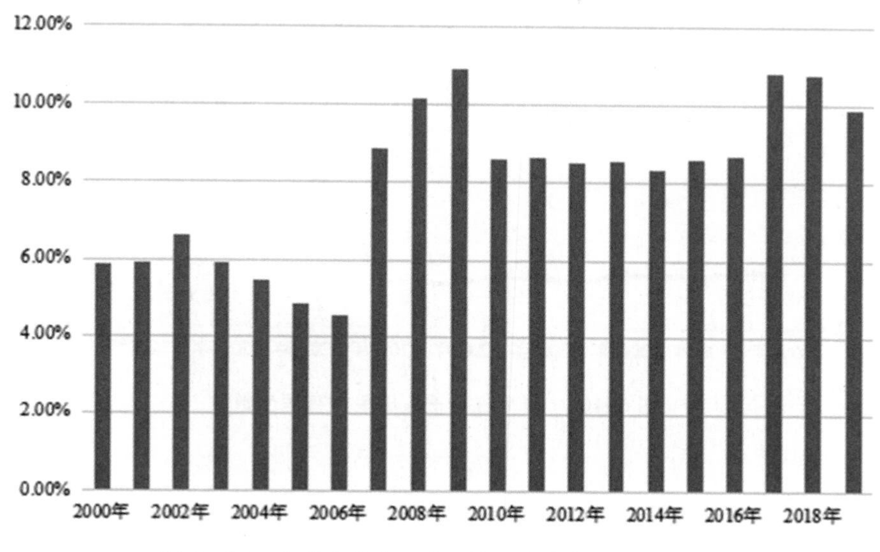

图 6-108　贵州省社会保障和就业支出占公共预算比例

图 6-108 统计了 2000—2019 年间贵州省的社会保障和就业支出占公共预算比例。社会保障和就业支出占公共预算的比例呈现出先波动后基本持平的趋势。2006 年社会保障和就业支出占公共预算的比例最低，仅为 4.52%，2009 年该比例最高，达到 10.93%。

图 6-109 统计了 2000—2019 年间贵州省的每千人居民拥有医生数。在总体上，贵州省每千人居民拥有医生数整体呈先持平后上升趋势，在 2013 年出现了明显下降的现象。2005 年贵州省每千人居民拥有医生数最少，仅为 0.95 人，2019 年最多，为 9.58 人。

图 6-110 统计了 2000—2019 年间贵州省的每千人居民拥有病床数。在总体上，贵州省每千人居民拥有病床数呈上升趋势，其中 2011—2012 年上升趋势最为明显。2000 和 2001 年贵州省每千人居民拥有病床数最少，仅为

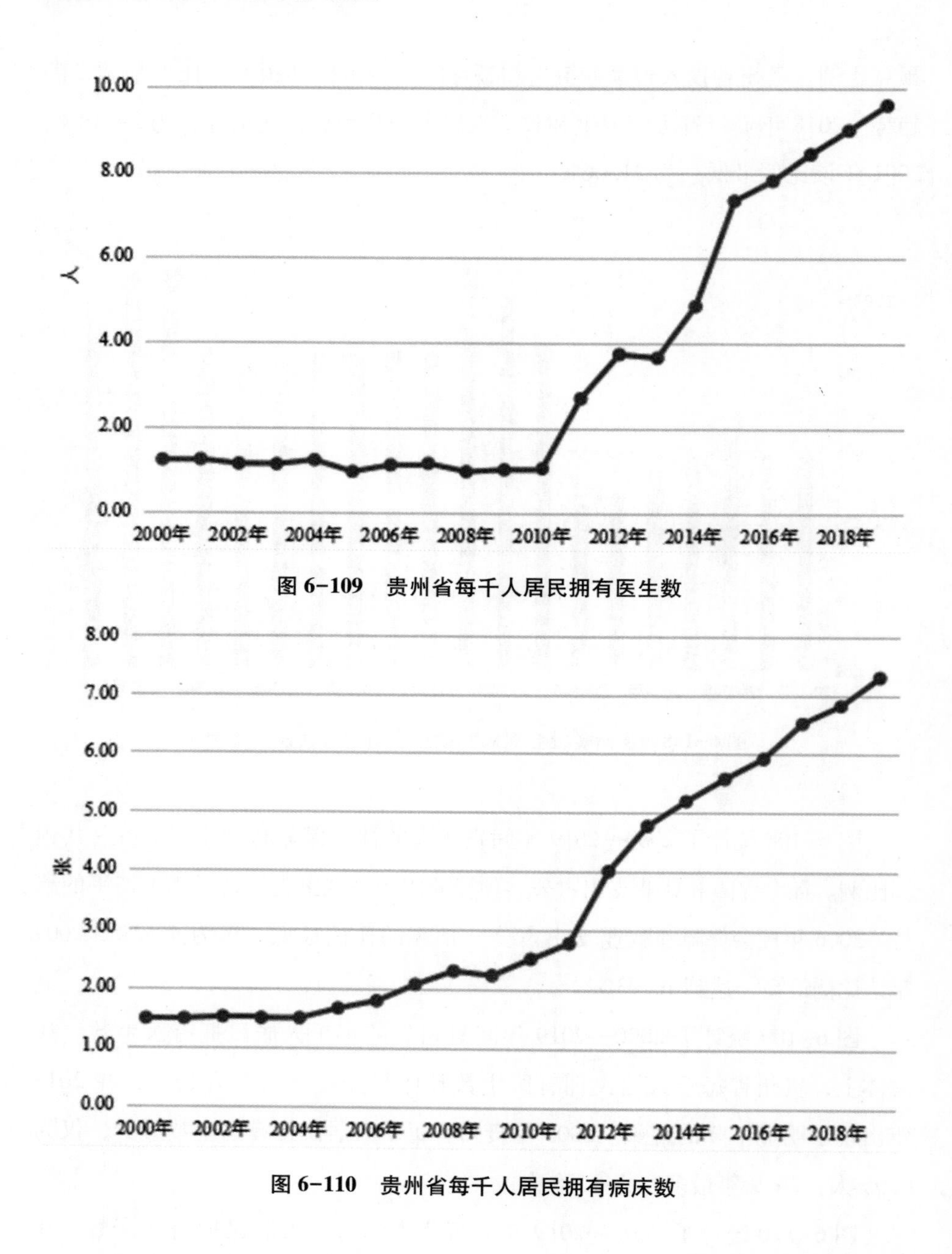

图 6-109　贵州省每千人居民拥有医生数

图 6-110　贵州省每千人居民拥有病床数

1.48 张，2019 年最多为 7.31 张。每千人居民拥有的病床数与每千人居民拥有医生数大体是呈正相关的。

六、云南省巨灾风险评估

云南省位于我国的西南边陲，面积 38.3 万平方公里，在我国各省市中排第 8 位。云南省地貌以山地和高原为主，属于云贵高原的组成部分。全省地势自西北向东南呈阶梯状下降。云南省气候多样，有 7 个温度带气候类型，温差较大，有明显的干、湿两季。城乡人口比例为 0.54∶1，乡村人口占比较大，但城乡人口差距在缩小。云南省的地区生产总值增速高于全国平均水平，第二、三产业的比重也逐步增大。

表 6-13　云南省相关指标数值

年份	2000	2001	2002	2003	2004	2005	2006	2007	2008	2009	2010	2011	2012	2013	2014	2015	2016	2017	2018	2019
B_2 自然灾害发生频率(次/万平方公里)	/	/	/	/	92.54	18.00	22.72	42.38	33.97	24.46	35.46	11.92	22.41	17.77	9.64	16.72	13.72	10.08	7.64	5.67
B_4 年均因灾死亡率(‰)	/	/	/	/	0.0075	0.0054	0.0091	0.0083	0.0096	0.0036	0.0051	0.0025	0.0052	0.0038	0.0200	0.0022	0.0027	0.0023	0.0013	0.0014
B_5 年均因灾经济损失(亿元)	/	/	/	/	68.90	37.40	71.20	72.70	165.06	107.85	344.60	191.20	164.20	154.20	444.20	141.90	141.00	76.60	162.90	102.10
C_1 人口密度(人/平方公里)	107.60	108.80	109.80	111.00	112.00	112.90	113.80	114.50	115.30	116.00	116.60	117.50	118.20	118.90	119.60	120.30	121.00	121.80	122.50	123.30
C_2 城镇化率(%)	23.36	24.87	24.60	25.75	26.34	27.87	29.29	31.60	30.10	34.00	34.81	36.80	39.31	40.48	41.73	43.34	45.04	46.70	47.82	48.91
C_3 建筑物覆盖率(%)	/	/	/	1.92	1.96	1.99	2.02	2.05	2.09	/	/	/	/	/	/	/	/	/	/	/
C_4 生活垃圾无害化处理率(%)	/	/	/	75.40	75.40	82.20	34.30	80.40	80.00	80.90	90.60	88.60	91.90	92.20	93.30	93.80	93.00	92.70	98.20	99.80
C_5 森林与林地覆盖率(%)	/	/	/	33.64	40.00	41.00	42.00	42.00	42.00	47.00	48.00	48.00	48.00	50.00	50.00	56.20	59.00	59.00	60.03	62.00
C_6 年均人口自然增长率(‰)	11.50	10.90	10.60	9.80	9.00	8.00	6.90	6.90	6.30	6.10	6.50	6.40	6.20	6.20	6.20	6.40	6.60	6.90	6.90	6.40
C_7 年均城市增长率(%)	6.05	1.69	2.89	16.04	4.35	10.27	14.80	6.67	107.53	6.91	6.21	6.94	5.94	7.53	3.23	3.37	2.67	1.40	1.50	3.32
D_{1a} 城镇居民家庭恩格尔系数(%)	40.34	40.09	41.58	41.61	42.35	42.83	42.04	44.97	47.07	43.72	41.48	39.20	35.63	37.88	30.65	32.24	29.68	28.96	27.03	27.10

续表

年份	2000	2001	2002	2003	2004	2005	2006	2007	2008	2009	2010	2011	2012	2013	2014	2015	2016	2017	2018	2019
D_{1b}农村居民家庭恩格尔系数(%)	58.96	56.34	55.92	52.97	54.00	54.54	48.78	46.52	49.60	48.21	47.21	47.10	45.61	39.09	35.58	36.40	35.27	32.55	29.47	31.82
D_2失业率(%)	2.60	3.30	4.00	4.10	4.30	4.20	4.30	4.18	4.21	4.30	4.20	4.10	4.00	4.00	3.98	3.96	3.60	3.20	3.40	3.25
D_3居民消费价格指数(上年=100)	97.90	99.10	99.80	101.20	106.00	101.40	101.90	105.90	105.70	100.40	103.70	104.90	102.73	103.12	102.37	101.90	101.50	100.90	101.60	102.50
D_4农林牧渔业总产值占GDP比例(%)	33.54	32.59	31.27	30.35	30.77	30.55	29.57	26.23	26.50	25.95	23.41	24.22	24.15	23.83	23.24	22.61	22.20	20.60	19.68	21.25
D_5人均耕地面积(公顷)	0.15	0.15	0.15	0.15	0.15	0.14	0.14	0.13	0.13	0.09	0.09	0.09	0.13	0.13	0.13	0.13	0.13	0.13	0.13	0.13
D_6有害生物防治率(%)	/	/	/	82.00	65.00	73.81	83.52	81.00	93.35	92.60	89.98	86.24	89.89	91.69	93.30	/	/	/	/	/
D_7公共安全支出占公共预算比例(%)	/	/	/	/	/	/	/	7.45	7.24	6.89	6.36	5.64	5.20	5.23	4.95	5.15	5.85	6.01	6.36	5.65
E_1人均GDP(元)	4610	4987	5338	5841	6981	7779	8896	10574	12570	13539	15752	19265	22195	25322	27264	29015	31265	34545	37136	47944
E_2医疗卫生和教育支出占公共预算比例(%)	20.45	20.43	21.79	21.44	22.30	21.80	23.22	23.58	23.57	23.53	24.43	24.58	26.36	24.08	23.15	25.25	26.66	27.05	27.21	24.79
E_3社会保障和就业支出占公共预算比例(%)	3.84	5.28	4.87	7.20	5.02	3.79	3.82	15.02	15.28	15.58	13.33	13.19	12.29	12.34	13.16	13.76	13.80	13.13	13.93	13.52
E_4每千人居民拥有医生数(人)	1.48	1.45	1.19	1.20	1.21	1.25	1.26	1.25	1.26	1.30	1.35	1.37	1.44	1.60	1.60	1.68	1.80	1.96	2.06	2.35
E_5每千人居民拥有病床数(张)	2.30	2.33	2.23	2.25	2.31	2.40	2.46	2.64	2.81	3.07	3.41	3.75	4.18	4.48	4.77	5.01	5.32	5.73	6.03	6.42

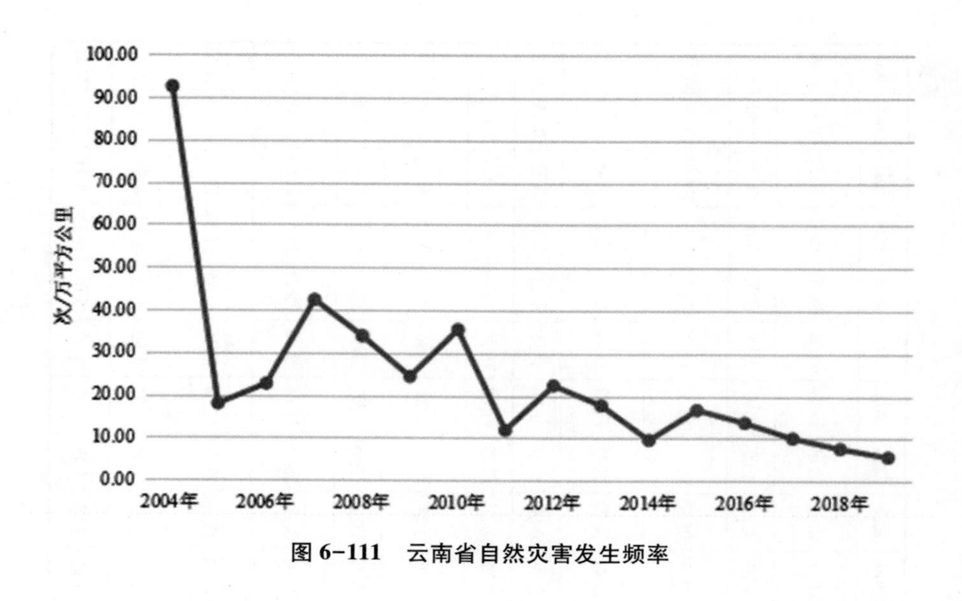

图 6-111　云南省自然灾害发生频率

因数据不足，图 6-111 只统计了 2004—2019 年云南省自然灾害发生的频率，2004 年自然灾害发生频率最高，为 92.54 次/万平方公里，2019 年自然灾害发生频率是近年来最低，为 5.67 次/万平方公里。因每个省面积不同，因此选用自然灾害发生频率来作为该指标，计算出每万平方公里内自然灾害发生的次数。由上图可以看出，云南省自然灾害发生频率没有明显的规律。

因数据不足，图 6-112 只统计了 2004—2019 年云南省年均因灾死亡率，2014 年因灾死亡率最高，为 0.02‰，2018 年因灾死亡率最低，为 0.0013‰。总体而言，除个别年份外云南省年均因灾死亡率整体呈下降趋势，2015 年以后较为平缓。

因数据不足，图 6-113 只统计了 2004—2019 年间云南省因灾经济损失情况，2014 年的因灾经济损失最大，为 444.2 亿元，2005 年因灾经济损失最小，为 37.4 亿元。总体来看，云南省因灾经济损失呈现不规则的波动，各年之间很不均衡。

图 6-114 统计了 2000—2019 年云南省的人口状况，由图可直观地看出，

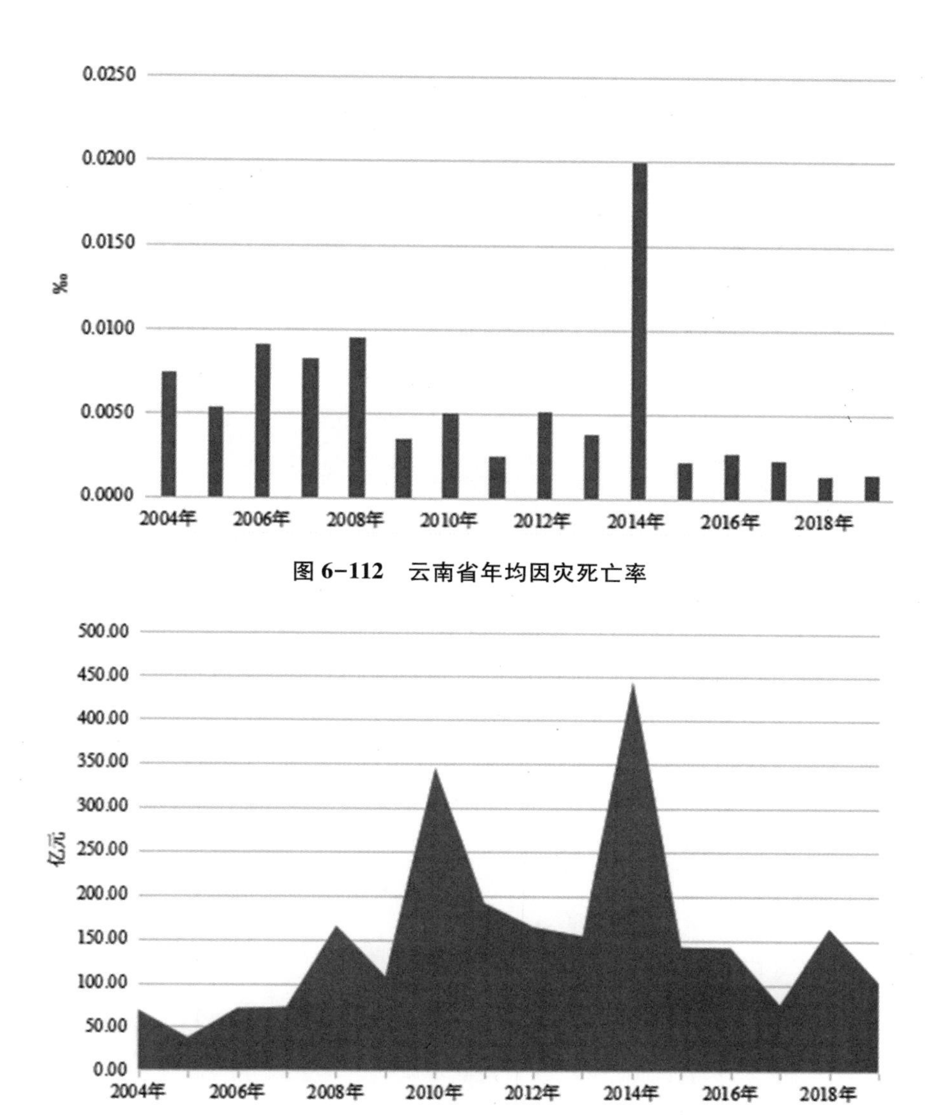

图 6-112　云南省年均因灾死亡率

图 6-113　云南省因灾经济损失

云南省人口密度呈逐年的上升趋势，2000 年最低，为 107.6 人/平方公里，2019 年增加至 123.3 人/平方公里。

图 6-115 统计了云南省 2000—2019 年的城镇化率。云南省城镇化率是逐年增长的，2000 年的城镇化率为 23.36%，到 2019 年时，城镇化率达到

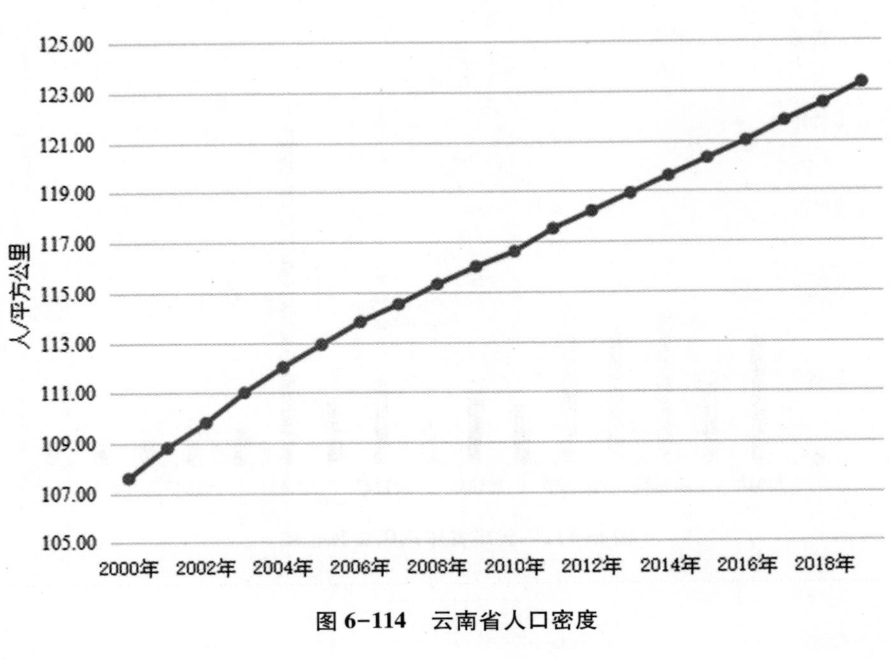

图 6-114　云南省人口密度

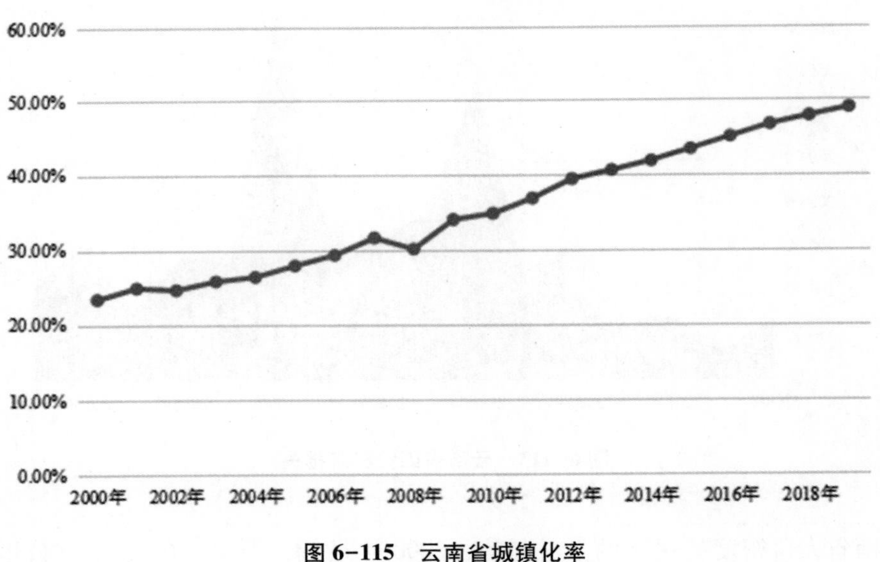

图 6-115　云南省城镇化率

48.91%。2013 年的城镇化率第一次突破 40%。云南省城镇化率的增长趋势较为平缓，每年增加的幅度都不高，但一直保持增长的趋势。

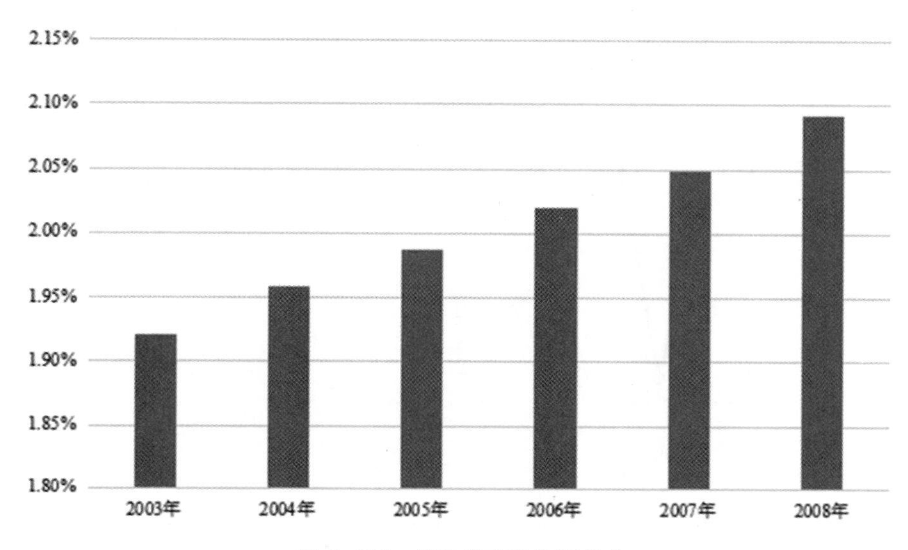

图 6-116　云南省建筑物覆盖率

因数据不足，图 6-116 只统计了 2003—2008 年云南省建筑物覆盖率。总体上是呈上升趋势的，从 2003 年的最低建筑物覆盖率 1.92%增加至 2008 年的 2.09%。每年增长的幅度都不大，稳步上升。

因数据不足，图 6-117 只统计了 2003—2019 年云南省的生活垃圾无害化处理率。生活垃圾无害化处理率呈现上升的趋势，2006 年的最低，为 34.3%，2019 年的最高，为 99.8%。2003—2005 年生活垃圾无害化处理率稳步上升，但 2006 年急剧下降，之后又急剧上升，此后总体波动较小。

因数据不足，图 6-118 只统计了 2003—2019 年云南省森林与林地覆盖率。总体上呈现上升的趋势，从 2003 年的 33.64%上升到 2019 年的 62%。2003—2004 年、2008—2009 年以及 2014—2015 年的增长幅度较大，其他年份则较为平缓，没有明显的波动。

图 6-119 统计了 2000—2019 年间云南省人口自然增长率。云南省的人口是不断增加的，没有负增长的情况。2009 年的人口自然增长率最低，为 6.1‰，2000 年的人口自然增长率最高，为 11.5‰。2006 年后的人口自然增

图 6-117　云南省生活垃圾无害化处理率

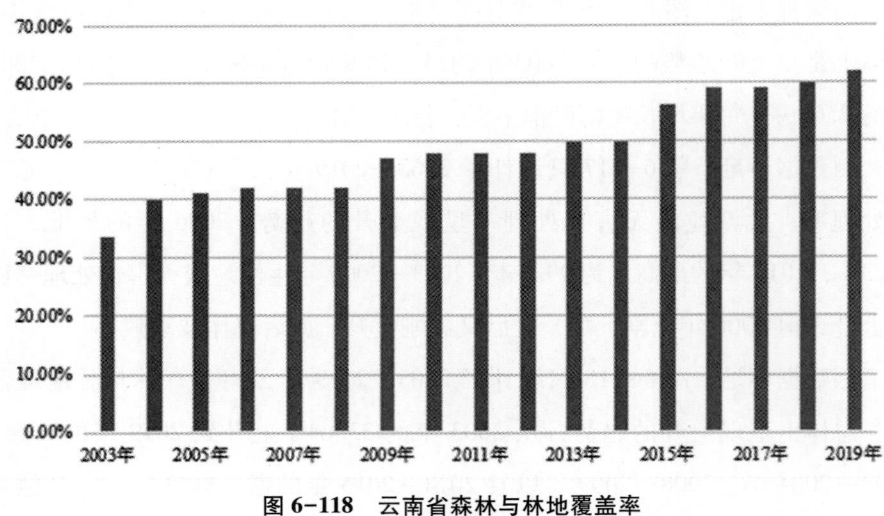

图 6-118　云南省森林与林地覆盖率

长率在 6‰-7‰之间小幅度波动。

图 6-120 统计了 2000—2019 年云南省的城市增长率。所有年份均是正向增长，但城市增长的幅度波动很大，且没有规律性。城市增长最快的是

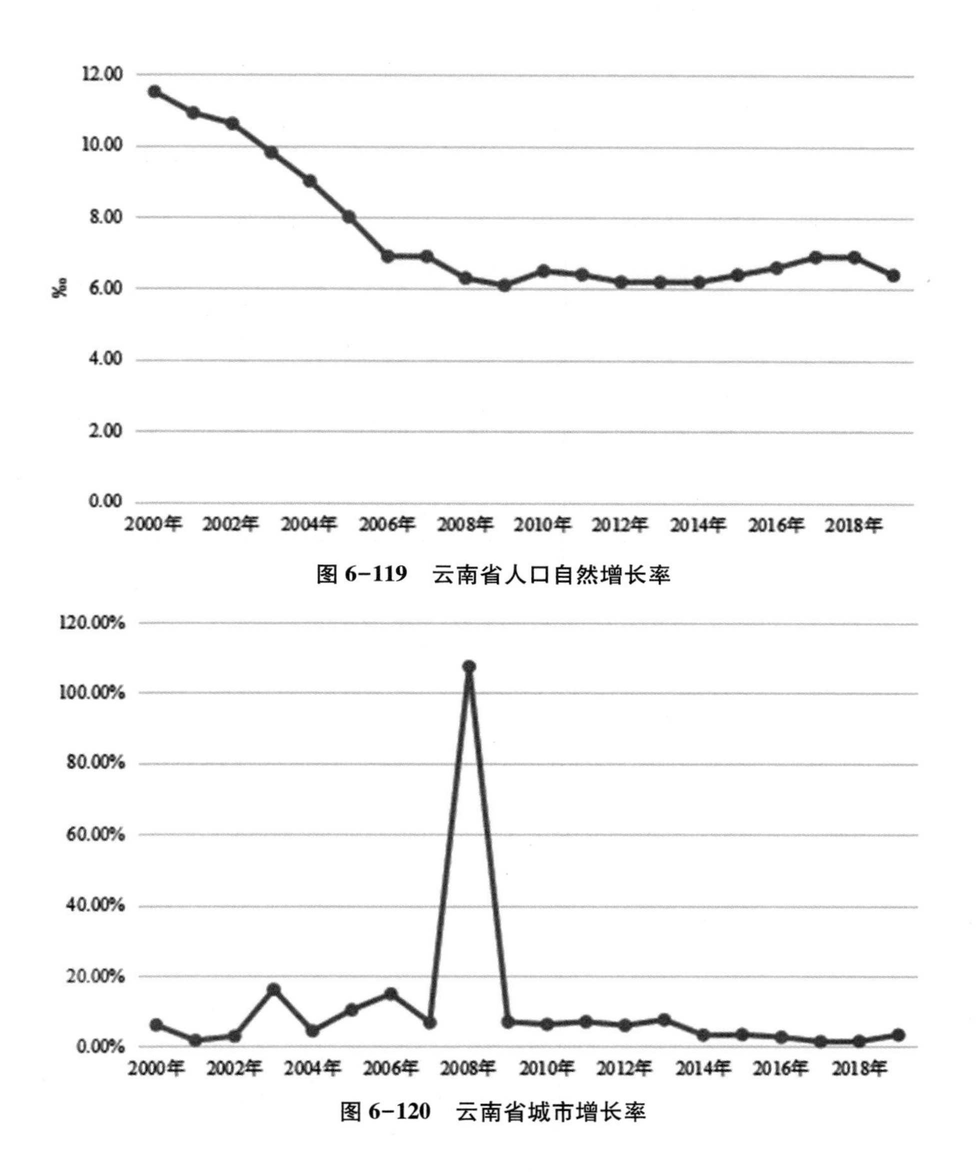

图 6-119　云南省人口自然增长率

图 6-120　云南省城市增长率

2008 年，增长率为 107.53%，2017 年城市增长得最慢，增长率为 1.4%。城市建成区面积从 2000 年的 338.12 平方公里增长到 2019 年的 1934.72 平方公里。

图 6-121 统计了 2000—2019 年云南省城镇居民家庭恩格尔系数和农村居民家庭恩格尔系数。由图可以看出，城镇居民家庭恩格尔系数均低于农村

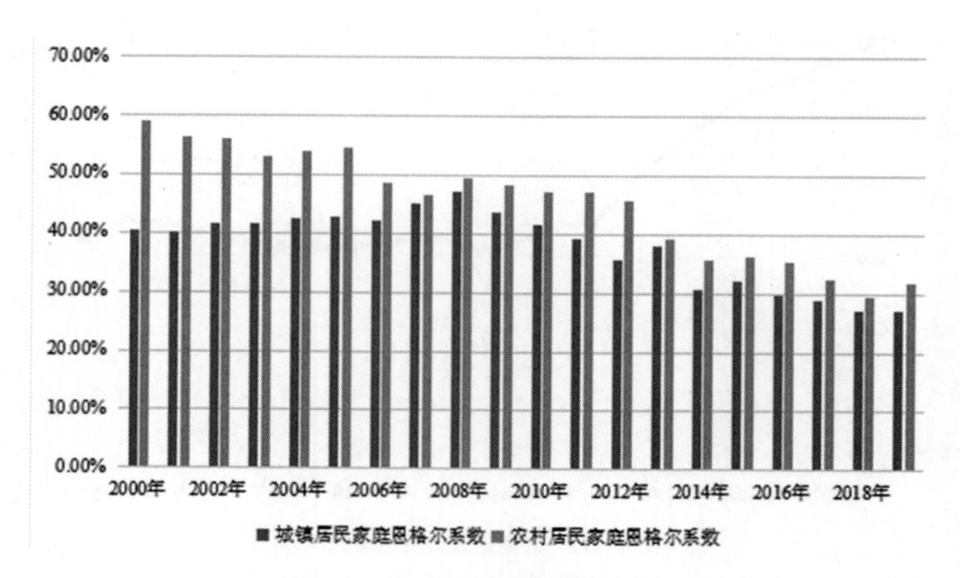

图 6-121　云南省居民家庭恩格尔系数

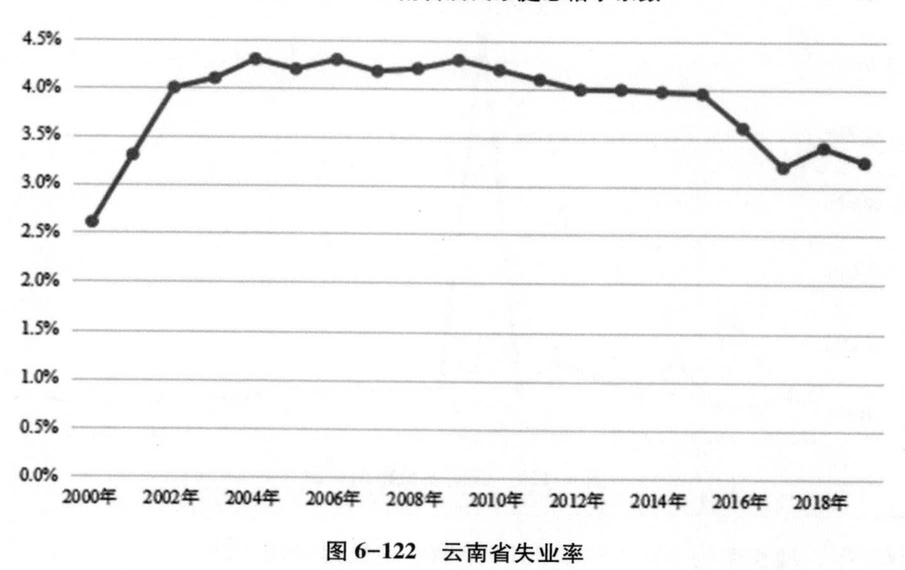

图 6-122　云南省失业率

居民家庭恩格尔系数，两者之间差距在逐渐缩小，均呈现出下降的趋势。

图 6-122 统计了 2000—2019 年云南省的失业率。2004 年、2006 年和 2009 年云南省失业率最高，为 4.3%，2000 年的失业率最低，为 2.6%。在

近几年，云南省失业率总体处于3%-4%之间。

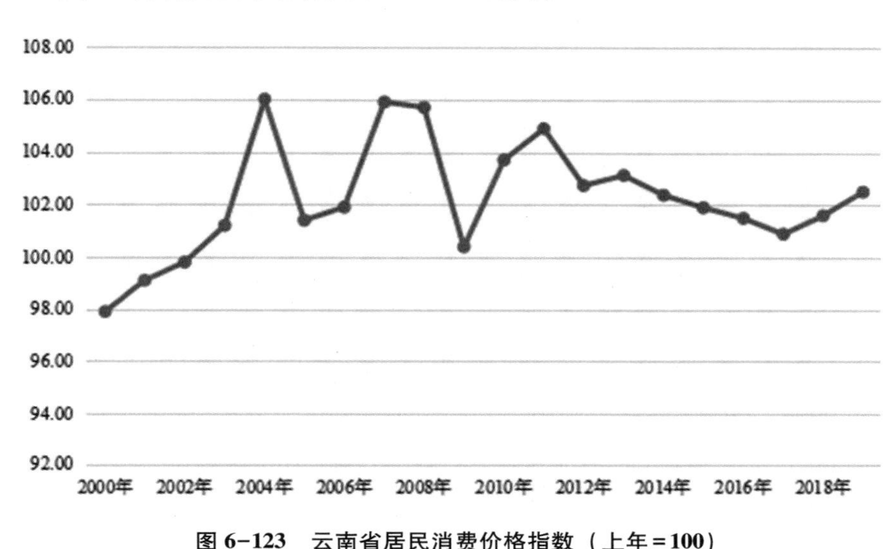

图 6-123　云南省居民消费价格指数（上年=100）

图 6-123 统计了 2000—2019 年间云南省居民消费价格指数，居民消费价格指数在一定程度上能反映通货膨胀的情况。云南省居民消费价格指数呈现出不规律的波动，其中 2004 年是最高的峰值，2000 年是最低的谷值，相邻年份的波动较大。

图 6-124 统计了 2000—2019 年云南省农林牧渔业总产值占 GDP 的比例。由图可以看出，农林牧渔业总产值占 GDP 的比例总体上呈下降的趋势，从 2000 年最高达到 33. 54%下降到 2019 年的 21. 25%。农林牧渔业总产值占 GDP 的比例最低的是 2018 年，为 19. 68%。

图 6-125 统计了 2000—2019 年间云南省人均耕地面积。2000—2004 年人均耕地面积最大，为 0. 15 公顷，2009—2011 年人均耕地面积最小，仅为 0. 09 公顷。

图 6-126 统计了 2003—2013 年间云南省有害生物防治率。从图中可以看出，2008 年的时候，云南省有害生物防治率最高，为 93. 35%，在 2004 年的时候，云南省有害生物防治率最低，为 65%。整体波动趋势不规则，总体

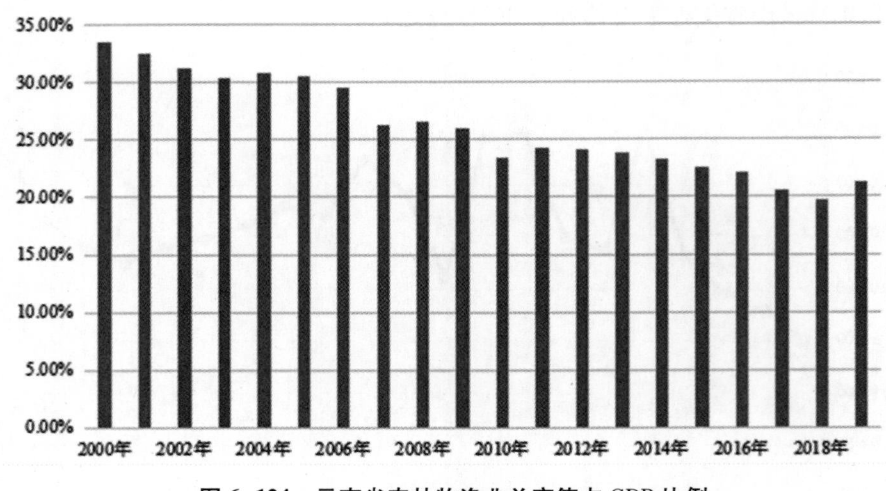

图 6-124　云南省农林牧渔业总产值占 GDP 比例

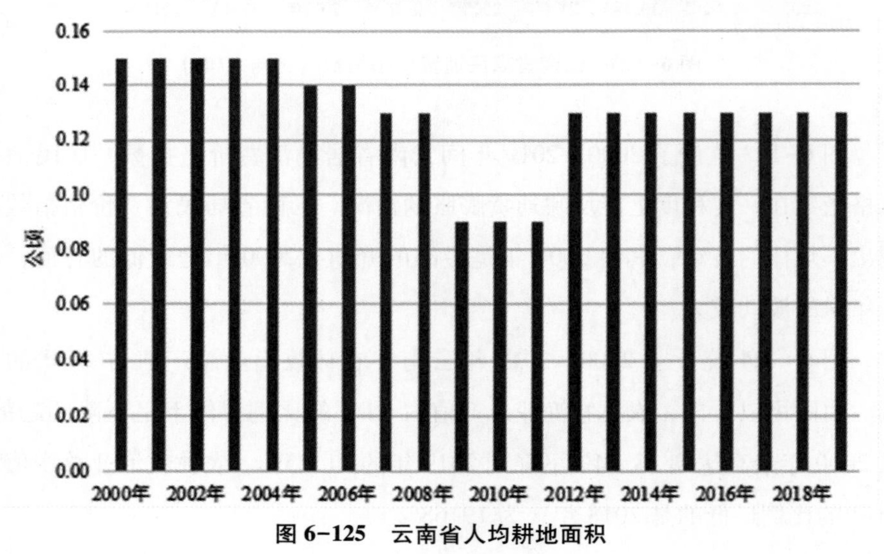

图 6-125　云南省人均耕地面积

上，防治率处于较高水准之上。

因数据不足，图 6-127 只统计了 2007—2019 年间云南省公共安全支出占公共预算比例，公共安全支出占公共预算的比例在一定程度上能反映该地区对社会风险的治理情况。云南省公共安全支出占公共预算的比例呈现出先下降后上升的趋势。2007 年占比最高，达到 7.45%，2014 年占比最低，为 4.95%。

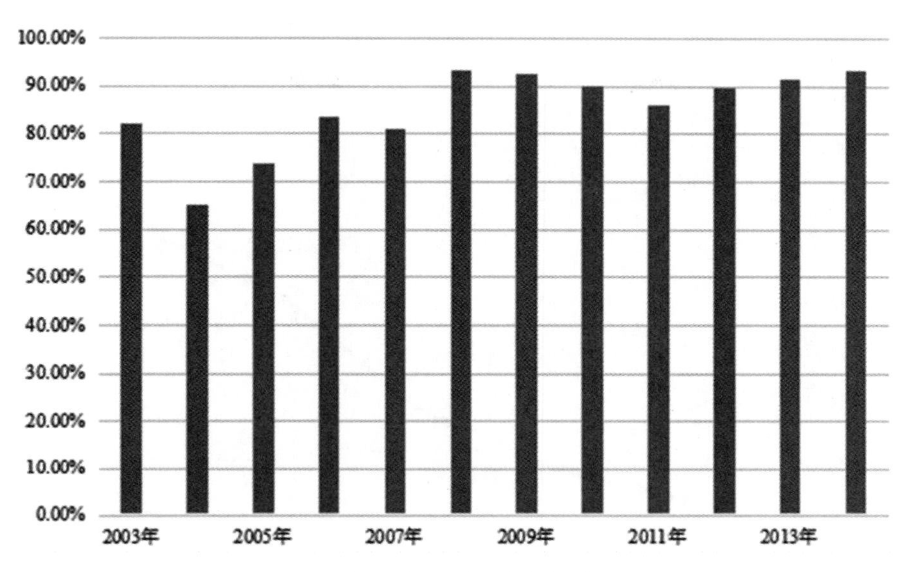

图 6-126　云南省有害生物防治率

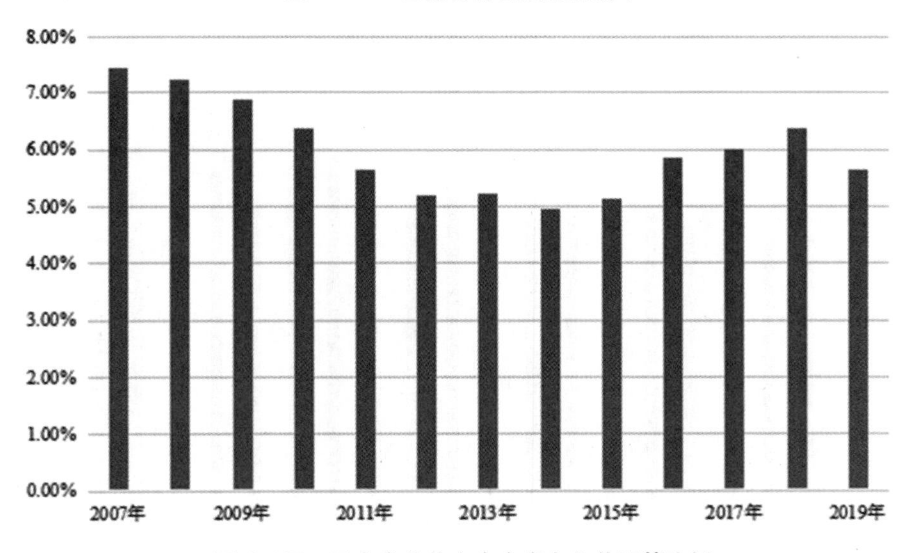

图 6-127　云南省公共安全支出占公共预算比例

图 6-128 统计了 2000—2019 年间云南省人均 GDP，云南省人均 GDP 呈逐年上升的趋势。2000 年的人均 GDP 为 4610 元，到 2019 年，云南的人均 GDP 上升到了 47944 元，涨幅明显。

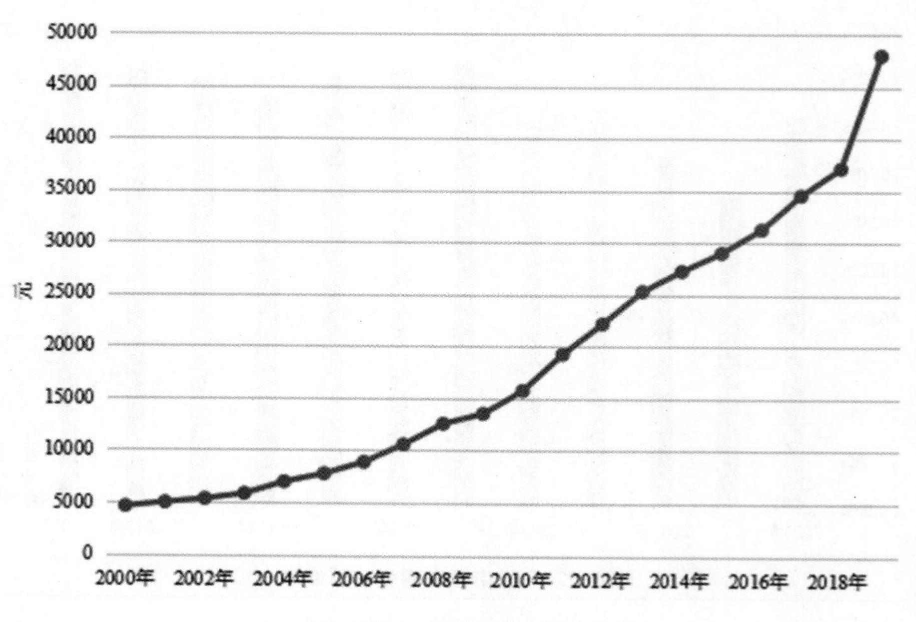

图 6-128　云南省人均 GDP

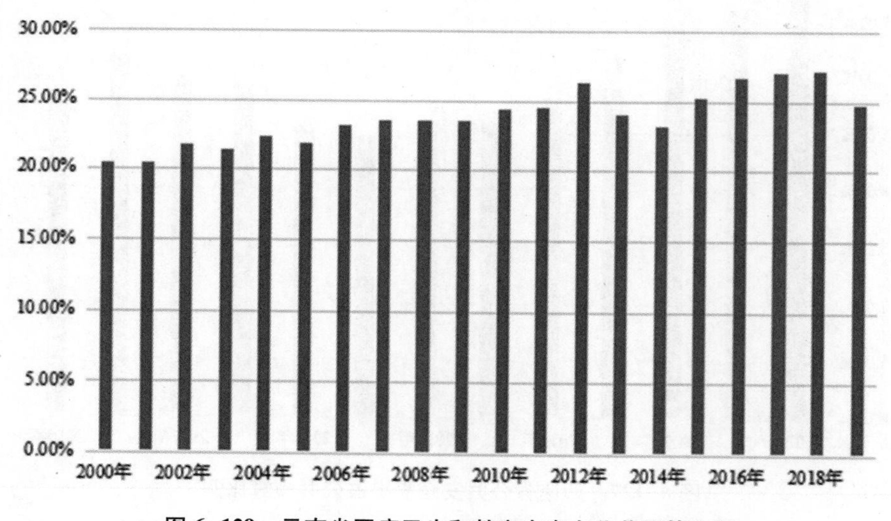

图 6-129　云南省医疗卫生和教育支出占公共预算比例

图 6-129 统计了 2000—2019 年间云南省医疗卫生和教育支出占公共预算比例。云南省投入到医疗卫生和教育的经费占公共预算的比例呈不规则的

波动。2018 年云南省医疗卫生和教育支出占公共预算比例最高，为 27.21%，2001 年该比例最低，为 20.43%。总的来看，波动并不明显。

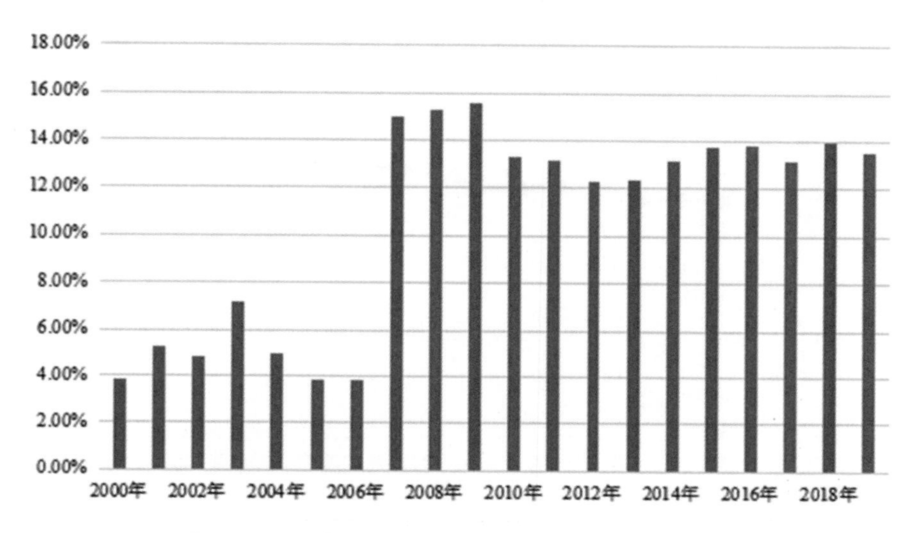

图 6-130　云南省社会保障和就业支出占公共预算比例

图 6-130 统计了 2000—2019 年间云南省社会保障和就业支出占公共预算比例。社会保障和就业支出占公共预算的比例呈现出不规律的小幅度的波动。2005 年社会保障和就业支出占公共预算的比例最低，仅为 3.79%，2009 年该比例最高，达到 15.58%。

图 6-131 统计了 2000—2019 年间云南省每千人居民拥有医生数。在总体上，云南省每千人居民拥有医生数呈上升趋势，只在 2002 年出现了明显下降。2002 年云南省每千人居民拥有医生数最少，仅为 1.19 人，2019 年最多，为 2.35 人。

图 6-132 统计了 2000—2019 年间云南省每千人居民拥有病床数。在总体上，云南省每千人居民拥有病床数呈上升趋势。2002 年云南省每千人居民拥有病床数最少，仅为 2.23 张，2019 年最多，为 6.42 张。每千人居民拥有的病床数与每千人居民拥有医生数大体是呈正相关的。

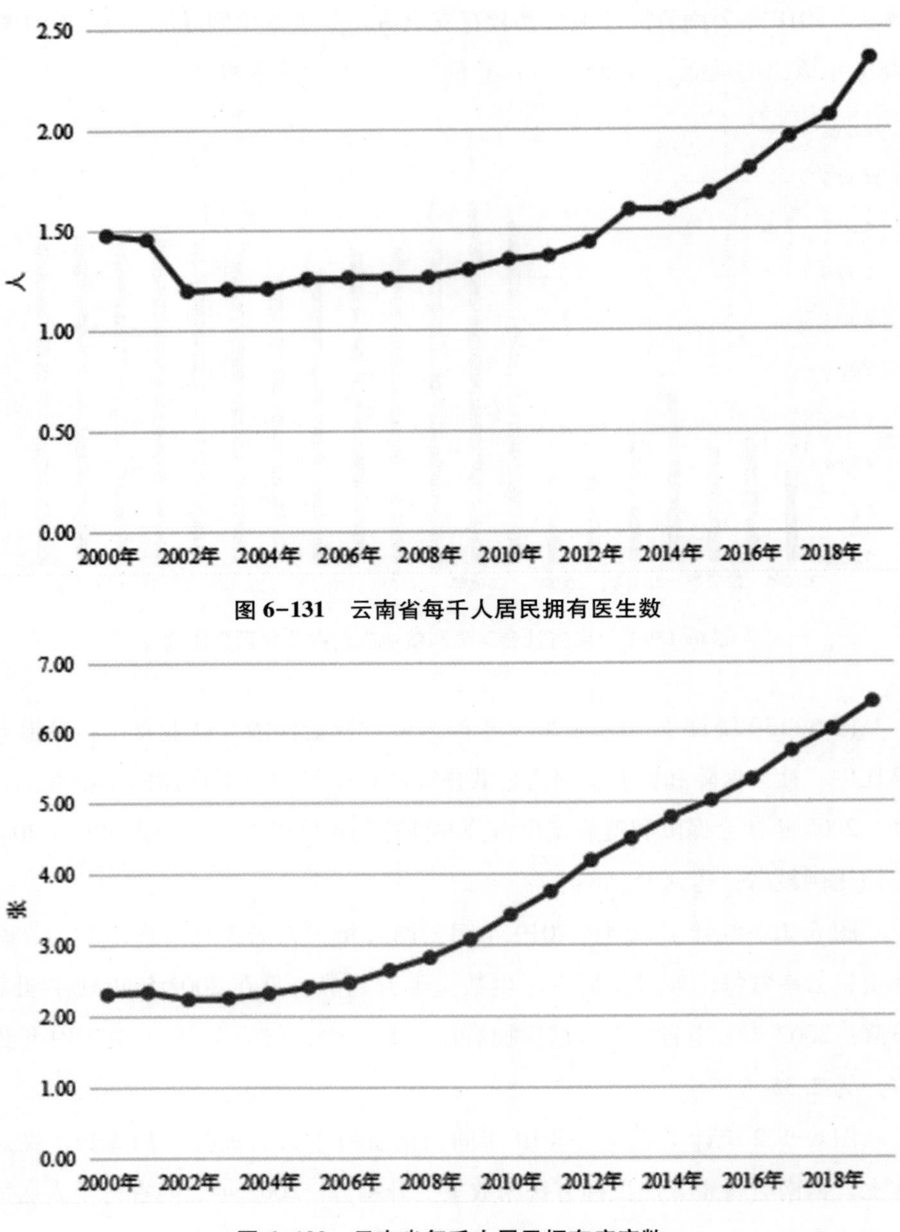

图 6-131　云南省每千人居民拥有医生数

图 6-132　云南省每千人居民拥有病床数

七、西藏自治区巨灾风险评估

西藏自治区地处我国的西南边疆，面积广阔，达 122 万平方公里，是中国的第二大省级行政区，有约 3842 公里长的国境线。同时，西藏也是青藏高原的主体部分，是我国平均海拔最高的省份。地形地貌复杂，西藏生态环境相对脆弱。气候受多样的地形等因素的影响，呈现出从热带到高原寒带的渐变。西藏人口以藏族为主，少数民族人口占全区人口的九成以上。自改革开放以来，西藏经济发展不断提速，交通、通信、工业以及农牧业都较以往有较大的进步。

表 6-14　西藏自治区相关指标数值

年份	2000	2001	2002	2003	2004	2005	2006	2007	2008	2009	2010	2011	2012	2013	2014	2015	2016	2017	2018	2019
B_2 自然灾害发生频率(次/万平方公里)	/	/	/	2.45	2.29	0.24	0.21	0.58	1.10	5.42	2.08	1.16	0.59	1.14	1.14	/	/	/	/	/
B_4 年均因灾死亡率(‰)	/	/	/	0.0191	0	0.0050	0.0081	0.0125	0.0106	0.0081	0.0083	0.0162	0.0075	0.0288	0.0057	0.0117	0.0073	0.0030	0.0035	0.0020
B_5 年均因灾经济损失(亿元)	/	/	/	2.20	2.20	2.30	1.30	3.30	8.60	7.08	5.90	16.00	2.90	42.00	1.90	107.20	33.00	17.80	7.70	1.70
C_1 人口密度(人/平方公里)	2.10	2.14	2.18	2.21	2.25	2.28	2.32	2.35	2.38	2.41	2.44	2.47	2.51	2.54	2.59	2.64	2.70	2.74	2.80	2.86
C_2 城镇化率(%)	19.47	19.60	19.79	19.81	19.80	26.65	28.21	28.30	22.61	23.80	23.31	22.71	22.75	23.71	25.75	27.74	29.56	30.89	31.14	31.54
C_3 建筑物覆盖率(%)	/	/	/	0.05	0.05	0.05	0.05	0.05	0.05	/	/	/	//	/	/	/	/	/	/	/
C_5 森林与林地覆盖率(%)	/	/	/	/	11.31	11.31	11.31	11.31	11.31	11.91	11.91	11.91	11.91	11.98	11.98	14.01	12.14	11.98	12.14	12.14
C_6 年均人口自然增长率(‰)	11.00	12.10	12.76	11.10	11.20	10.79	11.70	11.30	10.30	10.24	10.25	10.26	10.27	10.38	10.55	10.65	10.68	11.05	10.64	10.14
C_7 年均城市增长率(%)	-5.62	4.32	0	0.60	0	3.31	4.28	1.03	0.25	2.91	4.43	5.65	33.44	0.50	4.99	14.41	0.48	1.65	10.91	0.43
D_1 居民家庭恩格尔系数	46.00	44.00	41.00	44.00	46.00	44.00	50.00	51.00	51.00	51.00	50.00	50.00	49.08	48.15	47.62	47.09	48.19	46.08	44.20	41.80
D_2 失业率(%)	6.80	7.10	4.90	4.20	4.00	4.30	4.30	4.30	4.05	3.80	4.00	3.20	2.58	2.47	2.47	2.48	2.60	2.68	2.83	2.86

续表

年份	2000	2001	2002	2003	2004	2005	2006	2007	2008	2009	2010	2011	2012	2013	2014	2015	2016	2017	2018	2019
D_3 居民消费价格指数(上年=100)	99.90	100.10	100.40	100.87	102.68	101.47	102.03	103.37	105.72	101.41	102.20	105.00	103.51	103.55	102.90	102.00	102.50	101.60	101.71	102.35
D_4 农林牧渔业总产值占GDP比例(%)	43.60	36.14	33.55	31.01	28.47	27.23	24.24	23.38	22.39	21.17	19.88	18.05	16.88	15.69	15.06	9.40	9.10	9.40	8.80	8.14
D_5 人均耕地面积(公顷)	0.09	0.09	0.09	0.08	0.08	0.08	0.08	0.08	0.08	0.08	0.08	0.08	0.08	0.07	0.07	0.07	0.07	0.07	0.07	0.07
D_6 有害生物防治率(%)	/	/	/	/	/	/	/	/	/	/	34.84	59.16	56.27	84.94	58.90	/	/	/	/	/
E_1 人均GDP(元)	4553	5553	6238	7003	8042	8982	10274	11882	13924	15295	17027	20077	22936	26326	29252	31999	35143	39259	43397	48902
E_2 医疗卫生和教育支出占公共预算比例(%)	5.40	3.73	3.53	3.62	4.76	3.83	4.04	6.23	4.30	4.70	5.81	4.66	3.99	3.97	4.12	4.55	4.64	5.58	5.43	5.62
E_3 社会保障和就业支出占公共预算比例(%)	1.80	1.42	2.37	2.49	2.91	2.61	2.48	6.28	7.33	7.09	5.79	7.61	7.24	7.19	7.25	7.46	11.37	9.27	5.48	7.12
E_4 每千人居民拥有医生数(人)	3.44	3.35	2.97	3.07	3.13	3.22	3.17	3.02	3.29	3.47	3.44	3.52	3.67	3.75	4.08	4.43	4.63	4.89	5.54	5.89
E_5 每千人居民拥有病床数(张)	2.52	2.51	2.38	2.40	2.34	2.44	2.67	2.51	3.05	2.95	3.02	3.17	3.29	3.54	3.79	4.33	4.50	4.79	4.88	4.87

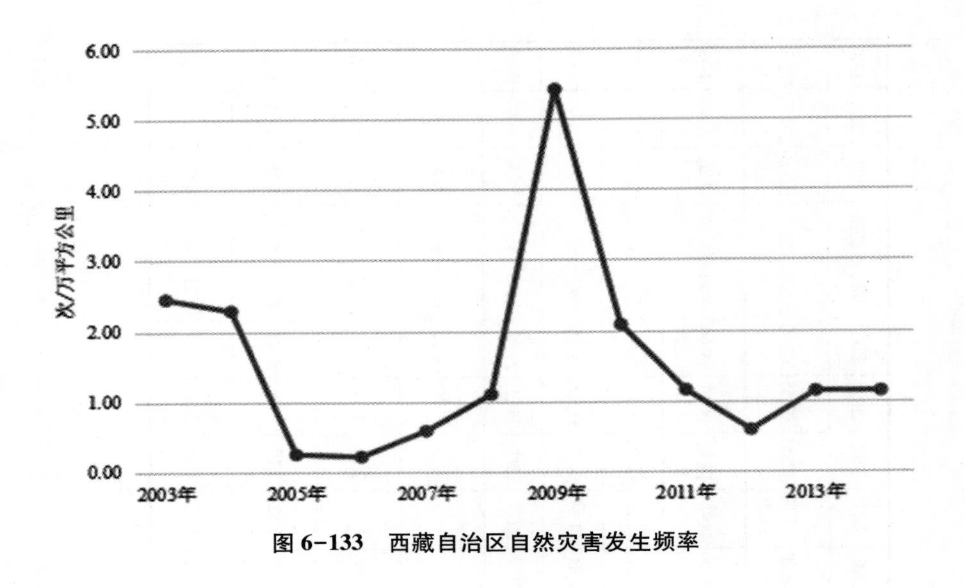

图 6-133 西藏自治区自然灾害发生频率

因数据不足，图 6-133 只统计了 2003—2014 年西藏自治区自然灾害发生的频率。可以看出，西藏自治区 2009 年自然灾害发生频率最高，为 5. 42 次/万平方公里，2006 年自然灾害发生频数是近年来最低，为 0. 21 次/万平方公里。因每个省面积不同，所以选用自然灾害发生频率来作为指标，计算出每万平方公里内自然灾害发生的次数。总体来看，西藏自治区自然灾害发生频率没有明显的规律。

因数据不足，图 6-134 只统计了 2003—2019 年西藏自治区因灾死亡率。由图可以看出，2013 年西藏自治区的因灾死亡率最高，为 0. 0288‰，2004 年因灾死亡率最低，为 0，西藏自治区因灾死亡率没有明显的规律。

因数据不足，图 6-135 只统计了 2003—2019 年间西藏自治区的因灾经济损失情况。可以看出，西藏自治区 2015 年的因灾经济损失最大，达到 107. 2 亿元。其他年份的因灾经济损失较小，呈现小幅度的波动。总体来看，西藏自治区的因灾经济损失呈现不规则的波动，各年之间很不均衡。

图 6-136 统计了 2000—2019 年西藏自治区的人口状况。由图可直观地看出，西藏自治区的人口密度呈逐年上升的趋势。由 2000 年的 2. 1 人/平方

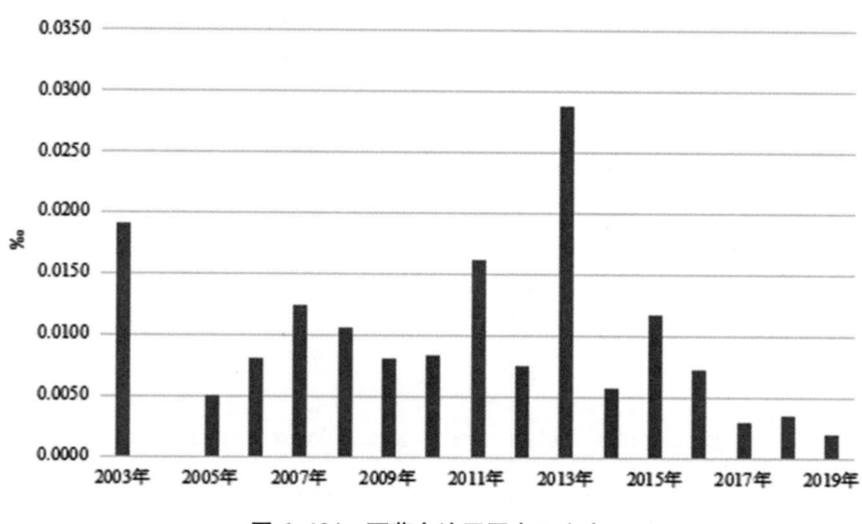

图 6-134　西藏自治区因灾死亡率

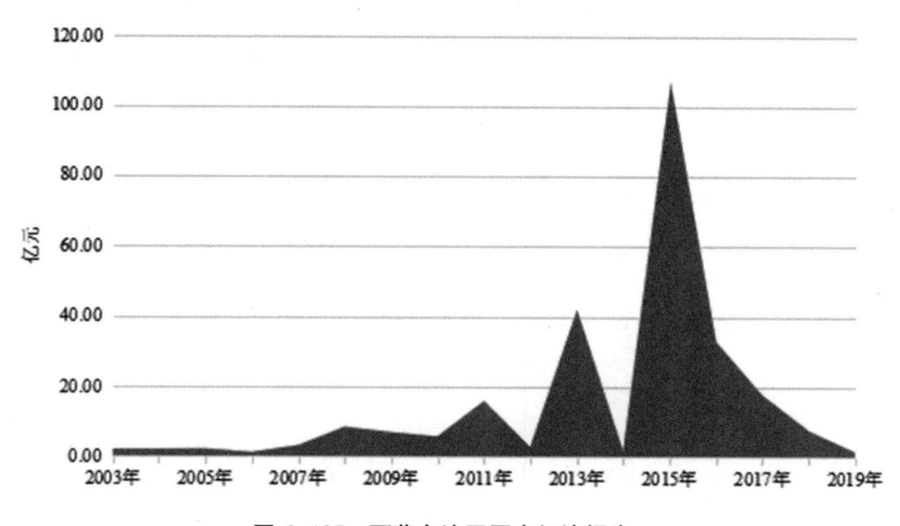

图 6-135　西藏自治区因灾经济损失

公里增加至 2019 年的 2.86 人/平方公里。

图 6-137 统计了西藏自治区 2000—2019 年的城镇化率。随着城镇化的大趋势，西藏自治区的城镇化率总是呈增长趋势，从 2000 年的 19.47%增长至 2019 年的 31.54%。总体来看，西藏自治区城镇化率的增长趋势不规则。

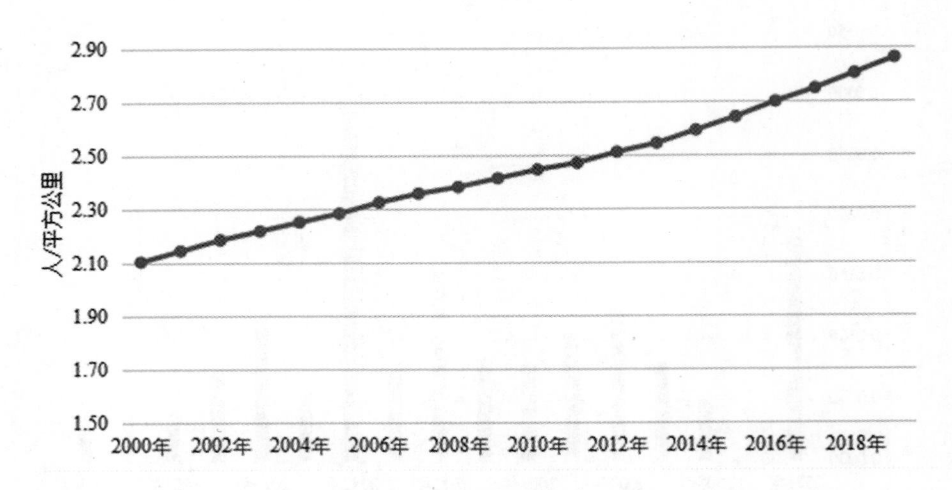

图 6-136 西藏自治区人口密度

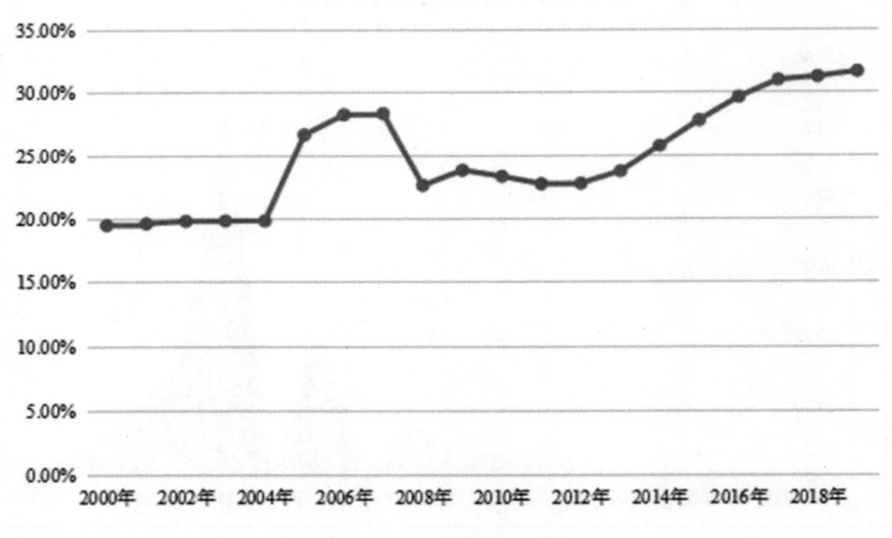

图 6-137 西藏自治区城镇化率

因数据不足，图 6-138 只统计了 2003—2008 年西藏自治区的建筑物覆盖率。总体来看，西藏自治区的建筑物覆盖率一直维持在 0.05%水平。

因数据不足，图 6-139 只统计了 2004—2019 年西藏自治区森林与林地覆盖率。总体上呈现缓慢上升的趋势，从 2004 年的 11.31%上升到 2019 年

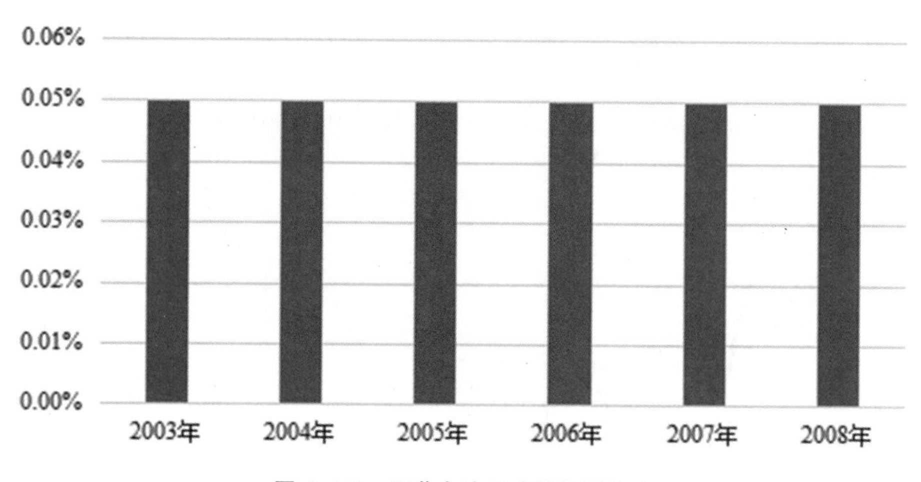

图 6-138　西藏自治区建筑物覆盖率

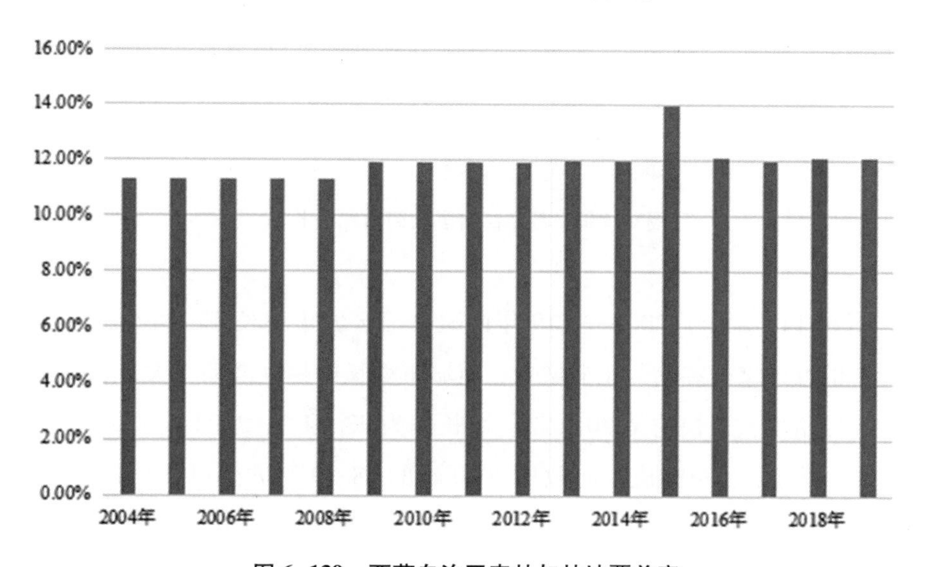

图 6-139　西藏自治区森林与林地覆盖率

的 12.14%。2014—2015 年增长幅度较大，增长至 14.01%，其他年份则较为平缓，没有明显的波动。总体来说，西藏自治区森林与林地覆盖率增长较慢。

图 6-140 统计了 2000—2019 年间西藏自治区人口自然增长率。西藏自

治区的人口是不断增加的，没有负增长的情况。增长率呈现不规则的波动，2019 年的人口自然增长率最低，为 10. 14‰，2002 年的人口自然增长率最高，为 12. 76‰。大部分年份的人口自然增长率在 10‰—12‰之间小幅度的波动。

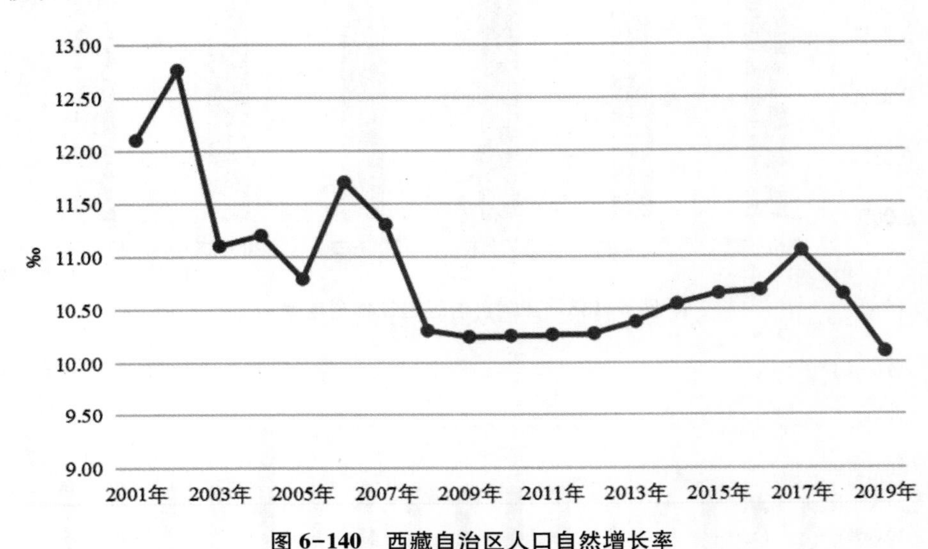

图 6-140　西藏自治区人口自然增长率

图 6-141 统计了 2000—2019 年西藏自治区城市增长率。每个年份西藏自治区的城市增长率均为正向增长，但城市增长的幅度波动很大，且没有规律性。城市增长最快的是 2012 年，增长率为 33. 44%，2002 年和 2004 年城市增长率为 0。城市建成区面积从 2000 年的 68. 99 平方公里增长到 2019 年的 164. 4 平方公里。

图 6-142 统计了 2000—2019 年的西藏自治区居民家庭恩格尔系数。由图可以看出，西藏自治区居民家庭恩格尔系数呈现不规则波动，恩格尔系数最低的年份是 2002 年，为 41. %。最高的年份是 2007—2009 年，为 51%。

图 6-143 统计了 2000—2019 年西藏自治区失业率。2001 年西藏自治区失业率最高，为 7. 1%，2013 年和 2014 年失业率最低，为 2. 47%。整体呈下降趋势。2012 年后失业率稳定在 2. 5%—3%之间。

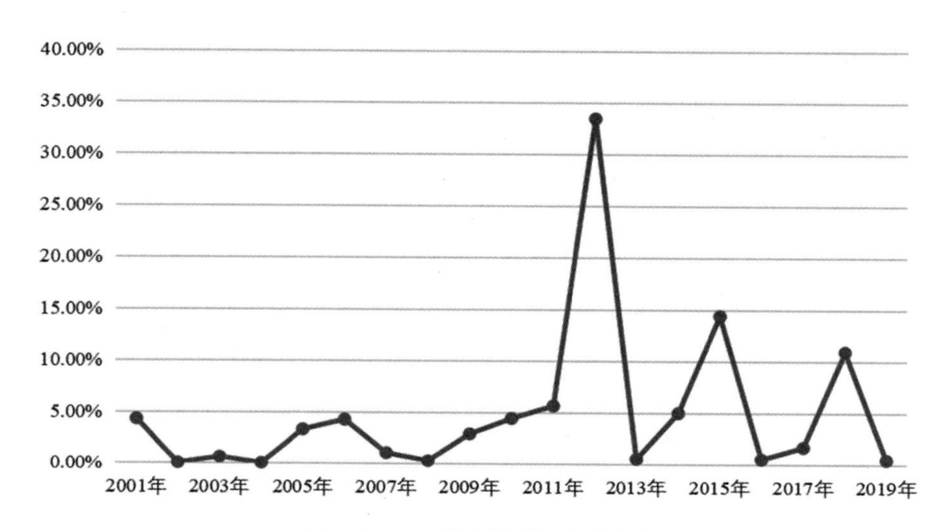

图 6-141　西藏自治区城市增长率

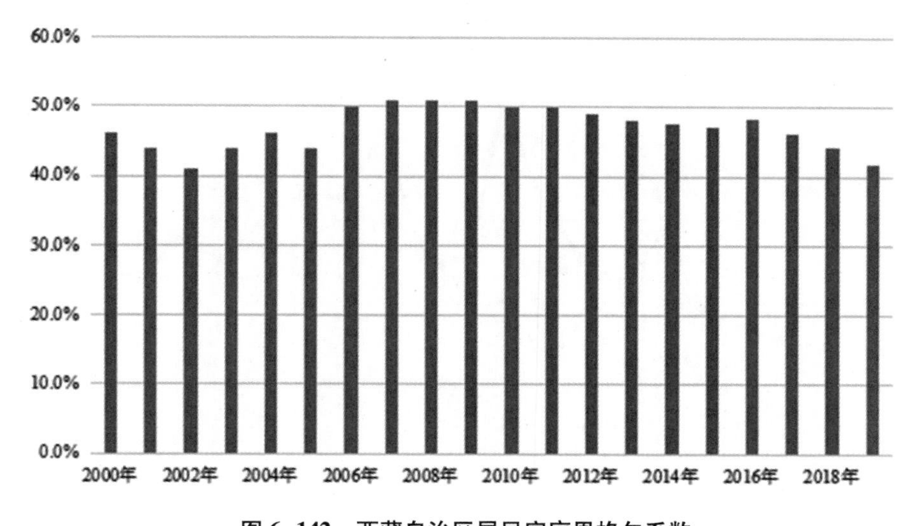

图 6-142　西藏自治区居民家庭恩格尔系数

图 6-144 统计了 2000—2019 年间西藏自治区居民消费价格指数，居民消费价格指数在一定程度上能反映通货膨胀的情况。西藏自治区居民消费价格指数呈现出不规律的波动，其中 2008 年是最高的峰值，2000 年是最低的谷值。

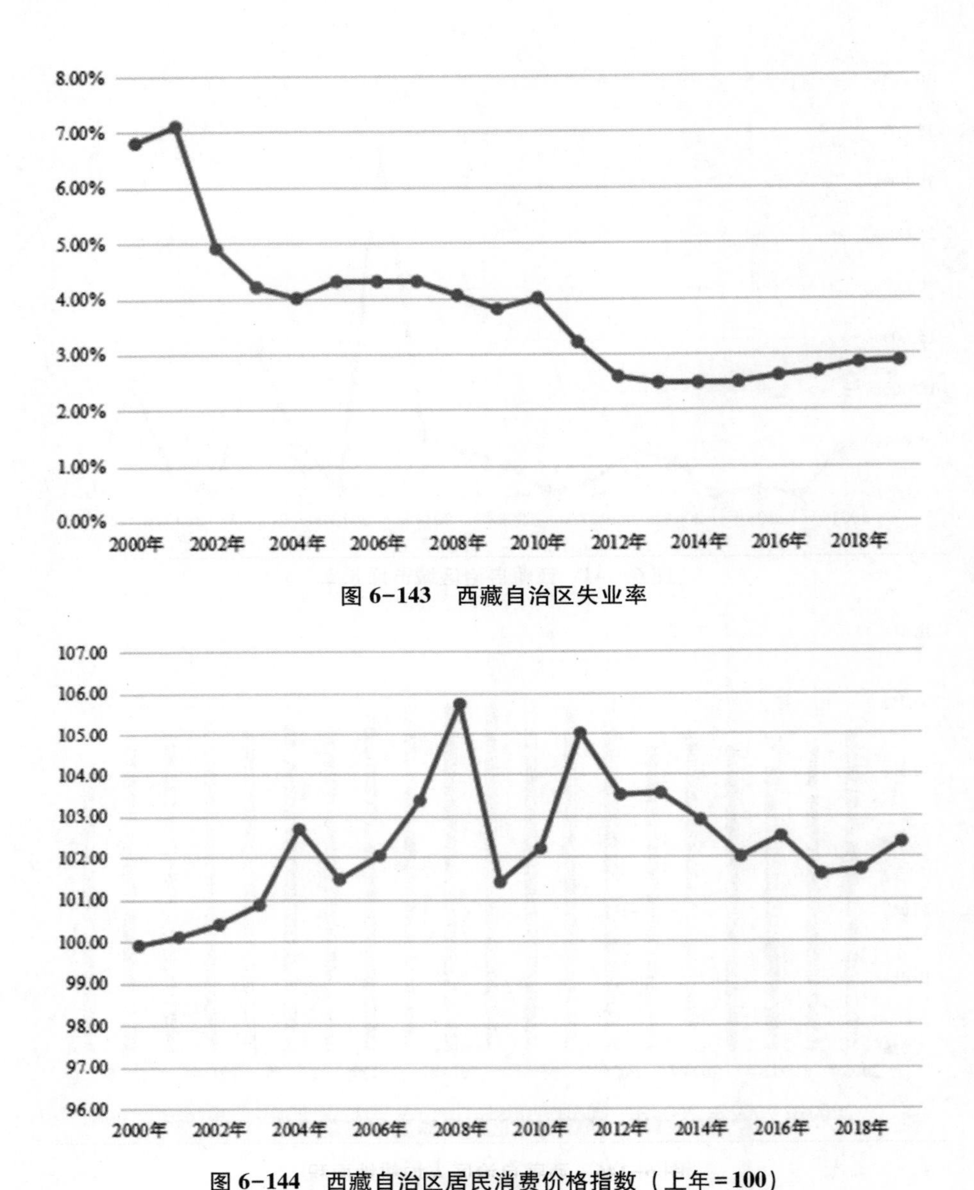

图 6-143　西藏自治区失业率

图 6-144　西藏自治区居民消费价格指数（上年=100）

图 6-145 统计了 2000—2019 年西藏自治区农林牧渔业总产值占 GDP 的比例。由图可以看出，农林牧渔业总产值占 GDP 的比例总体上呈下降的趋势，从 2000 年最高的 43.6%下降到 2019 年最低的 8.14%。

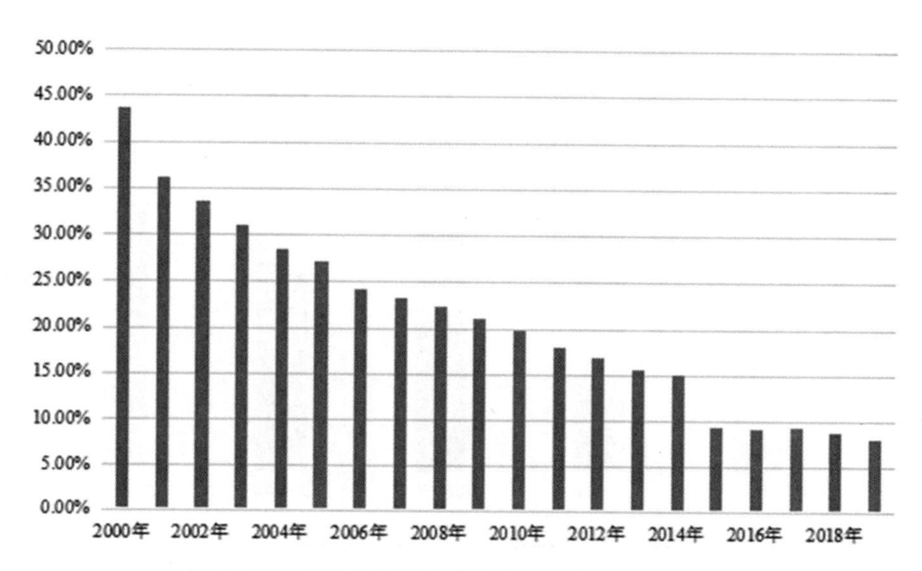

图 6-145　西藏自治区农林牧渔业总产值占 GDP 比例

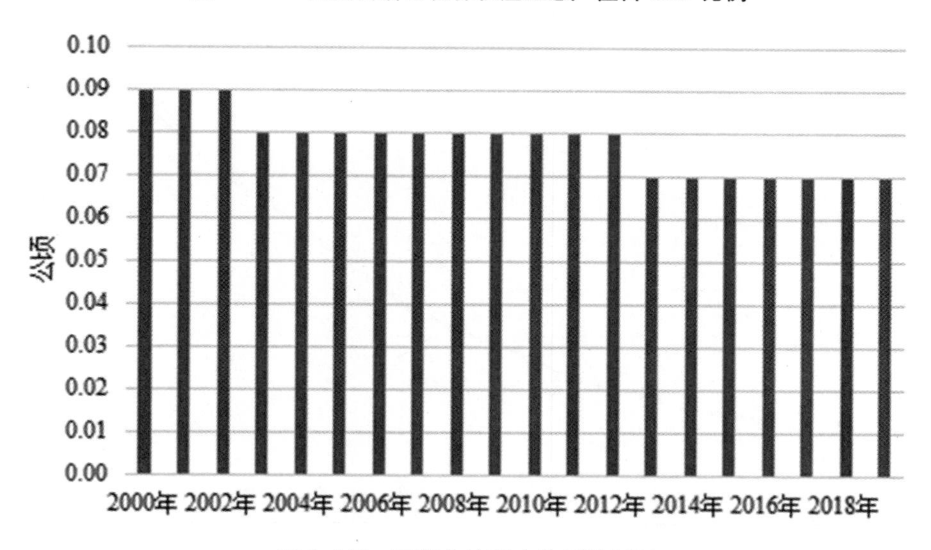

图 6-146　西藏自治区人均耕地面积

图 6-146 统计了 2000—2019 年间西藏自治区人均耕地面积。可以看出，人均耕地面积在 0. 07 公顷至 0. 09 公顷之间上下浮动。

因数据不足，图 6-147 只统计了 2010—2014 年间西藏自治区有害生物

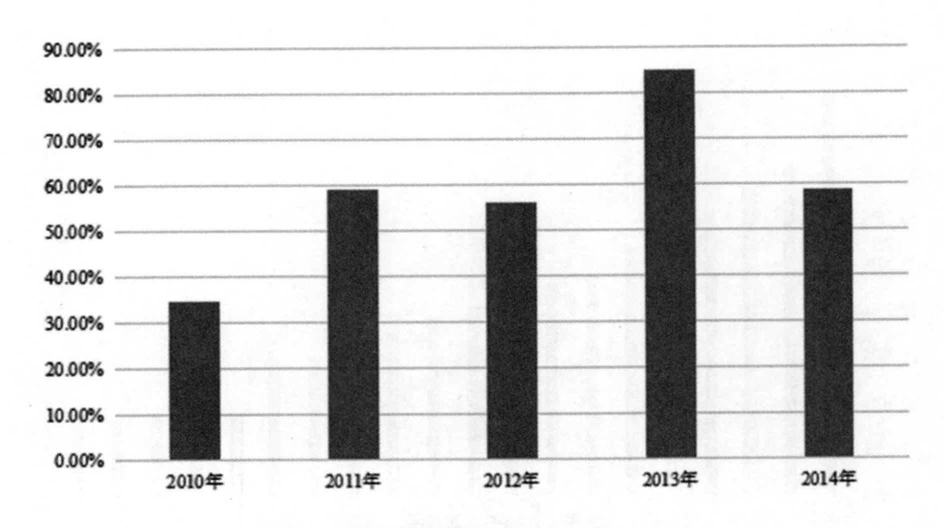

图 6-147　西藏自治区有害生物防治率

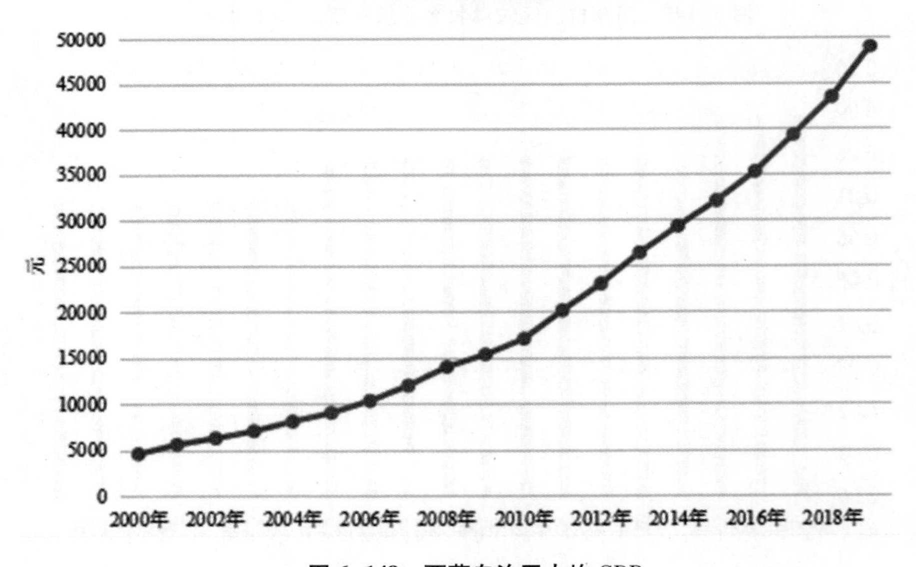

图 6-148　西藏自治区人均 GDP

防治率。可以看出，2013 年西藏自治区的有害生物防治率最高，为 84.94%。2010 年西藏自治区的有害生物防治率最低，为 34.84%。整体波动趋势不规则，大多数年份的有害生物防治率不到 60%。

图 6-148 统计了 2000—2019 年间西藏自治区的人均 GDP。西藏自治区人均 GDP 呈逐年上升的趋势，其中 2012—2019 年上升较快。2000 年的人均 GDP 为 4553 元，到 2019 年，西藏自治区的人均 GDP 上升到了 48902 元，涨幅明显。

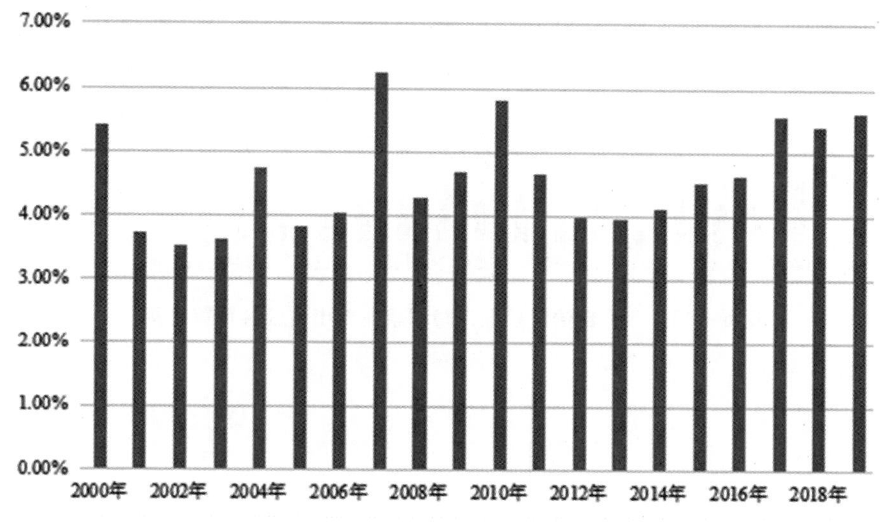

图 6-149　西藏自治区医疗卫生和教育支出占公共预算比例

图 6-149 统计了 2000—2019 年间西藏自治区医疗卫生和教育支出占公共预算比例。西藏自治区投入医疗卫生和教育的经费占公共预算的比例呈不规则的波动。2007 年西藏自治区医疗卫生和教育支出占公共预算比例最高，为 6.23%，2002 年该比例最低，为 3.53%。总的来看，波动并不明显。

图 6-150 统计了 2000—2019 年间西藏自治区社会保障和就业支出占公共预算比例。社会保障和就业支出占公共预算的比例却呈现出不规律的小幅度的波动。2001 年社会保障和就业支出占公共预算的比例最低，仅为 1.42%，2016 年该比例最高，达到 11.37%。

图 6-151 统计了 2000—2019 年间西藏自治区每千人居民拥有医生数。在总体上，西藏自治区每千人居民拥有医生数呈上升趋势，只在 2002 年、

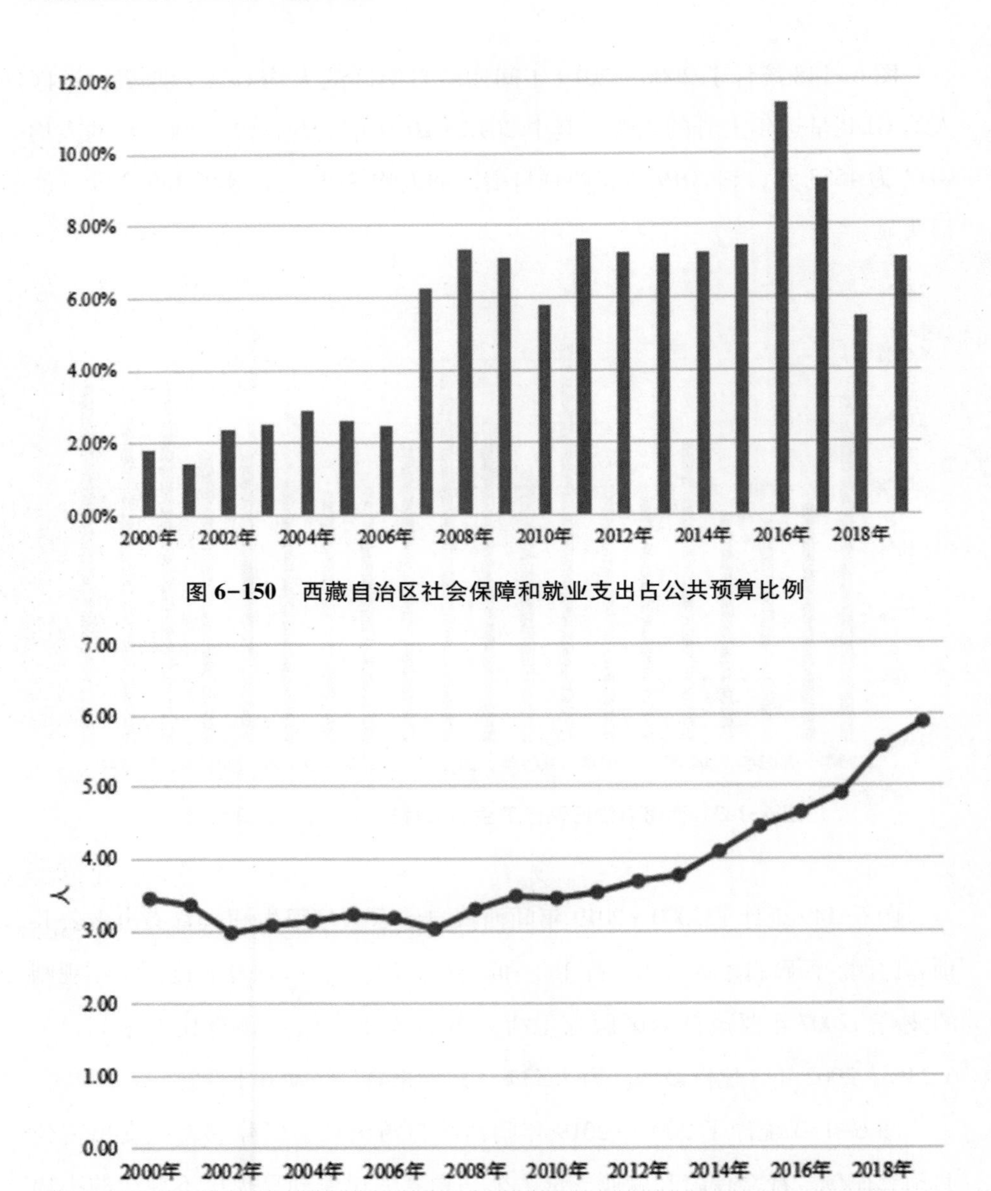

图 6-150　西藏自治区社会保障和就业支出占公共预算比例

图 6-151　西藏自治区每千人居民拥有医生数

2007 年出现了大幅下降的现象。2002 年西藏自治区每千人居民拥有医生数最少，仅为 2. 97 人，2019 年最多，为 5. 89 人。

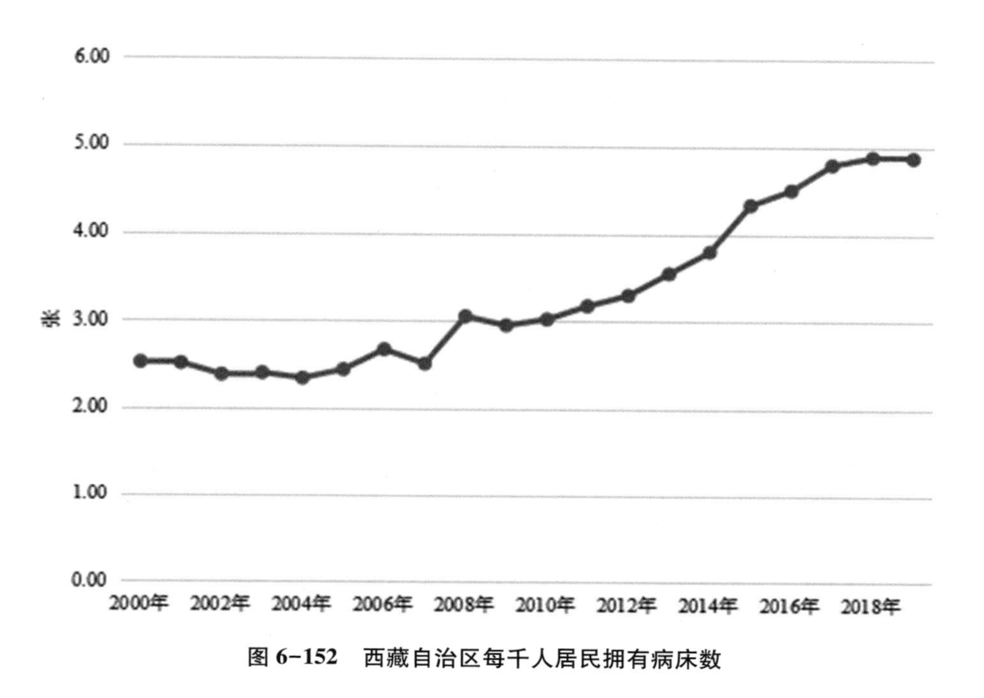

图 6-152　西藏自治区每千人居民拥有病床数

图 6-152 统计了 2000—2019 年间西藏自治区每千人居民拥有病床数。在总体上，西藏自治区每千人居民拥有病床数呈上升趋势。2004 年西藏自治区每千人居民拥有病床数最少，仅为 2. 34 张，2018 年最多，为 4. 88 张。每千人居民拥有的病床数与每千人居民拥有医生数大体是呈正相关的。

八、陕西省巨灾风险评估

陕西省地处我国中部偏西，与 8 个省市接壤，地理位置具有承接东西的战略意义。面积为 20. 6 万平方公里，在我国各省市中排第 11 位。主要位于黄土高原，海拔在 300 米到 2000 米之间。气候自南向北差异显著，从亚热带向温带过渡。夏季雨水集中，洪涝灾害出现的概率较高。男女比例为 1. 07∶1，少数民族散居在全省，人数最多的少数民族是回族。地方生产总值增长速率接近 10%，处于发展比较迅速的行列。

表 6-15　陕西省相关指标数值

年份	2000	2001	2002	2003	2004	2005	2006	2007	2008	2009	2010	2011	2012	2013	2014	2015	2016	2017	2018	2019
B_2 自然灾害发生频率(次/万平方公里)	/	/	/	203.25	7.43	16.31	2.77	16.94	18.20	13.54	62.18	38.45	14.90	25.83	22.04	/	/	/	/	/
B_4 年均因灾死亡率(‰)	/	/	/	/	0.0008	0.0021	0.0012	0.0044	0.0046	0.0011	0.0055	0.0023	0.0015	0.0024	0.0010	0.0027	0.0007	0.0018	0.0003	0.0013
B_5 年均因灾经济损失(亿元)	/	/	/	14.30	0.70	0.90	0.60	0.70	0.80	0.70	9.90	2.50	1.10	1.30	1.29	40.40	79.51	162.93	64.00	60.40
C_1 人口密度(人/平方公里)	176.89	177.33	177.77	178.25	178.69	179.13	179.56	180.00	180.49	180.92	181.31	181.70	182.18	182.72	183.25	184.13	185.10	186.17	187.57	188.16
C_2 城镇化率(%)	32.27	33.62	34.63	35.54	36.35	37.24	39.12	40.61	42.09	43.49	45.70	47.29	50.01	51.30	52.58	53.92	55.34	56.79	58.13	59.44
C_3 建筑物覆盖率(%)	/	/	/	3.83	3.86	3.88	3.91	3.93	3.97	/	/	/	/	/	/	/	/	/	/	/
C_4 生活垃圾无害化处理率(%)	/	/	/	38.53	36.49	39.78	44.48	52.43	68.52	69.16	79.84	90.27	97.23	96.44	95.78	98.02	98.53	98.96	99.07	99.71
C_5 森林与林地覆盖率(%)	/	28.74	30.90	28.74	32.55	32.55	32.55	32.55	32.55	37.26	37.26	41.40	37.26	41.42	41.42	43.06	43.06	43.06	43.06	43.06
C_6 年均人口自然增长率(‰)	/	4.16	4.12	4.29	4.26	4.01	4.04	4.05	4.08	4.00	3.72	3.69	3.88	3.86	3.87	3.82	4.41	4.87	4.43	4.27
C_7 年均城市增长率(%)	1.25	-1.94	2.31	6.42	6.49	3.77	11.91	3.93	0.99	3.92	10.63	6.66	6.74	5.97	5.74	10.93	5.03	14.17	5.31	0.15
D_{1a} 城镇居民家庭恩格尔系数(%)	35.82	34.27	34.10	34.60	35.90	36.10	39.00	36.40	36.70	37.30	37.06	30.00	36.20	36.40	27.40	27.90	26.00	28.40	27.00	27.10

续表

年份	2000	2001	2002	2003	2004	2005	2006	2007	2008	2009	2010	2011	2012	2013	2014	2015	2016	2017	2018	2019
D_{1b}农村居民家庭恩格尔系数(%)	43.47	41.91	37.90	39.30	42.40	42.90	39.00	36.80	37.40	35.10	34.25	30.00	29.72	31.80	29.10	27.80	26.90	26.00	25.60	25.90
D_2失业率(%)	2.70	3.20	3.30	3.70	3.80	4.18	4.03	4.02	3.91	3.94	3.85	3.59	3.22	3.32	3.41	3.36	3.30	3.28	3.21	3.23
D_3居民消费价格指数(上年=100)	99.50	101.00	98.90	101.70	103.10	101.20	101.50	105.10	106.40	100.50	104.00	105.70	102.80	103.00	101.60	101.00	101.30	101.60	102.10	102.90
D_4农林牧渔业占 GDP 比例	25.77	23.82	22.59	19.76	20.73	19.14	17.88	17.65	17.80	16.75	16.95	16.95	16.33	16.16	15.79	15.76	15.72	14.33	13.53	13.71
D_5人均耕地面积(公顷)	0.09	0.08	0.08	0.08	0.08	0.08	0.08	0.08	0.08	0.08	0.08	0.08	0.08	0.08	0.08	0.08	0.08	0.08	0.08	0.08
D_6有害生物防治率(%)	/	/	/	68.00	45.00	34.62	35.92	66.39	64.35	64.68	67.75	60.02	68.75	70.75	79.70	77.00	68.70	79.60	90.00	/
D_7公共安全支出占公共预算比例(%)	/	/	/	/	/	/	/	6.09	5.35	5.13	5.03	4.37	4.48	4.28	4.07	4.27	4.92	5.00	5.08	5.00
E_1人均 GDP(元)	4968	5511	6161	7057	8545	10357	12439	15342	19331	21485	26388	32562	37733	42318	46167	47301	50081	56154	62195	66649
E_2医疗卫生和教育支出占公共预算比例(%)	17.20	18.23	18.64	19.86	17.90	18.94	18.99	22.24	24.03	23.72	24.09	24.81	27.85	29.12	25.42	25.76	26.41	25.79	25.02	24.79
E_3社会保障和就业支出占公共预算比例(%)	9.20	8.97	10.00	9.89	9.73	11.98	8.41	15.09	17.19	15.59	14.22	12.47	12.67	13.58	13.66	14.44	14.93	14.86	14.97	14.93
E_4每千人居民拥有医生数(人)	1.76	1.81	1.62	1.64	1.62	1.63	1.64	1.60	1.56	1.64	1.68	1.76	1.85	1.98	2.03	2.10	2.25	2.43	2.56	2.80
E_5每千人居民拥有病床数(张)	2.66	2.71	2.73	2.80	2.80	2.89	3.01	3.18	3.37	3.61	3.81	4.11	4.51	4.92	5.28	5.59	5.91	6.29	6.57	6.86

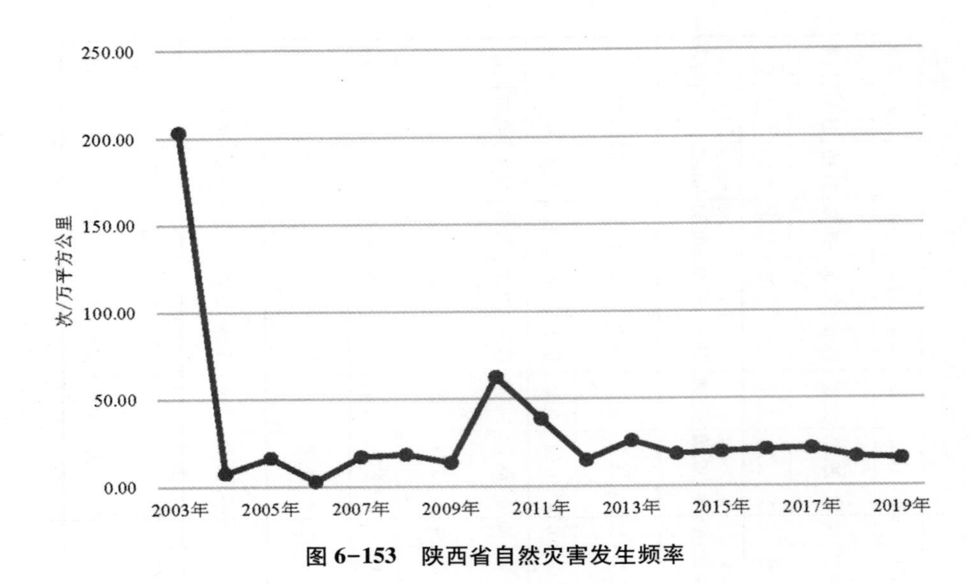

图 6-153　陕西省自然灾害发生频率

因数据不足，图 6-153 只统计了 2003—2019 年陕西省自然灾害发生频数。可以看出，2006 年自然灾害发生频率最低，为 2.77 次/万平方公里。因每个省面积不同，因此选用自然灾害发生频率来作为指标，计算出每万平方公里内自然灾害发生的次数。由上图可以看出，陕西省自然灾害发生频率没有明显的规律。

因数据不足，图 6-154 只统计了 2004—2019 年陕西省年均因灾死亡率。可以看出，陕西省年均因灾死亡率最高是 2010 年，达到 0.0055‰，2018 年的年均因灾死亡率最低，为 0.0003‰。总体来看，陕西省的年均因灾死亡率波动较大。

因数据不足，图 6-155 只统计了 2003—2019 年间陕西省因灾经济损失情况。可以看出，2003—2014 年，陕西省因灾经济损失较小，呈现小幅度的波动。2014 年后急剧上升，2017 年的因灾经济损失最大，达到 162.93 亿元，此后又呈现下降趋势。总体来看，陕西省因灾经济损失呈现不规则的波动，各年之间很不平稳。

图 6-156 统计了 2000—2019 年陕西省人口密度。由图可以直观地看出，

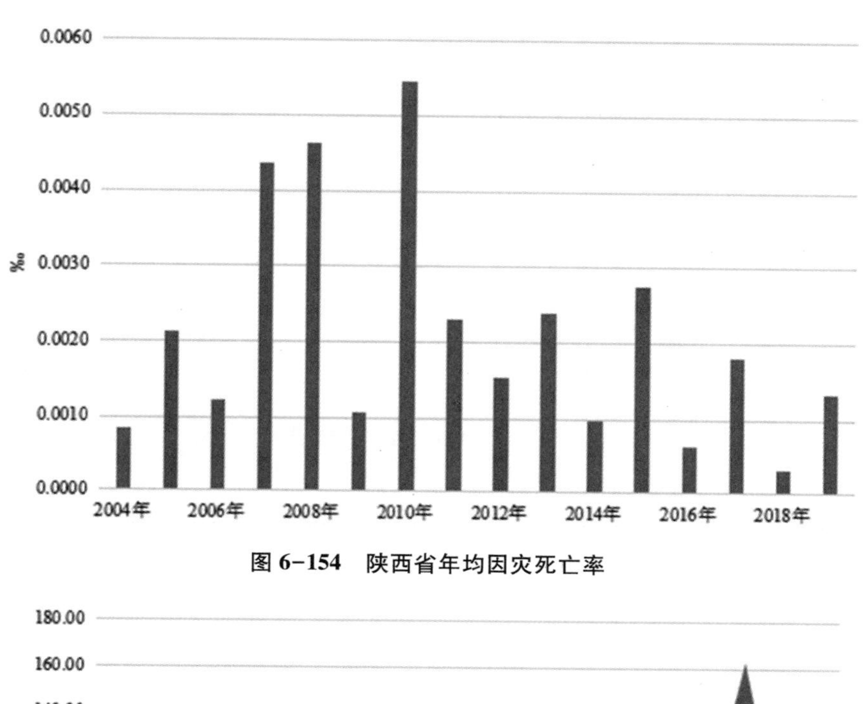

图 6-154　陕西省年均因灾死亡率

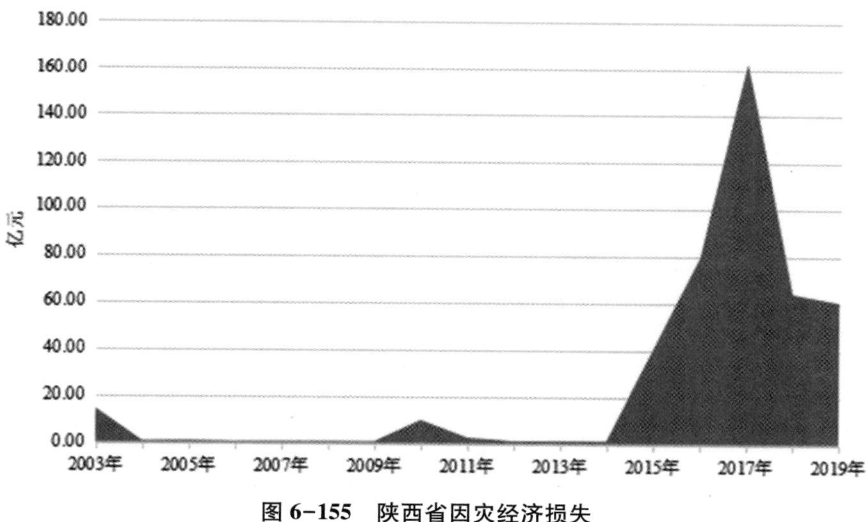

图 6-155　陕西省因灾经济损失

陕西省人口密度呈逐年的上升趋势，人口密度由 2000 年的 176.89 人/平方公里增加至 2019 年的 188.16 人/平方公里。

图 6-157 统计了陕西省 2000—2019 年的城镇化率。随着城镇化的发展，陕西省城镇化率亦是逐年增长。2000 年的城镇化率为 32.27%，2012 年的城

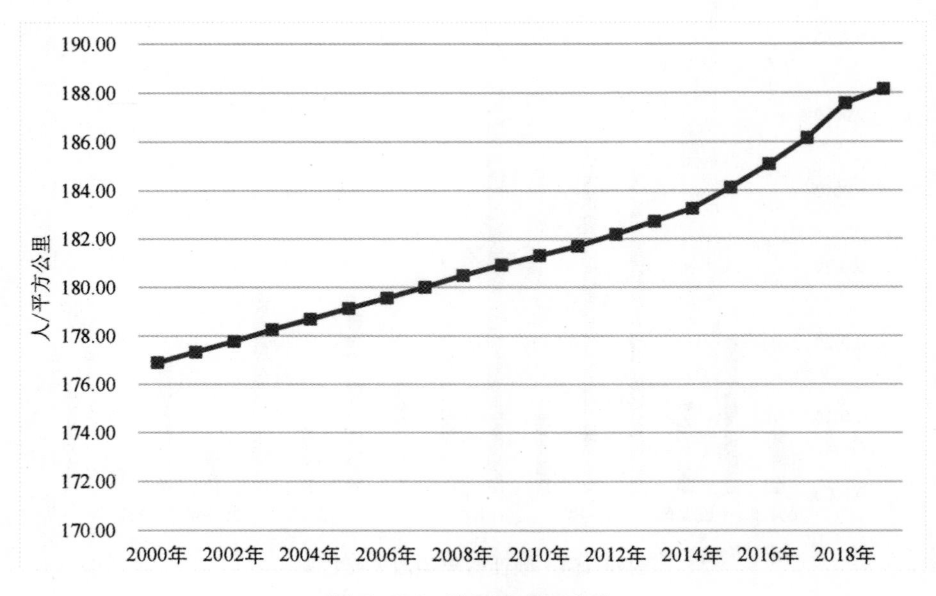

图 6-156　陕西省人口密度

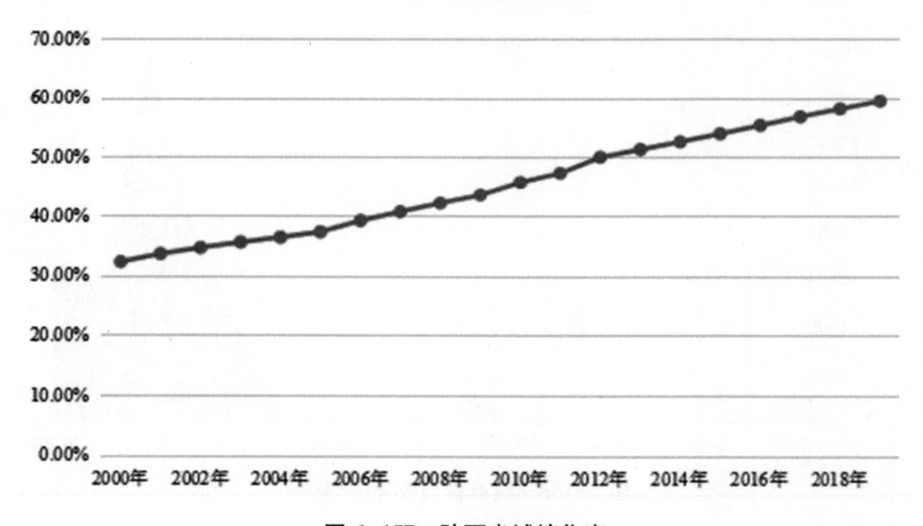

图 6-157　陕西省城镇化率

镇化率第一次突破 50%，为 50.01%，到 2019 年时，城镇化率达到 59.44%。陕西城镇化率的增长趋势较为平缓，每年增加的幅度都不高，但一直呈现增长的趋势。

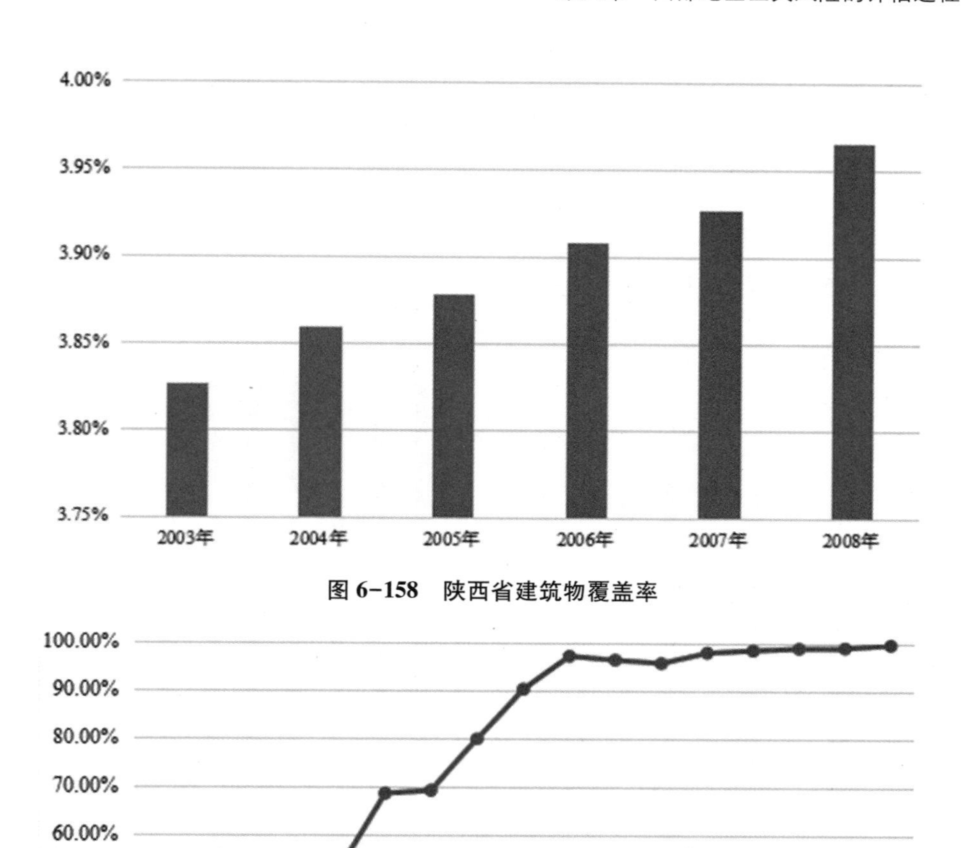

图 6-158　陕西省建筑物覆盖率

图 6-159　陕西省生活垃圾无害化处理率

因数据不足，图 6-158 只统计了 2003—2008 年陕西省建筑物覆盖率。总体上是呈上升趋势的，2003 年陕西省建筑物覆盖率最低，为 3.83%，到 2008 年建筑物覆盖率增加到 3.97%。建筑物覆盖率的变化幅度是缓慢的，但一直保持稳定增长。

因数据不足，图 6-159 只统计了 2003—2019 年陕西省的生活垃圾无害化处理率。生活垃圾无害化处理率呈现上升的趋势，2004 年的最低，为 36.49%，2019 年的最高，为 99.71%。其中 2013 年和 2014 年均有小幅度的下降。2015 年以后，上升幅度逐渐趋缓。

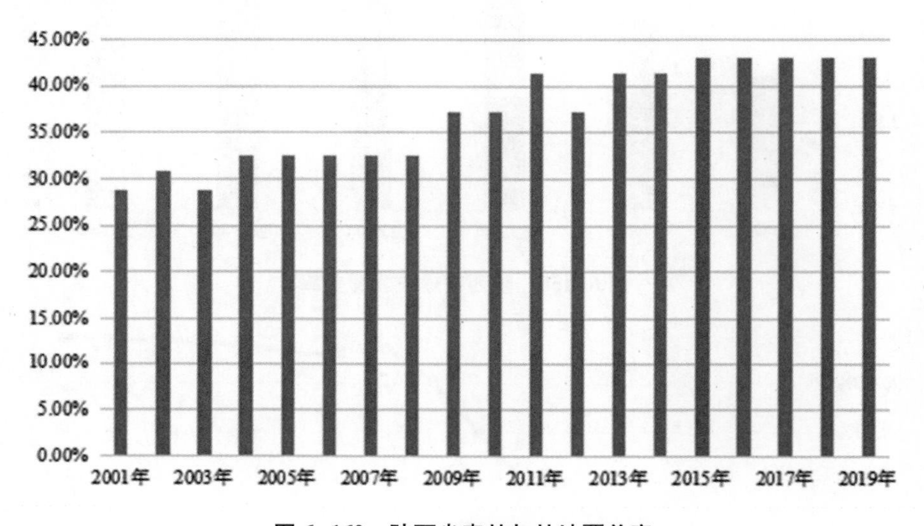

图 6-160　陕西省森林与林地覆盖率

因数据不足，图 6-160 只统计了 2001—2019 年陕西省森林与林地覆盖率。总体上呈现上升的趋势，从 2001 年的 28.74% 上升到 2019 年的 43.06%。2003—2004 年、2008—2009 年以及 2012—2013 年的增长幅度较大，其他年份增长则较为平缓，没有明显的波动。

因数据不足，图 6-161 只统计了 2001—2019 年间陕西省人口自然增长率。陕西省的人口是不断增加的，没有负增长的情况。增长率呈现不规则的波动，2011 年的人口自然增长率最低，为 3.69‰，2017 年的人口自然增长率最高，为 4.87‰。大部分年份的人口自然增长率保持在 4‰左右小幅度的波动。

图 6-162 统计了 2000—2019 年陕西省城市增长率。其中 2001 年的城市

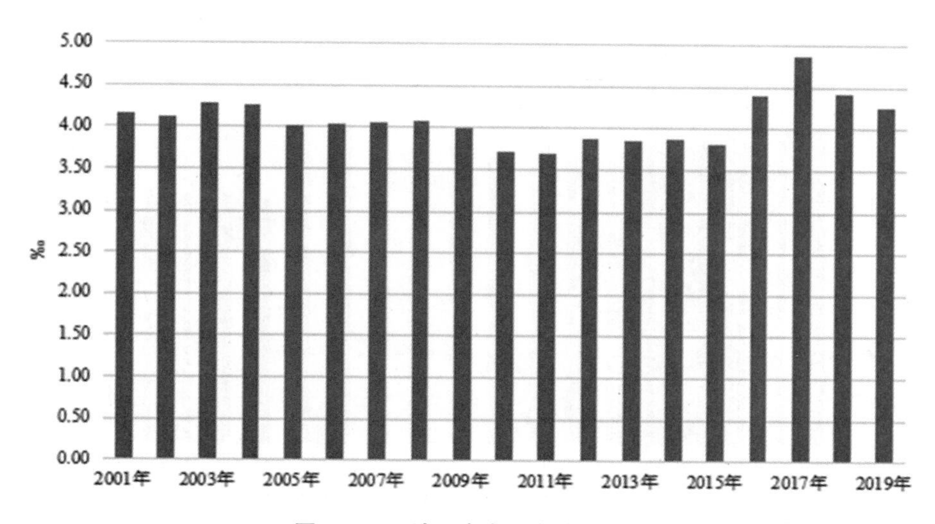

图 6-161　陕西省人口自然增长率

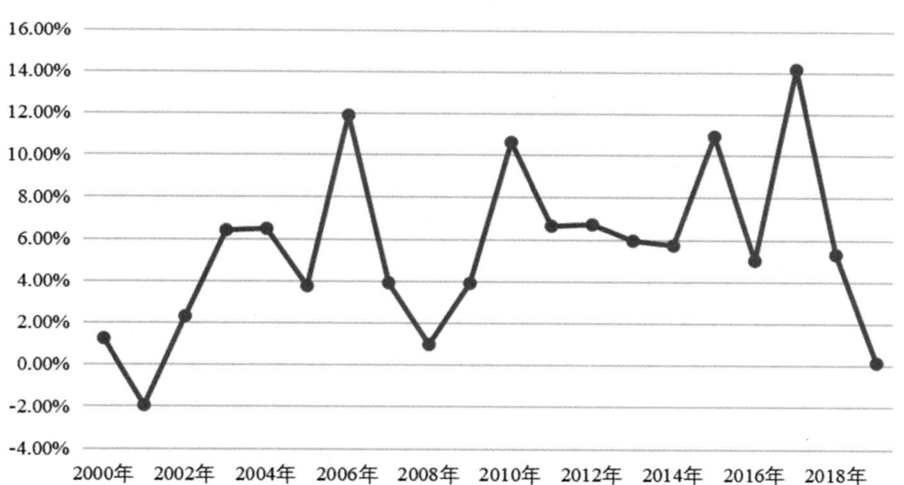

图 6-162　陕西省城市增长率

增长率为负，其余年份为正。城市增长率的波动幅度很大，且没有规律性。增长最快的是 2017 年，增长率为 14. 17%，2001 年城市增长率为-1. 94%。城市建成区面积从 2000 年的 476. 13 平方公里增长到 2019 年的 1357. 51 平方公里。

图 6-163 统计了 2000—2019 年陕西省城镇居民家庭恩格尔系数和农村

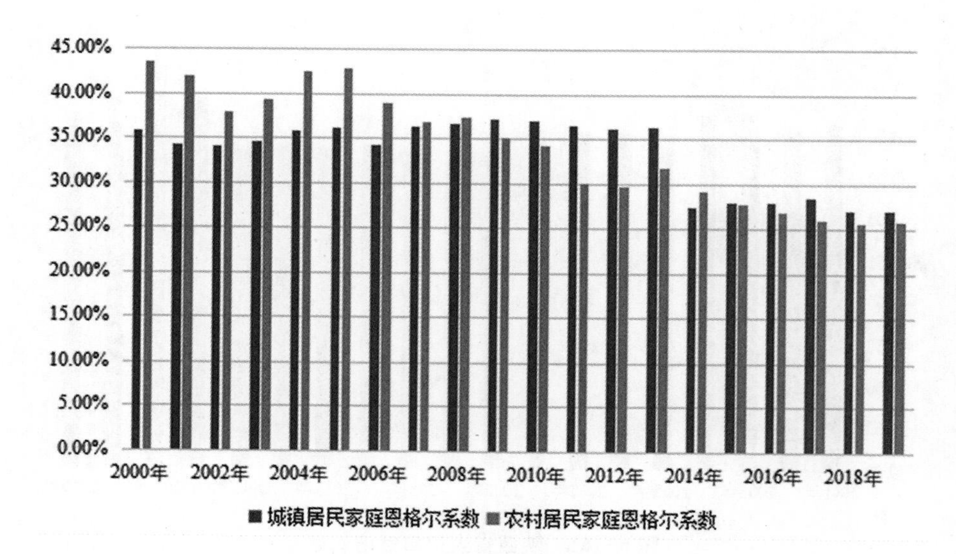

图 6-163　陕西省居民家庭恩格尔系数

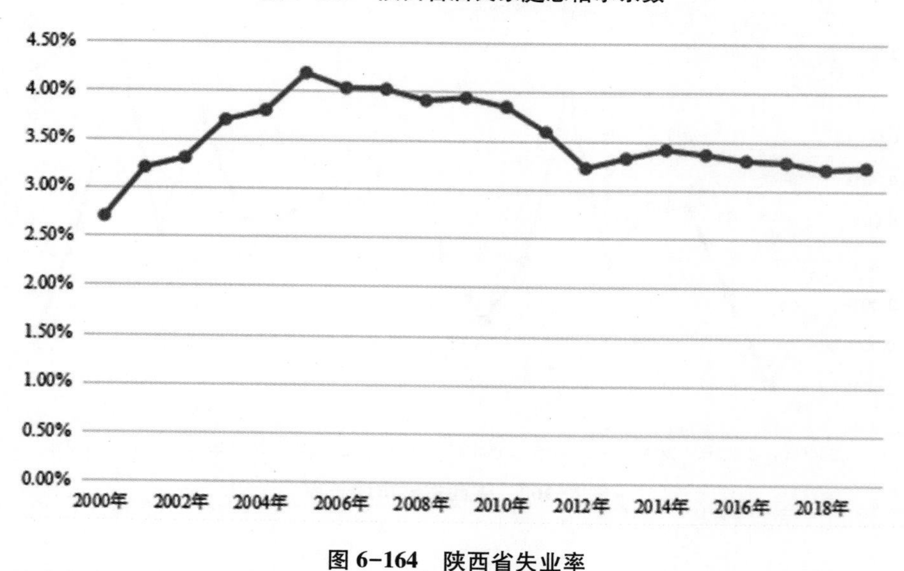

图 6-164　陕西省失业率

居民家庭恩格尔系数。2000—2008 年和 2014 年城镇居民家庭恩格尔系数均低于农村居民家庭恩格尔系数，其余年份城镇居民家庭恩格尔系数都高于农村居民家庭恩格尔系数，且这种差距先出现逐年增大的趋势，后又逐渐缩小。

图 6-164 统计了 2000—2019 年陕西省失业率。2005 年陕西省失业率最高，为 4. 18%，2000 年的失业率最低，为 2. 7%。整体的趋势是先上升，再下降，2012 年有小幅度的波动。

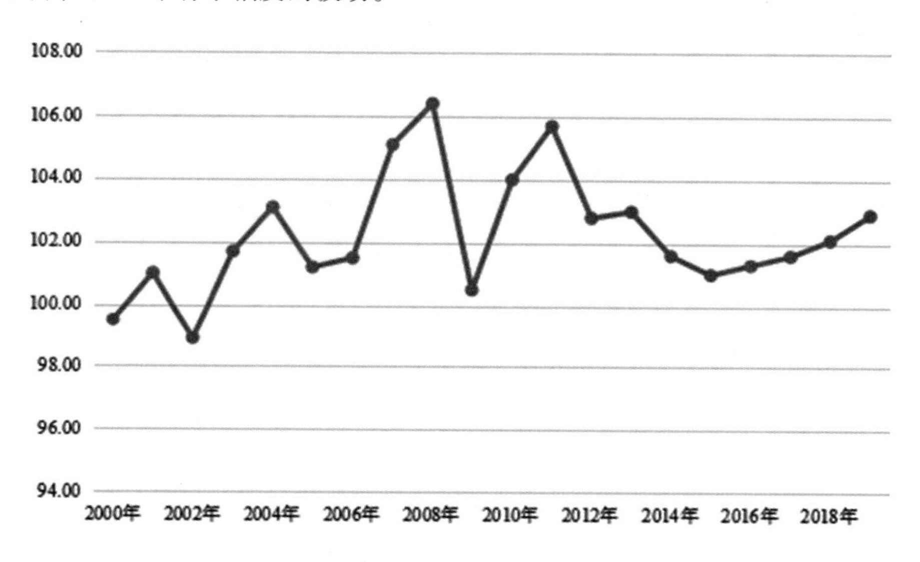

图 6-165　陕西省居民消费价格指数（上年=100）

图 6-165 统计了 2000—2019 年间陕西省居民的消费价格指数，居民消费价格指数在一定程度上能反映通货膨胀的情况。陕西省居民消费价格指数呈现出不规律的波动，其中 2008 年达到峰值，为 106. 4，2002 年是最低谷，为 98. 9，2012—2013 年的波动最平缓，其他年份之间的波动相对较大。

图 6-166 统计了 2000—2019 年陕西省农林牧渔业总产值占 GDP 的比例。由图可以看出，农林牧渔业总产值占 GDP 的比例总体上呈下降的趋势，从 2000 年最高的 25. 77%下降到 2019 年的 13. 71%。

图 6-167 统计了 2000—2019 年间陕西省人均耕地面积。人均耕地面积在 0. 08 公顷上下浮动，整体上呈现出先下降后又持平的趋势。

因数据不足，图 6-168 只统计了 2003—2018 年间陕西省有害生物防治率。从图可以看出，2018 年陕西省有害生物防治率最高，为 90%，2005 年

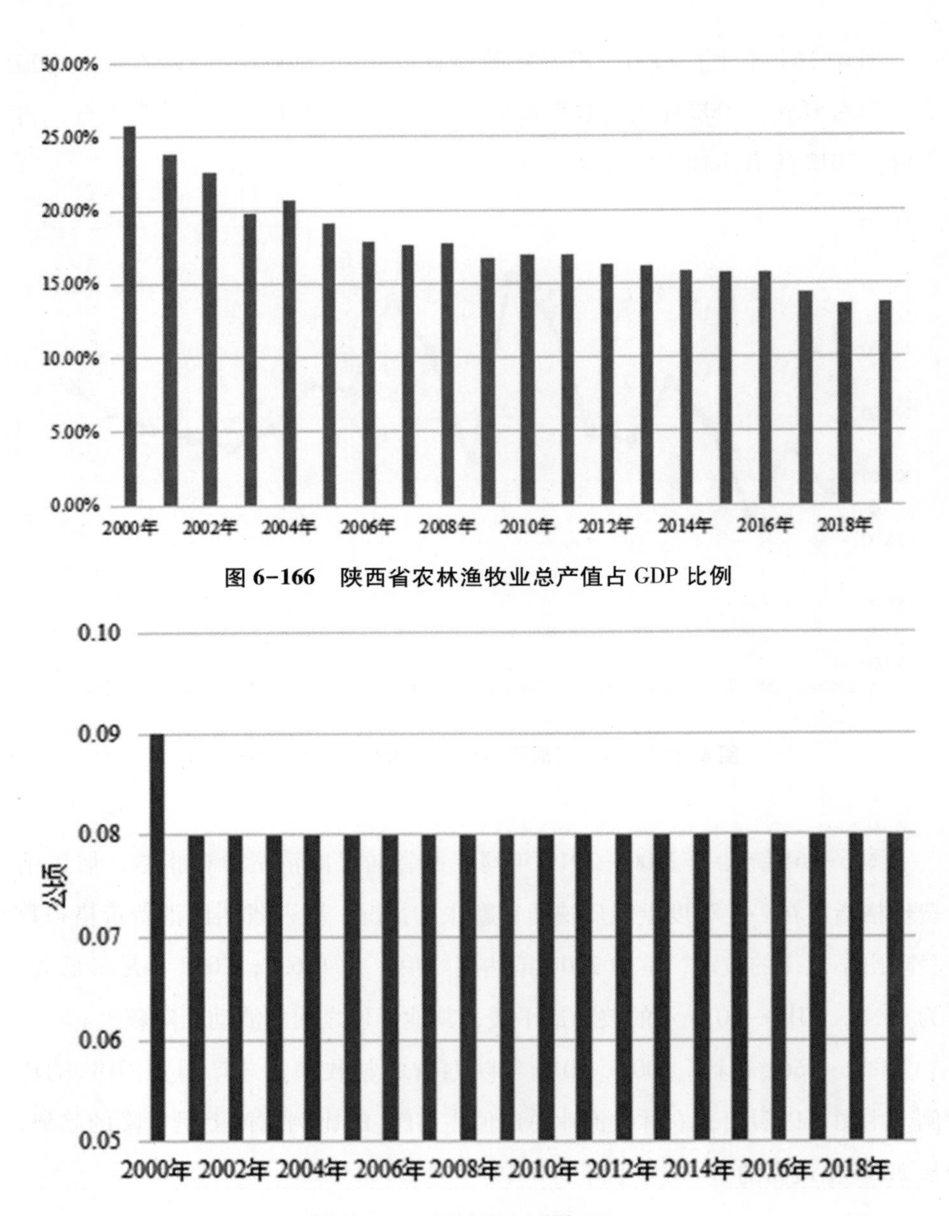

图 6-166　陕西省农林渔牧业总产值占 GDP 比例

图 6-167　陕西省人均耕地面积

陕西省有害生物防治率最低，为 34. 62%。整体波动趋势不规则，大多数年份的有害生物防治率不到 70%。

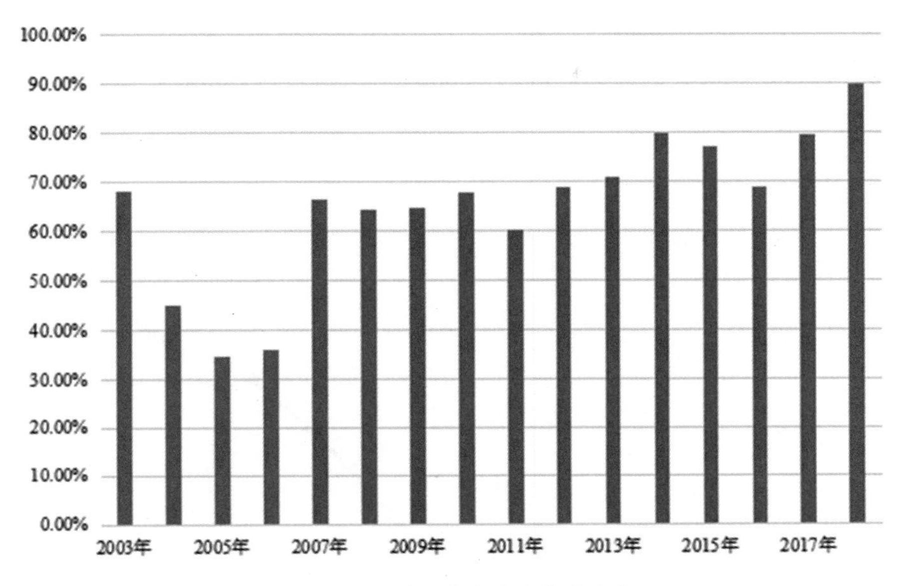

图 6-168　陕西省有害生物防治率

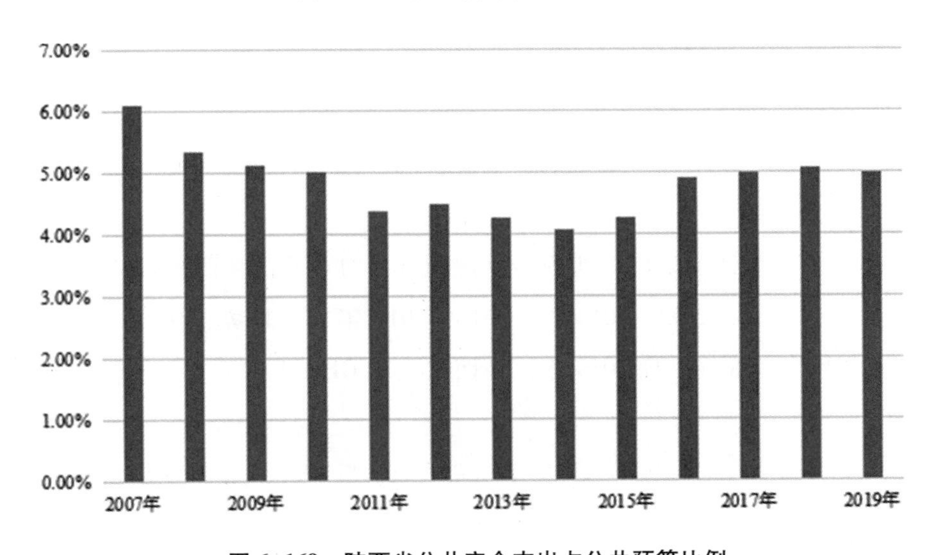

图 6-169　陕西省公共安全支出占公共预算比例

因数据不足，图 6-169 只统计了 2007—2019 年间陕西省公共安全支出占公共预算的比例，公共安全支出占公共预算的比例在一定程度上能反映该地区对社会风险的治理情况。陕西省公共安全支出占公共预算的比例呈现出下降后回升的趋势。其中，2007 年占比最高，达到 6.09%，2014 年占比最低，为 4.07%。

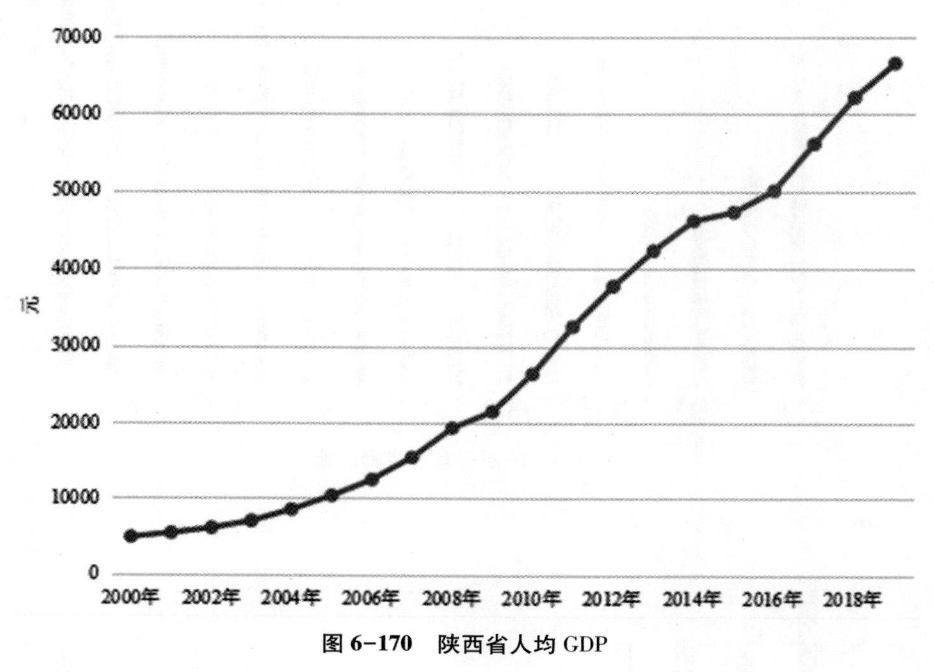

图 6-170　陕西省人均 GDP

图 6-170 统计了 2000—2019 年间陕西省人均 GDP。陕西省人均 GDP 呈逐年上升的趋势，2009—2014 年、2016—2018 年上升趋势较快。2000 年的人均 GDP 为 4968 元，到 2019 年，陕西省人均 GDP 上升到了 66649 元，涨幅明显。

图 6-171 统计了 2000—2019 年间陕西省医疗卫生和教育支出占公共预算比例。陕西省投入到医疗卫生和教育的经费占公共预算的比例呈不规则的波动。2013 年陕西省医疗卫生和教育支出占公共预算比例最高，为 29.12%，2000 年该比例最低，为 17.2%。总的来看，波动并不明显。

图 6-172 统计了 2000—2019 年间陕西省社会保障和就业支出占公共预算比例。社会保障和就业支出占公共预算的比例呈现出波动的趋势。2006 年

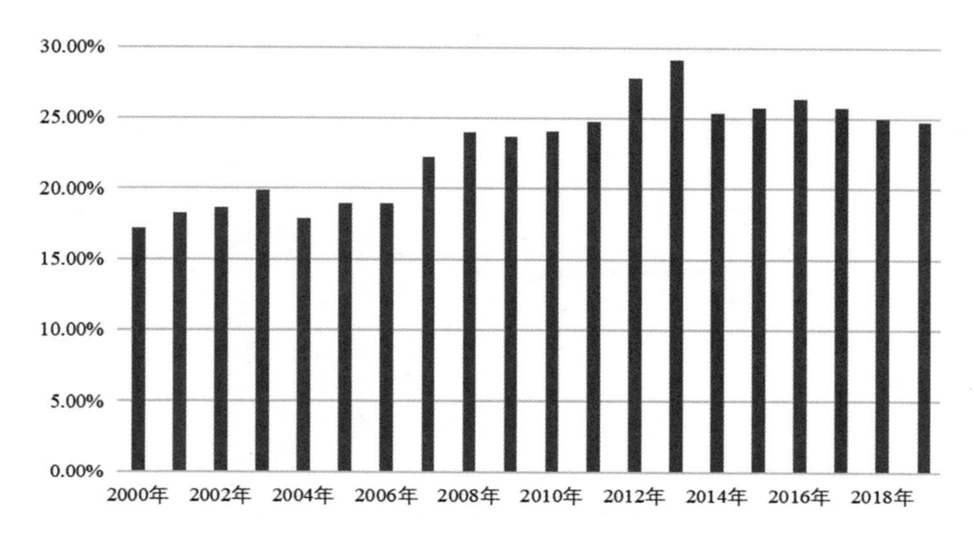

图 6-171　陕西省医疗卫生和教育支出占公共预算比例

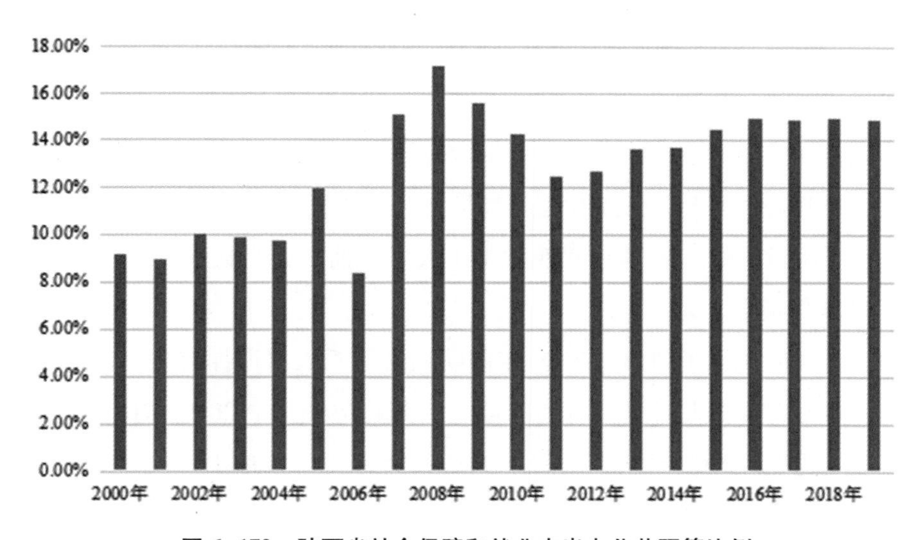

图 6-172　陕西省社会保障和就业支出占公共预算比例

社会保障和就业支出占公共预算的比例最低，仅为 8. 41%，2008 年该比例最高，达到 17. 19%。2009—2010 开始下降，从 2011 年以后，该比例在下降的基础上呈现逐年上升的趋势。

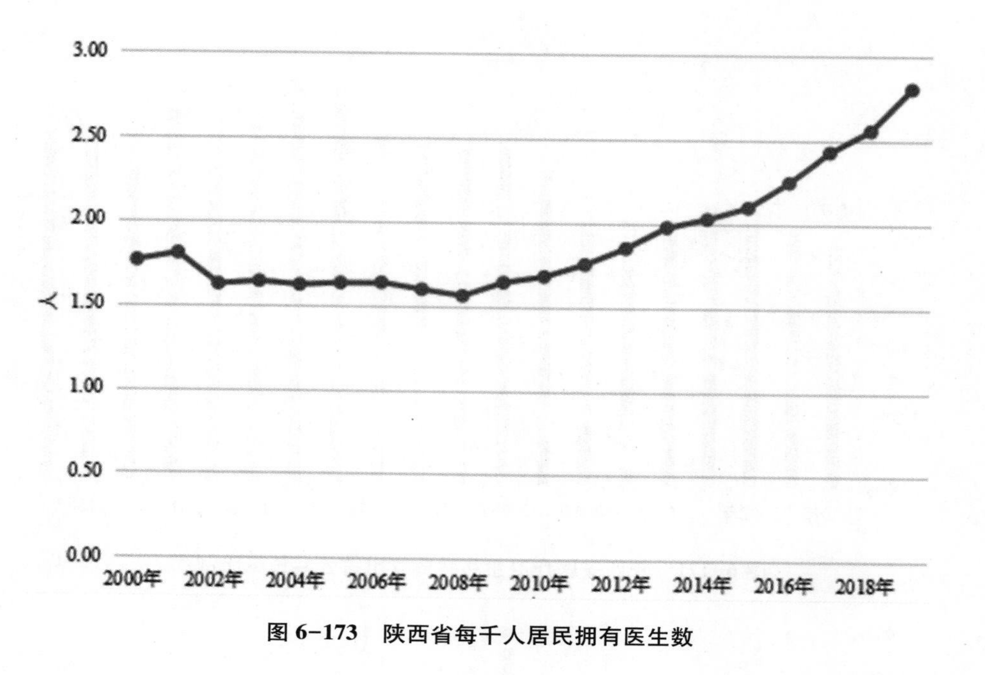

图 6-173　陕西省每千人居民拥有医生数

图 6-173 统计了 2000—2019 年间陕西省每千人居民拥有医生数。在总体上，陕西省每千人居民拥有医生数呈上升趋势，2002 年、2007 年和 2008 年出现了明显下降。2008 年陕西省每千人居民拥有医生数最少，仅为 1. 56 人，2019 年最多，为 2. 8 人。

图 6-174 统计了 2000—2019 年间陕西省每千人居民拥有病床数。在总体上，陕西省每千人居民拥有病床数呈上升趋势，其中 2009—2019 年上升趋势较为明显。2000 年陕西省每千人居民拥有病床数最少，仅为 2. 66 张，2019 年最多，为 6. 86 张。每千人居民拥有的病床数与每千人居民拥有医生数大体是呈正相关的。

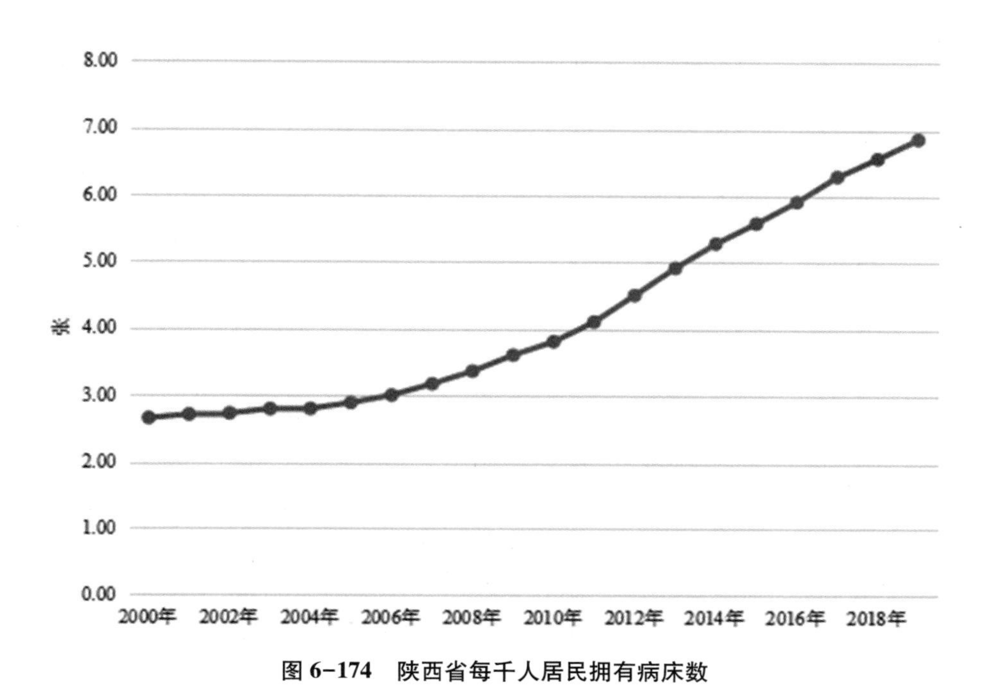

图 6-174　陕西省每千人居民拥有病床数

九、甘肃省巨灾风险评估

甘肃省地处我国西部，面积为 45.4 万平方公里，在我国各省级行政区中排第 7 位。位于黄河中上游流域，地貌复杂多样，山地、平原、盆地等地形均有分布，土地利用率较低。地形狭长，东西跨度大，处于第二级阶梯。因其居于大陆腹地，全省气候以大陆性气候为主，干燥少雨，昼夜温差大。城乡人口比例为 0.94∶1，但城市人口在不断增加；男女比例为 1.04∶1。甘肃省少数民族人口占全省的 8.7%，以回族居多。地方生产总值增长率近几年均超过 10%，发展迅速。

表 6-16　甘肃省相关指标数值

年份	2000	2001	2002	2003	2004	2005	2006	2007	2008	2009	2010	2011	2012	2013	2014	2015	2016	2017	2018	2019
B_2 自然灾害发生频率(次/万平方公里)	/	/	/	3.15	0.97	0.33	3.44	2.25	182.10	4.19	6.94	2.71	3.44	85.45	85.54	/	/	/	/	/
B_4 年均因灾死亡率(‰)	/	/	/	/	0.0019	0.0013	0.0025	0.0016	0.0155	0.0019	0.0625	0.0008	0.0049	0.0064	0.0003	0.0001	0.0003	0.0008	0.0028	/
B_5 年均因灾经济损失(亿元)	/	/	/	/	39.70	8.80	61.50	41.90	625.38	92.18	222.70	79.00	134.00	542.70	74.60	61.60	91.30	105.10	249.90	57.43
C_1 人口密度(人/平方公里)	55.43	55.61	55.79	55.92	56.01	56.09	56.14	56.16	56.23	56.31	56.42	56.51	56.82	56.91	57.11	57.31	57.53	57.88	58.12	58.34
C_2 城镇化率(%)	24.01	24.51	25.96	27.38	28.61	30.02	31.09	32.25	33.56	34.89	36.12	37.15	38.75	40.13	41.68	43.19	44.69	46.39	47.69	48.49
C_3 建筑物覆盖率(%)	/	/	/	2.12	2.13	2.13	2.14	2.14	2.15	/	/	/	/	/	/	/	/	/	/	/
C_4 生活垃圾无害化处理率(%)	/	/	/	35.05	38.71	17.23	18.28	26.32	32.28	32.37	37.95	41.70	41.68	42.30	62.60	64.24	72.76	98.40	99.76	100.00
C_5 森林与林地覆盖率(%)	/	/	/	4.83	6.66	6.66	6.66	6.66	6.66	10.42	10.42	10.42	10.42	11.28	11.28	11.86	11.28	11.28	11.33	11.33
C_6 年均人口自然增长率(‰)	7.97	7.15	6.71	6.12	5.91	6.02	6.24	6.49	6.54	6.61	6.03	6.05	6.06	6.08	6.10	6.21	6.00	6.02	4.42	3.85
C_7 年均城市增长率(%)	-2.52	3.81	13.58	0.68	3.60	2.40	3.23	5.59	5.10	3.91	4.80	3.63	3.96	6.60	7.19	7.06	4.32	-0.11	2.53	-1.68
D_{1a} 城镇居民家庭恩格尔系数(%)	37.20	36.43	34.12	34.49	35.23	33.74	32.03	33.02	34.86	34.33	33.55	32.83	31.06	31.04	31.14	30.63	29.57	29.20	28.71	28.60

续表

年份	2000	2001	2002	2003	2004	2005	2006	2007	2008	2009	2010	2011	2012	2013	2014	2015	2016	2017	2018	2019
D_{1b}农村居民家庭恩格尔系数(%)	47.78	45.16	44.85	42.30	46.14	44.92	44.41	44.54	44.77	38.88	42.07	39.66	37.13	34.47	34.91	32.86	31.29	30.36	29.73	29.20
D_2失业率(%)	2.70	2.80	3.20	3.40	3.40	3.30	3.60	3.30	3.20	3.30	3.20	3.10	2.70	2.30	2.20	2.10	2.20	2.71	2.78	3.00
D_3居民消费价格指数(上年=100)	99.50	104.00	100.00	101.10	102.30	101.70	101.30	105.20	108.20	101.30	104.10	105.90	102.70	103.20	102.10	101.60	101.30	101.40	102.00	102.30
D_4农林牧渔业总产值占GDP比例(%)	32.57	30.19	28.64	30.56	29.83	28.42	26.07	25.39	23.76	23.90	21.97	19.91	19.75	19.49	19.12	20.41	20.18	20.08	20.12	21.65
D_5人均耕地面积(公顷)	0.20	0.20	0.20	0.19	0.18	0.18	0.18	0.18	0.18	0.18	0.18	0.18	0.18	0.21	0.21	0.21	0.21	0.20	0.20	0.20
D_6有害生物防治率(%)	/	/	/	75.00	76.00	81.10	80.40	84.50	91.30	85.20	78.90	47.30	48.60	64.20	56.60	53.90	54.60	69.80	71.80	71.90
D_7公共安全支出占公共预算比例(%)	/	/	/	/	/	/	/	5.81	4.76	4.83	4.84	4.64	4.75	4.44	4.26	4.23	4.99	5.19	5.06	4.85
E_1人均GDP(元)	4129	4386	4768	5429	6566	7477	8945	10614	12421	13624	15421	19525	22075	24539	26433	26209	27465	29263	30797	32995
E_2医疗卫生和教育支出占公共预算比例(%)	18.92	19.48	19.29	19.79	18.79	19.87	20.94	24.43	24.91	23.65	22.38	23.87	25.06	23.51	23.82	25.30	26.10	25.92	24.03	24.36
E_3社会保障和就业支出占公共预算比例(%)	7.21	4.28	6.85	12.36	11.11	11.07	8.05	15.82	15.87	16.03	14.65	15.59	14.31	15.01	16.07	14.24	14.76	14.17	13.38	13.39
E_4每千人居民拥有医生数(人)	1.49	1.48	1.18	1.18	1.17	1.16	1.17	1.37	1.42	1.44	1.49	1.60	1.68	1.74	1.84	1.91	2.04	2.15	2.25	2.38
E_5每千人居民拥有病床数(张)	2.36	2.39	2.42	2.41	2.43	2.50	2.60	2.76	3.00	3.42	3.71	3.94	4.34	2.30	4.72	4.89	5.23	5.61	6.17	6.51

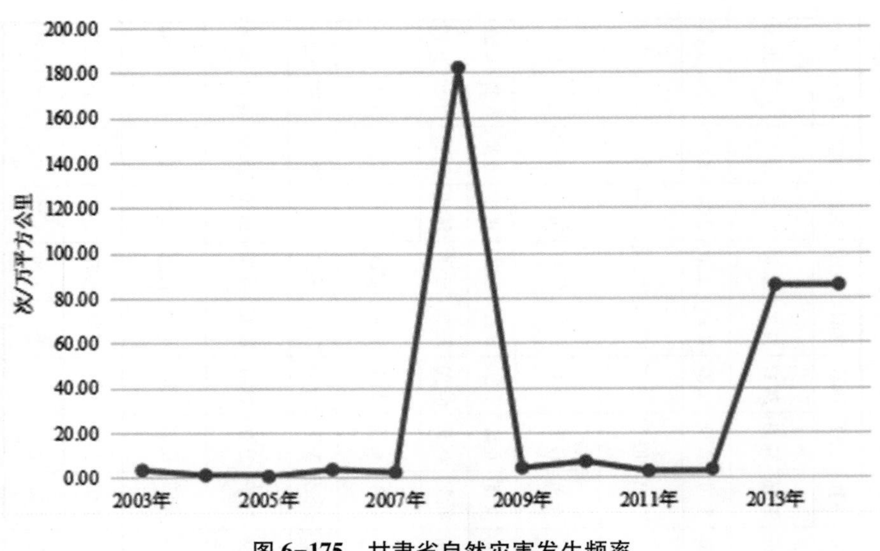

图 6-175　甘肃省自然灾害发生频率

因数据不足，图 6-175 只统计了 2003—2014 年甘肃省自然灾害发生的频率。可以看出，2008 年自然灾害发生频率最高，为 182.1 次/万平方公里，2005 年自然灾害发生频率最低，为 0.33 次/万平方公里。因每个省面积不同，因此选用自然灾害发生频率来作为该指标，计算出每万平方公里内自然灾害发生的次数。由上图可以看出，甘肃省自然灾害发生频率没有明显的规律。

因数据不足，图 6-176 只统计了 2004—2018 年甘肃省年均因灾死亡率。可以看出，2010 年甘肃省年均因灾死亡率最高，为 0.0625‰，其余年份年均因灾死亡率较为平稳。

因数据不足，图 6-177 只统计了 2004—2019 年间甘肃省因灾经济损失情况。可以看出，2008 年的因灾经济损失最大，为 625.38 亿元，2005 年因灾经济损失最小，为 8.8 亿元。

图 6-178 统计了 2000—2019 年甘肃省人口密度。由图可直观地看出，甘肃省人口密度呈逐年上升趋势，由 2000 年的 55.43 人/平方公里增加至 2019 年的 58.34 人/平方公里。

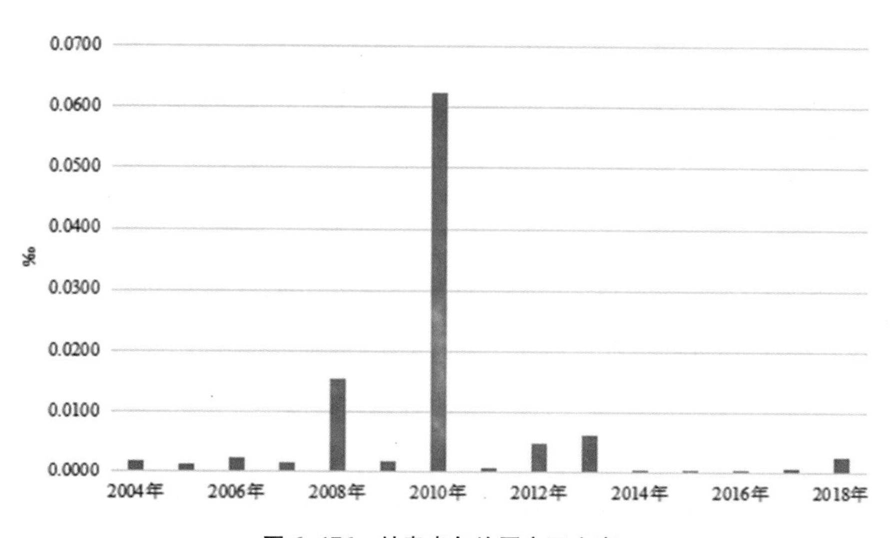

图 6-176　甘肃省年均因灾死亡率

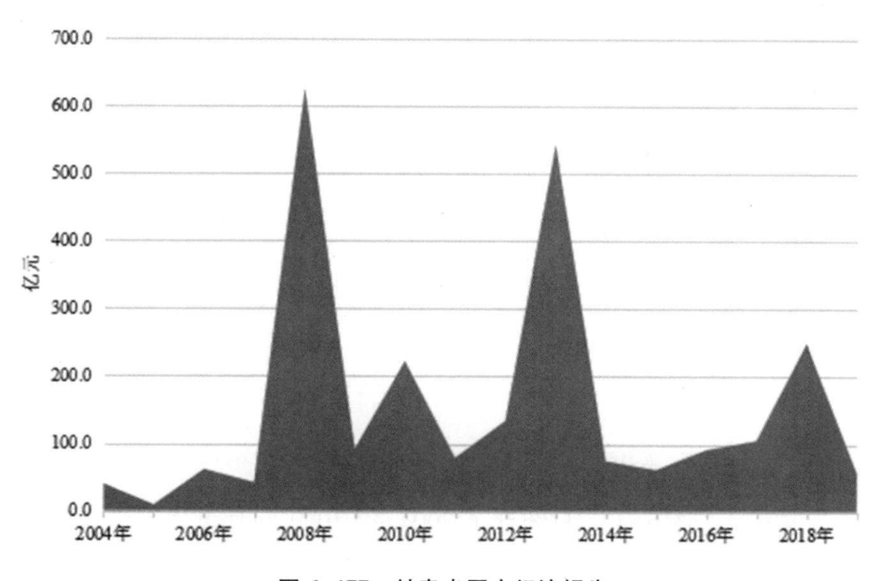

图 6-177　甘肃省因灾经济损失

图 6-179 统计了甘肃省 2000—2019 年的城镇化率。在城镇化发展的大趋势下，甘肃省的城镇化率亦是逐年增长。可以看出，2000 年的城镇化率为 24. 01%，2013 年的城镇化率第一次突破 40%，为 40. 13%，到 2019 年时，

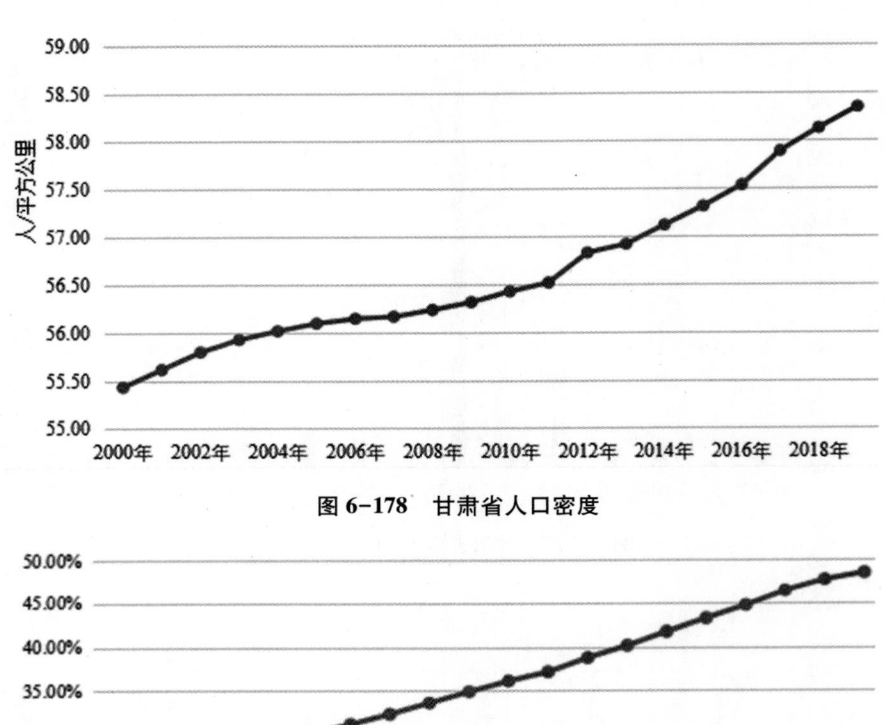

图 6-178　甘肃省人口密度

图 6-179　甘肃省城镇化率

城镇化率达到 48.49%。从总体上看，甘肃省城镇化率的增长幅度较为平缓，每年增加的幅度都不高，但一直保持增长的趋势。

因数据不足，图 6-180 只统计了 2003—2008 年甘肃省建筑物覆盖率。可以看出，总体上是呈上升趋势的，2003 年的建筑物覆盖率最低，只有不到

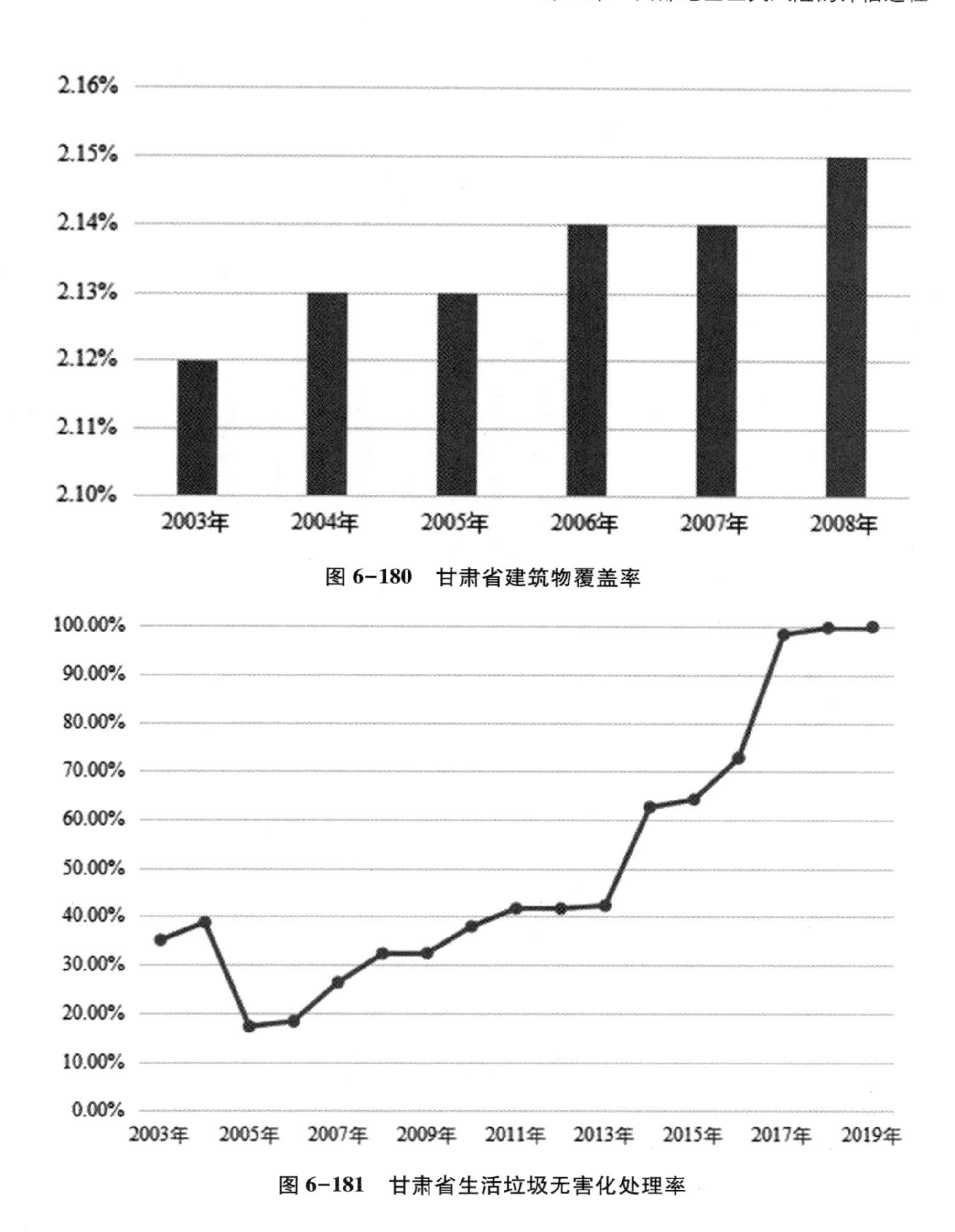

图 6-180　甘肃省建筑物覆盖率

图 6-181　甘肃省生活垃圾无害化处理率

2.12%，到 2008 年，甘肃省建筑物覆盖率达到 2.15%。增长幅度虽小，但每年都保持着稳定的趋势。

因数据不足，图 6-181 只统计了 2003—2019 年甘肃省生活垃圾无害化处理率。可以看出，生活垃圾无害化处理率呈现先下降再上升的趋势，2005 年的最低，为 17.23%，2019 年的最高，为 100%。其中 2004—2005 年有较大幅度的下降，2011—2013 年和 2017—2019 年的上升幅度较小，基本持平。

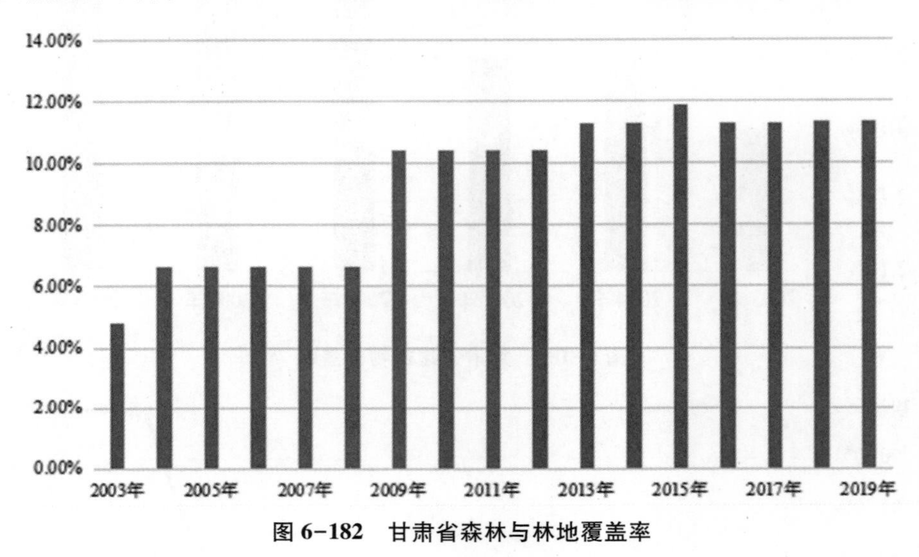

图 6-182　甘肃省森林与林地覆盖率

因数据不足，图 6-182 只统计了 2003—2019 年甘肃省森林与林地覆盖率。可以看出，森林与林地覆盖率从 2003 年的 4.83% 上升到 2019 年的 11.33%。2003—2004 年、2008—2009 年的增长幅度较大，其他年份之间则较为平缓。

图 6-183 统计了 2000—2019 年间甘肃省人口自然增长率。可以看出，甘肃省的人口是不断增加的，没有出现负增长的情况，增长率呈现不规则的波动。2019 年的人口自然增长率最低，为 3.85‰，2000 年的人口自然增长率最高，为 7.97‰，大部分年份的人口自然增长率在 6‰以上小幅度的波动。

图 6-184 统计了 2000—2019 年甘肃省城市增长率。可以看出，甘肃省城市增长率波动幅度较大，且没有规律性。其中 2000 年、2017 年和 2019 年增长率为负，城市增长最快的是 2002 年，增长率为 13.58%，2003 年城市增

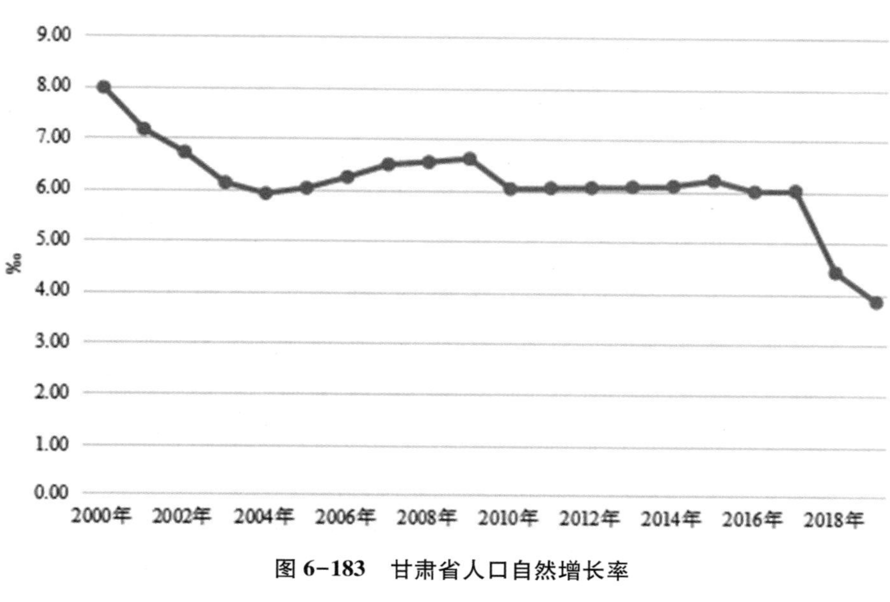

图 6-183　甘肃省人口自然增长率

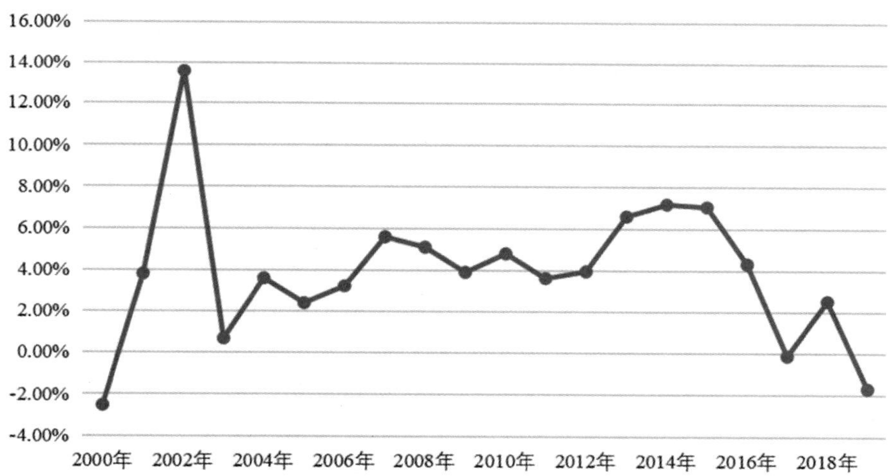

图 6-184　甘肃省城市增长率

长得最慢，增长率为 0.68%。城市建成区面积从 2001 年的 402.92 平方公里增长到 2019 年的 876 平方公里。

图 6-185 统计了 2000—2019 年的甘肃省城镇居民家庭恩格尔系数和农村居民家庭恩格尔系数。由图可知，甘肃省的城镇居民家庭恩格尔系数均低

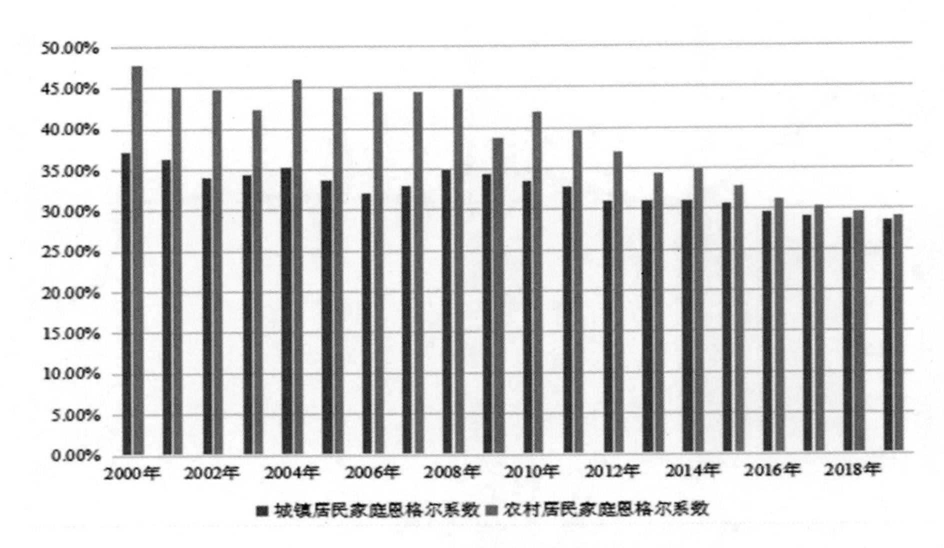

图 6-185　甘肃省居民家庭恩格尔系数

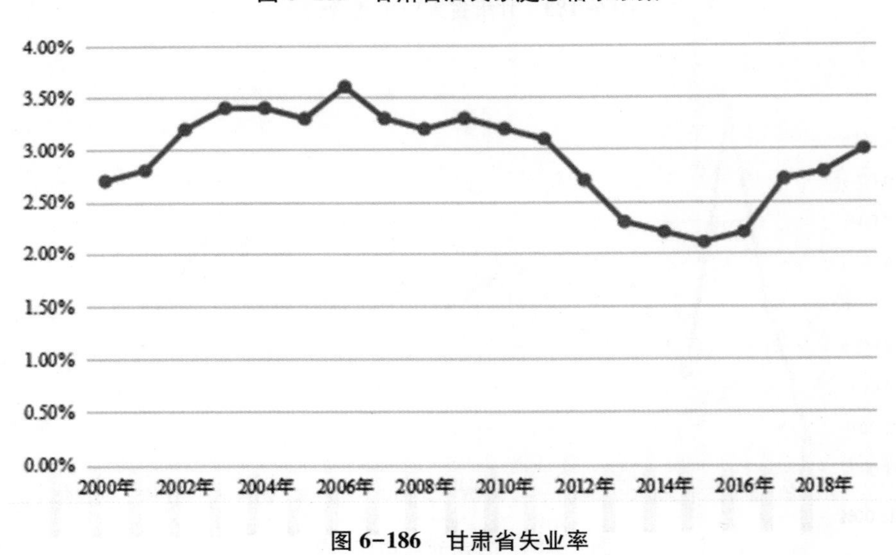

图 6-186　甘肃省失业率

于农村居民家庭恩格尔系数，且两者均呈现出下降的趋势。

图 6-186 统计了 2000—2019 年甘肃省失业率。可以看出，2006 年甘肃省失业率最高，为 3.6%，2015 年的失业率最低，为 2.1%。整体呈现出先上升，后下降，最后又上升的变化趋势。

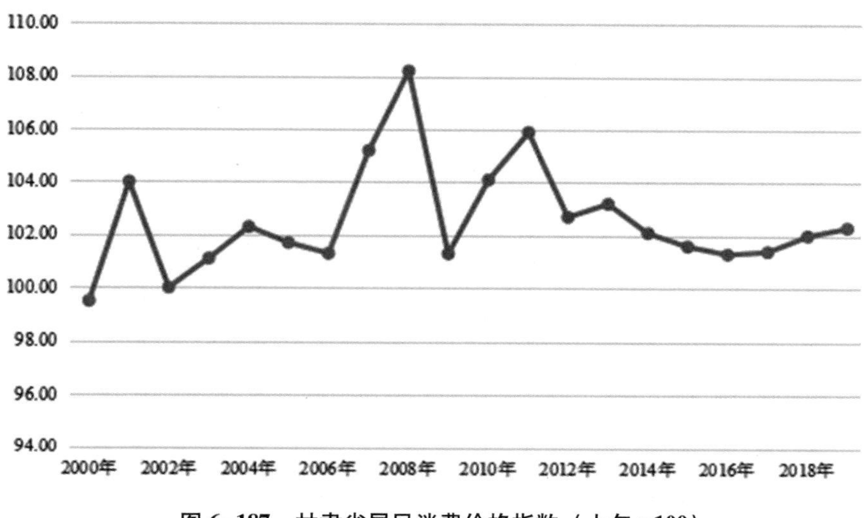

图 6-187　甘肃省居民消费价格指数（上年=100）

图 6-187 统计了 2000—2019 年间甘肃省居民消费价格指数，居民消费价格指数在一定程度上能反映通货膨胀的情况。由图可以看出，甘肃省居民消费价格指数呈现出不规律的波动，其中 2008 年是最高的峰值，2000 年是最低的谷值，2016—2017 年的波动最平缓，其他年份之间的波动相对较大。

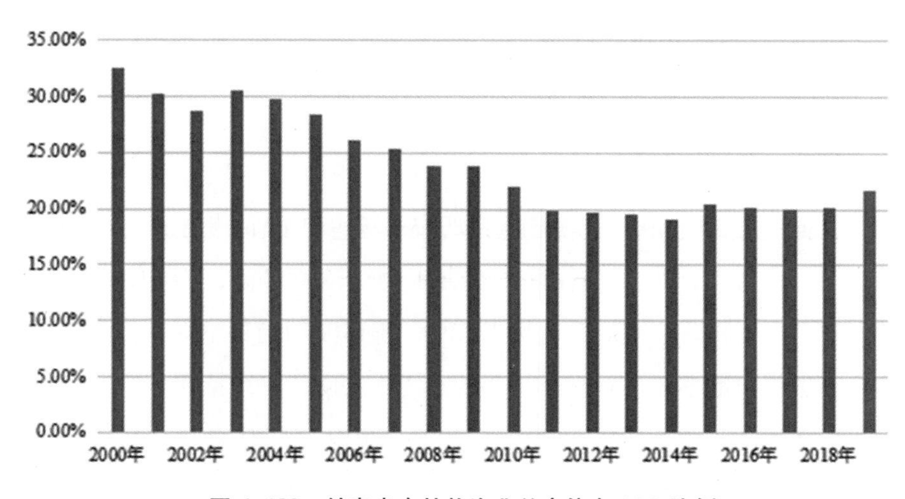

图 6-188　甘肃省农林牧渔业总产值占 GDP 比例

图 6-188 统计了 2000—2019 年甘肃省农林牧渔业总产值占 GDP 的比例。由图可以看出，农林牧渔业总产值占 GDP 的比例总体上呈下降的趋势，从 2000 年最高达到 32.57%下降到 2019 年的 21.65%。农林牧渔业总产值占 GDP 的比例最低的是 2014 年，为 19.12%。

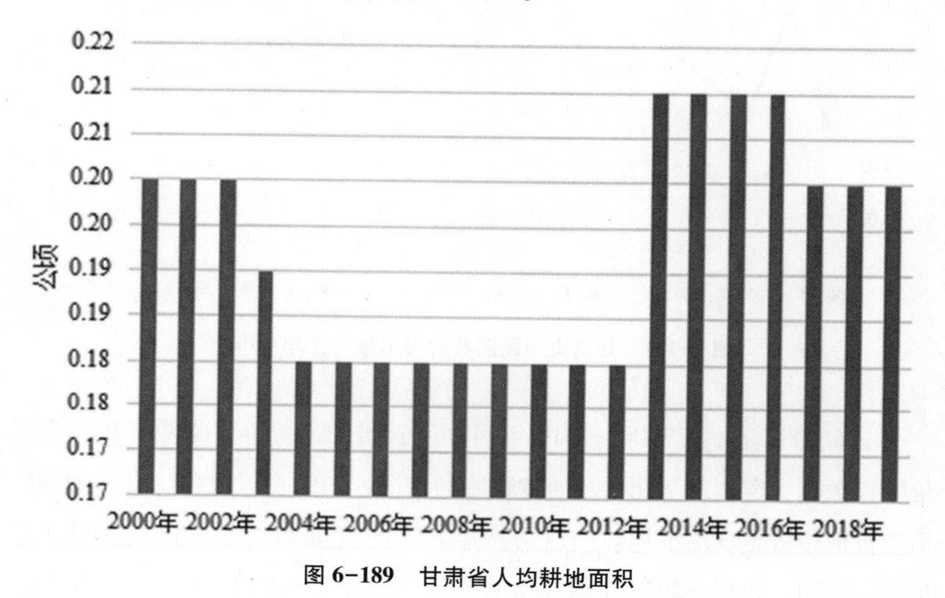

图 6-189　甘肃省人均耕地面积

图 6-189 统计了 2000—2019 年间甘肃省人均耕地面积。可以看出，2013—2016 年甘肃省人均耕地面积最大，为 0.21 公顷，2004—2012 年人均耕地面积最小，仅为 0.18 公顷。

因数据不足，图 6-190 只统计了 2003—2019 年间甘肃省有害生物防治率。从图可以看出，2008 年甘肃省有害生物防治率最高，为 91.3%，2011 年甘肃省有害生物防治率最低，为 47.3%。整体波动趋势不规则，大多数年份的有害生物防治率超过 60%，近年的有害生物防治率维持在 70%左右。

因数据不足，图 6-191 只统计了 2007—2019 年间甘肃省公共安全支出占公共预算比例，公共安全支出占公共预算的比例在一定程度上能反映该地区对社会风险的治理情况。由图可以看出，甘肃省公共安全支出占公共预算

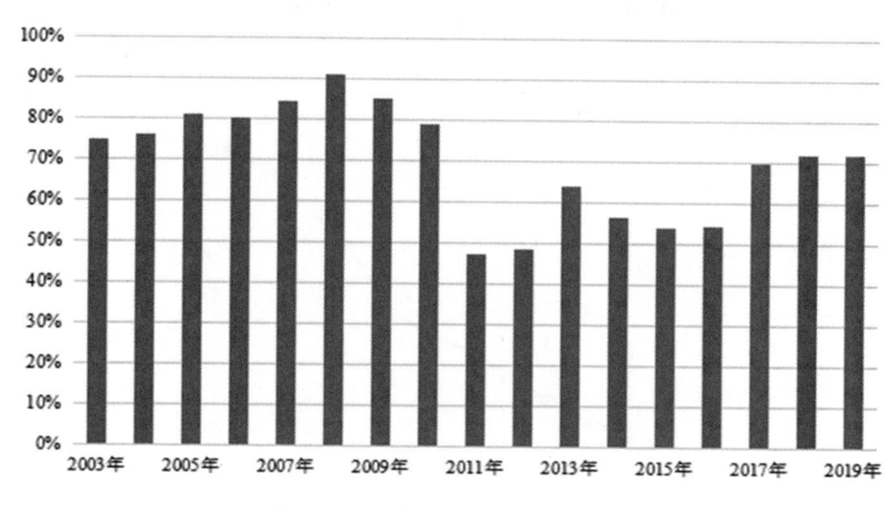

图 6-190　甘肃省有害生物防治率

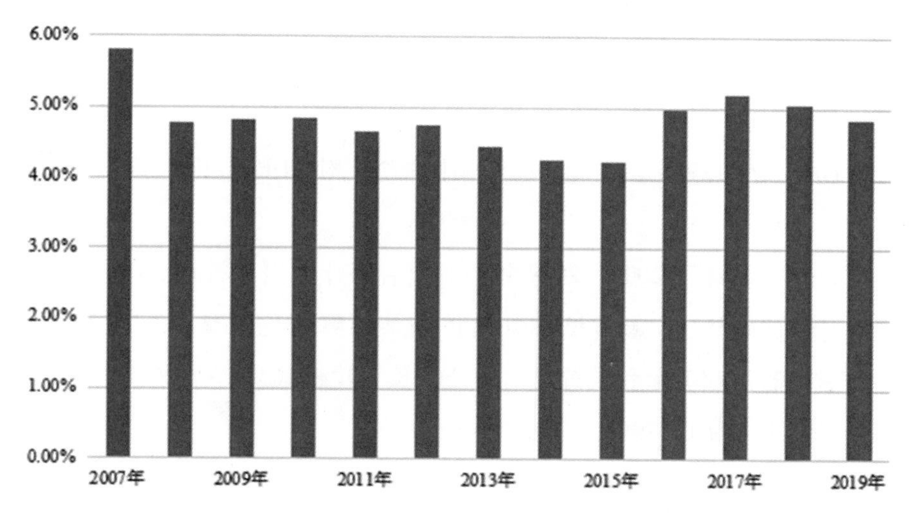

图 6-191　甘肃省公共安全支出占公共预算比例

的比例总体上则呈现出不规则的趋势。2007 年占比最高，达到 5. 81%，2015 年占比最低，为 4. 23%。

图 6-192 统计了 2000—2019 年间甘肃省人均 GDP。由图可以看出，甘肃省人均 GDP 呈逐年上升的趋势，从 2010—2014 年上升趋势最快。2000 年

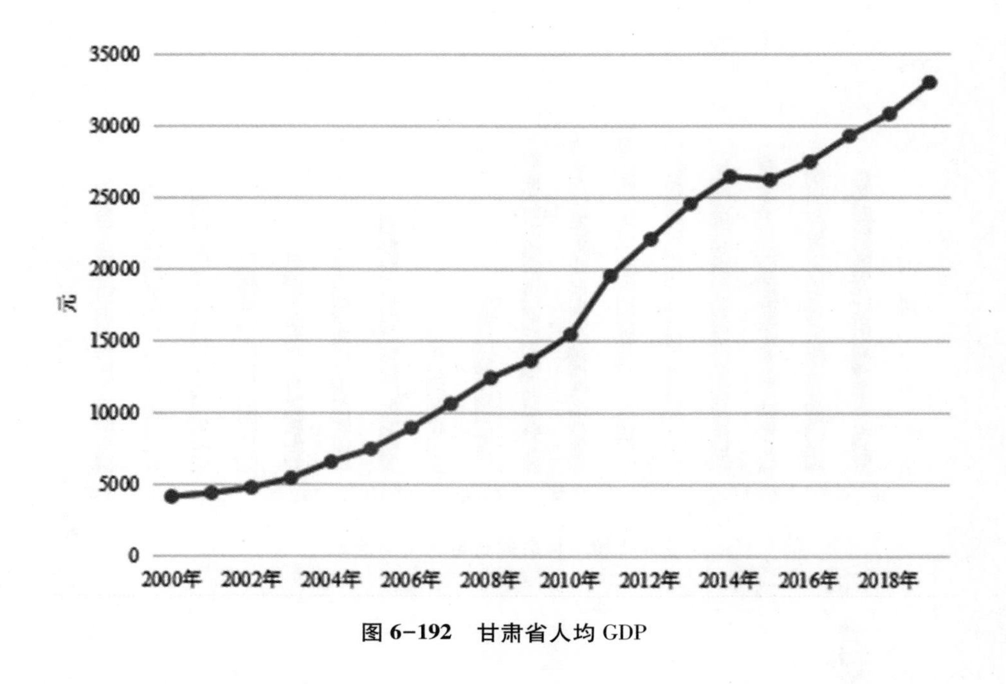

图 6-192　甘肃省人均 GDP

的人均 GDP 为 4129 元，到 2019 年，甘肃省人均 GDP 上升到了 32995 元，涨幅明显。

图 6-193 统计了 2000—2019 年间甘肃省医疗卫生和教育支出占公共预算比例。可以看出，甘肃省该项支出占公共预算的比例呈不规则的波动。2016 年甘肃省医疗卫生和教育支出占公共预算比例最高，为 26. 10%，2004 年该比例最低，为 18. 79%。

图 6-194 统计了 2000—2019 年间甘肃省社会保障和就业支出占公共预算比例。可以看出，甘肃省社会保障和就业支出占公共预算的比例呈现出不规律、小幅度的波动。在 2001 年社会保障和就业支出占公共预算的比例最低，仅为 4. 28%，在 2014 年该比例最高，达到 16. 07%。

图 6-195 统计了 2000—2019 年间甘肃省每千人居民拥有医生数。由图可以看出，总体上，甘肃省每千人居民拥有医生数总体呈上升趋势。2005 年甘肃省每千人居民拥有医生数最少，仅为 1. 16 人，2019 年最多，为 2. 38 人。

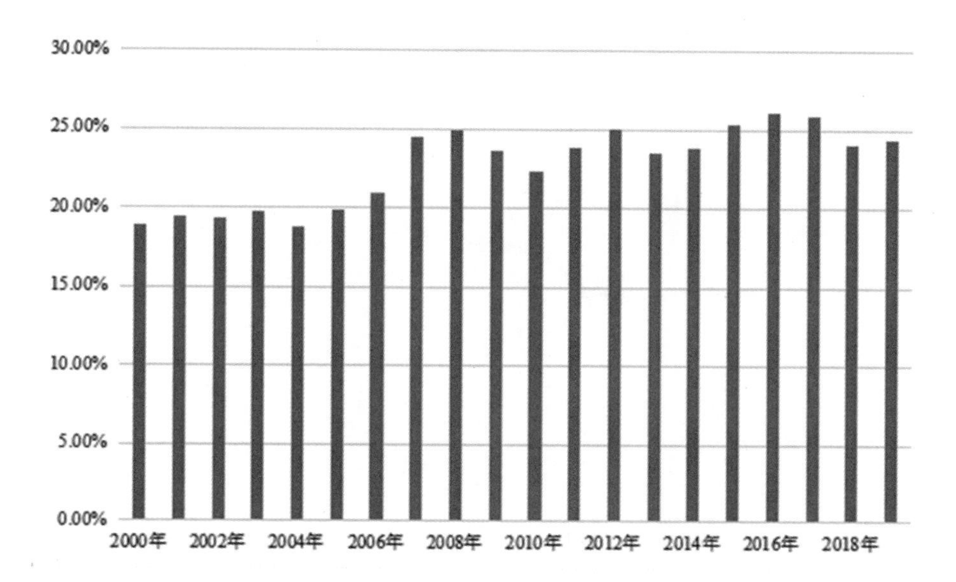

图 6-193　甘肃省医疗卫生和教育支出占公共预算比例

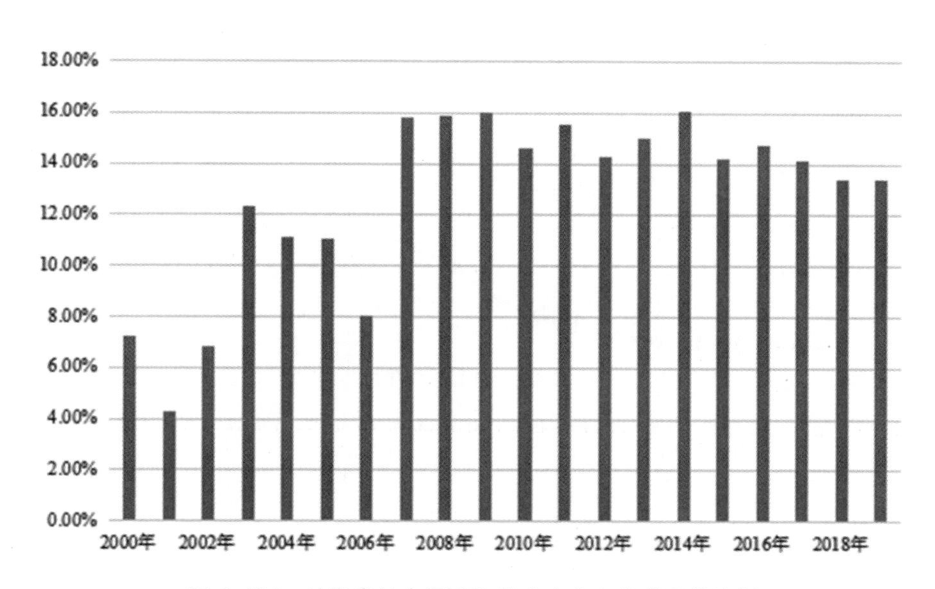

图 6-194　甘肃省社会保障和就业支出占公共预算比例

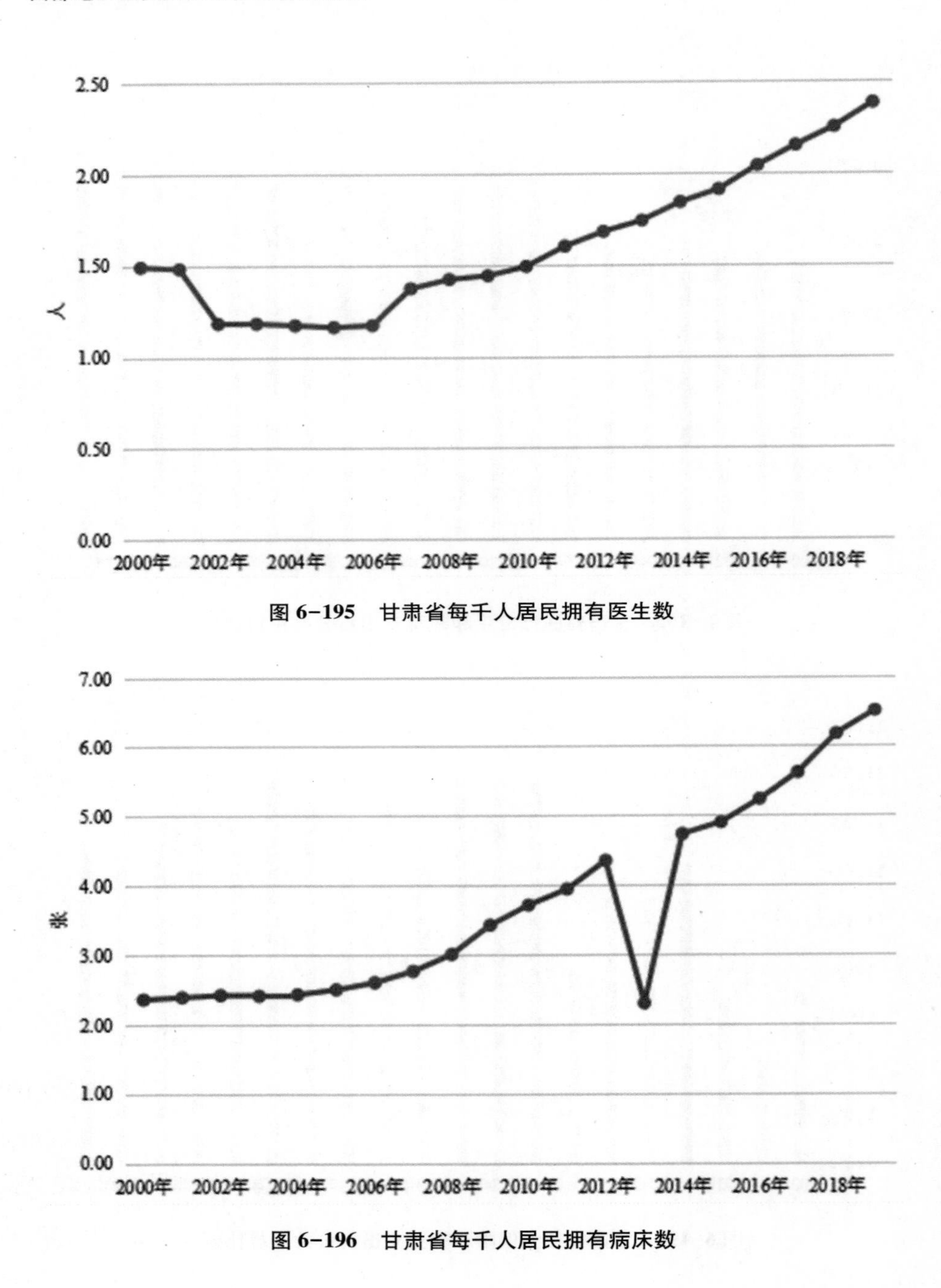

图 6-195　甘肃省每千人居民拥有医生数

图 6-196　甘肃省每千人居民拥有病床数

图 6-196 统计了 2000—2019 年间甘肃省每千人居民拥有病床数。可以看出，在总体上，甘肃省每千人居民拥有病床数呈上升趋势。2013 年甘肃省每千人居民拥有病床数最少，仅为 2. 3 张，2019 年最多，为 6. 51 张。每千人居民拥有的病床数与每千人居民拥有医生数大体是呈正相关的。

十、青海省巨灾风险评估

青海省地处我国西部，全省面积为 72. 2 万平方公里，在我国各省市中排第 4 位。其与西藏自治区共同组成青藏高原，平均海拔较高，地形地貌复杂，高原、山地、盆地均有分布。青海省是长江、黄河、澜沧江的源头，被称为“江源”以及“中华水塔”。气候以高原大陆性气候为主，冬长夏短，昼夜温差大，同时也是气象灾害的多发地，土地利用率低。少数民族人数众多，占全省总人口的 46. 98%。其中，藏族是主要少数民族。青海省的地方生产总值在 2019 年达到 2965. 95 亿元，增长速度较快。

表 6-17　青海省相关指标数值

年份	2000	2001	2002	2003	2004	2005	2006	2007	2008	2009	2010	2011	2012	2013	2014	2015	2016	2017	2018	2019
B_2 自然灾害发生频率(次/万平方公里)	/	/	/	0.30	0.44	0.29	0.47	0.93	0.44	0.58	0.82	0.37	0.50	0.61	0.55	0.55	0.79	0.65	3.16	1.52
B_4 年均因灾死亡率(‰)	/	/	/	/	0.0017	0.0048	0.0022	0.0031	0.0016	0.0023	0.4847	0.0011	0.0023	0.0062	0.0017	0.0026	0.0025	0.0028	0.0027	0.0015
B_5 年均因灾经济损失(亿元)	/	/	/	/	10.60	5.60	16.60	14.70	17.26	17.90	237.70	21.50	15.10	13.60	9.30	12.00	32.10	17.40	28.20	14.30
C_1 人口密度(人/平方公里)	7.16	7.24	7.32	7.39	7.46	7.52	7.59	7.64	7.67	7.71	7.79	7.86	7.93	8.00	8.07	8.14	8.21	8.28	8.35	8.42
C_2 城镇化率(%)	34.82	36.33	37.62	38.20	38.59	39.23	39.23	40.04	40.79	42.01	44.76	46.30	47.47	48.44	49.74	50.34	51.60	53.01	54.39	55.43
C_3 建筑物覆盖率(%)	/	/	/	0.43	0.43	0.44	0.45	0.45	0.45	/	/	/	/	/	/	/	/	/	/	/
C_4 生活垃圾无害化处理率(%)	/	/	/	85.69	95.41	100.00	94.59	94.88	75.22	65.11	67.28	89.46	89.21	77.84	86.37	87.20	96.30	94.80	96.00	96.30
C_5 森林与林地覆盖率(%)	/	/	/	/	4.40	4.40	4.40	4.40	5.20	5.20	5.20	5.20	6.10	6.10	6.10	6.30	6.30	6.30	7.30	7.30
C_6 年均人口自然增长率(‰)	13.10	12.60	11.70	10.80	9.87	9.49	8.97	8.80	8.35	8.32	8.63	8.31	8.24	8.03	8.49	8.55	8.52	8.25	8.06	7.58
C_7 年均城市增长率(%)	-3.16	6.66	1.07	2.89	1.47	2.52	3.35	1.10	0	1.57	1.33	7.23	0	28.57	5.73	16.87	1.55	52.28	-32.67	6.44
D_{1a} 城镇居民家庭恩格尔系数(%)	40.88	38.10	35.66	36.79	35.70	36.31	36.24	37.32	40.42	40.39	39.37	38.89	37.80	35.28	29.89	28.66	28.70	28.20	27.60	29.00

续表

年份	2000	2001	2002	2003	2004	2005	2006	2007	2008	2009	2010	2011	2012	2013	2014	2015	2016	2017	2018	2019
D_{1b}农村居民家庭恩格尔系数(%)	57.89	52.37	48.90	49.07	48.52	45.13	44.16	44.36	43.64	38.05	39.57	37.83	34.85	30.89	31.89	29.93	29.44	29.74	29.49	29.70
D_2失业率(%)	2.40	3.50	3.60	3.80	3.90	3.90	3.90	3.80	3.80	3.80	3.80	3.80	3.40	3.30	3.10	3.20	3.10	3.00	3.00	2.20
D_3居民消费价格指数(上年=100)	99.5	102.6	102.3	102	103.2	100.8	101.6	106.7	110.1	102.6	105.4	106.1	103.1	103.9	102.8	102.6	101.8	101.5	102.5	102.5
D_4农林牧渔业总产值占GDP比例(%)	21.61	21.09	19.25	19.99	19.53	18.83	16.68	16.84	17.10	16.74	17.59	16.84	17.26	18.11	17.72	15.88	15.00	14.77	14.77	15.45
D_5人均耕地面积(公顷)	0.13	0.13	0.13	0.13	0.13	0.10	0.10	0.10	0.10	0.11	0.10	0.10	0.10	0.10	0.10	0.10	0.10	0.10	0.10	0.10
D_6有害生物防治率(%)	/	/	/	46.00	50.00	57.63	50.87	70.92	64.97	73.45	72.37	59.42	58.67	30.44	41.20	/	/	/	/	/
D_7公共安全支出占公共预算比例(%)	/	/	/	/	/	/	/	5.67	5.61	5.36	4.77	3.63	3.48	3.81	4.13	3.90	4.66	5.88	5.29	4.81
E_1人均GDP(元)	5138	5774	6478	7248	8275	9233	10728	13100	16220	16907	20418	24220	26784	29772	31824	34322	38213	41366	45738	48570
E_2医疗卫生和教育支出占公共预算比例(%)	14.78	14.15	13.42	14.69	15.73	17.18	16.75	19.26	20.21	19.37	16.33	18.35	20.01	15.48	17.55	17.33	18.00	20.43	20.91	19.83
E_3社会保障和就业支出占公共预算比例(%)	12.03	8.54	8.23	8.78	8.81	8.03	8.24	18.14	18.03	19.34	25.49	16.91	15.48	13.19	10.98	12.50	12.87	13.69	14.41	14.36
E_4每千人居民拥有医生数(人)	4.16	3.85	3.65	4.31	3.71	3.83	3.67	3.69	3.97	4.21	4.24	4.60	4.91	5.61	5.87	5.84	6.23	6.77	7.40	7.67
E_5每千人居民拥有病床数(张)	3.20	3.15	3.05	3.12	3.05	2.95	2.97	2.97	3.22	3.43	3.56	4.08	4.54	5.11	5.68	5.82	5.94	6.41	6.37	6.59

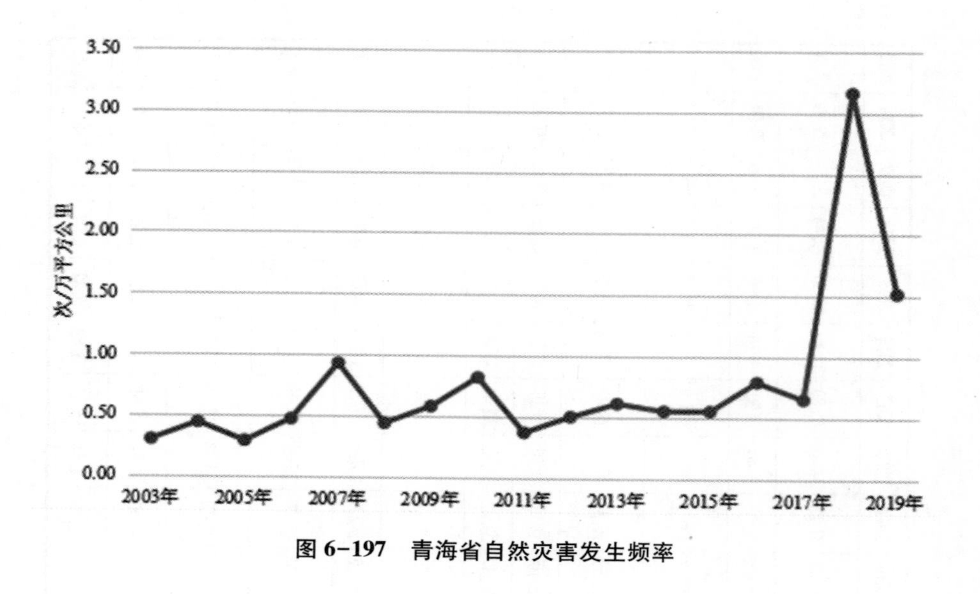

图 6-197 青海省自然灾害发生频率

因数据不足，图 6-197 只统计了 2003—2019 年青海省自然灾害发生的频率，2018 年自然灾害发生频率最高，为 3.16 次/万平方公里，2005 年自然灾害发生频率最低，为 0.29 次/万平方公里。因每个省面积不同，因此选用自然灾害发生频率作为该指标，计算出每万平方公里内自然灾害发生的次数。由上图可以看出，青海省自然灾害发生频率没有明显的规律。

因数据不足，图 6-198 只统计了 2004—2019 年青海省年均因灾死亡率。由图可以看出，青海省年均因灾死亡率在 2010 年达到最高，且远远高于其他年份，为 0.4847‰。

因数据不足，图 6-199 只统计了 2004—2019 年间青海省因灾经济损失情况，2010 年因灾经济损失最大，达到 237.7 亿元。其他年份的因灾经济损失都远远小于 2010 年，最小的是 2005 年，因灾经济损失仅为 5.6 亿元。除 2010 年有大幅度的上升外，其他年份的因灾经济损失波动较小。

图 6-200 统计了 2000—2019 年青海省人口密度，由图可直观地看出，青海省人口密度呈逐年上升趋势，由 2000 年的 7.16 人/平方公里增加至 2019 年的 8.42 人/平方公里。

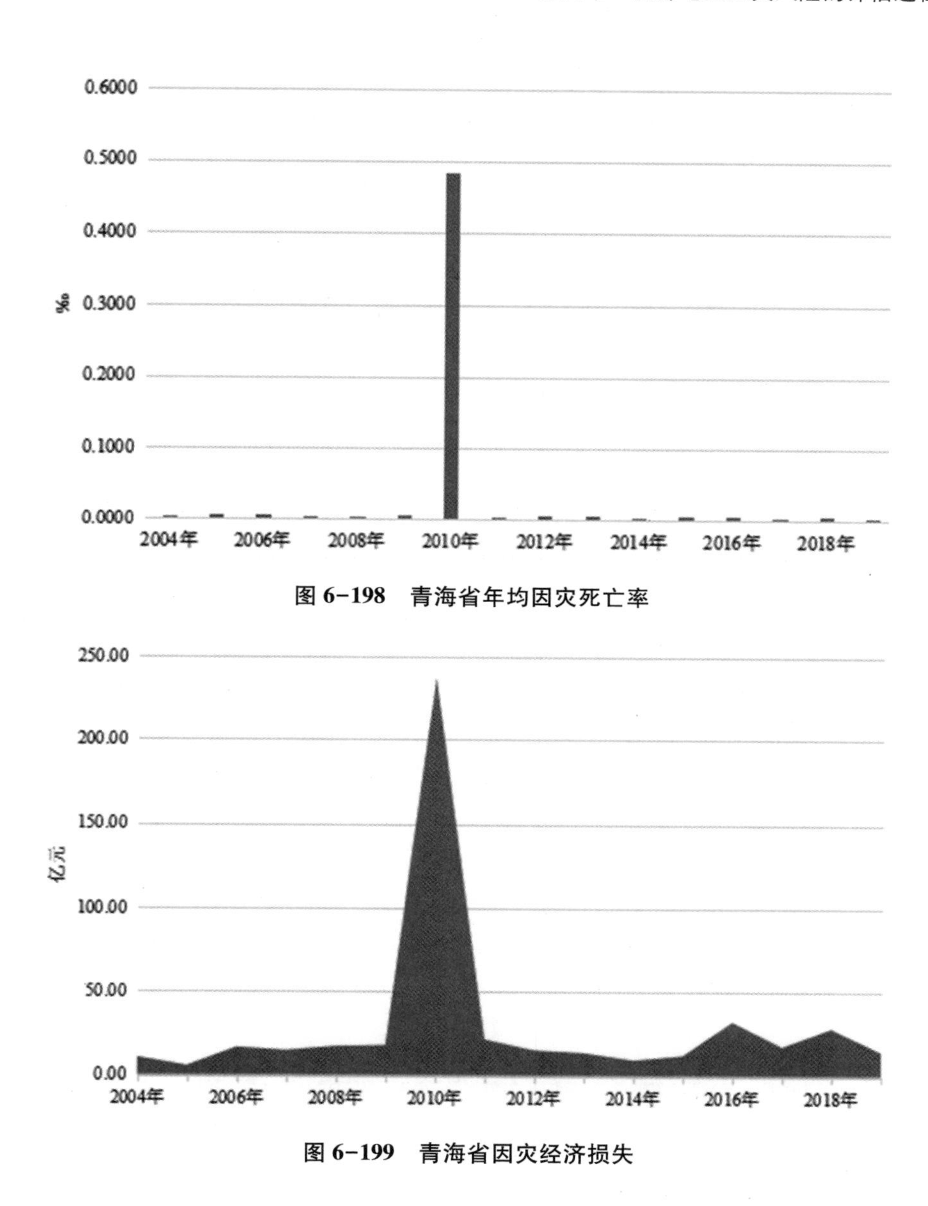

图 6-198　青海省年均因灾死亡率

图 6-199　青海省因灾经济损失

图 6-201 统计了青海省 2000—2019 年的城镇化率，随着城镇化的大趋势，青海省城镇化率亦是逐年增长，从 2000 年的 34. 82%增长至 2019 年的 55. 43%。青海省城镇化率的增长趋势较为平缓，每年增加的幅度都不高，但一直保持增长的趋势。

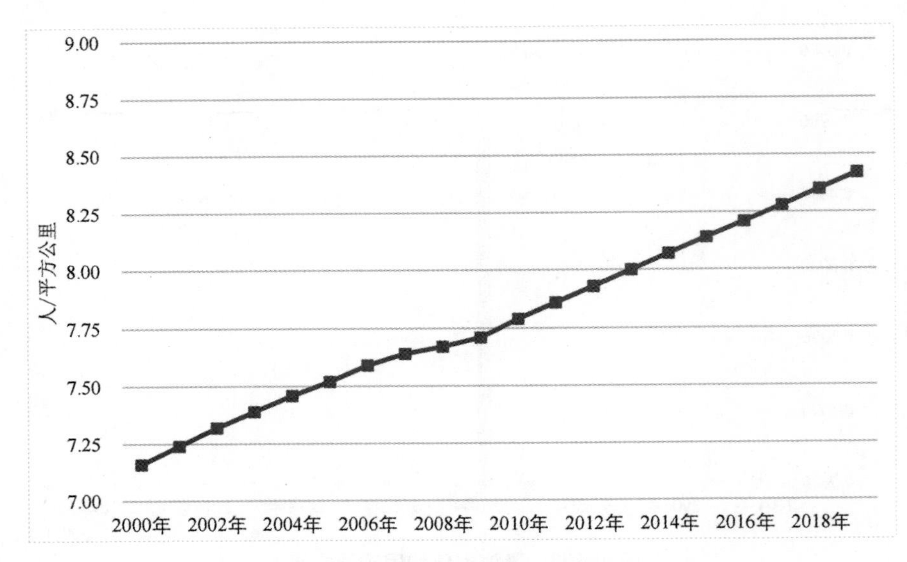

图 6-200　青海省人口密度

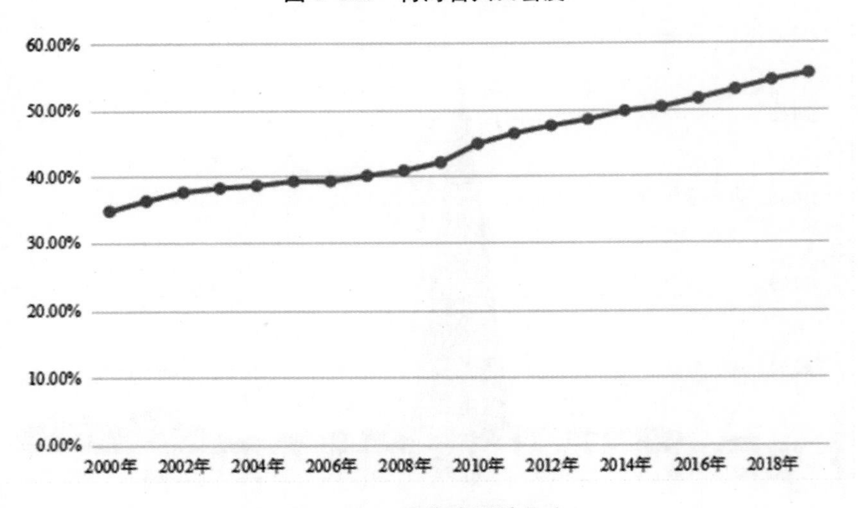

图 6-201　青海省城镇化率

因数据不足，图 6-202 只统计了 2003—2008 年青海省建筑物覆盖率。总体上是呈上升趋势的，2003 年和 2004 年的建筑物覆盖率最低，仅为 0.43%，到 2006 年，青海省的建筑物覆盖率增加到 0.45%。建筑物覆盖率增长的幅度非常小。

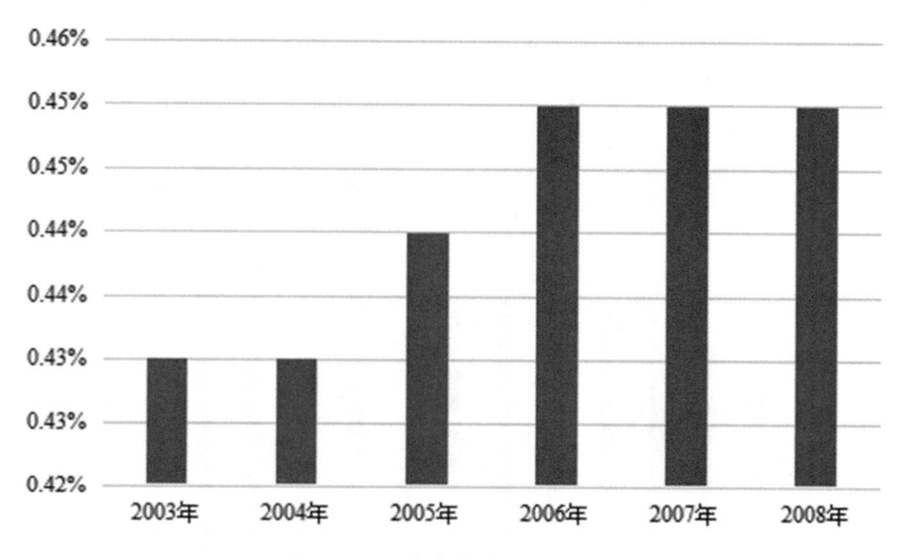

图 6-202　青海省建筑物覆盖率

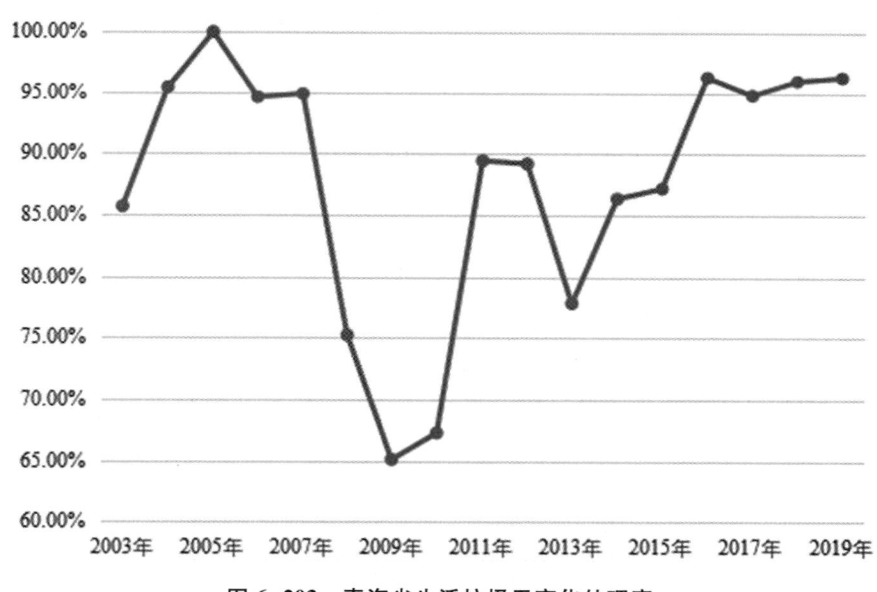

图 6-203　青海省生活垃圾无害化处理率

因数据不足，图 6-203 只统计了 2003—2019 年青海省生活垃圾无害化处理率。生活垃圾无害化处理率呈现不规则的波动，2009 年的生活垃圾无害化处理率最低，为 65. 11%，2005 年的最高，为 100%。总体上，青海省生活垃圾无害化处理率较高。

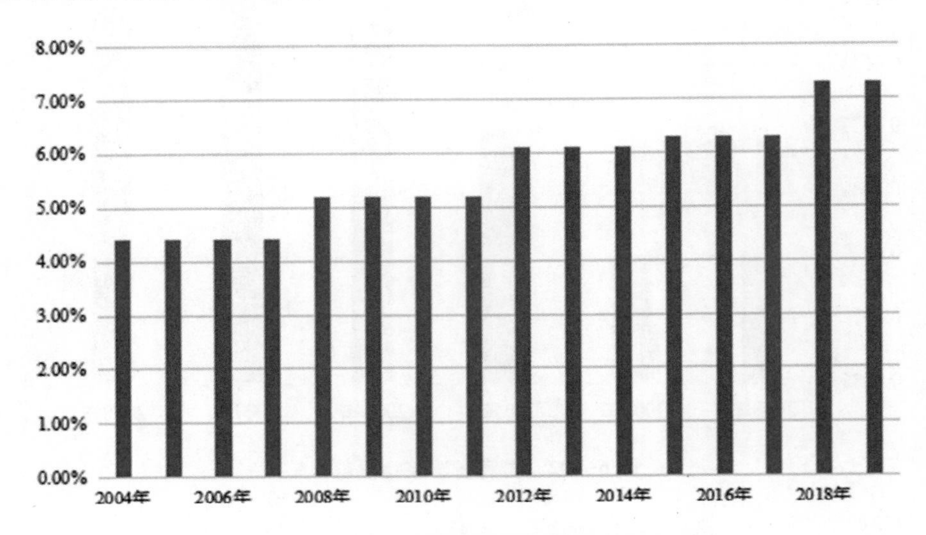

图 6-204　青海省森林与林地覆盖率

因数据不足，图 6-204 只统计了 2004—2019 年青海省森林与林地覆盖率，总体上呈现上升的趋势，从 2004 年的 4. 4%上升到 2019 年的 7. 3%。2007—2008 年、2011—2012 年以及 2017—2018 年之间的增长幅度较大，其他年份之间则较为平缓，没有明显的波动。

图 6-205 统计了 2000—2019 年间青海省人口自然增长率。青海省人口数量一直保持着增加的趋势，没有出现负增长的情况。增长率先下降后基本持平，2019 年的人口自然增长率最低，为 7. 58‰，2000 年的人口自然增长率最高，为 13. 1‰。大部分年份的人口自然增长率在 8‰左右波动。

图 6-206 统计了 2000—2019 年青海省城市增长率。青海省城市增长的幅度波动较大，且没有规律性。城市增长最快的是 2017 年，增长率为 52. 28%，2008 年和 2012 年城市增长得最慢，增长率为 0，2018 年城市增长率为-32. 67%。城市建成区面积从 2000 年的 91. 78 平方公里增长到 2019 年的 215 平方公里。

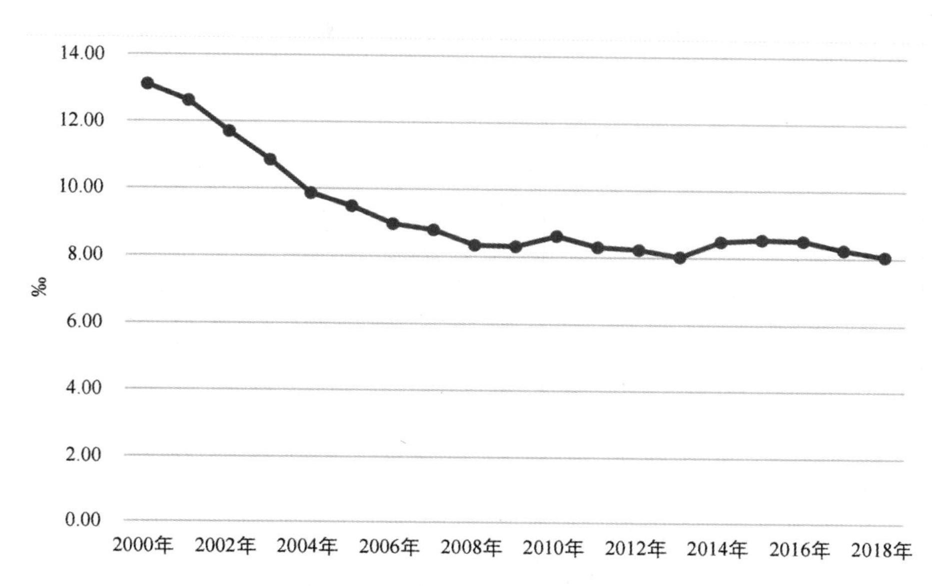

图 6-205　青海省人口自然增长率

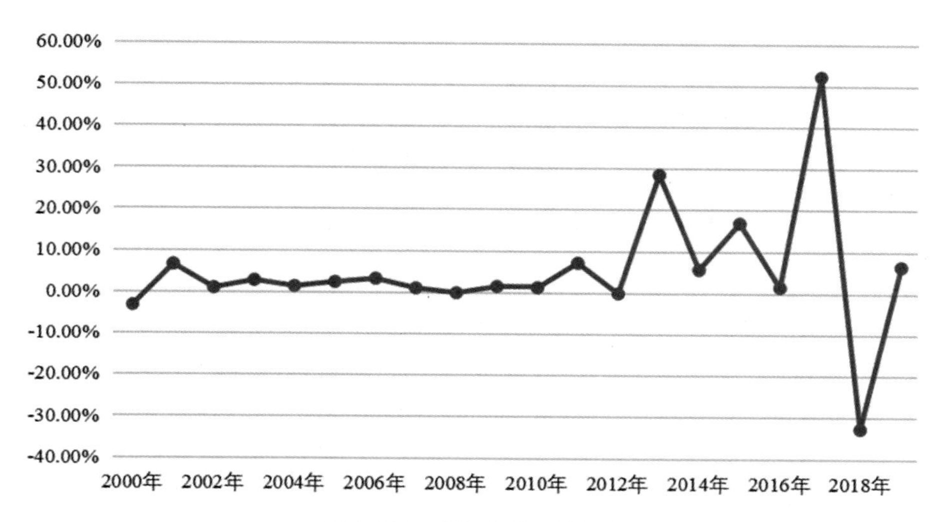

图 6-206　青海省城市增长率

图 6-207 统计了 2000—2019 年青海省城镇居民家庭恩格尔系数和农村居民家庭恩格尔系数。2009 年、2011—2013 年，城镇居民家庭恩格尔系数高于农村居民家庭恩格尔系数，其余年份城镇居民家庭恩格尔系数均低于农

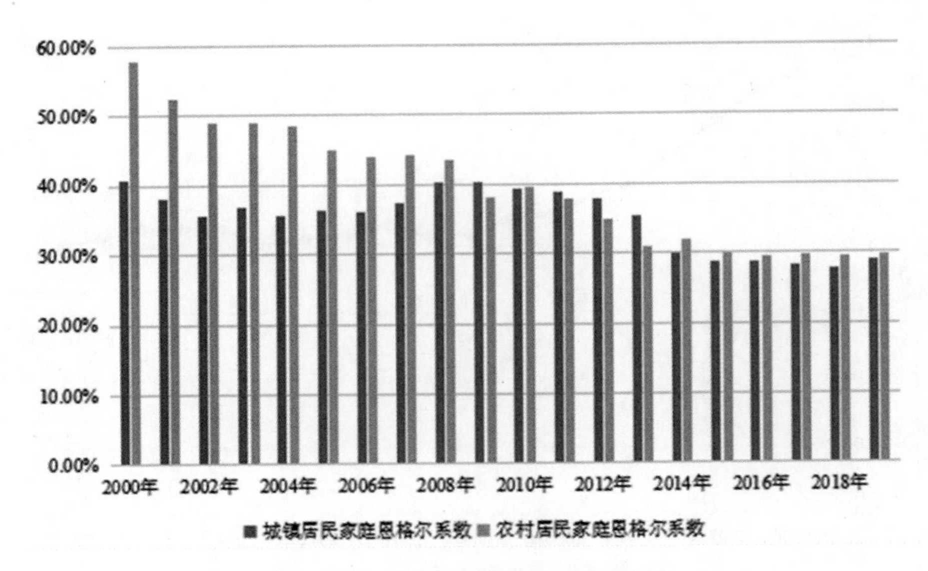

图 6-207　青海省居民家庭恩格尔系数

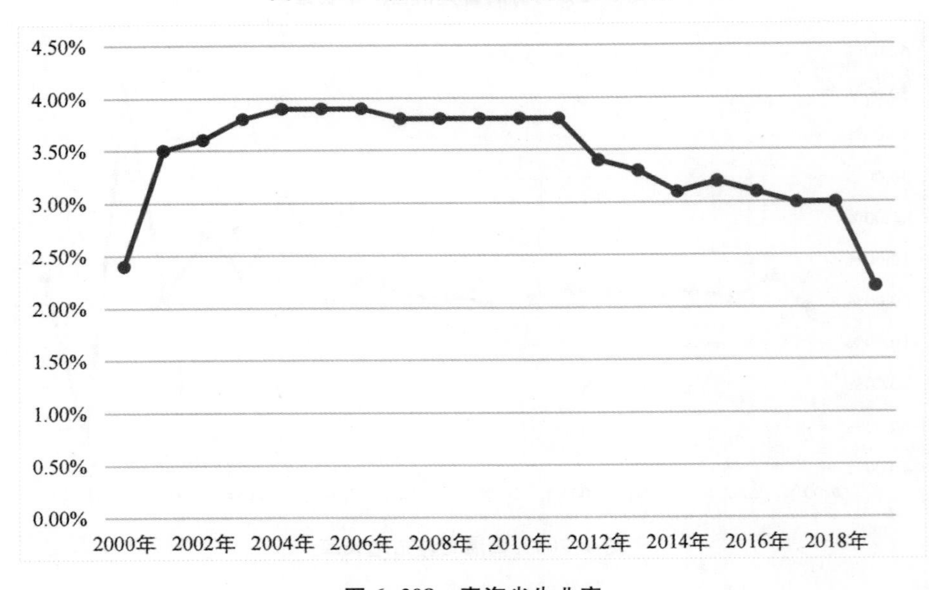

图 6-208　青海省失业率

村居民家庭恩格尔系数，且二者均呈现出下降的趋势。

图 6-208 统计了 2000—2019 年青海省失业率。2004 年—2006 年青海省

失业率最高，均为 3. 9%，2019 年的失业率最低，为 2. 2%。整体的趋势是先上升，再下降，2015 年有小幅度的波动。

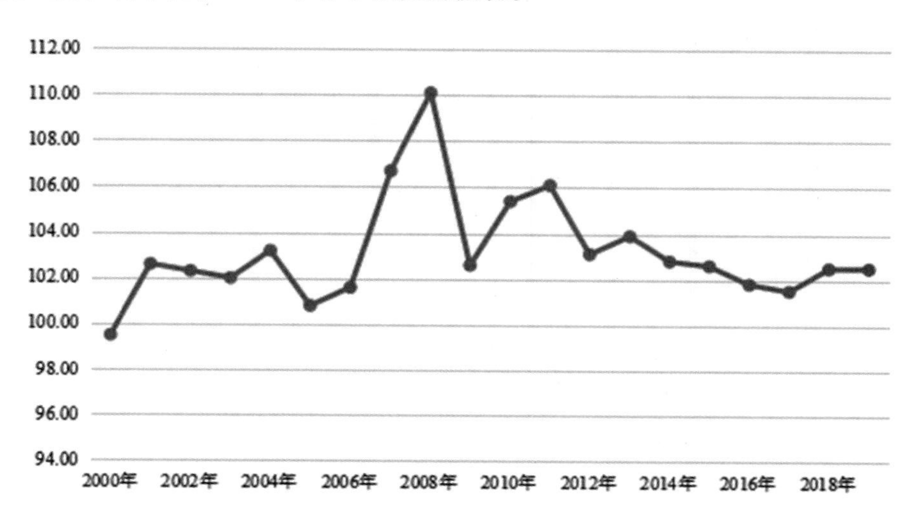

图 6-209　青海省居民消费价格指数（上年=100）

图 6-209 统计了 2000—2019 年间青海省居民消费价格指数，居民消费价格指数在一定程度上能反映通货膨胀的情况。青海省居民消费价格指数呈现出不规律的波动，其中 2008 年是峰值，2000 年是谷值，2018—2019 年的波动最平缓，其他年份之间的波动相对较大。

图 6-210 统计了 2000—2019 年青海省农林牧渔业总产值占 GDP 的比例。由图可以看出，农林牧渔业总产值占 GDP 的比例总体上呈下降的趋势，从 2000 年最高达到 21. 61%下降到 2019 年的 15. 45%。农林牧渔业总产值占 GDP 的比例最低的年份是 2017 年和 2018 年，为 14. 77%。

图 6-211 统计了 2000—2019 年间青海省人均耕地面积。由图可以看出，2000—2014 年人均耕地面积维持在 0. 13 公顷，2005—2019 年人均耕地面积降为 0. 1 公顷。

因数据不足，图 6-212 只统计了 2003—2014 年间青海省有害生物防治率。从图可以看出，2009 年青海有害生物防治率最高，为 73. 45%。2013 年

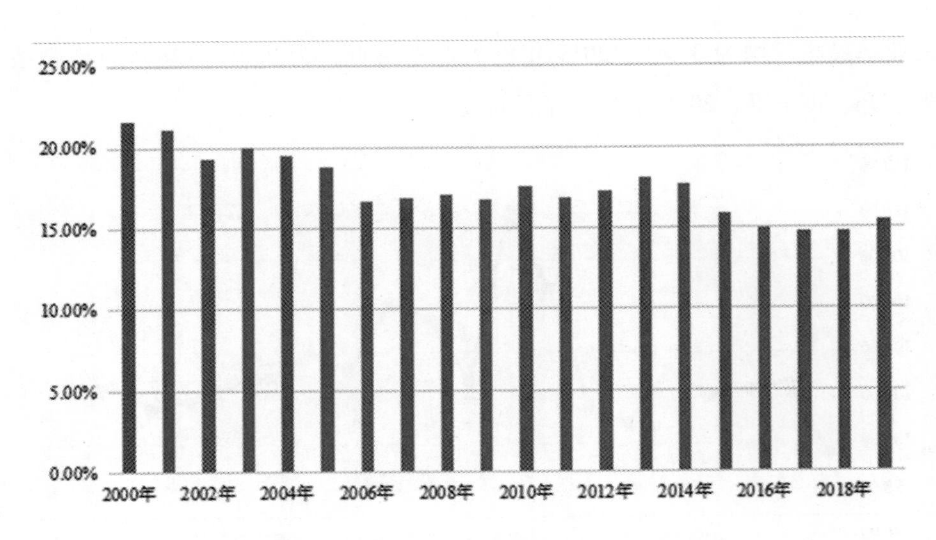

图 6-210　青海省农林牧渔业总产值占 GDP 比例

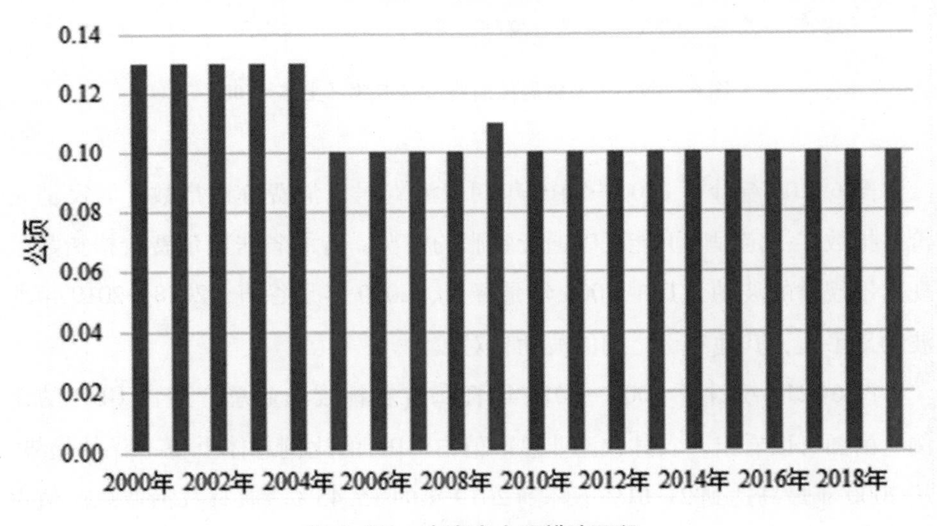

图 6-211　青海省人均耕地面积

青海有害生物防治率最低，为 30. 44%。整体波动趋势不规则，大多数年份的有害生物防治率不到 60%。

因数据不足，图 6-213 只统计了 2007—2019 年间青海省公共安全支出占公共预算比例，公共安全支出占公共预算的比例在一定程度上能反映该地

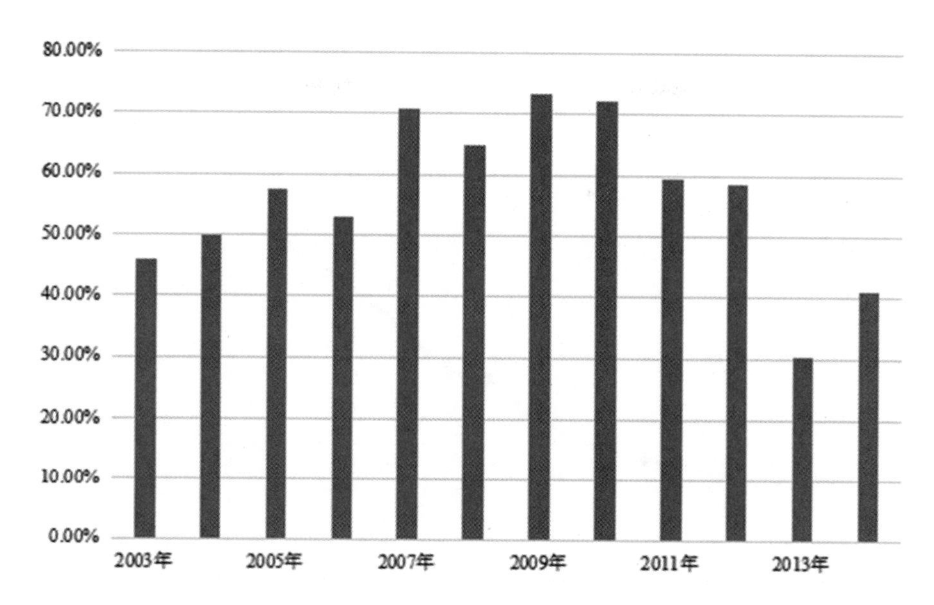

图 6-212　青海省有害生物防治率

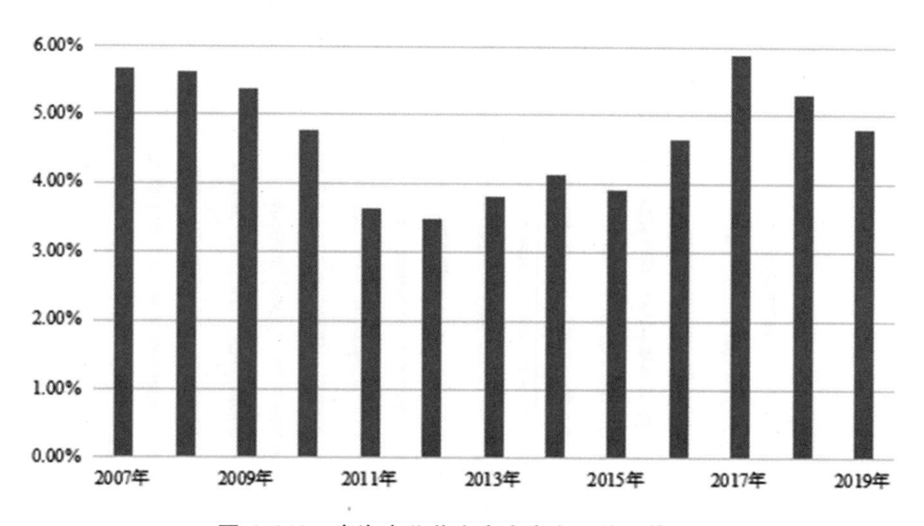

图 6-213　青海省公共安全支出占公共预算比例

区对社会风险的治理情况。青海省的公共安全支出费用占公共预算的比例则呈现出先下降后上升再下降的趋势，2017 年占比最高，达到 5. 88%，2012 年占比最低，为 3. 48%。

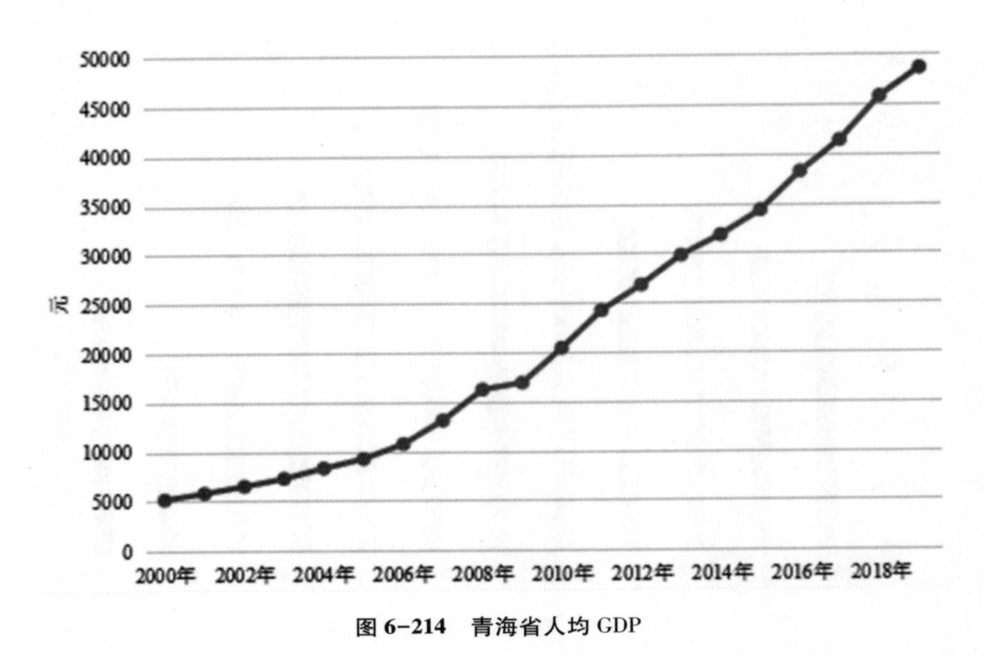

图 6-214　青海省人均 GDP

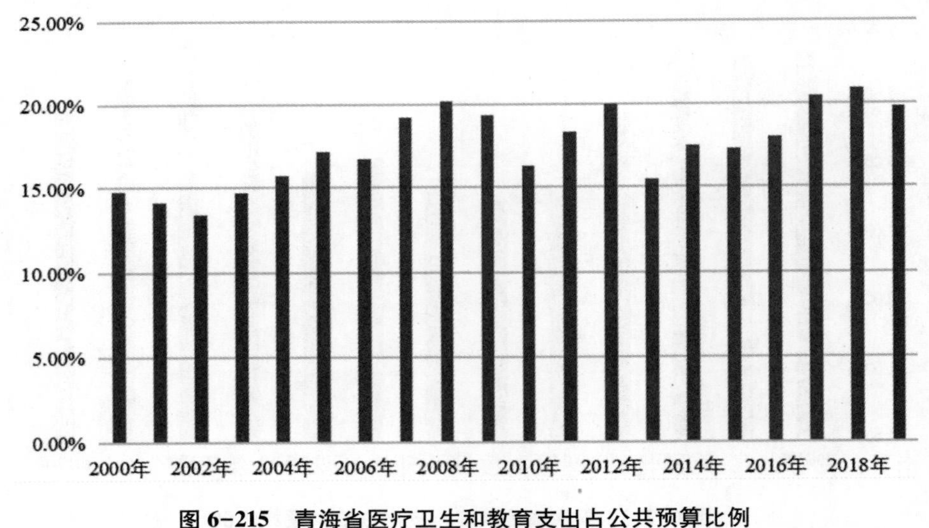

图 6-215　青海省医疗卫生和教育支出占公共预算比例

图 6-214 统计了 2000—2019 年间青海省人均 GDP。青海的人均 GDP 呈逐年上升的趋势，2014—2019 年上升趋势较快。2000 年的人均 GDP 为 5138 元，到 2019 年，青海省人均 GDP 上升到了 48570 元，涨幅明显。

图 6-215 统计了 2000—2019 年间青海省医疗卫生和教育支出占公共预算比例。青海省该项支出占公共预算的比例呈不规则的波动。2018 年时青海省医疗卫生和教育支出占公共预算比例最高，为 20.91%，2002 年该比例最低，为 13.42%。

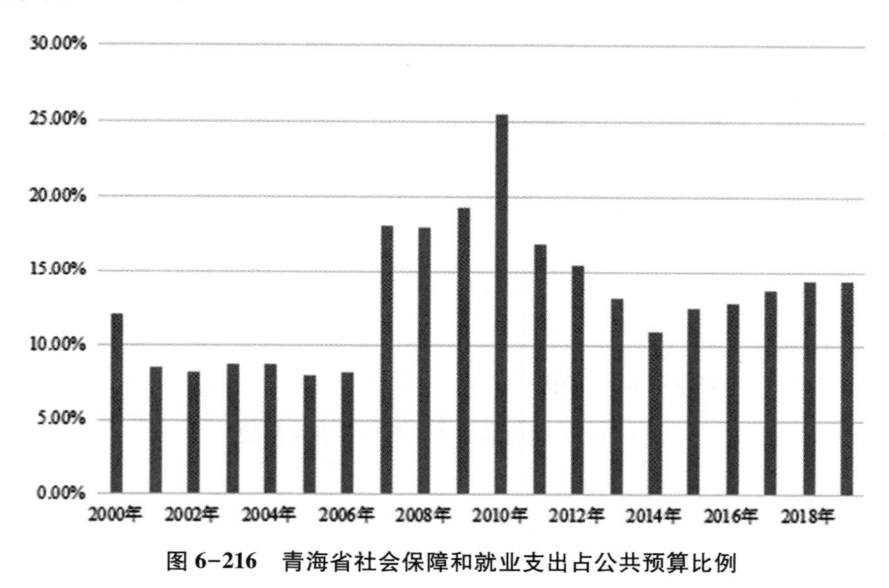

图 6-216 青海省社会保障和就业支出占公共预算比例

图 6-216 统计了 2000—2019 年间青海省社会保障和就业支出占公共预算比例。社会保障和就业支出占公共预算的比例呈现出不规律的小幅度的波动。在 2005 年社会保障和就业支出占公共预算的比例最低，仅为 8.03%，在 2010 年该比例最高，达到 25.49%。

图 6-217 统计了 2000—2019 年间青海省每千人居民拥有医生数。在总体上，青海省每千人居民拥有医生数呈上升趋势，2002 年青海省每千人居民拥有医生数最少，仅为 3.65 人，2019 年最多，为 7.67 人。

图 6-218 统计了 2000—2019 年间青海省每千人居民拥有病床数。在总体上，青海省每千人居民拥有病床数呈上升趋势，其中 2010—2014 年上升趋势最为明显。2005 年青海省每千人居民拥有病床数最少，仅为 2.95 张，2019 年最多，为 6.59 张。每千人居民拥有的病床数与每千人居民拥有医生

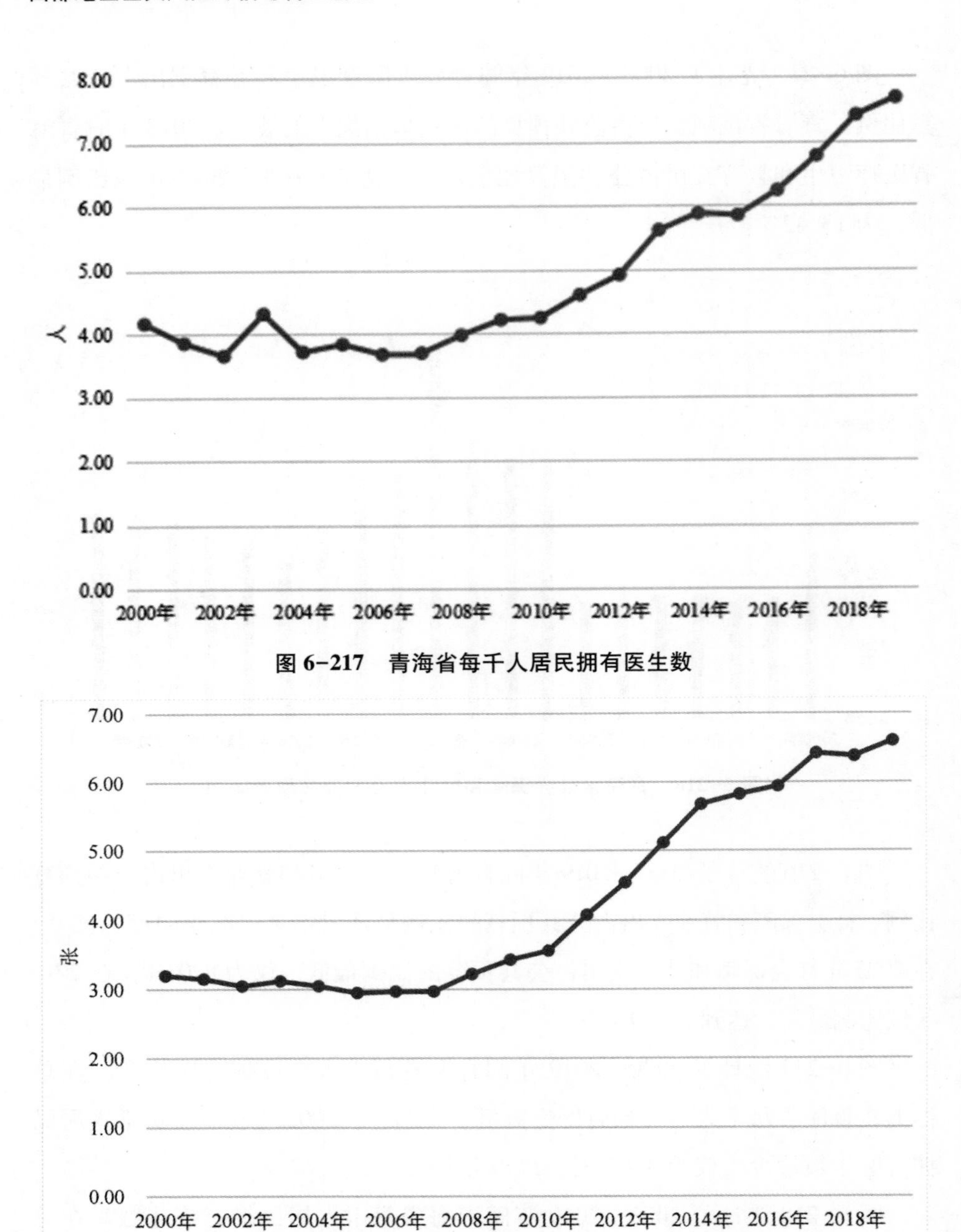

图 6-217　青海省每千人居民拥有医生数

图 6-218　青海省每千人居民拥有病床数

数大体是呈正相关的。

十一、宁夏回族自治区巨灾风险评估

宁夏回族自治区位于我国西北内陆，面积为 6.64 万平方公里，地域较小，面积在我国各省市中排在第 27 位。宁夏地形构造复杂，山地与高原交错分布。总体地势由南向北降低，全省平均海拔超过 1000 米。宁夏冬长夏短，降水较少且集中在夏季，昼夜温差大，呈现典型的大陆性气候特征。宁夏男女比例为 1.05∶1，少数民族人口占总人口的三分之一，少数民族中回族人口最多。宁夏三类产业均取得较快发展，产业结构逐渐向第二产业和第三产业倾斜。

表 6-18　宁夏回族自治区相关指标数值

年份	2000	2001	2002	2003	2004	2005	2006	2007	2008	2009	2010	2011	2012	2013	2014	2015	2016	2017	2018	2019
B_2 自然灾害发生频率(次/万平方公里)	/	/	/	0.60	0.45	2.71	2.11	2.56	2.26	4.07	1.05	0.90	2.11	11.60	8.43	/	/	/	/	/
B_4 年均因灾死亡率(‰)	/	/	/	/	/	/	/	/	/	/	0.0008	0.0002	0.0019	0.0014	0.0006	0	0.0004	0	0.0001	0.0004
B_5 年均因灾经济损失(亿元)	/	/	/	/	1413.0	1065.8	748.0	787.5	903.4	537.3	13.60	16.40	8.30	15.40	16.60	8.30	17.40	12.00	7.30	2.90
C_1 人口密度(人/平方公里)	83.43	84.79	86.14	87.35	88.55	89.76	90.96	91.87	93.07	94.13	95.33	96.23	97.44	98.49	99.70	100.60	101.66	102.71	103.61	104.67
C_2 城镇化率(%)	32.54	33.33	34.17	36.94	42.28	42.28	43.00	44.02	44.98	46.10	47.90	49.82	50.67	52.01	53.61	55.23	56.29	57.98	58.88	59.86
C_3 建筑物覆盖率(%)	/	/	/	2.82	2.98	3.06	3.09	3.15	3.19	/	/	/	/	/	/	/	/	/	/	/
C_4 生活垃圾无害化处理率(%)	/	/	/	30.47	29.27	50.35	55.41	52.41	56.45	41.96	92.53	66.95	70.64	92.50	93.30	89.90	98.30	99.10	99.90	99.90
C_5 森林与林地覆盖率(%)	/	/	/	2.20	6.08	6.08	6.08	6.08	6.08	9.84	9.84	9.84	9.84	11.89	11.89	11.89	11.89	11.89	12.63	12.63
C_6 年均人口自然增长率(‰)	11.92	11.71	11.56	10.95	11.18	10.98	10.69	9.76	9.69	9.68	9.04	8.97	8.93	8.62	8.57	8.04	8.97	8.69	7.78	8.03
C_7 年均城市增长率(%)	4.23	25.78	5.37	22.67	14.70	5.29	8.24	8.50	6.36	3.28	7.07	8.00	7.62	5.28	4.90	3.13	-2.92	3.69	5.22	1.47
D_1 居民家庭恩格尔系数	35.93	34.33	34.76	36.01	37.04	34.80	33.93	35.32	35.08	33.39	33.24	34.77	33.90	31.95	28.48	26.74	24.73	24.73	25.33	25.17
D_2 失业率(%)	4.40	4.40	4.40	4.40	4.50	4.50	4.30	4.28	4.35	4.40	4.40	4.40	4.20	4.10	4.00	4.00	3.95	3.90	3.90	3.70

续表

年份	2000	2001	2002	2003	2004	2005	2006	2007	2008	2009	2010	2011	2012	2013	2014	2015	2016	2017	2018	2019
D_3 居民消费价格指数(上年=100)	99.60	101.60	99.40	101.70	103.70	101.50	101.90	105.40	108.50	100.70	104.10	106.30	102.00	103.40	101.90	101.10	101.50	101.60	102.10	102.10
D_4 农林牧渔业总产值占GDP比例(%)	29.28	25.31	24.52	22.57	23.37	22.53	20.41	19.90	18.87	18.00	18.10	16.87	16.45	16.68	16.19	16.59	15.58	15.03	15.54	15.60
D_5 人均耕地面积(公顷)	0.23	0.23	0.22	0.22	0.22	0.21	0.21	0.18	0.18	0.21	0.20	0.20	0.20	0.20	0.19	0.19	0.19	0.19	0.19	0.19
D_6 有害生物防治率(%)	/	/	/	26.00	68.00	24.64	69.68	69.49	75.78	56.27	61.34	45.69	38.11	52.96	60.20	80.10	34.20	43.30	53.90	45.80
D_7 公共安全支出占公共预算比例(%)	/	/	/	/	/	/	/	6.09	5.94	5.59	5.65	4.97	4.74	5.04	4.76	4.50	4.90	4.71	4.82	4.64
E_1 人均GDP(元)	4794	5986	6594	7679	9135	10279	12018	15066	19609	21777	26860	33043	36394	39613	41834	43805	47194	50765	54094	54217
E_2 医疗卫生和教育支出占公共预算比例(%)	17.15	15.85	15.71	17.27	16.63	15.55	16.37	24.28	21.92	19.99	20.74	20.41	17.65	18.07	18.79	19.03	18.70	19.57	19.45	19.87
E_3 社会保障和就业支出占公共预算比例(%)	8.85	7.82	5.69	8.39	4.64	4.39	5.80	10.54	11.41	11.03	6.28	10.19	10.37	11.14	11.64	12.84	13.09	11.82	12.40	12.90
E_4 每千人居民拥有医生数(人)	1.81	1.95	1.90	1.84	1.82	1.78	1.82	1.83	1.83	1.91	1.91	4.91	5.29	5.58	6.01	6.20	6.62	7.29	7.71	7.98
E_5 每千人居民拥有病床数(张)	2.41	2.17	2.43	2.28	2.41	2.50	2.62	2.72	2.72	3.02	3.22	3.48	3.70	4.14	4.31	4.43	4.75	5.11	5.19	5.09

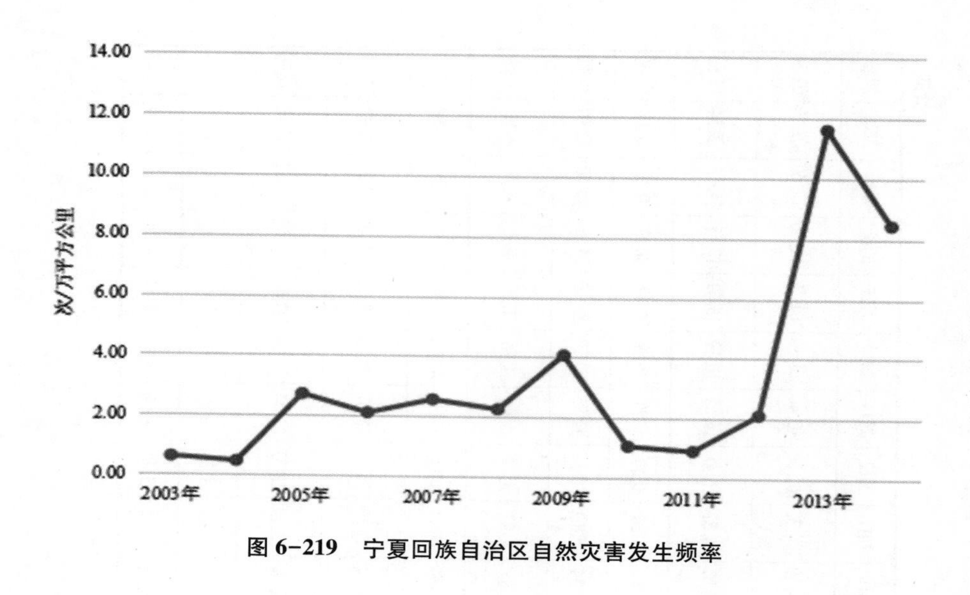

图 6-219　宁夏回族自治区自然灾害发生频率

因数据不足，图 6-219 只统计了 2003—2014 年宁夏回族自治区自然灾害发生的频率，2013 年自然灾害发生频率最高，为 11.6 次/万平方公里，2004 年自然灾害发生频率是近年来最低，为 0.45 次/万平方公里。因每个省面积不同，因此选用自然灾害发生频率来作为该指标，计算出每万平方公里内自然灾害发生的次数。由上图可以看出，宁夏回族自治区自然灾害发生频率没有明显的规律。

因数据不足，图 6-220 只统计了 2010—2019 年宁夏回族自治区年均因灾死亡率。由图可以看出，2012 年的年均因灾死亡率最高，达到 0.0019‰，2015 年和 2017 年的年均因灾死亡率最低，为 0。

因数据不足，图 6-221 只统计了 2010—2019 年间宁夏回族自治区因灾经济损失情况，2016 年的因灾经济损失最大，达到 17.4 亿元，2019 年的因灾经济损失最小，为 2.9 亿元。

图 6-222 统计了 2000—2019 年宁夏回族自治区人口密度。由图可直观地看出，宁夏回族自治区人口密度呈逐年上升的趋势，由 2000 年的 83.43 人/平方公里增加至 2019 年的 104.67 人/平方公里。

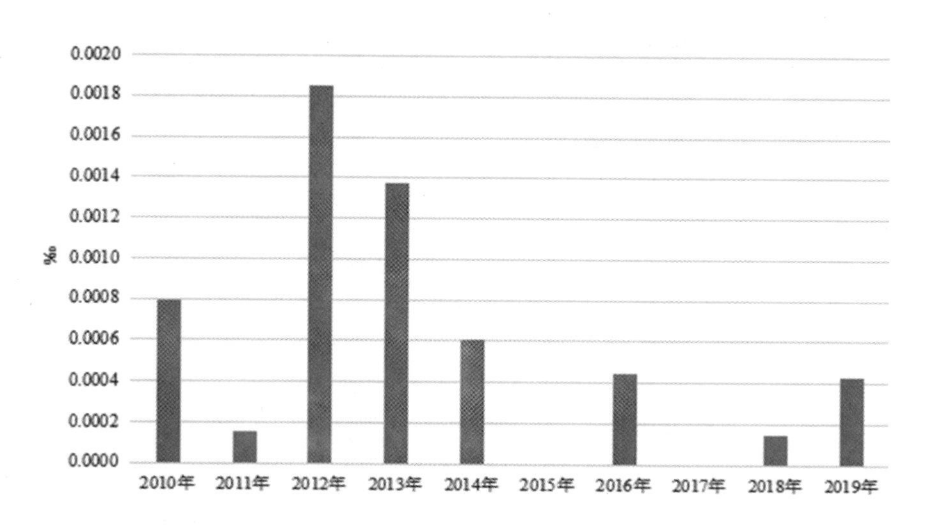

图 6-220　宁夏回族自治区年均因灾死亡率

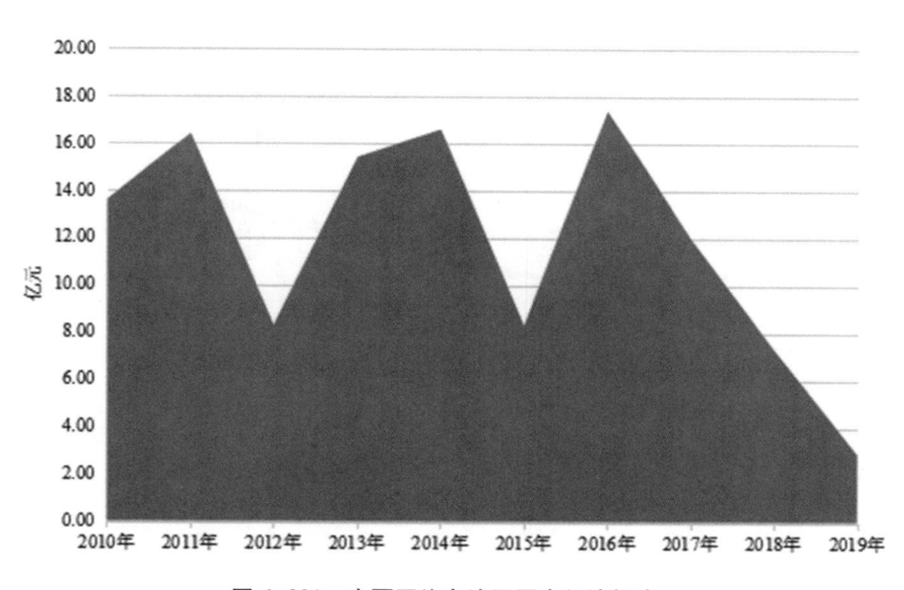

图 6-221　宁夏回族自治区因灾经济损失

图 6-223 统计了宁夏回族自治区 2000—2019 年的城镇化率。随着城镇化发展的大趋势，宁夏回族自治区城镇化率亦随之逐年增长，2000 年的城镇化率为 32. 54%，2012 年的城镇化率第一次突破 50%，为 50. 67%，到 2019

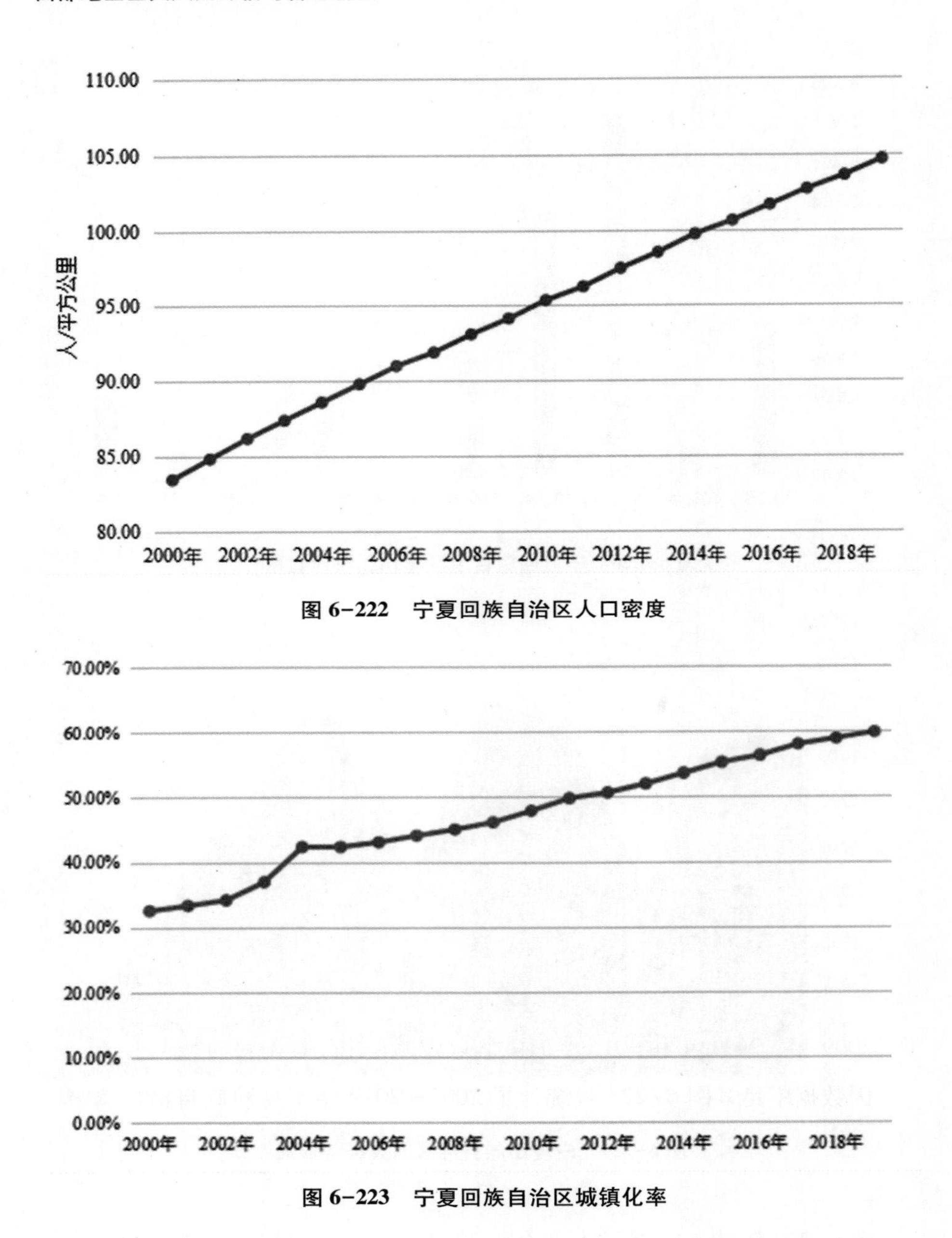

图 6-222　宁夏回族自治区人口密度

图 6-223　宁夏回族自治区城镇化率

年时，城镇化率达到 59. 86%。宁夏回族自治区城镇化率的增长趋势较为平缓，每年增加的幅度都不高，但总体上保持增长的趋势。

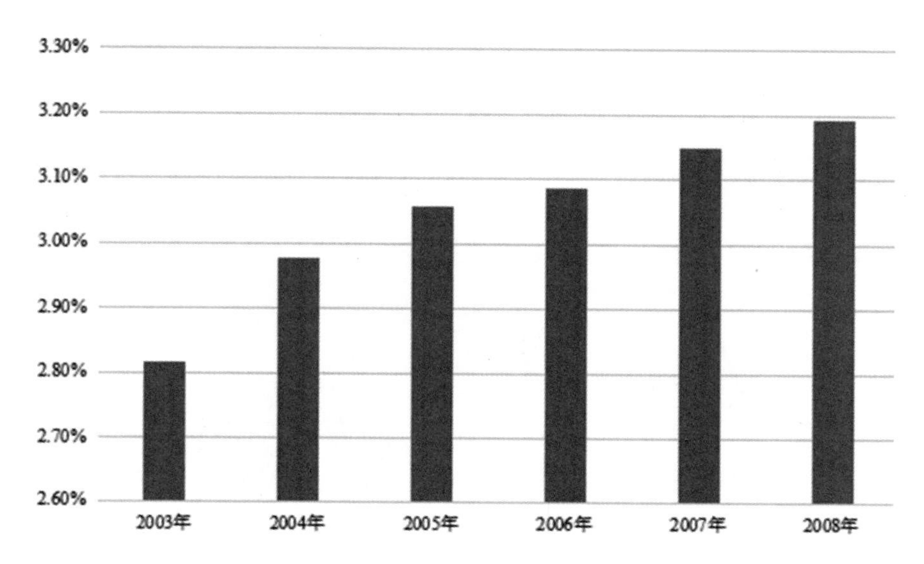

图 6-224　宁夏回族自治区建筑物覆盖率

因数据不足，图 6-224 只统计了 2003—2008 年宁夏回族自治区建筑物覆盖率。宁夏回族自治区建筑物覆盖率总体上是呈上升趋势的，2003 年建筑物覆盖率最低，为 2.82%，2008 年建筑物覆盖率增加到 3.19%。宁夏回族自治区的建筑物覆盖率变化幅度较小，每年都保持一定的增长。

因数据不足，图 6-225 只统计了 2003—2019 年宁夏回族自治区的生活垃圾无害化处理率。生活垃圾无害化处理率呈现上升的趋势，2004 年的最低，为 29.27%，2018 年和 2019 年的最高，为 99.9%。其中 2004 年、2007 年、2009 年、2011 年和 2015 年的生活垃圾无害化处理率较前一年下降。

因数据不足，图 6-226 只统计了 2003—2019 年宁夏回族自治区森林与林地覆盖率，总体上呈现上升的趋势，从 2003 年的 2.2%上升到 2019 年的 12.63%。2003—2004 年、2008—2009 年以及 2012—2013 年的增长幅度较大，其他年份增长较为平缓，几乎没有明显的波动。

图 6-227 统计了 2000—2019 年间宁夏回族自治区人口自然增长率。宁夏回族自治区人口是不断增加的，没有负增长的情况。但总体上增长率呈现

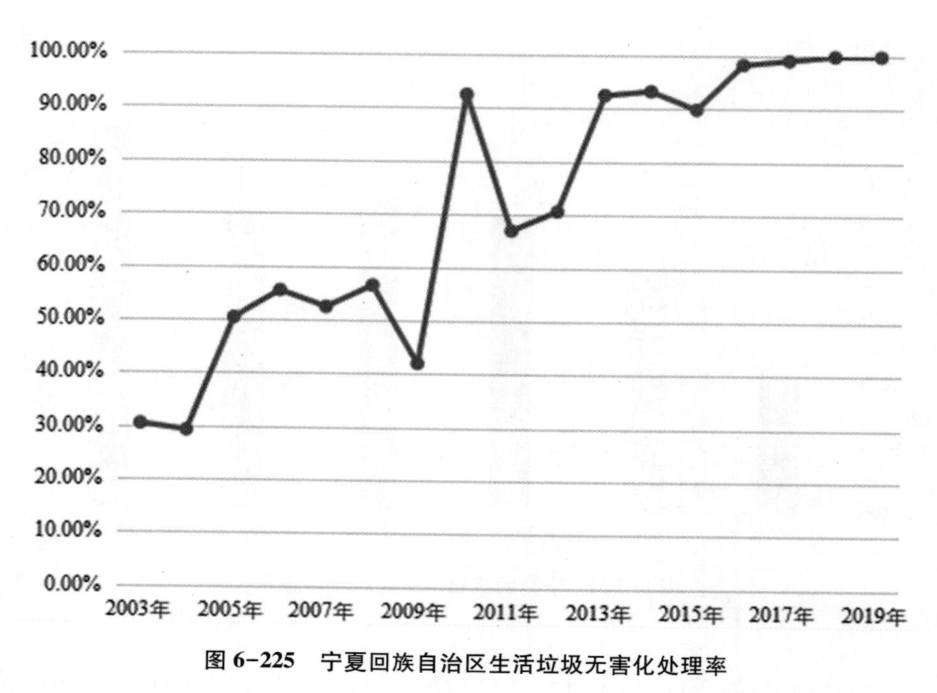

图 6-225　宁夏回族自治区生活垃圾无害化处理率

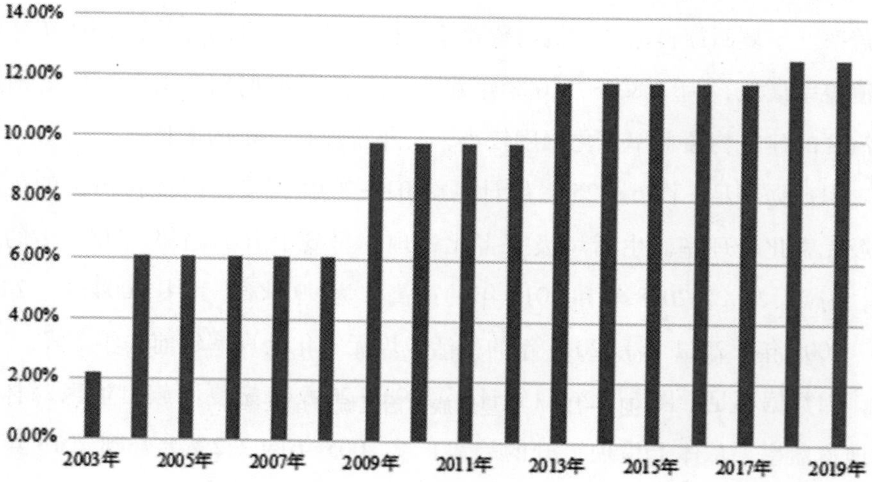

14.00%
12.00%
10.00%
8.00%
6.00%
4.00%
2.00%
0.00%
2003年 2005年 2007年 2009年 2011年 2013年 2015年 2017年 2019年

图 6-226　宁夏回族自治区森林与林地覆盖率

逐年下降的趋势，2018 年的人口自然增长率最低，为 7.78‰，2000 年的人口自然增长率最高，为 11.92‰。

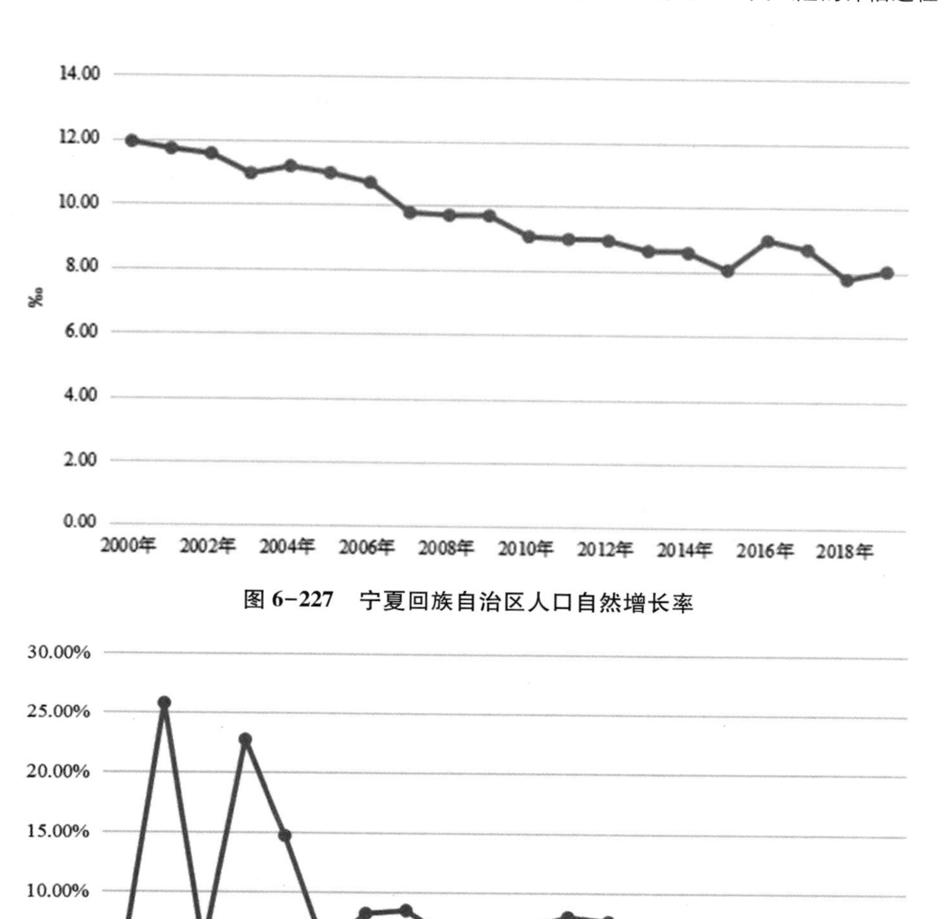

图 6-227　宁夏回族自治区人口自然增长率

图 6-228　宁夏回族自治区城市增长率

图 6-228 统计了 2000—2019 年宁夏回族自治区城市增长率。宁夏回族自治区城市增长率的波动幅度较大，且没有规律性。2001 年宁夏回族自治区城市增长率最大，为 25. 78%，2019 年城市增长率最小，为 1. 47%。城市建成区面积从 2000 年的 126. 77 平方公里增长到 2019 年的 489. 1 平方公里。

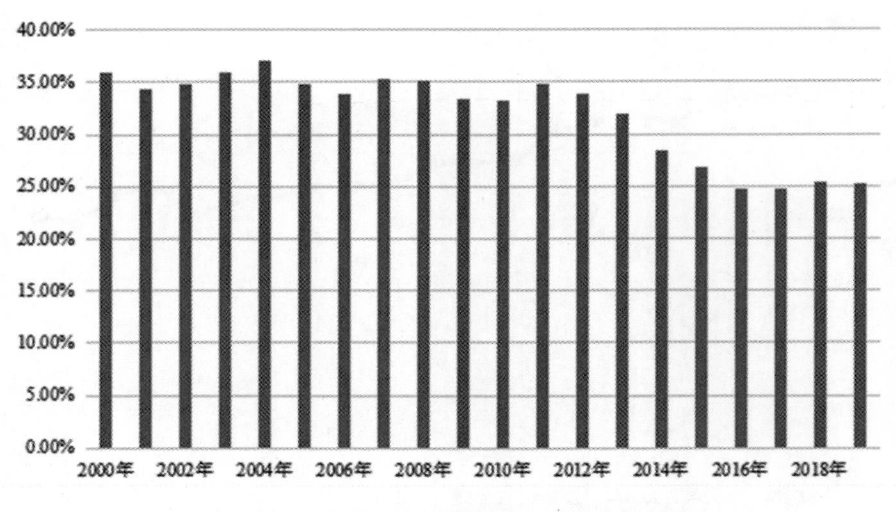

图 6-229 宁夏回族自治区居民家庭恩格尔系数

图 6-229 统计了 2000—2019 年的宁夏回族自治区的居民家庭恩格尔系数。由上图可以看出，宁夏回族自治区居民家庭恩格尔系数相邻年份之间的波动没有规律性，但总体呈下降的趋势。其中 2004 年的恩格尔系数最高，为 37.04%，2016 年和 2017 年的恩格尔系数最低，为 24.73%。

图 6-230 统计了 2000—2019 年宁夏回族自治区失业率。2004 年和 2005 年宁夏回族自治区失业率最高，为 4.5%，2019 年失业率最低，为 3.7%。整体的趋势是先不规则地波动，再逐年下降。

图 6-231 统计了 2000—2019 年间宁夏回族自治区居民消费价格指数，居民消费价格指数在一定程度上能反映通货膨胀的情况。宁夏回族自治区居民消费价格指数呈现出不规律的波动，其中 2008 年是最高的峰值，2002 年是最低的谷值，2015 年之后波动较为平缓，其他年份之间的波动相对较大。

图 6-232 统计了 2000—2019 年宁夏回族自治区农林牧渔业总产值占 GDP 的比例。由图可以看出，农林牧渔业总产值占 GDP 的比例总体上呈下降的趋势，从 2000 年最高达到 29.28%下降到 2019 年 15.6%的占比。农林牧渔业总产值占 GDP 的比例最低的是 2017 年，为 15.03%。

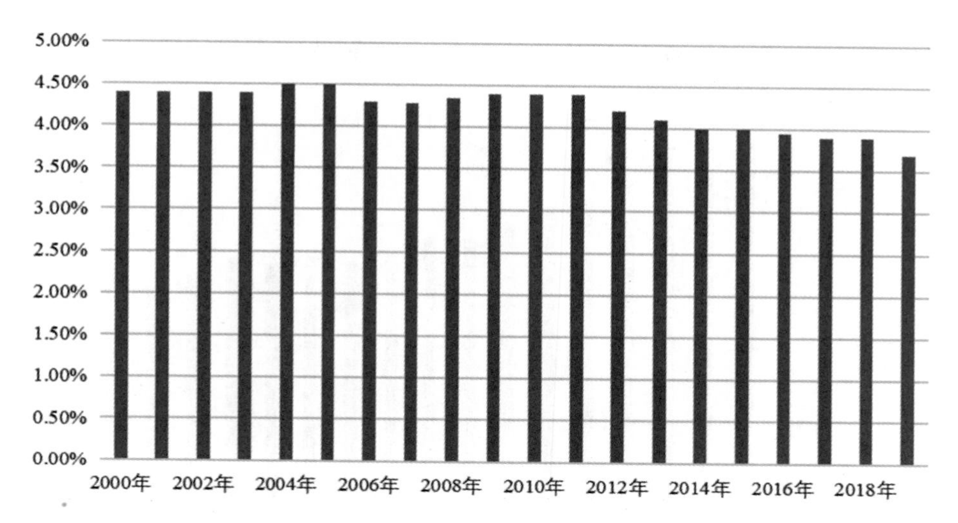

图 6-230　宁夏回族自治区失业率

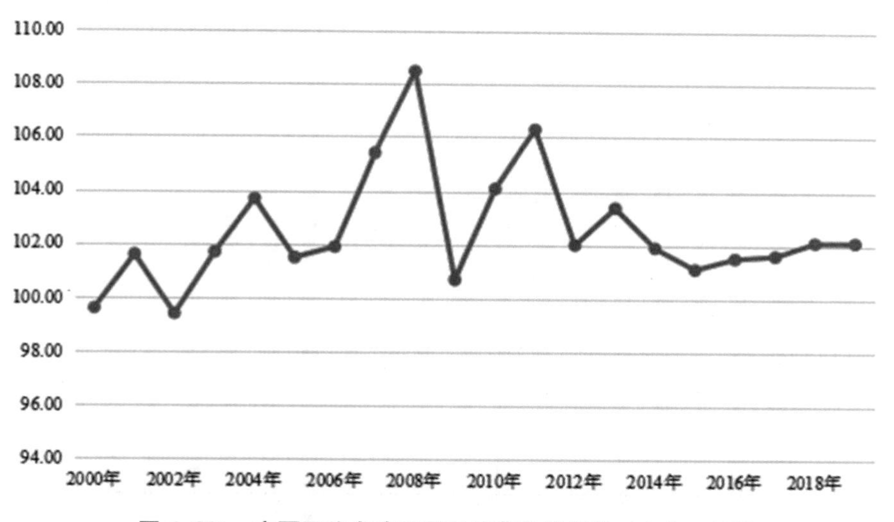

图 6-231　宁夏回族自治区居民消费价格指数（上年=100）

图 6-233 统计了 2000—2019 年间宁夏回族自治区人均耕地面积。2000 年和 2001 年宁夏回族自治区人均耕地面积最大，为 0.23 公顷，2007 年和 2008 年的人均耕地面积最小，均约为 0.18 公顷。总体来看，人均耕地面积在 0.2 公顷上下浮动。

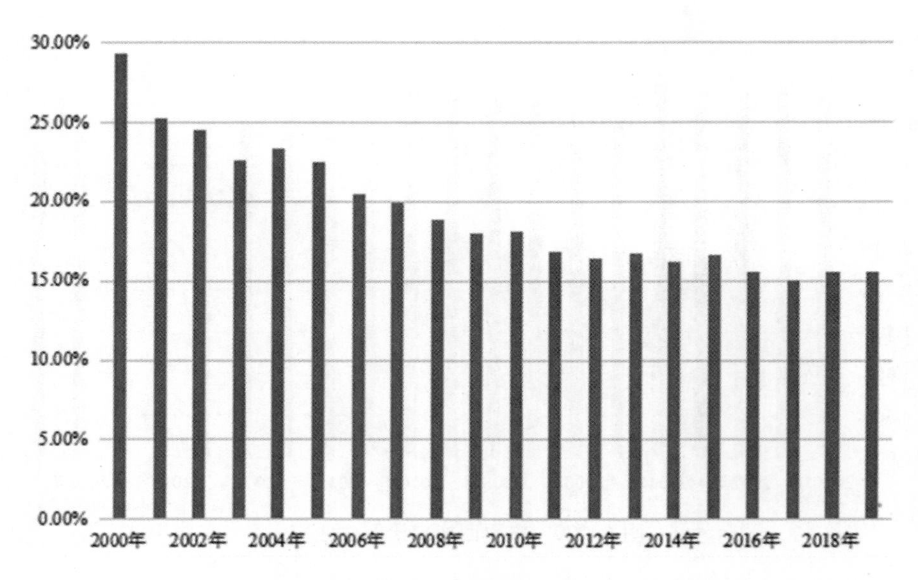

图 6-232　宁夏回族自治区农林牧渔业总产值占 GDP 比例

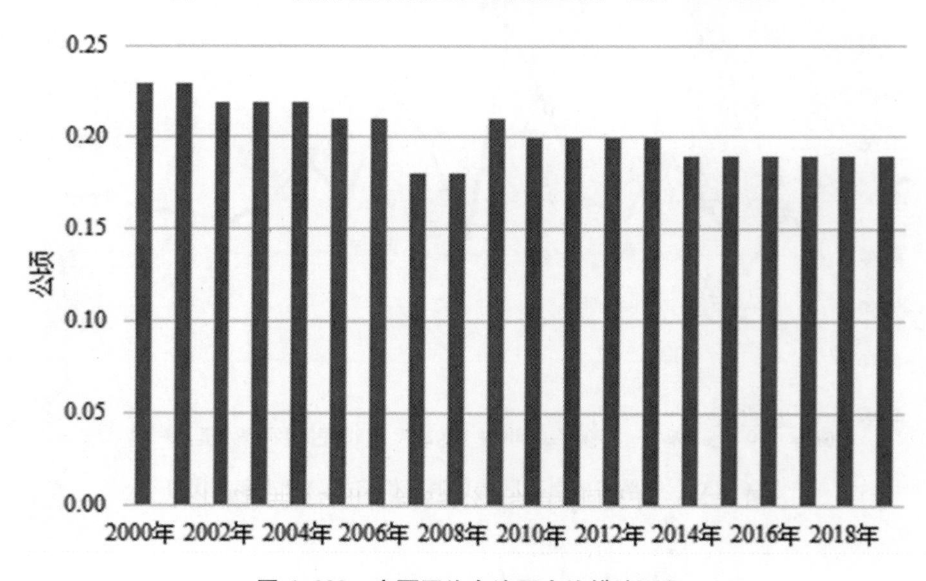

图 6-233　宁夏回族自治区人均耕地面积

因数据不足，图 6-234 只统计了 2003—2019 年间宁夏回族自治区的有害生物防治率。从图可以看出，2015 年宁夏回族自治区的有害生物防治率最

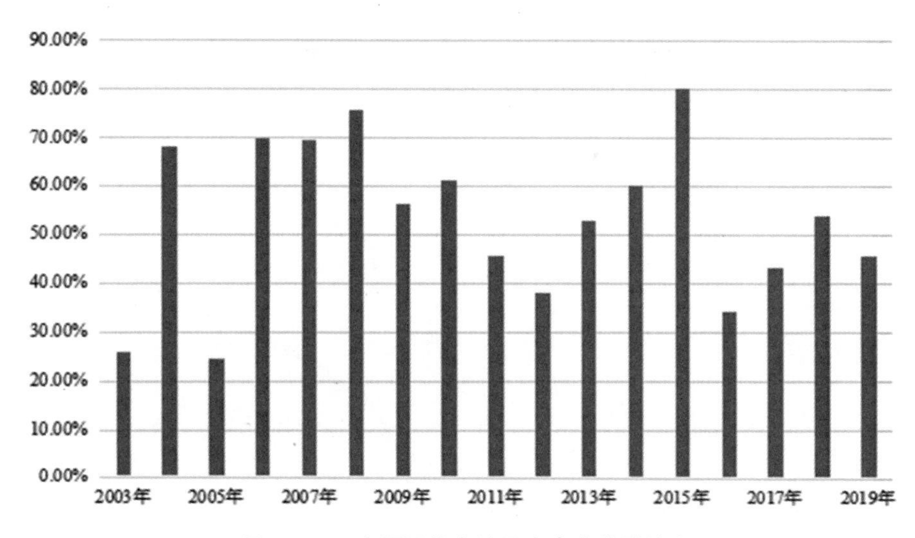

图 6-234　宁夏回族自治区有害生物防治率

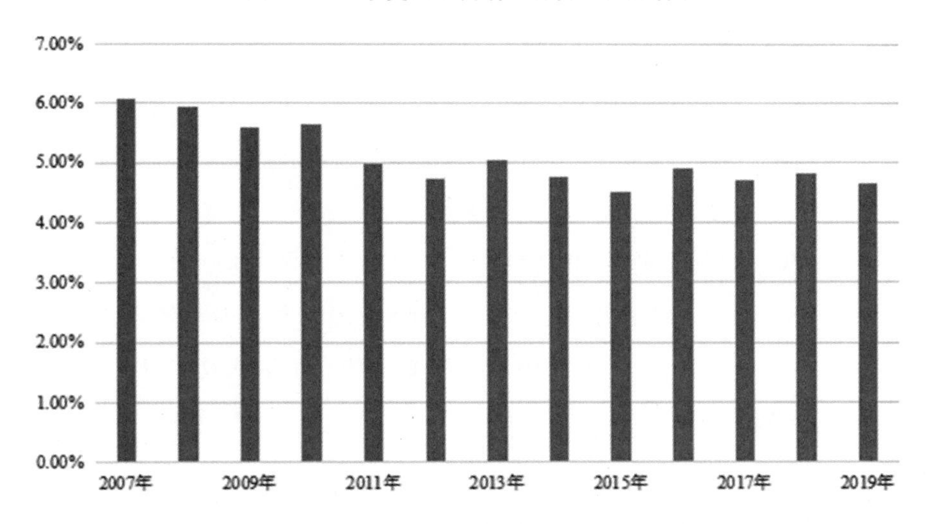

图 6-235　宁夏回族自治区公共安全支出占公共预算比例

高，为 80.1%，2005 年有害生物防治率最低，为 24.64%。整体波动趋势不规则，大多数年份的有害生物防治率不到 70%。

因数据不足，图 6-235 只统计了 2007—2019 年间宁夏回族自治区公共安全支出占公共预算比例，公共安全支出占公共预算的比例在一定程度上能反映该地区对社会风险的治理情况。宁夏回族自治区公共安全支出占公共预算的比例总体上呈现出下降的趋势。2007 年占比最高，达到 6.09%，2015 年占比最低，为 4.5%。

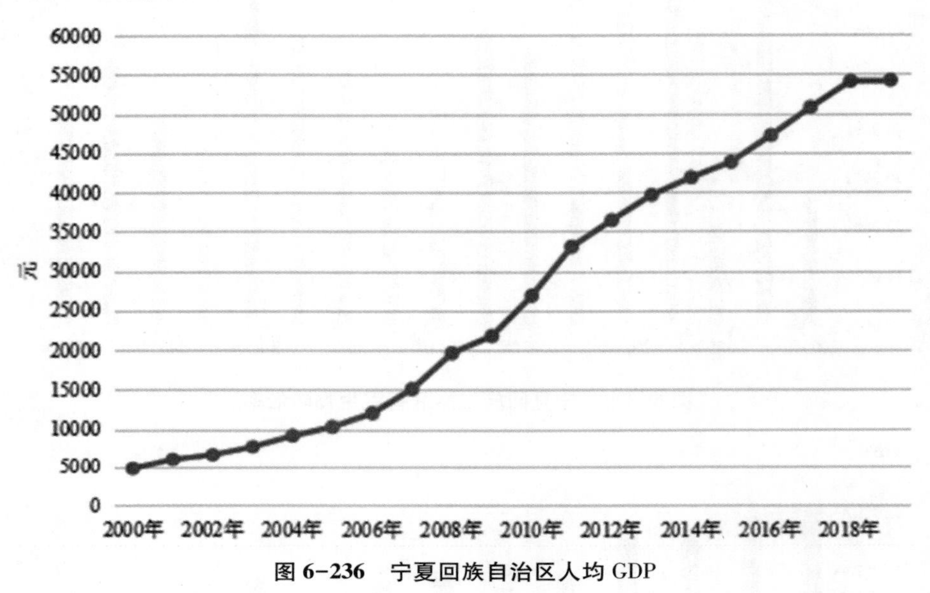

图 6-236　宁夏回族自治区人均 GDP

图 6-236 统计了 2000—2019 年间宁夏回族自治区人均 GDP。宁夏回族自治区人均 GDP 呈逐年上升的趋势，从 2009—2011 年上升趋势最快。2000 年的人均 GDP 为 4794 元，到 2019 年，宁夏回族自治区人均 GDP 上升到了 54217 元，涨幅明显。

图 6-237 统计了 2000—2019 年间宁夏回族自治区医疗卫生和教育支出占公共预算比例。由图可以看出，该项支出占公共预算的比例呈小幅度波动的趋势。2007 年时宁夏回族自治区医疗卫生和教育支出占公共预算比例最高，为 24.28%，2005 年时该比例最低，为 15.55%。

图 6-238 统计了 2000—2019 年间宁夏回族自治区的社会保障和就业支出占公共预算比例。由图可以看出，该支出占公共预算的比例呈现出不规律的小幅度波动。在 2005 年社会保障和就业支出占公共预算的比例最低，仅

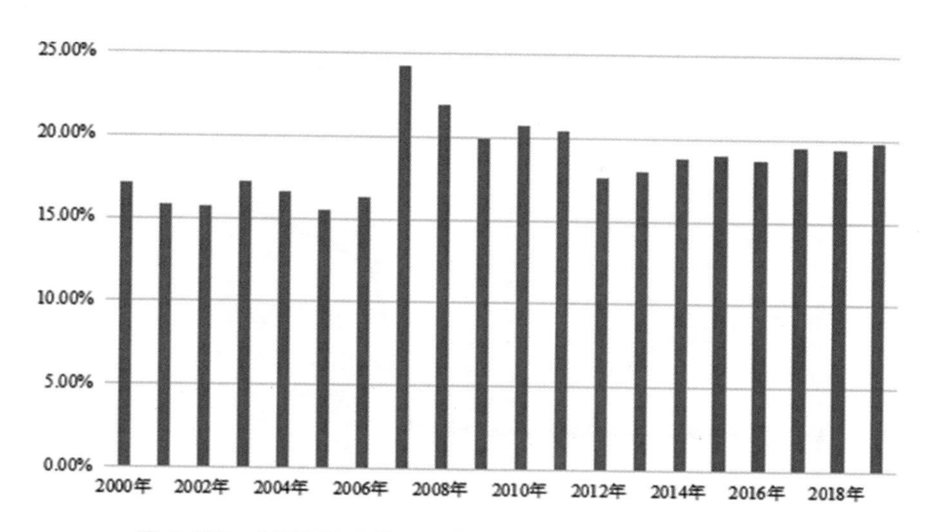

图 6-237　宁夏回族自治区医疗卫生和教育支出占公共预算比例

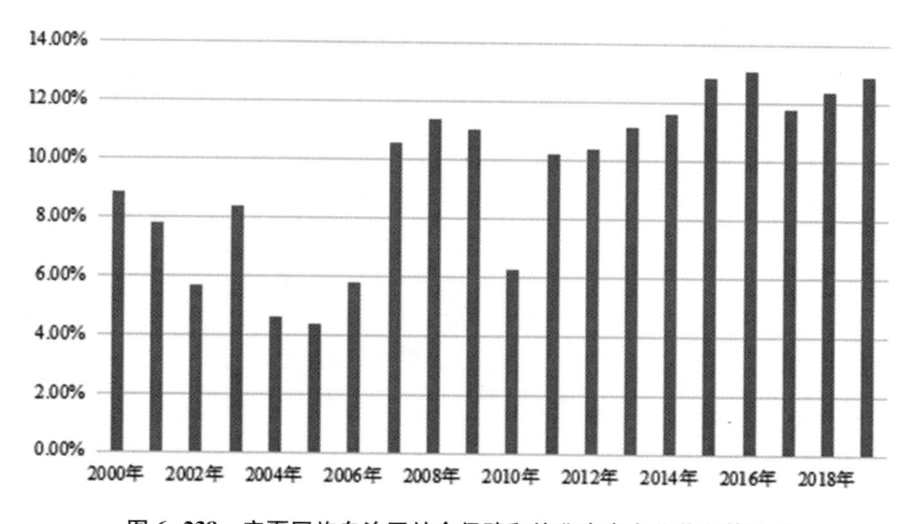

图 6-238　宁夏回族自治区社会保障和就业支出占公共预算比例

为 4. 39%，在 2016 年该比例最高，达到 13. 09%。

图 6-239 统计了 2000—2019 年间宁夏回族自治区每千人居民拥有医生数。在总体上，宁夏回族自治区每千人居民拥有医生数呈上升趋势。2005 年每千人居民拥有医生数最少，仅为 1. 78 人，2019 年最多，为 7. 98 人。

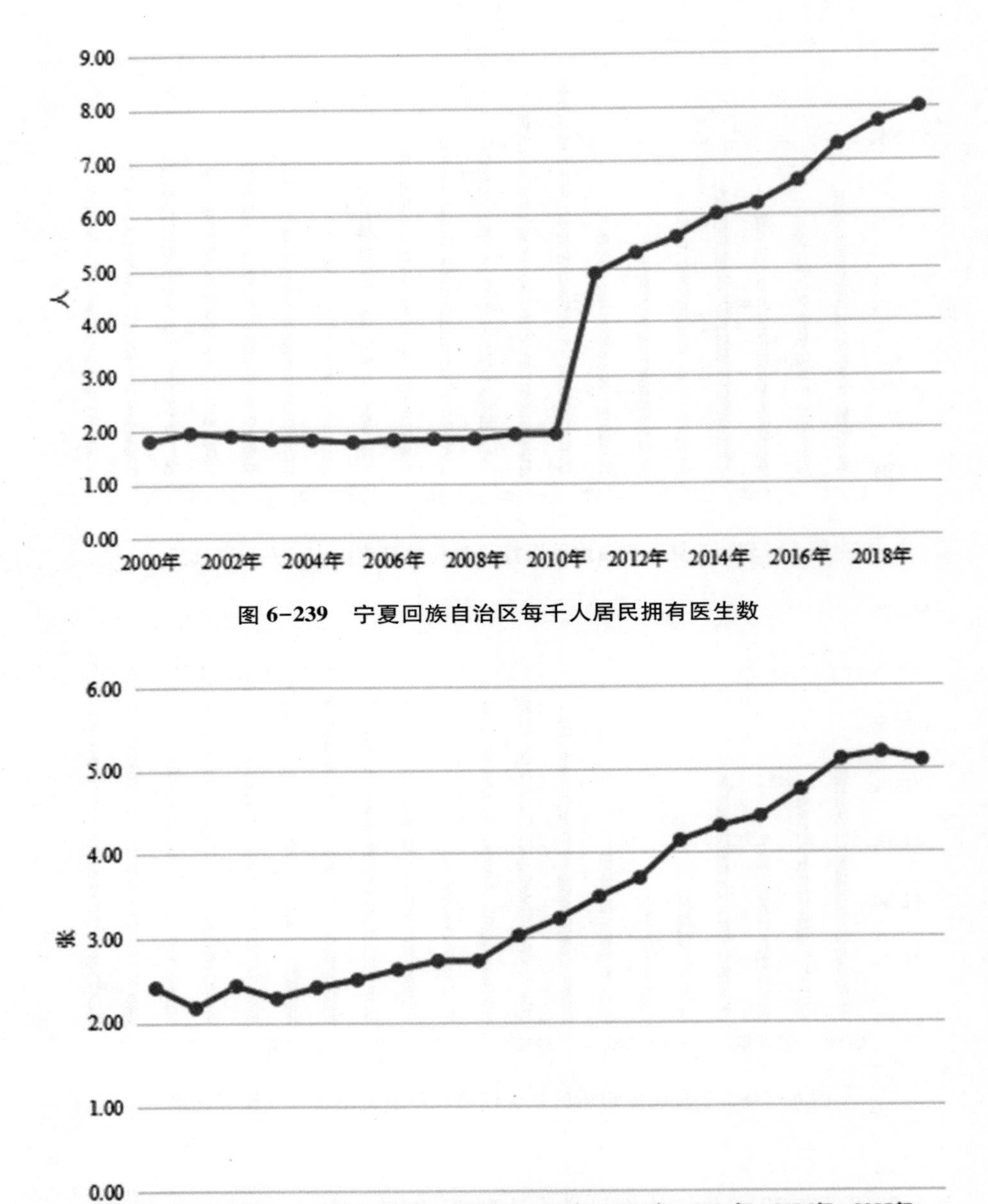

图 6-239　宁夏回族自治区每千人居民拥有医生数

图 6-240　宁夏回族自治区每千人居民拥有病床数

图 6-240 统计了 2000—2019 年间宁夏回族自治区的每千人居民拥有病床数。在总体上，宁夏的每千人居民拥有病床数呈上升趋势，其中 2012—2013 年上升趋势最为明显。2001 年宁夏每千人居民拥有病床数最少，仅为 2. 17 张，2018 年最多，为 5. 19 张。每千人居民拥有的病床数与每千人居民拥有医生数大体是呈正相关的。

十二、新疆维吾尔自治区巨灾风险评估

新疆维吾尔自治区位于我国的西北边疆，地域辽阔，面积约 166 万平方公里，是我国面积最大的省区。地形以高山和盆地为主，常被形象地称为“三山夹两盆”。新疆地处内陆腹地，是典型的温带大陆性气候。昼夜温差大，多风沙，干燥少雨。新疆有全国面积第三的牧场和面积第一的后备耕地，畜牧业发达。新疆少数民族人口众多，有 47 个民族聚居，约占总人口的 60%。地方生产总值增长迅速，其中第二、三产业增长势头明显强于第一产业。

表 6-19 新疆维吾尔自治区相关指标数值

年份	2000	2001	2002	2003	2004	2005	2006	2007	2008	2009	2010	2011	2012	2013	2014	2015	2016	2017	2018	2019
B_2 自然灾害发生频率(次/万平方公里)	/	/	/	0.48	0.75	0.76	0.49	0.47	0.55	0.37	2.14	0.54	0.55	0.43	0.42	0.22	0.50	0.73	0.43	0.30
B_4 年均因灾死亡率(‰)	/	/	/	/	0.0019	0.0026	0.0014	0.0027	0.0008	0.0006	0.0035	0.0011	0.0030	0.0005	0.0012	0.0008	0.0024	0.0004	0.0017	0.0002
B_5 年均因灾经济损失(亿元)	/	/	/	/	7.50	8.50	24.20	29.30	53.90	27.00	86.70	36.50	91.30	44.00	170.10	155.80	121.20	89.10	53.50	361.10
C_1 人口密度(人/平方公里)	11.14	11.30	11.48	11.65	11.83	12.11	12.35	12.62	12.84	13.01	13.16	13.31	13.45	13.64	13.84	14.22	14.45	14.73	14.98	15.20
C_2 城镇化率(%)	33.76	33.75	33.84	34.39	35.16	37.15	37.94	39.15	39.64	39.85	43.01	43.54	43.98	44.47	46.07	47.23	48.35	49.38	50.91	51.87
C_3 建筑物覆盖率(%)	/	/	/	0.72	0.73	0.74	0.74	0.74	0.75	/	/	/	/	/	/	/	/	/	/	/
C_4 生活垃圾无害化处理率(%)	/	/	/	31.60	35.90	43.90	27.00	28.20	52.00	60.00	70.60	79.50	78.70	78.10	81.90	80.90	83.30	88.60	91.40	96.30
C_5 森林与林地覆盖率(%)	/	/	/	1.08	2.94	2.94	2.94	2.94	2.94	4.02	4.02	4.02	4.02	4.24	4.24	4.24	4.24	4.24	4.87	4.87
C_6 年均人口自然增长率(‰)	12.17	11.13	10.87	10.78	10.91	11.38	10.76	11.78	11.17	10.56	10.56	10.57	10.84	10.92	11.47	11.08	11.08	11.40	6.13	3.69
C_7 年均城市增长率(%)	-4.88	7.90	1.94	8.46	3.65	1.73	13.17	0.71	17.87	4.75	10.02	4.12	2.71	8.00	5.02	5.99	1.18	3.69	5.52	8.34
D_{1a} 城镇居民家庭恩格尔系数(%)	39.18	37.94	37.68	37.12	37.73	36.69	35.78	36.29	37.89	36.50	35.70	36.30	36.20	35.00	30.00	29.70	29.30	28.60	27.70	28.90

续表

年份	2000	2001	2002	2003	2004	2005	2006	2007	2008	2009	2010	2011	2012	2013	2014	2015	2016	2017	2018	2019
D_{1b}农村居民家庭恩格尔系数(%)	49.10	47.70	46.30	45.50	45.20	41.80	39.90	39.90	42.60	30.90	30.00	29.30	35.70	29.34	34.49	34.07	31.70	30.60	30.00	29.00
D_2失业率(%)	3.80	3.70	3.70	3.50	3.80	3.90	3.90	3.88	3.70	3.80	3.20	3.20	3.40	3.40	3.20	2.90	2.50	2.60	2.40	2.10
D_3居民消费价格指数(上年=100)	99.40	104.00	99.40	100.40	102.70	100.70	101.30	105.50	108.10	100.70	104.30	105.90	103.80	103.90	102.10	100.60	101.40	102.20	102.00	101.90
D_4农林牧渔业总产值占GDP比例(%)	42.97	41.09	39.98	36.33	33.01	30.08	27.65	25.86	23.24	23.89	19.71	17.33	16.39	30.07	29.59	30.07	30.78	30.57	29.82	28.32
D_5人均耕地面积(公顷)	0.22	0.21	0.21	0.21	0.20	0.20	0.19	0.20	0.19	0.19	0.23	0.23	0.23	0.23	0.22	0.22	0.22	0.21	0.21	0.21
D_6有害生物防治率(%)	/	/	/	83.00	55.00	81.30	72.70	34.10	63.20	62.60	54.30	61.00	61.60	38.60	46.10	75.70	66.90	79.90	90.60	89.40
D_7公共安全支出占公共预算比例(%)	/	/	/	/	/	/	/	6.85	6.45	6.43	7.57	6.40	6.52	6.43	6.70	6.62	7.27	12.43	11.31	10.67
E_1人均GDP(元)	7379	7950	8465	9754	11254	12956	14855	16816	19797	19942	25034	30087	33796	37553	40648	39511	40564	44941	49475	54280
E_2医疗卫生和教育支出占公共预算比例(%)	22.00	23.79	18.24	19.50	19.21	18.99	17.57	23.72	24.34	23.96	24.57	26.33	22.78	23.91	24.41	23.44	22.25	21.33	21.93	21.93
E_3社会保障和就业支出占公共预算比例(%)	4.27	4.75	6.55	5.12	4.95	4.55	4.76	11.44	10.34	13.08	9.79	8.83	8.37	8.58	9.07	9.77	12.19	11.34	11.55	11.41
E_4每千人居民拥有医生数(人)	5.25	5.01	4.73	4.95	5.08	4.79	4.87	5.00	5.13	5.47	5.73	5.93	6.12	6.43	6.68	6.90	7.13	7.12	7.09	7.37
E_5每千人居民拥有病床数(张)	3.84	3.78	3.52	3.76	3.96	3.98	4.06	4.31	4.65	4.84	5.37	5.69	5.89	6.06	6.22	6.37	6.54	6.85	7.19	7.39

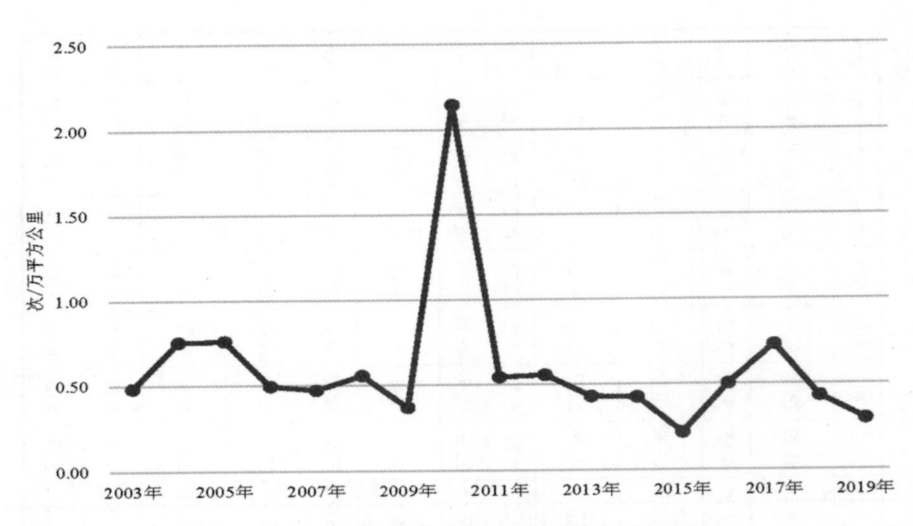

图 6-241　新疆维吾尔自治区自然灾害发生频率

因数据不足，图 6-241 只统计了 2003—2019 年新疆维吾尔自治区自然灾害发生的频率。2010 年自然灾害发生频率最高，为 2. 14 次/万平方公里，2015 年自然灾害发生频数是近年来最低，为 0. 22 次/万平方公里。因每个省面积不同，因此选用自然灾害发生频率来作为该指标，计算出每万平方公里内自然灾害发生的次数。由上图可以看出，新疆维吾尔自治区自然灾害发生频率没有明显的规律。

因数据不足，图 6-242 只统计了 2004—2019 年新疆维吾尔自治区年均因灾死亡率。由图可以看出，2010 年年均因灾死亡率最高，为 0. 0035‰，2019 年年均因灾死亡率最低，为 0. 0002‰。

因数据不足，图 6-243 只统计了 2004—2019 年间新疆维吾尔自治区因灾经济损失情况，2019 年的因灾经济损失最高，达到 361. 1 亿元。其他年份因灾经济损失均远低于 2019 年，2004 年的最低，为 7. 5 亿元。总体来看，新疆维吾尔自治区的因灾经济损失呈现不规则的波动，年际间很不均衡。

图 6-244 统计了 2000—2019 年新疆维吾尔自治区人口密度。由图可直观地看出，新疆维吾尔自治区的人口密度呈逐年的上升趋势，由 2000 年的

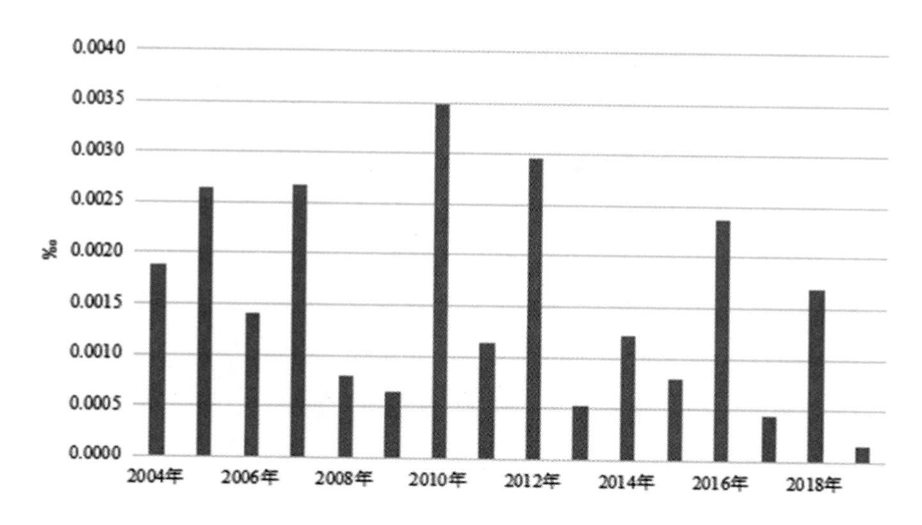

图 6-242　新疆维吾尔自治区年均因灾死亡率

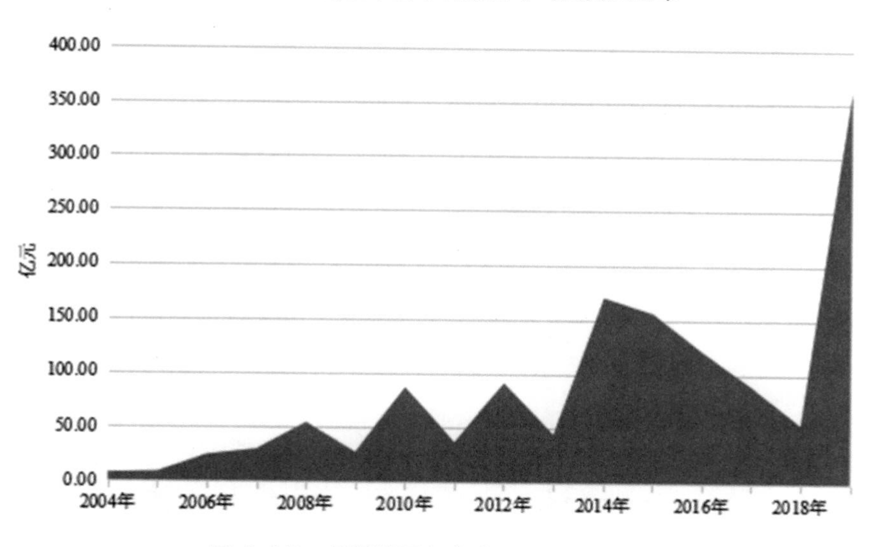

图 6-243　新疆维吾尔自治区因灾经济损失

11. 14 人/平方公里增加至 2019 年的 15. 2 人/平方公里。

图 6-245 统计了新疆维吾尔自治区从 2000—2019 年的城镇化率，随着城镇化发展的大趋势，新疆维吾尔自治区的城镇化率亦随之逐年增长，2000 年的城镇化率为 33. 76%，到 2019 年时，城镇化率达到 51. 87%。总体来看，

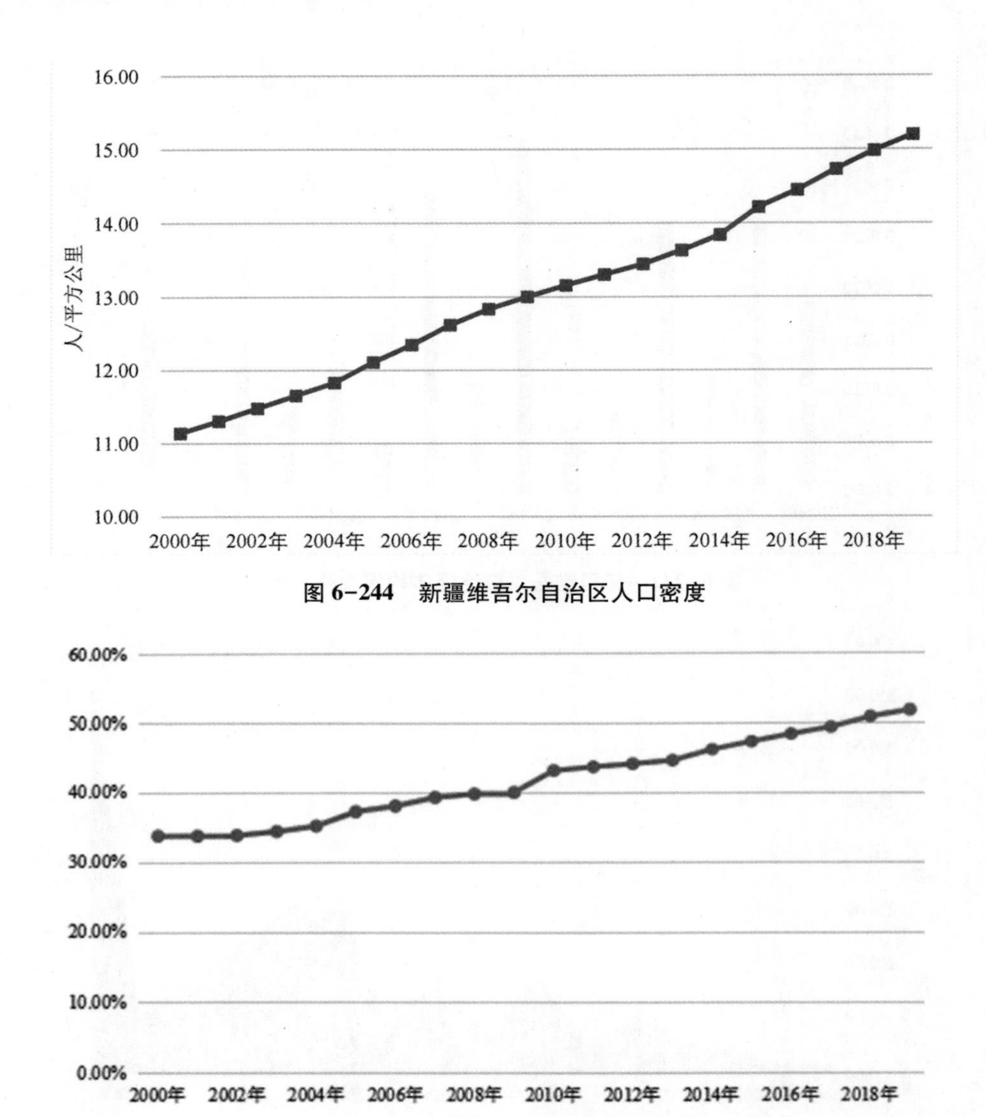

图 6-244　新疆维吾尔自治区人口密度

图 6-245　新疆维吾尔自治区城镇化率

新疆维吾尔自治区城镇化率的增长趋势较为平缓，每年增加的幅度都不高，但一直保持增长的趋势。

因数据不足，图 6-246 只统计了 2003—2008 年新疆维吾尔自治区建筑物覆盖率。总体上呈上升趋势，2003 年建筑物覆盖率最低，仅为 0.72%，到

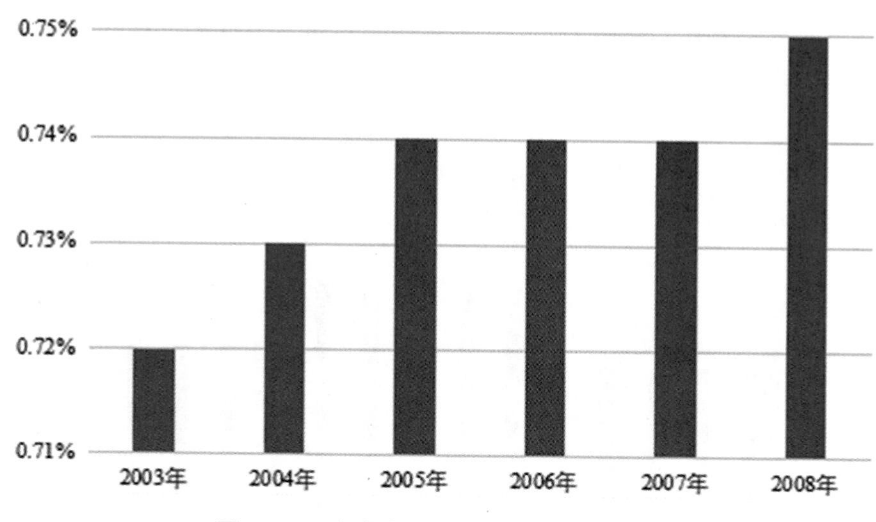

图 6-246　新疆维吾尔自治区建筑物覆盖率

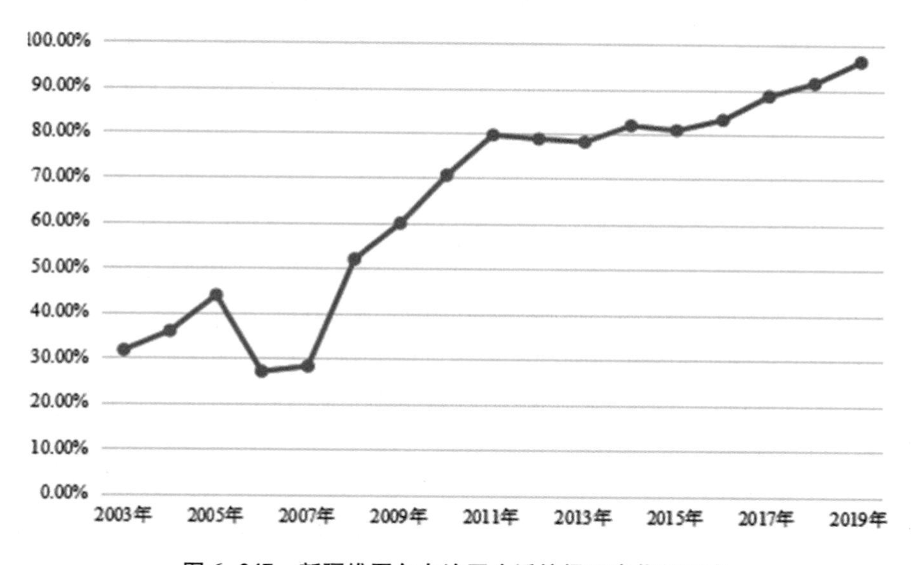

图 6-247　新疆维吾尔自治区生活垃圾无害化处理率

2008 年时，建筑物覆盖率上升到 0. 75%。建筑物覆盖率增长非常缓慢，但一直保持着稳定增长的趋势。

因数据不足，图 6-247 只统计了 2003—2019 年新疆维吾尔自治区生活垃圾无害化处理率。生活垃圾无害化处理率总体上呈现上升的趋势，但在2006年下降的幅度较大，下降至27%，2019年的最高，为96.3%。

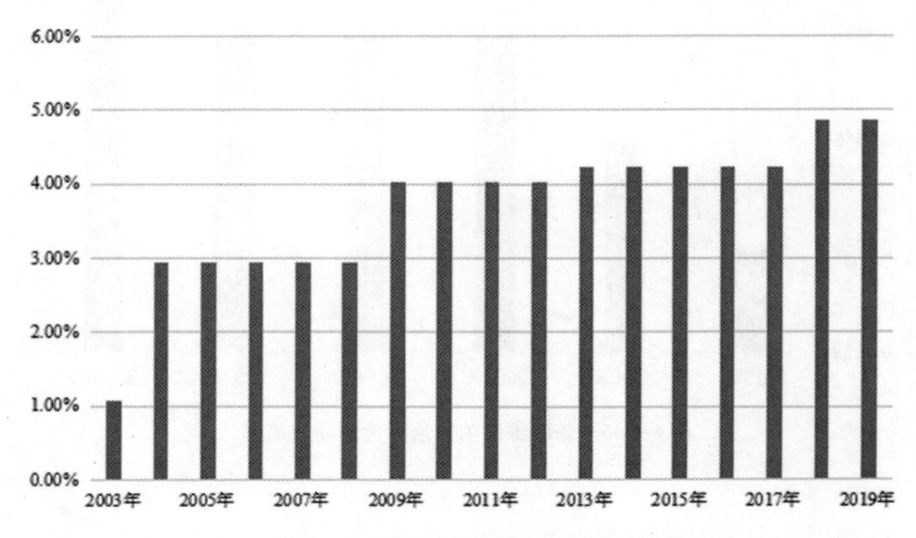

图 6-248　新疆维吾尔自治区森林与林地覆盖率

因数据不足，图6-248只统计了2003—2019年新疆维吾尔自治区森林与林地覆盖率。总体上呈现上升的趋势，从2003年的1.08%上升到2019年的4.87%。2003—2004年、2008—2009年以及2017—2018年的增长幅度较大，其他年份增长则较为平缓，没有明显的波动。

图6-249统计了2000—2019年间新疆维吾尔自治区人口自然增长率。可以看出，新疆维吾尔自治区的人口是不断增加的，没有负增长的情况。增长率呈现不规则的波动，2019年的人口自然增长率最低，为3.69‰，2000年的人口自然增长率最高，为12.17‰。

图6-250统计了2000—2019年新疆维吾尔自治区城市增长率。新疆维吾尔自治区城市增长率的幅度波动较大，且没有规律性。城市增长率最高的年份是2008年，为17.87%，2007年城市增长率最低，为0.71%。城市建成区面积从2000年的473.41平方公里增长到2019年的1422平方公里。

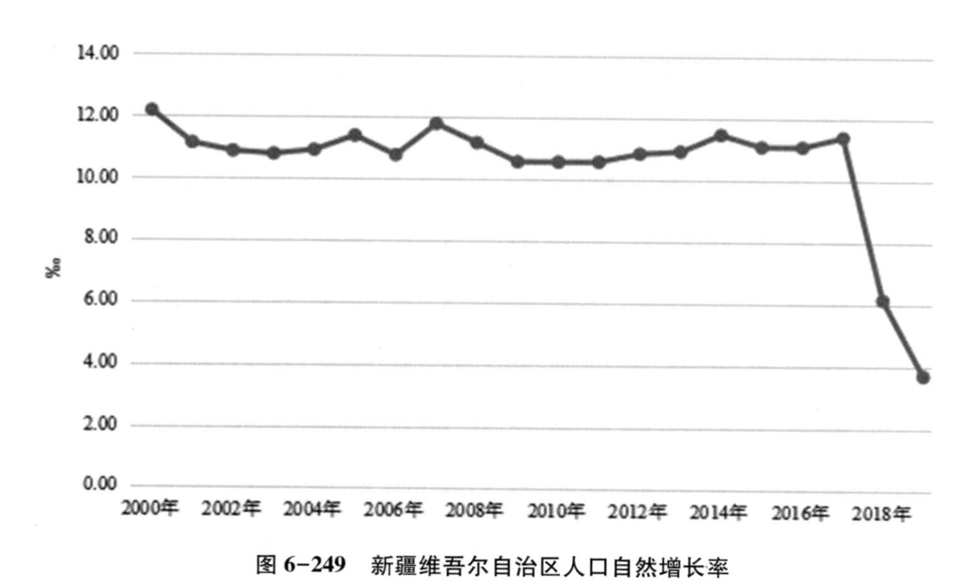

图 6-249　新疆维吾尔自治区人口自然增长率

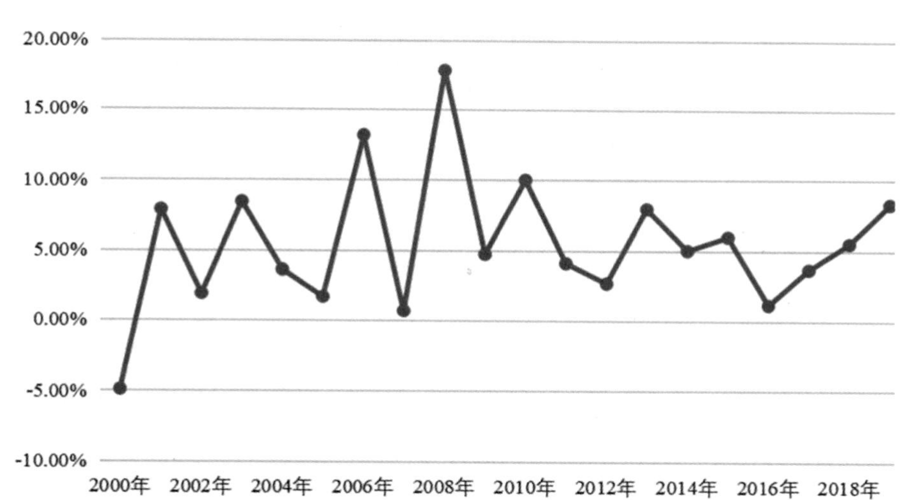

图 6-250　新疆维吾尔自治区城市增长率

图 6-251 统计了 2000—2019 年新疆维吾尔自治区居民家庭恩格尔系数。由图可知，在 2009—2013 年之间，新疆维吾尔自治区城镇居民家庭恩格尔系数均高于农村居民家庭恩格尔系数，其余年份新疆维吾尔自治区农村居民家庭恩格尔系数都高于城镇居民家庭恩格尔系数。

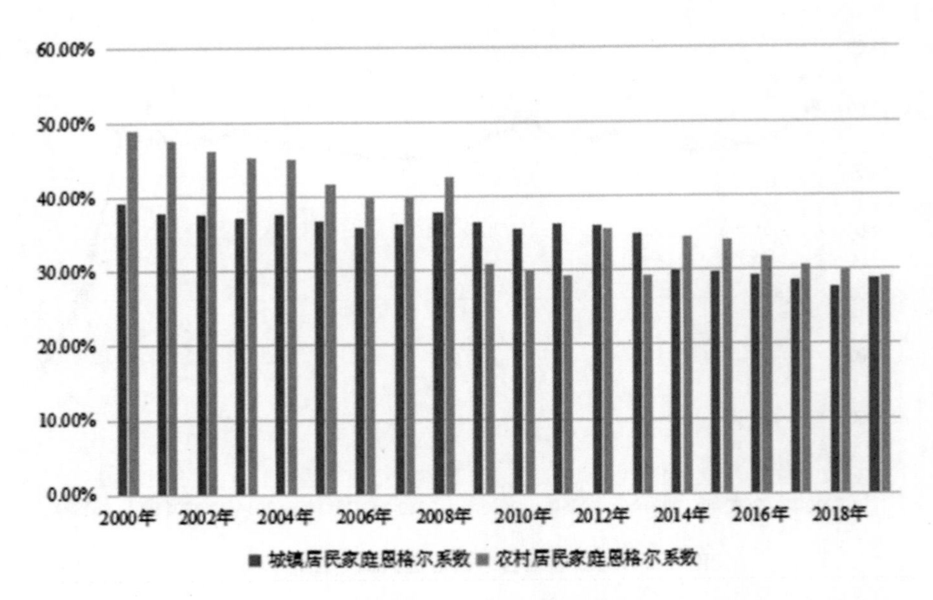

图 6-251　新疆维吾尔自治区居民家庭恩格尔系数

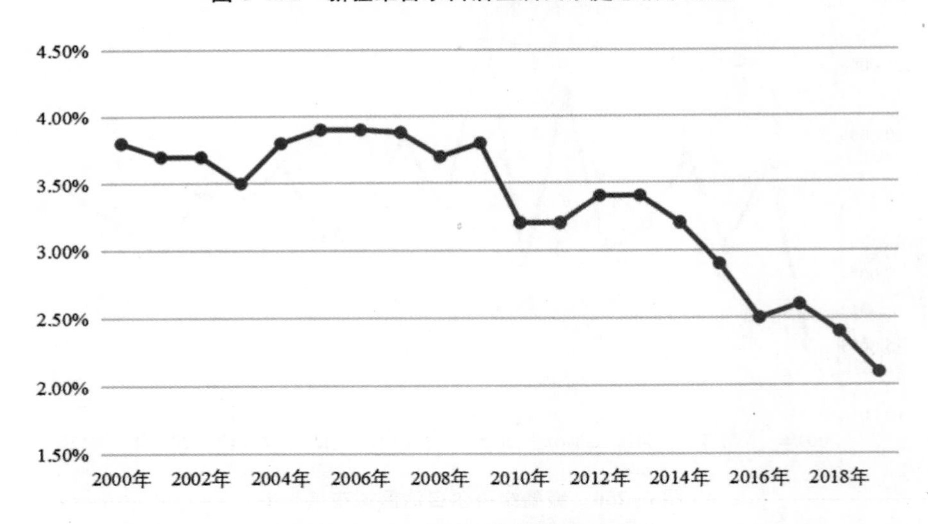

图 6-252　新疆维吾尔自治区失业率

图 6-252 统计了 2000—2019 年新疆维吾尔自治区失业率。2005 年和 2006 年失业率最高，为 3.9%，2019 年的失业率最低，为 2.1%。

图 6-253 统计了 2000—2019 年间新疆维吾尔自治区居民消费价格指数，

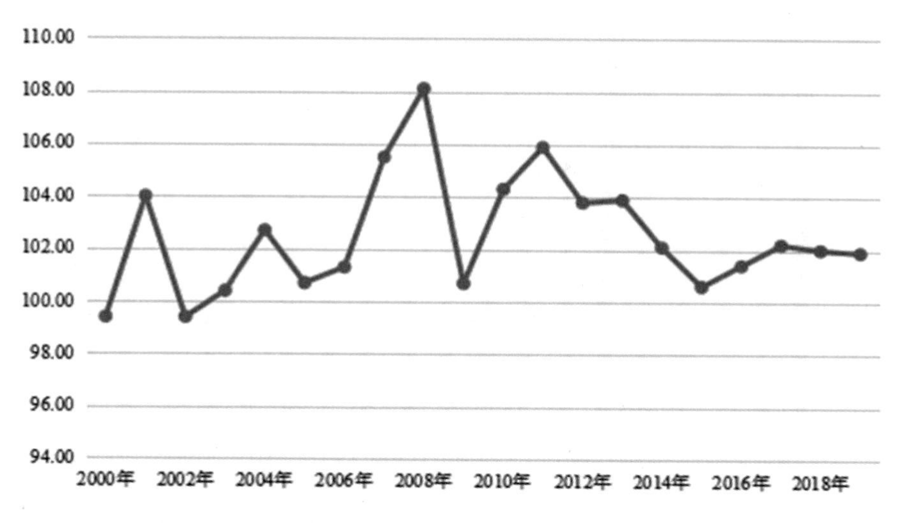

图 6-253　新疆维吾尔自治区居民消费价格指数（上年=100）

居民消费价格指数在一定程度上能反映通货膨胀的情况。新疆维吾尔自治区的居民消费价格指数呈现出不规律的波动，其中 2008 年是最高的峰值，2000 年和 2002 年是最低的谷值，2012—2013 年和 2017—2019 年的波动最平缓，其他年份的波动相对较大。

图 6-254 统计了 2000—2019 年新疆维吾尔自治区农林牧渔业总产值占 GDP 的比例。由图可以看出，农林牧渔业总产值占 GDP 的比例总体上呈下降的趋势，从 2000 年最高达到 42.97%下降到 2019 年的 28.32%。农林牧渔业总产值占 GDP 的比例最低的是 2012 年，为 16.39%。

图 6-255 统计了 2000—2019 年间新疆维吾尔自治区人均耕地面积。2006 年、2008 年和 2009 年人均耕地面积最小，为 0.19 公顷，2010—2013 年的人均耕地面积最大，为 0.23 公顷，此后逐年略有回落。总体来看，人均耕地面积在 0.22 公顷上下浮动。

因数据不足，图 6-256 只统计了 2003—2019 年间新疆维吾尔自治区有害生物防治率。从图可以看出，2018 年有害生物防治率最高，为 90.6%。2007 年有害生物防治率最低，为 34.1%。整体波动趋势不规则，大多数年份

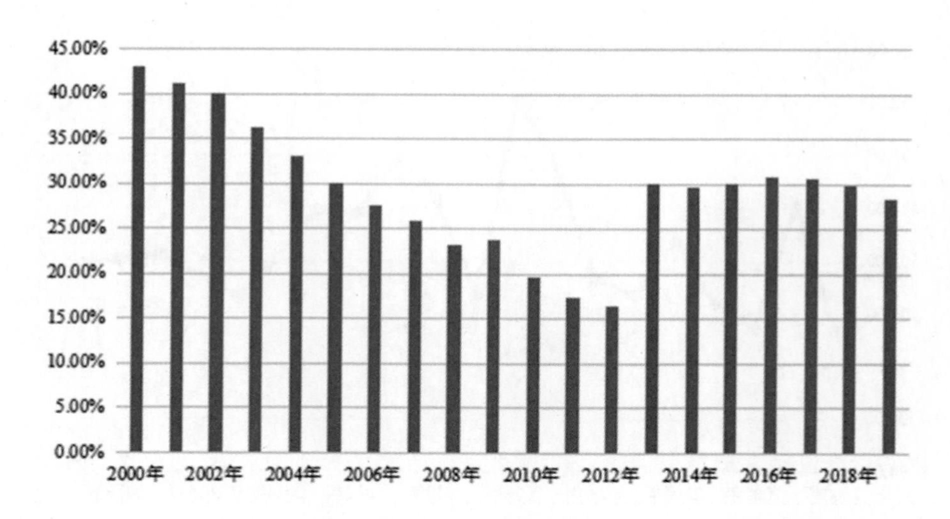

图 6-254　新疆维吾尔自治区农林牧渔业总产值占 GDP 比例

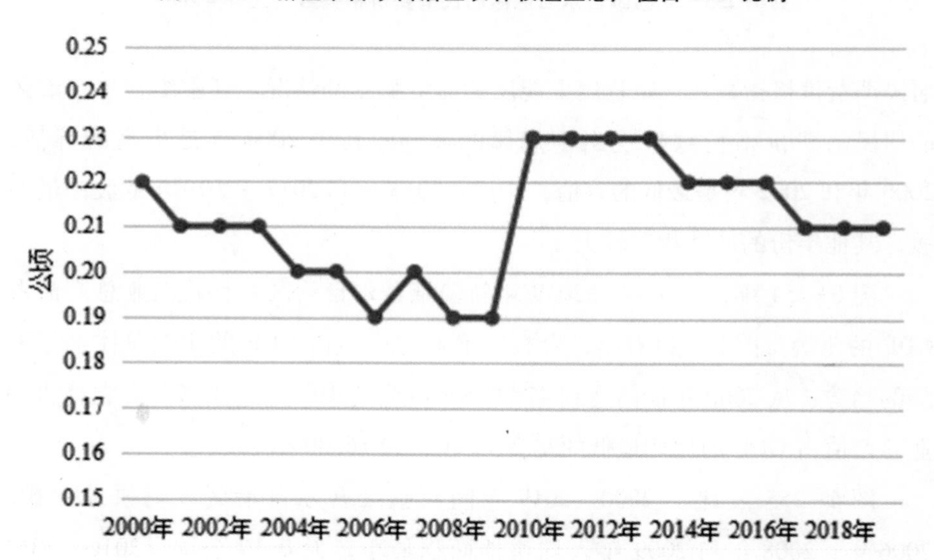

图 6-255　新疆维吾尔自治区人均耕地面积

的有害生物防治率不到 70%。

图 6-257 统计了 2000—2019 年间新疆维吾尔自治区的人均 GDP。2000 年的人均 GDP 为 7379 元，到 2019 年，新疆维吾尔自治区的人均 GDP 上升

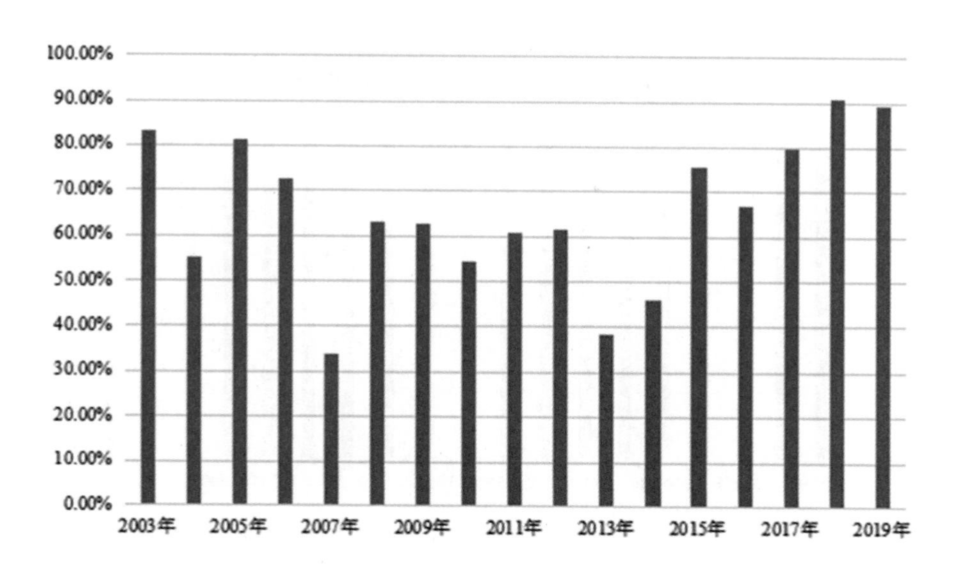

图 6-256　新疆维吾尔自治区有害生物防治率

图 6-257　新疆维吾尔自治区人均 GDP

到了 54280 元，涨幅明显。

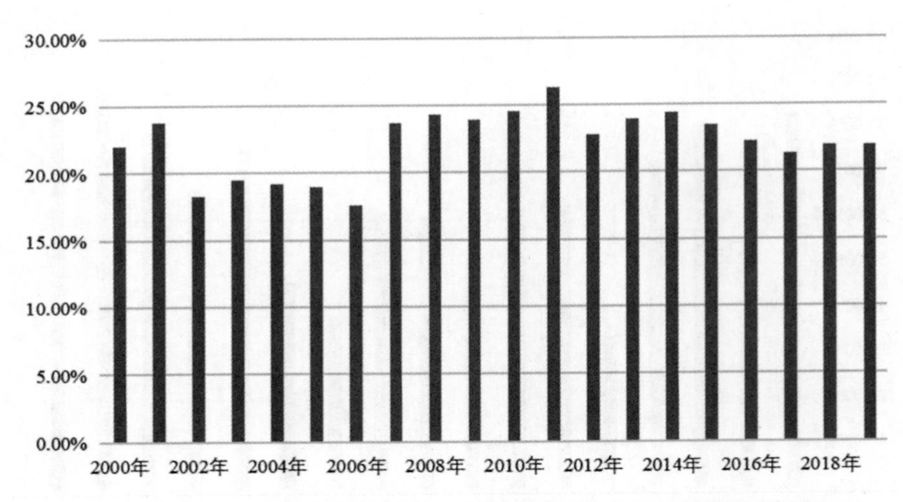

图 6-258　新疆维吾尔自治区医疗卫生和教育支出占公共预算比例

图 6-258 统计了 2000—2019 年间新疆维吾尔自治区医疗卫生和教育支出占公共预算比例。从上图中可以看出，该项支出占公共预算的比例呈不规则的波动。2011 年时该比例最高，为 26.33%，2006 年该比例最低，为 17.57%。总的来看，波动比较明显且无规律可言，近几年有逐年上升的趋势。

图 6-259 统计了 2000—2019 年间新疆维吾尔自治区社会保障和就业支出占公共预算比例。可以看出，该支出占公共预算的比例呈现出不规律的小幅度的波动。在 2000 年社会保障和就业支出占公共预算的比例最低，仅为 4.27%，在 2009 年该比例最高，达到 13.08%。

图 6-260 统计了 2000—2019 年间新疆维吾尔自治区每千人居民拥有医生数。在总体上，新疆维吾尔自治区每千人居民拥有医生数呈上升趋势。2002 年每千人居民拥有医生数最少，仅为 4.73 人，2019 年最多，为 7.37 人。

图 6-261 统计了 2000—2019 年间新疆维吾尔自治区每千人居民拥有病床数。在总体上，新疆维吾尔自治区每千人居民拥有病床数呈上升趋势，2002 年新疆每千人居民拥有病床数最少，仅为 3.52 张，2019 年最多，为

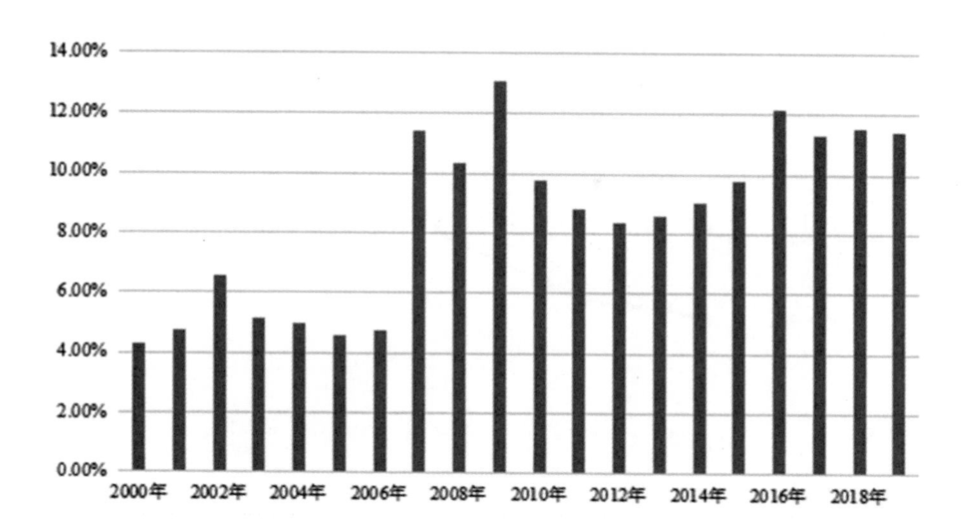

图 6-259　新疆维吾尔自治区社会保障和就业支出占公共预算比例

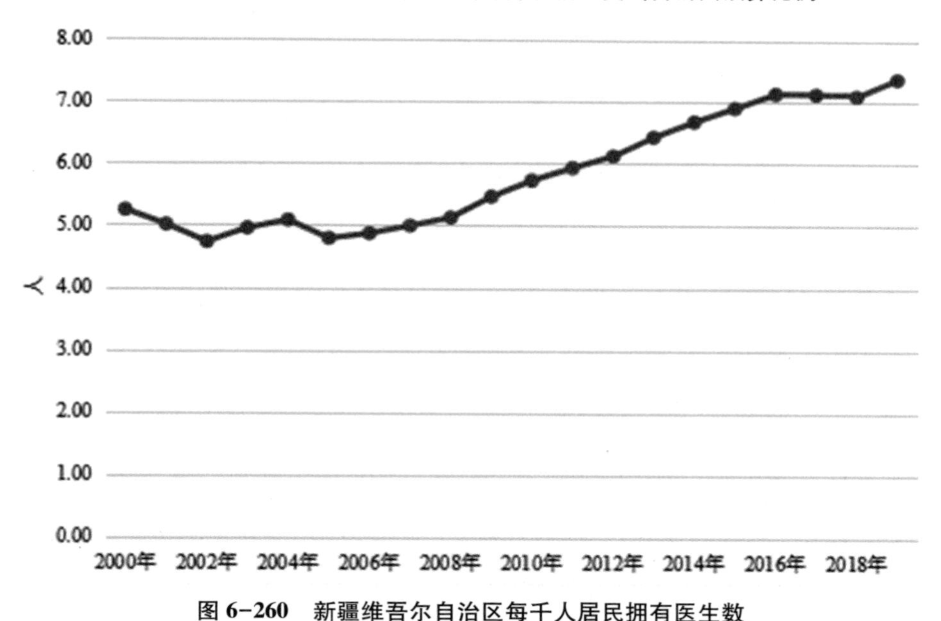

图 6-260　新疆维吾尔自治区每千人居民拥有医生数

7.39 张。每千人居民拥有的病床数与每千人居民拥有医生数大体是呈正相关的。

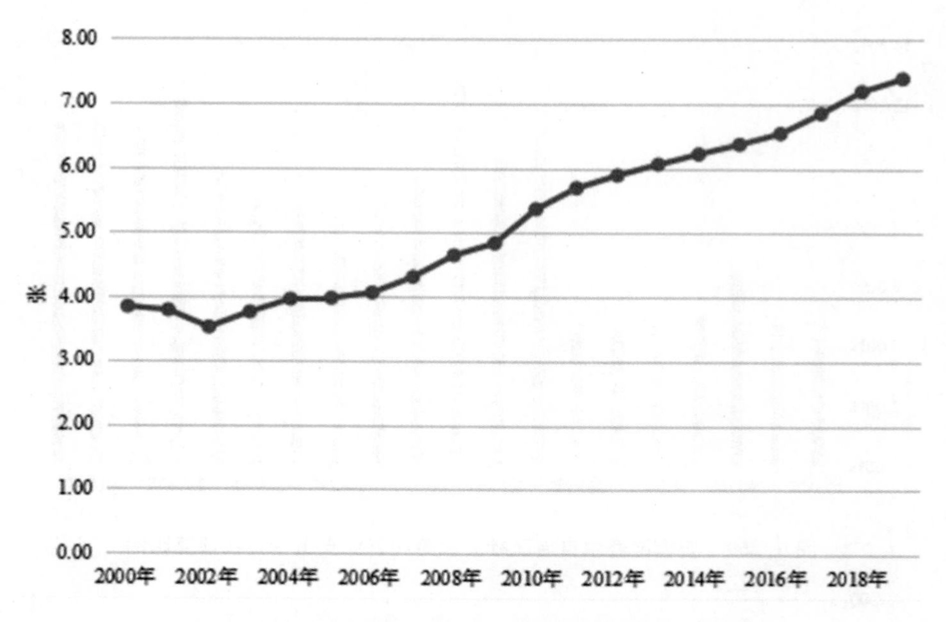

图 6-261　新疆维吾尔自治区每千人居民拥有病床数

第五节　西部各省巨灾风险评估结果

通过对西部地区巨灾风险评估的各项指标及其对应的权重，对标准化后的数据再次进行对应计算，注重按照科学性、系统性以及适用性原则，倾向于选取相对内涵清晰、指向明确、操作性强以及数据可得性高的指标，本节构建了适用于西部地区巨灾风险评估的评价体系，涵盖巨灾发生的频率、损失以及抗灾能力等方面的影响因素，得到旱灾风险评估得分表（表 6-20），洪涝、地质、气象灾害风险评估得分表（表 6-21），森林灾害风险评估得分表（表 6-22）以及社会风险评估得分表（表 6-23）。

表 6-20　旱灾风险评估得分

省份	内蒙古	广西	重庆	四川	贵州	云南	西藏	陕西	甘肃	青海	宁夏	新疆	各指标对目标层权重
B1 致灾因子数标准化	36.45	14.72	38.13	2.01	53.18	13.04	96.66	33.11	63.21	93.31	91.64	68.23	0.1057
B2 自然灾害发生频率标准化	98.45	35.93	15.66	42.43	19.88	67.91	97.96	50.91	57.72	98.98	94.76	99.20	0.1677
B5 年均因灾经济损失标准化	99.99	99.99	100.00	99.95	99.99	99.99	100.00	100.00	99.99	100.00	100.00	99.99	0.0666
C1 人口密度标准化	91.16	13.60	68.91	28.42	12.12	50.60	98.96	22.72	75.90	96.69	59.77	94.44	0.0732
C5 森林与林地覆盖率标准化	99.59	98.80	99.19	99.21	99.10	98.93	99.74	99.19	99.79	99.88	99.80	99.92	0.0222
C6 年均人口自然增长率标准化	99.97	94.37	99.70	99.98	99.95	99.95	99.92	99.70	99.96	99.93	99.93	99.29	0.0403
D1 恩格尔系数标准化	54.95	44.40	44.97	44.64	44.54	45.57	38.44	55.78	54.21	51.00	58.12	53.08	0.0844
D3 居民消费价格指数（上年=100）标准化	50.29	50.25	50.47	49.61	50.32	50.33	50.31	50.32	50.17	49.86	50.19	50.19	0.0276
D4 农林牧渔业总产值占 GDP 比例标准化	49.79	32.58	68.31	45.72	45.75	46.75	57.03	63.60	50.87	64.17	60.52	40.20	0.0222
D5 人均耕地面积标准化	9.31	71.83	80.24	80.08	56.47	55.80	73.75	73.88	34.76	63.55	31.72	28.44	0.0469
D6 有害生物防治率标准化	99.56	99.78	99.38	99.30	99.39	99.33	99.54	99.53	99.45	99.56	99.58	99.48	0.0560
E1 人均 GDP 标准化	6.80	44.79	13.01	33.83	51.35	47.40	42.40	17.90	52.75	37.54	23.29	25.52	0.1580
E2 医疗卫生和教育支出占公共预算比例标准化	60.01	41.09	59.47	50.66	41.57	45.30	89.36	47.24	47.74	59.78	57.11	48.92	0.0603
E3 社会保障和就业支出占公共预算比例标准化	58.24	65.41	51.98	53.71	69.23	59.42	78.47	50.88	52.05	48.73	63.42	67.34	0.0690
得分	61.79	50.11	49.84	49.87	52.50	58.13	79.22	52.32	63.91	75.00	69.05	68.93	

表 6-21　洪涝、地质、气象灾害风险评估得分

省份	内蒙古	广西	重庆	四川	贵州	云南	西藏	陕西	甘肃	青海	宁夏	新疆	各指标对目标层权重
B1 致灾因子数标准化	36. 45	14. 72	38. 13	2. 01	53. 18	13. 04	96. 66	33. 11	63. 21	93. 31	91. 64	68. 23	0. 0945
B2 自然灾害发生频率标准化	98. 45	35. 93	15. 66	42. 43	19. 88	67. 91	97. 96	50. 91	57. 72	98. 98	94. 76	99. 20	0. 1344
B4 年均因灾死亡率标准化	99. 99	99. 91	98. 74	61. 65	98. 21	96. 88	94. 54	98. 83	96. 16	81. 83	99. 68	99. 14	0. 0555
B5 年均因灾经济损失标准化	99. 99	99. 99	100. 00	99. 95	99. 99	99. 99	100. 00	100. 00	99. 99	100. 00	100. 00	99. 99	0. 0555
C1 人口密度标准化	91. 16	13. 60	68. 91	28. 42	12. 12	50. 60	98. 96	22. 72	75. 90	96. 69	59. 77	94. 44	0. 0394
C2 城镇化率标准化	99. 34	99. 52	99. 36	99. 54	99. 55	99. 57	99. 70	99. 44	99. 56	99. 46	42. 23	99. 49	0. 0255
C3 建筑物覆盖率标准化	76. 53	25. 99	32. 20	38. 41	253. 17	61. 74	99. 01	25. 68	59. 27	91. 55	41. 87	85. 95	0. 0201
C4 生活垃圾无害化处理率标准化	99. 43	99. 38	99. 42	99. 36	99. 52	99. 36	99. 42	99. 42	99. 62	99. 33	99. 46	99. 51	0. 0150
C5 森林与林地覆盖率标准化	99. 59	98. 80	99. 19	99. 21	99. 10	98. 93	99. 74	99. 19	99. 79	99. 88	99. 80	99. 92	0. 0090
C6 年均人口自然增长率标准化	99. 97	94. 37	99. 70	99. 98	99. 95	99. 95	99. 92	99. 70	99. 96	99. 93	99. 93	99. 29	0. 0146
C7 年均城市增长率标准化	68. 09	58. 11	41. 44	51. 43	43. 69	12. 97	65. 09	56. 20	69. 18	58. 41	41. 32	56. 39	0. 0121
D1 恩格尔系数标准化	54. 95	44. 40	44. 97	44. 64	44. 54	45. 57	38. 44	55. 78	54. 21	51. 00	58. 12	53. 08	0. 0806
D2 失业率标准化	99. 49	99. 55	99. 51	99. 45	99. 52	99. 49	99. 50	99. 54	99. 62	99. 55	99. 44	99. 56	0. 0368
D3 居民消费价格指数（上年=100）标准化	50. 29	50. 25	50. 47	49. 61	50. 32	50. 33	50. 31	50. 32	50. 17	49. 86	50. 19	50. 19	0. 0212
D5 人均耕地面积标准化	9. 31	71. 83	80. 24	80. 08	56. 47	55. 80	73. 75	73. 88	34. 76	63. 55	31. 72	28. 44	0. 0409
D6 有害生物防治率标准化	99. 56	99. 78	99. 38	99. 30	99. 39	99. 33	99. 54	99. 53	99. 45	99. 56	99. 58	99. 48	0. 0575
E1 人均 GDP 标准化	6. 80	44. 79	13. 01	33. 83	51. 35	47. 40	42. 40	17. 90	52. 75	37. 54	23. 29	25. 52	0. 1136
E2 医疗卫生和教育支出占公共预算比例标准化	60. 01	41. 09	59. 47	50. 66	41. 57	45. 30	89. 36	47. 24	47. 74	59. 78	57. 11	48. 92	0. 0554
E3 社会保障和就业支出占公共预算比例标准化	58. 24	65. 41	51. 98	53. 71	69. 23	59. 42	78. 47	50. 88	52. 05	48. 73	63. 42	67. 34	0. 0394
E4 每千人居民拥有医生数标准化	66. 24	1. 15	46. 92	78. 38	50. 31	78. 40	45. 42	72. 73	76. 91	29. 46	43. 98	16. 11	0. 0484
E5 每千人居民拥有病床数标准化	51. 33	57. 44	53. 34	46. 87	55. 86	52. 63	57. 72	46. 41	52. 75	45. 37	55. 96	33. 16	0. 0305
得分	66. 53	54. 10	55. 05	55. 04	62. 52	63. 09	79. 55	59. 03	68. 28	74. 41	69. 68	69. 28	

表 6-22　森林灾害风险评估得分

省份	内蒙古	广西	重庆	四川	贵州	云南	西藏	陕西	甘肃	青海	宁夏	新疆	各指标对目标层权重
B1 致灾因子数标准化	36.45	14.72	38.13	2.01	53.18	13.04	96.66	33.11	63.21	93.31	91.64	68.23	0.0945
B2 自然灾害发生频率标准化	98.45	35.93	15.66	42.43	19.88	67.91	97.96	50.91	57.72	98.98	94.76	99.20	0.1344
B4 年均因灾死亡率标准化	99.99	99.91	98.74	61.65	98.21	96.88	94.54	98.83	96.16	81.83	99.68	99.14	0.0555
B5 年均因灾经济损失标准化	99.99	99.99	100.00	99.95	99.99	99.99	100.00	100.00	99.99	100.00	100.00	99.99	0.0555
C1 人口密度标准化	91.16	13.60	68.91	28.42	12.12	50.60	98.96	22.72	75.90	96.69	59.77	94.44	0.0526
C5 森林与林地覆盖率标准化	99.59	98.80	99.19	99.21	99.10	98.93	99.74	99.19	99.79	99.88	99.80	99.92	0.0602
C6 年均人口自然增长率标准化	99.97	94.37	99.70	99.98	99.95	99.95	99.92	99.70	99.96	99.93	99.93	99.29	0.0230
D1 恩格尔系数标准化	54.95	44.40	44.97	44.64	44.54	45.57	38.44	55.78	54.21	51.00	58.12	53.08	0.0737
D2 失业率标准化	99.49	99.55	99.51	99.45	99.52	99.49	99.50	99.54	99.62	99.55	99.44	99.56	0.0464
D6 有害生物防治率标准化	99.56	99.78	99.38	99.30	99.39	99.33	99.54	99.53	99.45	99.56	99.58	99.48	0.1169
E1 人均 GDP 标准化	6.80	44.79	13.01	33.83	51.35	47.40	42.40	17.90	52.75	37.54	23.29	25.52	0.1136
E2 医疗卫生和教育支出占公共预算比例标准化	60.01	41.09	59.47	50.66	41.57	45.30	89.36	47.24	47.74	59.78	57.11	48.92	0.0554
E3 社会保障和就业支出占公共预算比例标准化	58.24	65.41	51.98	53.71	69.23	59.42	78.47	50.88	52.05	48.73	63.42	67.34	0.0394
E4 每千人居民拥有医生数标准化	66.24	1.15	46.92	78.38	50.31	78.40	45.42	72.73	76.91	29.46	43.98	16.11	0.0484
E5 每千人居民拥有病床数标准化	51.33	57.44	53.34	46.87	55.86	52.63	57.72	46.41	52.75	45.37	55.96	33.16	0.0305
得分	72.33	57.45	58.89	58.13	62.12	67.42	82.51	62.42	73.18	77.93	76.61	74.31	

表 6-23　社会风险评估得分

省份	内蒙古	广西	重庆	四川	贵州	云南	西藏	陕西	甘肃	青海	宁夏	新疆	各指标对目标层权重
B1 致灾因子数标准化	36.45	14.72	38.13	2.01	53.18	13.04	96.66	33.11	63.21	93.31	91.64	68.23	0.0945
B3 社会风险发生频率标准化	82.66	16.18	56.65	56.07	50.87	7.51	97.11	36.42	47.98	79.77	97.11	85.55	0.1344
B4 年均因灾死亡率标准化	99.99	99.91	98.74	61.65	98.21	96.88	94.54	98.83	96.16	81.83	99.68	99.14	0.0555
B5 年均因灾经济损失标准化	99.99	99.99	100.00	99.95	99.99	99.99	100.00	100.00	99.99	100.00	100.00	99.99	0.0555
C1 人口密度标准化	91.16	13.60	68.91	28.42	12.12	50.60	98.96	22.72	75.90	96.69	59.77	94.44	0.0282
C2 城镇化率标准化	99.34	99.52	99.36	99.54	99.55	99.57	99.70	99.44	99.56	99.46	42.23	99.49	0.0445
C3 建筑物覆盖率标准化	76.53	25.99	32.20	38.41	253.17	61.74	99.01	25.68	59.27	91.55	41.87	85.95	0.0188
C4 生活垃圾无害化处理率标准化	99.43	99.38	99.42	99.36	99.52	99.36	99.42	99.42	99.62	99.33	99.46	99.51	0.0188
C6 年均人口自然增长率标准化	99.97	94.37	99.70	99.98	99.95	99.95	99.92	99.70	99.96	99.93	99.93	99.29	0.0136
C7 年均城市增长率标准化	68.09	58.11	41.44	51.43	43.69	12.97	65.09	56.20	69.18	58.41	41.32	56.39	0.0118
D1 恩格尔系数标准化	54.95	44.40	44.97	44.64	44.54	45.57	38.44	55.78	54.21	51.00	58.12	53.08	0.0865
D2 失业率标准化	99.49	99.55	99.51	99.45	99.52	99.49	99.50	99.54	99.62	99.55	99.44	99.56	0.0567
D3 居民消费价格指数（上年=100）标准化	50.29	50.25	50.47	49.61	50.32	50.33	50.31	50.32	50.17	49.86	50.19	50.19	0.0256
D4 农林牧渔业总产值占 GDP 比例标准化	49.79	32.58	68.31	45.72	45.75	46.75	57.03	63.60	50.87	64.17	60.52	40.20	0.0427
D7 公共安全支出占公共预算比例标准化	43.03	32.33	58.21	40.70	35.74	32.89	24.70	64.72	46.07	47.53	42.92	12.53	0.0256
E1 人均 GDP 标准化	6.80	44.79	13.01	33.83	51.35	47.40	42.40	17.90	52.75	37.54	23.29	25.52	0.1136
E2 医疗卫生和教育支出占公共预算比例标准化	60.01	41.09	59.47	50.66	41.57	45.30	89.36	47.24	47.74	59.78	57.11	48.92	0.0554
E3 社会保障和就业支出占公共预算比例标准化	58.24	65.41	51.98	53.71	69.23	59.42	78.47	50.88	52.05	48.73	63.42	67.34	0.0394
E4 每千人居民拥有医生数标准化	66.24	1.15	46.92	78.38	50.31	78.40	45.42	72.73	76.91	29.46	43.98	16.11	0.0484
E5 每千人居民拥有病床数标准化	51.33	57.44	53.34	46.87	55.86	52.63	57.72	46.41	52.75	45.37	55.96	33.16	0.0305
得分	64.19	48.54	58.88	39.16	64.79	52.91	76.21	56.22	66.03	70.02	68.64	65.20	

第七章 西部地区巨灾风险评估与管理创新路径

第一节 基于风险感知理论的巨灾风险评估方法探索

一、风险感知理论及相关研究成果

（一）风险感知的心理测量流派

早在20世纪五六十年代，西方社会心理学、公共行政学、政治学等领域的学者就对风险感知理论进行了初步研究。部分关注灾害管理的社会心理学家发现，民众对于灾害风险的判断存在差异，常常与专家观点产生分歧。基于此，社会心理学家认为普通民众不同于专家学者，其对于灾害风险的判断并非完全基于知识和逻辑论证而往往源于直觉判断。社会心理学者将这种对灾害风险的直觉判断称为“风险感知”，并对其展开了全面研究，希望能够以科学的方式对其进行测量，此后便逐渐形成了风险感知的心理测量流派。

对风险感知这一现象采用心理学方法测量的代表人物为Paul Slovic。他首先对妇女、学生、专家等群体中的34人进行了关于风险特征的调查，采用了一种包含15项风险特征（是否可控、是否产生恐惧感、是否在世界范围内造成伤害、是否对人体造成致命伤害、是否符合社会公平正义、是否单独发生、是否对后代造成不利影响、是否容易造成、是否能够人为降低其风险、是否是自愿发生的、是否可观测、是否为人所知、其影响是否立刻产生、是否属于新型灾害、是否为科学家所了解）的量表，对于81种不同风险（自然灾害风险如酸雨、火山爆发等，社会灾害风险如核能、机动车、吸烟、农药、火灾、射线等）进行排序，采用因子分析法提取出恐惧因子和未知因子。通过进一步对比分析，调查结果显示普通人对某种风险的感知与其因子位置相关，且其作出风险规避行为的意愿与恐惧因子得分呈现正相关关系。而专家并不如此，数据显示其风险感知和风险种类所处的因子位置的关系并不显著，而更倾向于采用客观数据作为判断风险程度的参考。之后，他与研究团队基于不同地域的不同灾害，进行了一系列对风险感知的测量研究，依然主要采用因子分析和均值比较方法，调查范围和样本量不断扩大，为风险感知理论研究积累了丰富资料和扎实的理论基础①。

风险感知的心理测量流派另一重要贡献是社会放大分析框架。这一框架认为风险事件除了会造成直接伤害，同时也会对处于灾害范围之外的政府、企业、社会组织等主体造成间接伤害，这种影响的传导方式是一种由地域内民众向某些行业层层递进的过程，且影响力度和范围可能呈现逐渐扩大的趋势，因此被形象地称为“涟漪效应”。风险的社会放大过程基本如下：风险事件发生后，相关信息在个人和社会之间进行传递并产生过滤，经过放大之后产生涟漪效应，并造成财政损失、组织变革和社会信心丧失等深远影响。此外，该流派还对“污名化”行为进行了研究，认为如果某地曾经发生过风险事件或者与某种风险存在关联，人们便会产生该地与该风险相关的联想，由此提升了民众的风险感知程度并造成社会经济影响，一个典型案例即是受访者将内华达州与核试验进行关联，降低了将其作为旅游目的地的意愿。

① Slovic P, The perception of risk, London: Routledge, 2016.

（二）风险感知的文化理论流派

风险感知的文化流派并不关注技术或者自然的安全威胁，而将风险视为一种文化范畴的事物，认为风险感知是社会而非个人心理的产物。风险感知的文化理论基于“群体”和“网格”两个维度，将社会群体划分为四种类型：个人主义者、宿命论者、平等主义者和等级主义者。个人主义者偏向以成本—收益方法判断风险并作出理性决策，关注战争等对市场造成威胁的风险；平等主义者关注技术和环保，质疑专家权威；等级主义者则倾向于权威，尤其是在风险管理中占主导地位的政府；宿命论者与前三者都不一样，往往代表沉默的大众。综上，作为一种文化视角的分类方法，风险感知的文化理论流派主要是探究个人经历对风险感知的影响。

（三）民众与专家的风险感知差异

专家和公众风险感知差异是一个贯穿于整个西方风险感知理论研究源流的核心议题：专家对风险的判断是否与普通民众存在差别。专家群体的风险感知是否更为贴近真实情况，直接决定了风险管理中的相关沟通协作行为是否必要，同时也关系到科学技术能否在风险事件中发挥积极作用。因此，相关学者针对这一问题进行了大量研究并取得了丰硕的研究成果。

所谓专家，是指掌握了某一领域知识并能进行独立判断的人。但是专家和普通民众的区别绝不仅仅体现在知识方面，就某种程度而言，专家更为理性且尊重科学。专家和普通民众在巨灾风险管理中的作用具有差异。专家可以凭借其知识储备为决策者提供建议，从而能够影响风险管理的方向，政府部门的观点大多来自专家意见。如果民众和政府部门在巨灾风险的判断上存在差异，其本质很有可能是民意与科学意见的差异。假如这种分歧无法调和，将降低社会整体巨灾应对行为的科学性，也不利于多元主体之间的团结协作。

为了探究专家和普通民众两个群体之间是否存在风险感知差异，相关领域学者进行了多项实证研究，希望通过量化指标的对比获知答案。相关文献可以依据研究内容和方法大致归为四类。其一，是针对不同风险的诸多特征进行测量与比较。例如，Paul Slovic 等人（1992）在提出风险感知的心理测量范式时，对 81 种风险的 15 种风险特征分别进行了测量，并绘制出了双因子（恐惧和未知）之上的风险分布情况，相关研究表明专家与普通民众的风险感知存在差异①。Mc Daniels 等人（1997）采取类似方法，对弗雷泽盆地中 33 种水环境风险的 17 个方面进行风险感知测量，而且更具针对性地采用了均值比较和回归分析的统计方法探究普通民众和专家之间的差异，研究发现二者在大部分风险种类上并不存在显著的感知差异，但在一些特殊风险的防范上存在分歧②。其二，是针对不同灾害的风险感知直接进行测量和比较，即不采用风险特征量表，而直接询问一个或多个问题获得风险感知状况。例如，有学者对化学公司高管、化学家和公众对化学风险的感知差异进行了研究，要求受访者对不同事物的化学风险进行评级，发现公众的风险感知要高于其他两个群体；其三，是针对某一特定事件的风险感知状况进行直接测量和比较分析。例如比较了瑞士洪水灾害中民众风险感知和专家评估的差异，以及关于墨西哥索诺拉河水传染病的风险感知研究等等。这类研究多采用描述统计的定量方法，辅之以少量的访谈调查。除了上述三类实证研究之外，还有少部分研究通过文献综述或理论探讨的方法，对专家与民众之间的风险感知差异进行总结和探讨，主要集中于实践经验较为丰富、与民众生活比较贴近且学术研究成果较多的领域，如洪灾、食品安全、动物传染病等风险。

由此可见，现有研究已经多次显示专家和公众群体的风险感知的确存在差异，而造成这一差异的原因较为复杂。首先，公众因为缺乏知识，故而对

---

① Slovic P.，“Perception of risk：Reflections on the psychometric paradigm”，Social Theories of Risk，Vol. 236，No. 3，1992，pp：112-112.

② Mc Daniels T. L.，Axelrod L. J.，Cavanagh N. S.，et al，“Perception of ecological risk to water environments”，Risk analysis，Vol. 17，No. 3，1997，pp：341-352.

巨灾风险的认识偏于感性，尤其在巨灾事件发生时，可能受到紧张情绪影响难以形成客观判断。专家对于巨灾风险的判断更可能立足于数据和实验模拟，形成结论的过程可能有相对规范的科学程序和技术路线，相对较少受到外部环境和主观情绪的影响。但是专家可能对技术路径过于信任，而只关心计算结果却忽视了技术发挥作用的现实情况，研究结论有可能脱离管理实际，尤其是专家时常处于巨灾风险场域的外部，并未能真正体会区域内社会经济的脆弱性。其次，专家和民众的科学观念存在差异。专家可能对技术风险习以为常，而民众则常常对未知且复杂的技术不信任，这也会对风险感知造成影响。最后，专家并非是同质性的群体，随着科学研究领域的不断细化，即便是同专业的科学家也可能互不了解对方的研究成果，不能排除有些专家对自身不熟悉的问题判断失误的情况。

（四）风险感知的影响因素

除了单纯测量风险感知本身，风险感知的影响因素亦是相关研究关注的重点。首先，风险本身当然是风险感知的影响因素之一。当风险事件发生时，民众可以观察或体验其负面影响，由此对风险程度形成自身判断。然而，风险真正有多大，客观上会造成多少损失，并非短时间内单凭主观感受可得知，因此风险感知常常低估或高估巨灾风险。风险种类也会造成民众风险感知差异，民众习惯上重视显而易见的风险事件而轻视隐性风险，重视致死率高的风险而轻视造成慢性伤害的风险，重视发生频率高的风险而对发生概率低的风险事件抱有侥幸心理。

风险感知最初属于社会心理学范畴，可见个体特征是风险感知的重要影响因素。其一，个体性别与其风险感知有关联。具体而言，男性由于自身风险规避能力上的优势，风险感知可能低于女性；其二，个体受教育程度与其风险感知有关联。受教育程度直接决定了个体知识储备，受教育程度高者可以依据自身所学知识对巨灾风险做出判断，相对而言更为理性客观；其三，个体收入与其风险感知有关联。收入高者相对而言具备较强的风险规避能力，能够承受更为严重的损失，因此风险感知可能会较弱；其四，个人经历与风险感知有关联。曾经经历过某种巨灾的人，可能由于亲身体验的印象较为深刻，对此种巨灾的风险感知会更高；其五，个人的科学价值观也会对风险感知造成影响。这主要就技术风险如核能、生物转基因、水利建设、通信塔台等而言。假如个体对科学技术的态度较为开放，则不易对技术风险产生较高的风险感知。

再次，信任因素与风险感知有关联。其一是社会信任，即民众对社会整体的巨灾风险管理能力是否有信心，社会救灾减灾能力越强，则风险感知可能越弱；其二是政府信任，在巨灾风险事件中，政府承担着应急管理职责，致力于控制灾害危险、救助受灾群众、挽回财产损失等目标，因此当地政府的灾害治理能力对民众的灾害应对行为至关重要，政治信任较高者对政府行动较为有信心，风险感知可能会较低；其三是专家信任，专家对巨灾风险管理有一定知识储备，且常常为政府提供技术支持，因此民众对专家的专业指导越有信心，风险感知就越低；其四是企业信任，许多技术应用是由企业主导的，亦有许多巨灾是在企业生产活动中发生的，因此民众对于企业在安全生产方面的信任越高，则风险感知越低。

（五）国内研究综述及对比

国内有关风险感知理论的研究方兴未艾，对灾害风险感知进行研究的学术文献数量相对较少。总体而言，国内学者比较关注风险感知的现实作用，倾向于将风险感知置于灾害管理体系之中，考察其与其他变量之间的相互关系，期望直接从中得出提升灾害治理能力的结论和启示。例如，李华强等（2009）基于汶川地震的实际调研数据，以风险感知作为核心中介变量，研究其影响因素和对人们心理及行为应对的影响，提出了把风险沟通纳入灾害管理中的必要性①。胡象明、王锋（2014）从风险感知视角构建社会稳定风险评估分析框架并进行验证，更好地解释了社会风险抗争现象的内在机理及演进逻辑②。此外，国内现有研究也对风险感知本身的描述进行了尝试，例如有学者曾经基于多个特定地域的调查数据，测量居民对不同种类灾害的风险感知状况，认为公众风险感知呈现地区差异和存在多重复合性等特点③。也有学者探究个体认知结构因素和社会环境背景因素对风险感知的影响，认为受教育程度、媒体接触、社会阶层等不同的群体之间的风险感知也存在差异④。但是，这一类研究数量较少，虽然对灾害风险感知的差异化特征进行了较为全面的描述，但对造成风险感知差异的深层次原因及背后的管理规律论述尚显不足。

国内研究虽然是对国外风险感知理论的借鉴，但二者依然存在显著差异。第一，国内外研究在方向和内容上存在较大差异。国外对风险感知的研究是整体性的，呈现出一种知识产生的自然源流。因此，国外研究专注于从技术上对这种差异进行描述，并从中汲取有关风险沟通的改进方向，试图弭平这一差异。然而，国内研究并不重视风险感知的现象本身，而是将风险感知理论作为一种风险评估的新方法，几乎没有集中描述风险感知本身的实证研究。因此，有必要在本土化视角下，考察风险感知在我国巨灾风险管理实践中的作用。第二，西方学界在有关方面进行了大量基础研究，尤其是制作并应用了有关风险特征的量表，而国内研究大多依靠少量几个构成型指标测量风险感知。最后，国外研究侧重于化学品、原子能、转基因等技术风险，

---

① 李华强、范春梅、贾建民等：《突发性灾害中的公众风险感知与应急管理——以5·12汶川地震为例》，《管理世界》2009年第6期，第52—60、187—188页。

② 胡象明、王锋：《一个新的社会稳定风险评估分析框架：风险感知的视角》，《中国行政管理》2014年第4期，第102—108页。

③ 刘岩、赵延东：《转型社会下的多重复合性风险——三城市公众风险感知状况的调查分析》，《社会》2011年第4期，第175—194页。

④ 王甫勤：《风险社会与当前中国民众的风险认知研究》，《上海行政学院学报》2010年第2期，第83—91页。

实质上是危害尚未形成时的事前评估，大多从社会心理学视角进行分析。相较之下，国内研究更加偏向于灾害领域，往往立足于某一典型事件情境展开研究，更加贴近于公共管理需求。综上所述，在合理借鉴国外成熟研究方法的同时，应该聚焦于特定巨灾风险情境，采用一种综合性的分析视角。

二、作为风险评估方法的风险感知

（一）巨灾风险评估的发展趋势和实践需求

传统的巨灾风险评估方法遵循技术路径，是通过搜集相关数据，基于地理学、经济学等学科基础理论的评估方法，主要对巨灾发生区域内可能造成的人员和财产损失进行测算，灾前评估通常是地理学意义上的灾害预测，灾后评估主要就是对受灾区域内人员伤亡和财产损失情况进行统计。评估者通过遥感、地理信息系统、卫星云图等科学手段对区域内地形、地质、气象、水文等信息进行观察，并采用政府部门、企业收集的社会经济数据，对巨灾风险进行量化分析。就技术风险而言，成本收益法是一种常见的风险评估方法，通过地理学、经济学、金融学等领域的综合考量，不仅估算出技术引发灾害可能造成的损失，而且估算出技术应用所带来的社会经济收益，假设前者高于后者则表明项目风险难以接受，后者高于前者则表明此项技术在经济意义上是值得采纳的。由于此种评估路径对科学技术和客观数据的要求较高，传统的巨灾风险评估往往是由政府和科学家主导的，我国政府长期作为巨灾管理的单一权威，掌握着大量灾害治理资源和信息，提供技术支持的科学家往往隶属于政府主管的事业单位。

虽然传统的巨灾风险评估路径具有较高科学性和客观性，但依然存在一些缺陷。首先，巨灾风险评估的传统路径过于依赖技术。就自然灾害风险而言，随着地质学、气象学等领域科学技术的发展，对巨灾风险的测算将越来越趋于准确。但是这种评估要建立在大量自然数据之上，在社会经济文化水平较高，自然环境相对单一平稳的地区或许可以实现。然而在欠发达地区尤其是我国西部地区，不但基础设施建设滞后，科学技术应用缓慢，专业人员匮乏，而且自然环境较为恶劣，地形起伏复杂多变，许多地区的具体情况无法通过科考装备获知。另外，社会风险有较强的人文背景，本身就不具备采用精确科学进行量化的特性。在诸多社会风险事件的演化过程中，具体情境及心理因素发挥着重要作用，仅仅依靠数据资料是无法正确认识的。其次，巨灾风险评估的传统路径对巨灾风险事件造成的损失认识较为片面。传统评估路径偏重于进行成本收益的比较分析，这种单一的经济学思路试图用货币形式衡量风险。人员和财产损失固然可以通过统计数字表达，但巨灾风险所造成的心理创伤、管理失灵、组织瓦解和社会信任流失等损失无法用数字表示，而这些却是巨灾风险事件造成的重大负面影响。此外，有些巨灾风险（如污染、气候变暖等）的负面影响并不是即时显现的，通过某一时期的横截面数据进行评估并不合理。最后，传统评估路径的主体较为单一。政府官员和科学家虽然具有一定技术和信息优势，是巨灾风险的主要管理者，但未必是巨灾风险的承受者。传统评估路径秉持技术导向，过于强调环境、经济层面的影响，而忽视了对公众在心理和文化层面的直观感受进行分析，实际上将巨灾风险的承担者即普通民众排除在风险管理和风险决策之外。缺乏对巨灾风险的直观感受，传统评估路径可能难以得出深刻理解，一旦政府官员以及专家做出的风险判断和民众感受发生分歧，那么基于这种风险评估结果所做出的灾害管理决策就很难满足民众需求，普通民众的灾害应对行为可能无法与官方应急机制相协调，将对社会整体的灾害管理绩效造成不利影响。

从历史趋势上看，巨灾风险评估所面临的实践形势也在发生变化。传统意义而言，巨灾主要表现为破坏巨大的自然灾害，如地震、台风、洪涝灾害等。这些自然灾害伴随人类社会发展至今，依然对人类社会造成巨大的损失，我国每年由于自然灾害造成的损失在500—600亿元之间。2008年的汶川大地震造成八万余人死亡，直接经济损失在4000—5000亿元之间。即使是在巨灾风险管理水平较高的美国，卡特里娜飓风造成的经济损失也高达1200亿美元。随着人类社会的发展，单纯由自然原因引发的巨灾所占比重逐渐减少，由人类引发的社会风险造成的巨灾愈发增多，常见的如交通事故、生产事故、恐怖袭击等，战争与经济危机也已经成为巨灾风险。这一类型的巨灾所造成的损失并不亚于自然灾害，2011 年 7 月 23 日发生的甬温线动车事故造成至少 40 人死亡、200 人受伤，虽有雷击等自然原因，但列控设备的质量问题也是获得官方承认的主要事故原因之一。震惊世界的印度博帕尔事件是工业事故造成的巨灾，直接造成两千余人死亡，二十多万博帕尔居民因此永久残废。虽然现阶段没有对社会巨灾风险所造成的损失进行整体的统计，但从频率逐渐增加、危害逐渐扩大的一系列社会巨灾事件可以看出，由人类社会自身引起的巨灾与自然巨灾相比已经有过之而无不及。此外，巨灾风险的联发性也在不断提升，即有些社会风险事件是由自然灾害引发的，而某些外表看似自然灾害的巨灾风险事件则具有人为原因。传统评估路径可能更适合自然灾害，而评估社会风险则不能仅仅依靠技术和量化指标，面对社会风险不断增多，社会风险和自然灾害相互作用加强的新情况，传统评估路径亟须变革与补充。

在这一背景下，巨灾风险管理思路也应进行改变。其一，巨灾风险管理不是理论模拟而是现实行动，技术层面分析不可能完全囊括现实实践中的复杂性。其二，价值和态度在巨灾风险管理过程中的作用不可忽视，风险决策不能完全按照工具理性进行，也应该考虑到社会文化因素。其三，应该根据不同群体所处的不同情况制定救灾政策，对于风险的判断不仅仅局限于风险本身，更多的是从应对风险的实际能力出发。

（二）风险感知评估路径的内容

风险感知评估路径主要采用定量研究方法，测量公众、专家乃至管理者群体对巨灾风险的感知状况，并对测量结果进行分析。从社会心理层面对巨灾风险进行评估，可以在巨灾风险管理周期中任何一个环节进行，评估内容主要包括以下三个层次：第一，对巨灾风险的整体性感知评价，即对某些或某种巨灾风险的各个方面进行感知，例如巨灾风险的发生可能性、造成破坏的程度等；第二，对不同群体的巨灾风险感知的评价，例如专家、官员或普通民众对某些或某种巨灾风险感知的评价及其不同；第三，以巨灾风险事件发生的时间顺序进行巨灾风险感知评价，即在某个具体的巨灾风险事件发生前、发生时、发生后人们对其的感知评价。

（三）风险感知评估路径的作用

风险感知评估路径作为较为新颖的巨灾风险评估方式，具有重要实践意义。其一，风险感知是对客观风险的反映。巨灾风险不仅仅可以通过科学技术测量出来，也可以通过对民众感知测量侧面反映。民众作为巨灾风险的直接承受者，对巨灾风险的信息和体验有着直观感受；其二，风险感知评估对巨灾风险应对行为具有重要指导意义。风险感知将会影响巨灾事件中民众的心理状态，继而影响民众所采取的巨灾风险应对行为。另外，政府应急措施会影响公众风险感知，但反过来民众的心理状态和巨灾风险应对行为也将影响政府应急措施的效果。政府对民众风险感知的掌握，将有助于其推行较为切实的巨灾风险管理政策。

（四）风险感知评估的优势和缺陷

风险感知评估路径从社会心理角度对传统巨灾风险评估路径进行了补充，主要具有以下四大优点。其一，风险感知评估路径是对巨灾风险的直接体验。与政府官员及专家通过数据资料进行风险判断不同，公众风险感知是身临其境的直观感受，能够在第一时间对风险事件的具体情况进行判断，并且在短时间内做出风险规避反应。公众风险感知更加贴近灾害管理的一线，可以有效防止政府官员和专家“纸上谈兵”的现象；其二，风险感知评估路径可以增加巨灾风险管理的公民参与。众所周知，风险评估是一项非常复杂的决策过程，关系到风险事件的后续发展进程。作为风险后果的主要承担者，民众有权参与到风险评估乃至决策中来，这不仅仅是民主政治的要求，也是巨灾风险管理的现实需要。只有在风险管理活动中充分尊重民众的意见，才能调动起全社会应对风险事件的积极性。公众参与能够使风险治理过程中多元主体更加团结，当然也使政府决策更加符合公共利益；其三，风险感知并不仅仅局限于个体感受，也可以形成稳定的判断为风险管理提供参考。风险感知并非个体情绪范畴的概念，而是人们根据自身经历、身处环境和自身对风险的了解，所做出的风险判断，并常常很快体现为个人或家庭的应急行为。政府部门如果无法了解并预测大部分民众的风险感知，将可能无法进行有效的救助工作；其四，风险感知可以细化民众需求，使政府风险管理活动更具有针对性。由于风险感知受到个人知识、性别、经历、价值观、社会信任等个体和社会因素的影响，而不同地域的民众所处的具体风险环境也不一样，那么不同群体之间的风险感知很有可能产生差异。根据差异化的风险感知，政府部门可以更加明确不同民众的现实处境，在制定巨灾管理政策时可以考虑到不同利益集团的需求，提升救灾措施的针对性和有效性。

然而，由于风险感知本身属于心理范畴，无法完全取代有客观实际支撑的传统风险评估路径，其弊端主要有以下两点：其一，风险感知理论并非一项精确科学，将其作为巨灾风险评估的一种方式，某种程度而言是将不确定性引入到巨灾风险管理之中；其二，不同群体之间风险感知状况可能不同甚至对立，政府部门究竟该采纳哪一种观点也需要慎重考虑。假如对每一类风险感知都进行政策回应，将会造成公共资源的浪费，分散巨灾风险应对的精力。因此，将风险感知理论引入到巨灾风险评估当中是一项有益尝试，但仍需探求更为妥善的应用方法。

三、风险感知视角下的西部地区巨灾风险评估方法

（一）评估主体及对象

西部地区巨灾风险评估的主体为政府部门，具体可由各领域巨灾风险管理职能部门承担，或者依靠统计部门进行官方调查。由于西部地区地方政府有关巨灾风险管理技术人员尚显不足，社会调查手段较为有限，可委托研究

机构、管理咨询企业代为评估。风险感知评估的对象较为广泛，主体为人民群众，除此之外亦可针对不同群体如专家、管理者、弱势群体等。

（二）风险感知评估的指标体系

风险感知评估路径旨在通过风险感知审视风险本身，因此需要对巨灾风险和巨灾事件可能造成的影响进行全面描述，可将风险细化为风险特征，以多维度量表对风险感知进行全面测量。（如表 7-1 所示）

表 7-1　风险感知评估指标体系

测量指标	具体描述
总体风险	总体来看，这一巨灾风险事件对健康和环境的负面影响有多大
涉及人数	这一巨灾风险事件的影响涉及多少人
健康威胁	这一巨灾风险事件对人体健康有多大威胁
造成痛苦	这一巨灾风险事件对环境的影响是否给人们造成痛苦
生活关联	这一巨灾风险事件造成的影响与人们生活有多相关
地域范围	这一巨灾风险事件影响的地域范围有多大
恐惧情绪	这一巨灾风险事件是否使人们产生恐惧和担忧
影响时间	这一巨灾风险事件造成的影响能持续多久
破坏性	这一巨灾风险事件对环境的破坏性有多大
媒体关注	这一巨灾风险事件受到媒体多大关注
不确定性	这一巨灾风险事件对环境的影响存在多少不确定性
可控性	这一巨灾风险事件的影响在多大程度上能被控制
可评估性	政府在多大程度上能评估这一巨灾风险事件的影响
可避性	这一巨灾风险事件是否容易避免
替代选择	这一巨灾风险事件是否有其他方法可以应对同时能够保障生命财产安全
环境影响	这一巨灾风险事件对环境本身造成了怎样的影响
社会效益	这一巨灾风险事件是否对社会有益处
可接受性	这一巨灾风险事件造成的影响是否能接受
环境承受	环境是否能够承受住这一巨灾风险事件造成的影响
道德性	这一巨灾风险事件的发生是否符合道德

续表

测量指标	具体描述
可观测性	这一巨灾风险事件造成的影响是否能被观测
可预测性	专家在多大程度上能预测这一巨灾风险事件的发生
潜在影响	专家多久能发现这一巨灾风险事件的潜在影响
危害显现	这一巨灾风险事件造成的危害是立即呈现的吗
了解难度	尝试了解这一巨灾风险事件的影响是否有难度
公平性	这一巨灾风险事件的影响对民众是否公平
个人效益	个人能从这一巨灾风险事件中得到益处吗
环境恢复	环境是否能恢复到巨灾风险事件发生之前的状态
专家知识	专家在多大程度上了解这一巨灾风险事件对环境的危害
防范需要	是否要采取措施防范类似巨灾风险事件的发生

（三）技术路线

风险感知视角下的西部地区巨灾风险评估主要可以遵循以下几个环节：①确定风险种类和评估对象，即首先要确定评估何类人群对于何种风险的风险感知情况；②组织评估人员和物资，风险感知评估是一项社会调查工作，需要人力、物力、财力的支持；③确定评估内容并细化评估指标体系；④制作风险感知测量量表；⑤对评估对象进行调查并对调查结果进行统计分析；⑥形成风险感知视角下的西部地区巨灾风险评估结论，提出风险管理政策建议。

第二节　基于脆弱性理论的政府自然灾害管理能力评价体系构建

一、巨灾风险视域下脆弱性及其形成

（一）脆弱性的概念

“脆弱性”常常表示否定的含义，当其被用来描述某个客体时，通常和无助的、虚弱的、不受保护的、容易被影响的、容易受伤的等状态相联系。但脆弱性在某些时候也能发挥积极的作用，例如，孩童对病菌的抵抗力是很弱的，因此人们会试图为孩童创造一个安全无菌、能够抗病毒的环境，在这种环境中成长的孩童，就能更从容地应对健康问题。当然，上面的例子不能精确地解释如何把“脆弱性”运用到巨灾风险的管理中，相关政策的制定还需要进行深入的分析。

国外的学者很早就对脆弱性进行了研究，对其内涵也有不同的解释。联合国救灾组织（UNDRO）认为，脆弱性是因为某量级的自然现象的发生而导致特定元素的受损程度。由于这种观念把承灾体等同为受害者，往往会忽视了脆弱性的社会原因。随着该领域的发展，脆弱性的社会因素受到越来越多的重视。Kirstin Dow（1992）指出，脆弱性在广义上可被认为是一个特定系统（个人、家庭或者更大的实体）所具有的可能被伤害的特征①。Blaikie等人（2004）提出，脆弱性体现在承灾主体（个人或团体）对自然灾害造成影响的预判能力、处置能力、防御能力或者恢复能力等方面所拥有的特

① Dow K.,“Exploring differences in our common future (s): the meaning of vulnerability to global environmental change”, Geoforum, Vol. 23, No. 3, 1992, pp: 417-436.

征。它是各种因素综合作用的结果，这些因素解释了人被某些自然灾害或者社会风险置于危机境地的程度①。Buckle 等人（2000）认为，脆弱性的概念包括外部方面和内部方面两个维度，它既是对承灾主体暴露在风险中的程度的衡量，又体现了这种风险的类型和严重性②。上述各个学者提出不同的脆弱性概念，对脆弱性的理解逐层深入，但囿于各自的主观理解，却没有注意对脆弱性基本要素的认定。

针对这种不足，Marcel 提出，明确脆弱性的基本要素是准确界定脆弱性概念的先决条件。他强调脆弱性的基本要素是暴露性、敏感性和恢复力，暴露性作为脆弱实体与自然环境之间的界面，反映出自然、社会的条件和外部灾害在空间上的相互作用；敏感性则是决定于系统的人类环境条件，包括物理的、社会的、精神的以及情感的等多方面；恢复力是指动力系统通过各种各样的机制对外部的不安情境进行回应的能力③。Alex 等人（2007）对脆弱性的基本要素有不同的理解，他认为脆弱性包含三种要素：系统在危机、压力和冲击下的暴露性，系统应对危机的不足，缓慢（或差）的系统恢复力所带来的后果和将要面对的一系列风险④。George 等人（2011）对脆弱性的阐释也是包含暴露性、处理能力和恢复力三个方面⑤。基于以上梳理，笔者将政府脆弱性的内涵进行如下界定："政府脆弱性是由政府本身的暴露性、敏感性以及恢复力所决定的，它是政府作为组织的一种自身属性。"

---

① Wisner B., At risk: natural hazards, people´s vulnerability and disasters, London: Psychology Press, 2004.

② Buckle P., Mars G., Smale S., "New approaches to assessing vulnerability and resilience", Australian Journal of Emergency Management, Vol. 15, No. 2, 2000, pp: 8-14.

③ Kok M., Lüdeke M., Lucas P., et al, "A new method for analysing socio-ecological patterns of vulnerability", Regional Environmental Change, Vol. 16, 2016, pp: 229-243.

④ Alex de Sherbinin, Schiller A, Pulsipher A., "The vulnerability of global cityes to climate hazards", Environment and unburization, Vol. 19, No. 1, 2007, pp: 39-64.

⑤ George, Moschis, etal, "Research Frontiers on Older Consumers´ Vulnerability", Journal of Consumer Affairs, Vol. 45, No. 3, 2011, pp: 467-491.

（二）形成脆弱性的原因分析

经过不断地探索，学者们对脆弱性的形成有了统一的看法，即脆弱性会发生在人们所处的自然环境和社会环境之中，并且引起脆弱性的因素是多种多样、无穷无尽的。其中，物理因素可细分为人居环境的位置选择、建筑物的构造以及技术的运用等，社会因素可细分为人们的态度和行为、政治和政策的制定、人口特征以及经济状况等。

1. 物理因素

（1）人居环境的位置选择

我国疆域广阔，地理环境复杂，生活在不同地方的人们将面对不同的自然灾害，对自然灾害的脆弱性也就不同。面对飓风灾害，居住在东南沿海的人显然比居住在西北内陆的人更加脆弱，而面对地震灾害，生活在西南地区的人明显比生活在南部地区的人更加脆弱。此外，土壤的成分、地形特征以及斜坡角度等因素都会增加人们对洪水、地震、滑坡、泥石流等巨灾的脆弱性。除飓风和地震外，诸如暴风雪、交通事故、有害品排放、社会骚乱以及恐怖袭击等巨灾，也会影响很多地区的居民。因此，每一片地理区域都有其对自然灾害、社会风险的脆弱性。

（2）建筑物的构造

建筑物如何建构、选用何种材料也会影响其面对巨灾的脆弱性。在面对地震巨灾时，框架—砌体混合结构形式的房屋受损严重，在砖混结构中，以大开间、大开窗、外走廊等建筑形式的房屋最易受到破坏。面对台风巨灾时，那些地板、墙以及天花板之间没有牢固连接的建筑往往受到严重的破坏。建筑物如何建构也是影响脆弱性的一大因素，比如射钉枪在牢固程度上就不如手钉的钉子。当然，除此之外，严格地履行建筑规范是降低脆弱性所必须遵守的条件，否则，脆弱性只会增多而不是减少。

（3）技术的应用

科学地筑水坝蓄水能减少下游地区发生洪水的可能，但如果忽视对水坝的维修，那下游地区也将面临洪水巨灾的发生。除建筑维护技术外，现代的沟通方式和电脑技术也可能导致脆弱性的增加，Quarantelli（1991）曾举例论证，电脑技术的应用有时会降低人际沟通的有效性，并且互联网的使用也会使与电脑有关的风险与日俱增①。

2. 社会因素

（1）人们的态度和行为

不同的人对脆弱性有不同的认识，有的人认为脆弱性是人力无法掌控的，上帝创造了各种巨灾，这种宿命是难以摆脱的。有的人则并不重视巨灾风险，他们对巨灾缺乏有效的认识，常常不知所措，甚至，颇具讽刺意味的是，他们相信自己不论遇到多么危险的灾难都不会遇害。此外，一些人或者机构对他们应对巨灾的能力持有过高的估计，往往认为自己对巨灾风险做了充分的防御，对灾后的重建工作也有了完备的计划。还有一些人想当然地认为他们完全有能力从巨灾中恢复，并且寄希望于政府和其他组织的援助。有时人们不能做正确的工作，或者忽视工作中的安全条例。除此之外，文化冲突也是脆弱性产生的原因，一些极端的宗教信仰是产生恐怖主义的文化根源，极端的文化冲突甚至涉及大规模杀伤性武器。

（2）政治和政策的制定

地方政府及其人大常务委员会对巨灾的认识不足，对巨灾反应冷漠。他们未能深入了解所供职的地区面对各种巨灾的脆弱性，忽视预防工作，反而是寄希望于巨灾发生后国家倾全国之力来救助。更重要的是，政治家不仅仅有关于巨灾的工作要考虑，他们还要优先考虑犯罪、教育、修路等问题。在预算和人事方面，巨灾发生前，政府很少将资源投入到应急管理中。即使巨灾发生了，官员们也会很快减少对巨灾的关注。

---

① Quarantelli E. L.,“More and worse disasters in the future”, Disaster Research Center, 1991.

（3）人口特征

不同人口结构在不同的地理区划中的反应不同，在面对巨灾时低龄人口和高龄人口将处于弱势，这些小孩或者老年人在身体和精神上不够强健，无法像中年人那样有效应对巨灾。人口的多样性使管理活动更复杂，也会影响应急管理活动。另外，随着城市化的发展，越来越多的人涌入城市，农村人口逐渐减少，使得巨灾发生后，食物难以得到快速的补充，移民模式也会造成类似的后果。目前中国人口越来越多地集中向中东部地区，西北、西南地区人口涌入东南沿海，导致人们面对飓风、台风、洪水等巨灾更加脆弱。人口的大规模流动也使疾病的传播态势更为凶猛。

（4）经济状况

"无限风光在险峰"。为饱览瑰丽的景致，有经济实力的人常常选择诸如悬崖、海滩、河流、森林等危险的地方居住。与之对应的穷人囿于经济原因，无法随心选择居住地，往往被迫选择一个便宜的地方定居，而这样的地方常常是灾难多发的地区。此外，所有的"经济人"都有自己的需求，他们迫切需要经济的发展来为个人的需求提供条件，基于这种想法，他们便会开发自然。但过度地开发势必会造成灾害的频发，例如，乱砍滥伐、强占耕地使人们面对洪水和饥荒的脆弱性增加。若人们疏于保险的购买，巨灾发生后就不能得到有效的赔偿，人们的脆弱性也会增加。一旦社区、城市、省或者国家的资源不足，人们在灾后的恢复力将大打折扣。

3. 其他因素

上述的诸多因素较明显地与脆弱性相关，除此之外，还有一些表面上好像和脆弱性没有关系的因素，例如退学率的增加、家庭的分裂、农业技能的丧失、肥胖患者的增加等，都会在一定程度上影响巨灾的发生。我们常常看到一些人口密度大而教育不发达的地区在应对巨灾时会表现得被动，没有能力去预防和恢复。例如现在离婚率的增高反映出中国单身母亲的增多，这部分弱势群体一旦面临巨灾，很难有机会很好地恢复生活。

二、巨灾风险背景中的政府脆弱性评价

（一）政府脆弱性评价的内容

脆弱性是面对巨灾时政府的一种属性，它受到暴露性、敏感性以及恢复力等因素的综合作用。因此，笔者评价政府的脆弱性时联系自然灾害的危险性，将其进一步界定为危险性（hazard）、暴露性（exposure）、敏感性（sensitivity）以及恢复力缺乏状况（resilience insufficiency）。

在诸多对脆弱性的解释框架中，基本都有涉及危险性的论述，抑或是包含于暴露性中。但学者们很少将危险性作为脆弱性的一个完整独立的维度。Burton（1993）等人提出“风险—危险”模型，在该模型中，危险性是在脆弱性框架之外的①；Turner（2003）等人也沿用了这种框架划分办法，但又适度延伸，把危险性作为脆弱性分析的扩充部分。这种分析框架是出于偶然性的考虑，巨灾不是必然发生的，而危险性的重要属性是其偶然性②。基于对历史的回溯，可以掌握一些自然灾害发生的频率，但仍然无法准确预知自然灾害发生的具体概率。但脆弱性不具有偶然性，如果没有任何暴露性，那么也就没有脆弱性，而当人们完全隔离各种危险时，也就不存在任何危险性。但在实际操作与分析中，脆弱性和危险性很难彼此完全独立。例如，当一个地区多次受到某种巨灾的影响，它最后全部的脆弱性与很少被巨灾影响的情况是不同的。所以经历过某种巨灾之后，该地区对这种巨灾就有了一定的预防和适应能力，在做脆弱性评估时必须考虑到这点。对于未来的发展，应考虑到巨灾频率变化的影响。当某些年份巨灾频率显著降低，这势必会导致人们放松警惕，考虑到人口的增加与经济活动的繁荣，一旦巨灾再次来

① Burton I., The environment as hazard, Oxford: Guilford press, 1993.

② Turner B. L., Kasperson R. E., Matson P. A., et al, “A framework for vulnerability analysis in sustainability science”, Proceedings of the national academy of sciences, Vol. 100, No. 14, 2003, pp: 8074-8079.

袭，人们会失去以往面对巨灾的从容，无法有效防范，从而导致脆弱性增加。对危险性的衡量通常采用致灾因子的致灾强度和发生概率。致灾因子的致灾强度常以自然因素的变异程度（如震级、风力大小、温度/降水异常程度等等）或由承灾体所承受的自然灾害影响程度（如地震烈度、洪水强度）等属性指标确定。致灾因子的发生概率则指在一定时期内，某一区域在一定的致灾强度下，自然灾害发生的可能性。研究表明，致灾因子的致灾强度和发生概率之间是负相关的关系，即致灾强度越大，自然灾害发生的概率就越低；致灾强度越小，自然灾害发生的概率就越高。

暴露性是反映脆弱性的一个关键因素，在以往的研究中，对暴露性的描述定位模糊。例如，在巨灾区域模型和压力释放模型中，“脆弱的自然环境”表明了地理、社会条件和一种外部巨灾之间的空间相互作用。Buckle（2001）、Chambers（1989）等人对暴露性进行了更深入的阐释，并将其划入脆弱性的一部分①②。对暴露性的描述，需要获取巨灾事件的相关信息，如洪水巨灾中，需要探测其范围、深度、流速、持续时间等。此外，还要分析暴露的受体的存在情况，因为对个体或者系统来说，暴露性不能明确地反映结果，就比如人暴露在太阳光下，也不能据此说明他就被晒伤。因此，评估暴露性必须从致灾因子的危险性和承灾体的数量和分布情况这两方面来综合考量。对承灾体的理解，不仅仅是与人类有关的事物，而是包括两大类：人类社会和自然环境。具体来说，人类社会包括个人、家庭、社区、国家、经济结构、人造系统等；自然环境则包括沿海和内陆的地形、物种、生态系统、有机体等，自然环境与人们的生活息息相关，因此应当将其引入承灾体的范畴之中。

敏感性是指它受到人类环境条件影响，常与抵抗性和易受影响性等词同时出现。这个术语很少出现在其他的理论框架中，究其原因，是因为敏感性

---

① Buckle P., Marsh G., Smale S., “Assessing resilience and vulnerability: Principles, strategies and actions”, Strengthening Resilience in Post-disaster Situations, 2001, pp: 245.

② Chambers R., “Editorial introduction: vulnerability, coping and policy”, 1989.

和冲击响应不能明确地描述区分。笔者认为这种差异可由下面的例子来解释，若一个人对直射的阳光不够敏感，那他就不用太担心皮肤会被晒伤，反之，对阳光直射敏感的人就更加担心皮肤晒伤问题。即在接受同等强度的冲击后，承灾体因为自身所具有不同的物理属性，因而对冲击的抵抗强弱程度就有所不同。研究表明，敏感性和承灾体抵御自然灾害的能力呈负相关，即在自然灾害强度一定的情况下，承灾体抵御巨灾的能力越强，承灾体的敏感性就越低。敏感性也是发生在致灾因子和承灾体接触的情况下，这一点与暴露性相同，因此，敏感性的评估也由危险性所决定。此外，敏感性还包含社会、精神以及情感等方面，在评估承灾体的敏感性时，除了考虑其本身的物理属性，还要涉及人的精神、情感等诸多因素。

恢复力是由 Holling（1973）在其生态系统理论中提出的，是脆弱性的重要因素①。恢复力由各种机制反映，动力系统通过各种各样的机制来回应外部的不安事物。恢复力常与应对、调节、回应、适应、适应能力、恢复等术语搭配使用，上文中提到的晒日光浴的引例中，人的身体是可以将晒伤的皮肤复原的，这种能力就是现在讲述的恢复力。恢复力可看作三个成分代表，分别是冲击、应对和适应。其中冲击是先决因素，它影响了后续的应对和适应。应对是指人的个体或者一个系统面对冲击时，试图最小化这种冲击导致的后果，或者说在既定的环境中，人们采取何种方法来处理巨灾。适应的含义是通过改变现有的环境，以获得更好的应对能力。相比较而言，敏感性和恢复力都发生在承灾体受到冲击后，不同的是前者是被动承受，而后者则是主动反击。恢复力包括两种反击，分别是应对能力和适应能力。在评估脆弱性时，根据相关学者的研究，恢复力与脆弱性具有负相关关系，即在一定的自然灾害冲击下，承灾体的恢复力越弱，脆弱性就越大，承灾体的恢复力越强，脆弱性就小。基于以上分析，在评估脆弱性时，论证的主要是承灾体恢

① Holling C. S.,“Resilience and stability of ecological systems”, Annual review of ecology and systematics, Vol. 4, No. 1, 1973, pp: 1-23.

复力的不足情况。

（二）脆弱性评价的作用

进入21世纪以来，人类社会迅速发展，物质财富快速积累，人类寿命普遍延长，人口数量也迅速增加，但环境的破坏也为人类敲响警钟，自然灾害对当今社会造成的损失远超过之前落后的时代。在这个背景下，对脆弱性的评价越发重要。

1. 确定重要的资产和资源

脆弱性评价系统通常将承灾体系统中的所有资产和资源分为两类，包括自然环境和人类社会。具体来讲，自然环境包含各种地形地貌、生物种类、生态环境、有机生命体等，而人类社会包含个人、家庭、社区、国家、经济结构、人为制度等。为承灾体系统中的资产和资源赋值，得出可量化的价值体系，按照价值的大小将资产和资源进行排序，以确定重要的资产和资源，以便重大资产和资源保护的风险预警，避免巨额损失。

2. 评价承灾体的脆弱性

脆弱性评价逐渐成为使用客观和可靠的方式协助人们评估承灾体脆弱性的工具。例如，如果对基础设施进行分析，从脆弱性评价的角度来看，主要评估社区内关键设施的脆弱性。这些设施包括公安部门、营救部门、应急操作中心、消防部门、政府的基本设施、运输路线、医院、学校等。由于这些设施在防灾和灾后重建中都发挥着重要的作用，因此有必要对其运作进行维护，最大限度保障它们处于良好的运作状态。一般来说，通过计算这些设施与巨灾的相关程度，可大体了解哪些设施可能会受到损坏。但这种评价只是初步的，如果要进一步评估设施在运作以及结构上的脆弱性，则需要进一步的分析。

3. 识别潜在的危险

通过实践的检验，可看出脆弱性评价的作用不仅体现在预防工作上，更体现在实施救援与灾后重建中。原因在于巨灾发生的整个过程中，一些潜在的危险都是政府需要注意的，在做出救援等决策前，对这种潜在隐患的排除是必不可少的环节。现实中有很多这样的例子，人力无法控制自然灾害的发生，无法做到杜绝一场自然灾害所引发的连锁效应。因此，人类面对不能消除的灾害，只能做到观察现有的状况，仔细地识别潜在的威胁，对接下来可能发生的灾害进行最大程度的预测，这个过程体现了脆弱性评价的重要价值。

4. 帮助制定风险减轻规划

通过脆弱性评价，可甄别出承灾体系统中潜在的危险，针对这些潜在的危险做出缓解风险灾难的规划，制定可以降低灾害损失的方案。提出的方法和规划需要资金、物质来落实，通过脆弱性评价，政府能够在灾害发生前对可能产生的后果进行科学的分析以及准确的预算，从而提早储备好充足的物资，保障防灾、救灾工作顺利地开展。做出脆弱性评价要考虑到很多方面，包括个人、家庭、社区、经济结构、地形地貌、生态系统、有机体等客体的脆弱性。脆弱性评价可以对防灾救灾工作的各个方面进行重要性排序，为人们的行动提供科学的指导。这些行动通常包括安全升级、运作程序修改、为了降低重要资产的风险和脆弱性进行政策变更等内容。

5. 有利于人们心境的安宁

脆弱性评价的作用不仅体现在生理方面，更能通过一系列的评估储备物质资源、发现潜在的危险、提供行动指南，以此减少人们对巨灾的心理恐慌。当做好充足的防御准备后，人们就能从容地应对灾害，保持心境的平和与镇静。此外，通过脆弱性评价可以使人们对巨灾有初步的认识，对巨灾的后果有较为清楚的预判，从而降低人们的心理落差，使人们在巨灾后拥有安宁的心境。

三、西部地区政府脆弱性评价体系的构建与应用

（一）脆弱性评价体系

基于前文的分析，笔者认为政府脆弱性包括暴露性、敏感性、恢复力三个构成要素，因此对政府脆弱性评价指标体系的构建也对应从暴露性、敏感性、恢复力这三个方面探讨。在指标选取与体系构建中遵循下面四个原则：（1）相关性。选定的相关指标，要满足两个要件，其一是从公共管理学和灾害学的视角出发，系统地反映政府在面对自然灾害时的脆弱性；其二是能够反映政府对自然灾害进行脆弱性评价的目标指向，如人口敏感性、建筑物暴露性、预警能力等。（2）独立性。即每个指标都有其独立的意义和指向，指标之间趋于互斥，杜绝内涵相同的指标存在。（3）可比性。指标的选取要具有纵向和横向的可比性，政府脆弱性评价在纵向上要分析出政府在不同年份的脆弱性高低，以求改进，在横向上能对几个政府之间脆弱性进行比较评判。（4）可得性。这是基于可行性的要求，选取的指标应能在现实中获取，获取指标的途径与方式也要合法化、公开化，遵守相关法律法规。

1．暴露性

（1）人口暴露性

人口暴露性是指在一定的区域内，受到自然灾害影响的人口数量的多少。笔者对人口暴露性的衡量是以人口密度为标准，人口密度等于人口数量与区域面积的比值。人口密度越小，人口的暴露性就越低；反之，人口密度越大，人口的暴露性就越高。本书界定的政府的人口密度是指政府应急管理部门所在区域的总人数与占地总面积的比值。

（2）物体暴露性

暴露性包括人口的暴露性和物体的暴露性。自然界有无穷无尽的物体，一旦遇到自然灾害，包括建筑物、道路、通信线路、植被等，所有物体基本上都会被影响，差别仅是影响程度的不同。基于此，笔者对物体暴露性的衡

量是对应从建筑物覆盖率、境内公路密度、通信线路设施覆盖率、植被覆盖率等指标来描述的。建筑物覆盖率指在一定的项目用地范围内，所有建筑物的基底面积总和与总的规划建设用地面积的比值，建筑物覆盖率体现了在一定的地域内，建筑的密度和空地率。境内公路密度从不同的角度出发，有两种不同的衡量标准，其一是每万人的公路总里程数，其二是每百平方公里的公路总里程数。通信线路设施覆盖率等于通信线路的数量与区域面积的比值。植被主要是指竹林、灌木林、乔木林、经济林地的面积，覆盖率的计算等于成片植被的面积以及农田林网、住宅旁、水道河流旁、路旁林木的面积的总和占土地面积的比值。

2. 敏感性

（1）人口敏感性

人口敏感性衡量了人的身体在自然灾害中受到影响的程度，以及面对自然灾害时人会表现出的本能的反应。因为生理方面的原因，妇女、儿童、老人、病人以及残疾人对伤害的防御力更差。而若想在自然灾害中生存，需要具备一定的自救能力并获得生活必需品。因此，需要计算政府具备的巨灾自救能力人数、政府总人口数、政府人均日用电量、政府人均日用水量、境内人均日用电量、境内人均日用水量等指标。其中，所谓的巨灾自救能力，主要指在巨灾发生前对风险评估的能力，人们在外出前就要注意到可能发生的风险。比如，出行前看到乌云密布风雨欲来，就想到暴雨可能会导致泥石流、山石滑坡等，从而提前准备好应急措施；紧急避险能力，是指掌握基本的紧急避险常识，以及在巨灾发生时能应用科学的方式自救避难；心理抗压能力，主要体现在遇到危机情况能沉着应对、有毅力和忍耐力等。

（2）建筑物敏感性

建筑物敏感性是指由于其材料、构造等属性，建筑物对自然灾害也有本能的反应。不同的建筑物因具有不同的材质、结构以及地理位置，在面对自然灾害时，具有不同的防御能力。在遭受一定强度的致灾因子时，一般情况下，土木结构建筑物的敏感性比混凝土结构的建筑物要更高。另外，不同使用年限的建筑物也具备不同的敏感性。因此，笔者设计了如下指标来衡量建筑物敏感性：主体建筑物已使用时间、建筑物结构类别对应的地震易损性指数、主体建筑物设计使用时间指标。需要说明的是，建筑物结构类别对应的地震易损性指数反映建筑物在遭受地震巨灾时被损坏的程度，主体建筑物设计使用时间则反映建筑物的设计使用年限。

（3）室内财产敏感性

室内的财产在面临巨灾时，也常常受到损失。由于房屋倒塌等原因，造成室内财产无法保全。这种损失一般是指室内能够以货币单位计量的财产价值的减少。但这种损失往往由于巨灾中涉及的受灾房屋众多，且室内的财产无论数量还是价值都很难准确地衡量，所以，笔者采用建筑物结构类别对应的室内财产损失率来衡量室内财产的敏感性。

（4）道路敏感性

道路在面对自然灾害时，亦有其本能的反应。若按照行政等级划分，道路可分为国家公路、省公路、县公路、乡公路、专用公路；若按照功能来划分，道路又可分为高速公路、一级公路、二级公路、三级公路、四级公路。无论对于逃生还是救援，道路都具有非常重要的作用。道路的敏感性对于衡量自然灾害的损失程度意义非凡，更会直接影响政府救助的速度和效率。基于此，笔者对道路的敏感性采用低等级公路（三级以下）长度与各等级公路总长度的比值来衡量。

3. 恢复力

（1）人力

人力，即具有主观能动性的人可以利用的自身资源。在面对自然灾害时，人也常常能发挥出巨大的作用。本书所提到的人力主要指为减少灾害损失而贡献力量的人，包括维护公共秩序的武警、救死扶伤的医生以及灭火的消防员等。这些能动员起来的救援力量是重要的恢复力。

（2）财力

政府自身的财力是该项指标的重要内容，可以用诸如财政收入占 GDP

比重、人均巨灾救助投入金额等指标来衡量。此外，财力指标还包括政府雇员自身在规避自然灾害的投入，如人均保险额、医疗保险参保率等。

（3）物力

物力是指在自然灾害中，政府能够使用的所有物质资源。该项指标主要包括病床数量、消防车数量、电话普及率、救援物资储备程度、紧急医疗完善程度、巨灾缓解装置安装程度等。

（4）预警能力

预警是指在还未发生自然灾害时，人们根据发生的一些征兆，结合以往的经验和规律，预先判断出巨灾的发生，并向有关的应急管理部门发出讯息，提前做好防范措施，从而掌握防治巨灾危害的主动权，将灾害造成的损失降到最低的行为。预警能力的强弱将在一定意义上决定承灾体的受灾程度，因此在政府脆弱性评价中占有相当大的比重。政府预警能力可用以下指标来衡量：巨灾宣传教育普及程度、巨灾应对演习次数、巨灾预警系统完善程度、巨灾应急预案完善程度、巨灾信息发布的有效性。

（5）应对能力

应对能力可从两方面考量，其一是普通社会群体，对他们来说应对能力就是面对巨灾的发生，能迅速地采取合理的自救和避难的方法；其二从政府的角度出发，面对巨灾风险时，不仅要考虑到自救，还应承担其作为应对主体的责任，迅速布置，运用一切合理手段去援助社会群体。因此，评估应对能力应从以下指标综合考量：政府的应急组织机构设置合理性、巨灾信息的搜集能力、应急决策能力、应急指挥能力、政府部门之间协调合作程度、稳定秩序能力等。

（6）重建能力

巨灾具有非常强大的破坏性，对社会秩序、基础设施、人民的生命财产都会造成巨大的损失，灾后的重建工作往往是艰巨而繁重的，涉及诸多领域，需要耗费较长时间才能恢复。因此，政府务必大力动员社会群体的力量，拟定长远的重建蓝图，确保有效的保障措施。对重建能力的评估就要从政府具备巨灾调查评估能力、受损建筑和基础设施重建能力、心理健康恢复能力等方面入手。

（二）脆弱性评价的实施步骤

根据前文对脆弱性评价的分析，笔者认为脆弱性评价应从以下步骤来实施：

1. 确定评估区域，成立评估小组，制定脆弱性评价计划

进行脆弱性评价的前提是明确一个具体的地区。每个区域的情形不同，面临的主要问题也不同，因此需要组织专门的技术人员针对具体环境做出有实践意义的评估。评估要根据制定的计划目标明确地进行下去，脆弱性评价计划须具有较高的可行性，对评估的目的、周期、具体的实施步骤、意外状况的处理等内容做出清晰的描述。

2. 确认评估所需的数据信息并进行搜集和处理

对自然灾害预警机制进行评估需要根据实际数据进行，但信息时代各方面的数据都是海量的，因此要对检测数据进行筛选，找出实际需要的监测数据、灾情数据、基础信息、巨灾信息和项目信息，并作出标准化处理。此外，其他国家的相关数据库也可作为基础信息，辅助预警机制的评估。数据的搜集可用实体资料和网络资料，对各类文献、影音、图表进行系统地梳理。评估小组需要通过实地调查辅以文本信息，综合考量多方数据。在数据整理时，需要对数据设定统一标准，以方便后续的深入分析。

3. 识别致灾因子和承灾体

对资料进行初步分析，以便迅速识别致灾因子。致灾因子的识别以一手数据为基础，通常涵盖两个方面的内容，首先是对自然灾害种类的识别，通过对当地的灾情史进行梳理，对灾种信息有一定的了解，再根据对实际情况的调查，对自然灾害造成的诸多损失进行整理，排出致灾因子的顺序。其次要发现致灾因子之间的关系，哪些灾种的爆发会导致新的灾情，分析出这种因果关系，会利于对巨灾的预防，对灾种关系的分析一般运用事件树法和巨灾链法。承灾体指的是承受巨灾的对象，承灾体根据不同的研究可以做出不同的层次划分。

4. 评估致灾因子的危险性

自然灾害发生之后，对当地的危害程度不同，因此需要评估致灾因子的危险程度，从巨灾种类、强度、频率、规模、等级、影响范围等方面综合分析。根据学者们的研究，通常认为有五种分析方法：一是频率统计法，其依据是历史上自然灾害的发生频数；二是多指标综合评估法，对自然灾害的危险性从多个角度来分析；三是巨灾情景模拟法，其原理在于模拟相应的情景，借此衡量自然灾害的危险性；四是专家评分法，其核心是选择有经验的专家学者来对自然灾害进行分析，衡量其危险性的程度；五是领域对比法，也是一种经验借鉴的方法，所不同的是该方法不是由专家个人的经验来主导，而是对某一个整体的评估过程进行对比借鉴，推广先进经验。对自然灾害的分析不能墨守某一种分析方法，而是要根据具体情况，选择最合适的方法。

5. 评估承灾体的暴露性

承灾体具有一定的暴露性，与自然灾害有直接的接触，承灾体的数量和价值是暴露性要考虑的两大内容。所以，对承灾体暴露性的衡量需要设定承灾体的数量和价值作为分析指标。承灾体的数量指标可依据各类数据信息，方便收集整理，对价值的衡量则需要设定计算公式，化抽象的信息为具象的描述，综合考量承灾体的价值属性。

6. 评估承灾体的敏感性

承灾体在面对不同的自然灾害时表现出不同的敏感性，对于强度大、爆发迅速、影响激烈的自然灾害，承灾体会呈现出较高的敏感性，这样的灾种包括地震、火灾、泥石流等；对于强度小、渐发性的自然灾害，由于其具有较长的周期，没有明确的发生、结束时间点，因此承灾体会呈现出较低的敏感性，这样的灾种包括干旱等。

7. 评估承灾体的恢复力缺乏状况

承灾体的恢复力是指其对自然灾害的能动抗争，这点与被动承受型的敏感性是不同的，恢复力是承灾体对灾难的回应水平，如果缺乏恢复力，面对自然灾害的危害就无法迅速组织起救援重建工作，也将会受到更大的冲击。承灾体的恢复力应从基础应灾能力和专项应灾能力两方面来综合分析，基础应灾能力包括三个方面：人力、物力以及财力，专项应灾能力是指对特定灾种的专业救援能力，包括两个方面：巨灾预报能力和工程抗灾能力。

8. 综合脆弱性评价报告的形成、验收、上报、存档

按照上述步骤对灾情做出评估后，要形成一份翔实的报告，对评估过程进行清晰地论述。对报告的撰写应在充分沟通交流的基础上形成，及时反馈评估中的问题，修正报告。特别指出，完成报告后要上报并存档。

第三节　基于协同政府理论的灾害管理多部门协作制度设计

一、协同政府与多部门协作理论及其应用

（一）协同政府理论的产生

树立“整体政府”或“协同政府”理念。社会事务的日趋复杂化和公共需求的日益多元化，对政府应对综合领域问题和整合多方面资源的能力提出了更高的要求。公共管理实践踏入“网络化治理”时代，标志着政府无法再以单一角色解决公共问题。政府要实现组织目标，越来越离不开企业组织、第三部门组织和普通民众的积极配合。相较于组织外部的合作，政府组织的内部协调更加面临转型需要。在实践活动中，不同地域范围内的政府囿于地方保护主义的壁垒各自为政，不同领域的行政机构遇事推诿、遇利相争，上级部门对下驱使多于协调，下级部门对上疲于应付等现象层出不穷，

造成公共资源的浪费与行政效率的降低。这表明“在这个复杂的时代，问题的出现层出不穷、变革迅速，传统的等级制政府模式已越来越脱轨于时代的发展，靠机械的运作模式、科层制的官僚体系在面对需要多部门协作才能解决的问题时更难妥善处理”①。

然而，发轫于20世纪70年代的新公共管理运动，对这种传统公共管理模式提出的挑战却没有很好地做出回应。新公共管理运动旨在将企业管理思想的精髓引入政府部门，“通过引进新的更精细的工商管理技术特别是市场的契约理性来提高行政效率，从而将公共管理的合法性建立在‘商业式’的结果取向上”②，以职业化和绩效管理提升行政效率，以民营化和服务外包减少政府职能，以战略管理和用户至上主义转变政府作风。新公共管理运动达到了缓解财政危机的初始目标，也创建了新式政府流程。然而，新公共管理理论偏重强调引入企业管理模式中的专业化分工，使得政府部门的职能更加细化且日益隔离；强调竞争观念和绩效导向，使得政府各个部门之间从分割走向竞争，最终形成了一种“碎片化”的府际生态。

这一问题最终在最近一轮的公共部门改革中被触及。20世纪末，欧美等国对政府机构进行改革，提倡不同部门在保有一定行政边界的前提下，进行多部门合作，推动常态化的“跨界”③，建立网格化管理的体系，借助于信息技术等先进方法，增强不同层级、不同类别部门之间的合作，共享行政资源，试图建立新型的“无缝政府”，以提高行政效率。西方发达国家的改革在全球范围内掀起了一股政府改革浪潮，整合政府机构、建立“大部制”、多部门联合办公等行政尝试频频出现，乃至在发展中国家也形成一种风潮。与此同时，学术界也关注“整体政府”的概念，对“协同政府”“合作政

① 斯蒂芬·戈德史密斯、威廉·D. 埃格斯：《网络化管理：公共部门的新形态》，北京大学出版社2008年版。

② 黄健荣、杨占营：《新公共管理批判及公共管理的价值根源》，《中国行政管理》2004年第2期，第64—70页。

③ 周志忍：《整体政府与跨部门协同——《公共管理经典与前沿译丛》首发系列序》，《中国行政管理》2008年第9期，第127—128页。

府”“网络化治理”等领域也进行深入挖掘，不但在基础理论研究方面取得成就，也紧跟甚至超越实践，将这些理论应用于疾病防控、高等教育等具体领域。在这一背景下，作为“整体政府”理论中重要组成部分的“多部门协作”理论成为后公共管理时代的一个热点话题，将其应用到具体实践领域的案例也层出不穷。

（二）相关理论的应用

在相关理论的指导下，欧美等国家各级政府根据本国的基本国情，积极进行政府机构改革，形成了不同特色的改革实践。

例如，英国以公共部门改革、提供优质的公共服务来联合推动多部门协作，并制定相关跨组织合作的政策。英国协作政府组合了一个新型的“社会排斥小组”，该小组成员囊括了环境部、教育部、卫生部以及运输部等多个部门的成员，致力于帮助对生活失去信心的人们重塑希望，他们倡导通过IT技术变革医疗服务的传送方式等达此目标。而加拿大与荷兰均通过效能目标协调改善合作方式，努力促成政府与私人组织合作，利用私人部门丰富的资源为社会提供更优质的服务。以加拿大政府为例，他们招募志愿者并为其提供充足的资金，授权志愿组织参与反贫困、环境保护、研发技术，加强政府与社会人员的联系，从而调配非政府部门可提供的资源，同时会对资金的使用情况进行定期的评估，构成合作的完整路径。美国政府则是另一种协作模式，以政府各部门的跨界合作为主，对政策执行的过程进行全面的监督管理，建立囊括各职能部门的机构为公民提供便捷服务。这种协作模式已上升为法定的要求，纳入“年度绩效计划”进行规范；澳大利亚政府则在借鉴美国的基础上，对协同政府的理论进行扩展升华，结合本地区的实践，探索了一条最有效率的“整体政府”模式，包括文化与哲学、新的工作方式、新的责任和激励机制以及制定政策、设计方案和提供服务的新方式四个方面内容。在协作与集权上，澳大利亚政府提供了一种新思路，既发展横向协作，又对权力重新整合，最大程度为公民提供一站式服务。

上述的这些实践均取得了一定的效果，为协同政府理论补充了实践论证，为其他国家的政府改革提供了良好借鉴。同时，颇具地方特色的改革为理论发展增添了更多丰富的内容。

二、西部地区巨灾风险管理需求与协同政府理论的契合

“多部门协作”理论作为“整体政府”理论的重要组成部分，体现了协调主义和“无缝隙管理”的理念，是一种打破不同政府部门（包括不同领域的同级政府和上下级政府部门）之间的行为界限的思维，旨在建立一种以常态化制度化的跨部门的行政工作形态来应对综合性问题的政府模式。在历史悠久的灾害管理实践中引入多部门协作这一前沿理论，不但是理论本身得以存在并发展完善的土壤，更是实践活动的现实需要。

在传统的巨灾环境下，自然灾害是需要面临的主要困境，致灾因子单一，灾种彼此较为独立时，对灾情不需要综合处理，流程化的模式就能应对。但面对越来越复杂的现代巨灾环境，社会巨灾种类增多，各种巨灾的综合作用危害更大，对巨灾的预警工作面临严峻挑战，巨灾的联发性也在日益加剧，脆弱性因子随着经济规模的快速增长和人口数量的增多而日趋复杂。现代灾害管理现实对公共管理提出两大挑战：一是灾害管理不再是一个短期的应急管理活动，周期性的防灾重建工作对每一环节都提出了更高的要求，在这个循环的过程中，任何一个环节的短板都会影响到治理的功效；二是灾情的联发使得单一职能部门难以完成复杂的灾害管理工作，加之周期性的管理过程侧重点各不相同，每个环节所要完成的任务也复杂多样，需要多个部门联合执行。

但在以马克斯·韦伯所创立的现代官僚制为理论基础的传统行政组织中，根据层级和分工的不同，行政组织分为纵向和横向两条关系路径，公共事务的处理往往沿着这两条路径进行，并没有形成相互联通的网络。在长期行政活动的磨合中，这一组织形态已经形成了严密的内向型运行状态：以行

政组织运行状态为视角，在单一权威中心的主导下，各部门在以具体事务为中心划分出的界限内行使理性规则规定的职权，关注组织内部的常规运行，而对部门权限之外乃至整体性的绩效漠不关心，上下级之间层级固化，信息传递路径单一，难以通过其他路径获得有效的信息。显然，这种组织运行模式是难以适应现代灾害管理需要的。之后，对传统公共行政范式进行改进的新公共管理运动在这方面仍没有实质性进展。新公共管理运动将管理主义引入政府管理领域，树立了以绩效为导向和节约支出的理念，在组织工作中构建了激励机制与竞争环境，在一定程度上转变了“刻板僵化的层级官僚体制形式”①。但是由于新公共管理运动极力主张专业化管理和分权竞争，这使得政府机构分散化和小型化，导致行政主体利益的分离，行政组织呈现出碎片化，即“由于过分分权和市场化改革导致执行机构和横向部门大量涌现沟通不畅、协调不力的状况”②，也很难达到现代灾害管理的要求。政府部门必须进一步改进自身的组织形态、运行机制、处事流程、协调方式和行政风格，以搭建一个多部门联动的制度平台，构建网络管理的政府模式，将原有的条状信息流通路径扩展为网络状，减少科层制的弊病，同时加强同级的配合监督，最大程度地发挥公共部门整体的职能。

三、西部地区巨灾风险管理中多部门协作的缺失与构建

（一）多部门协作的缺失

多部门协作是网络化治理的一种尝试，也已取得良好的效果，在很多领域发挥了巨大的作用。我国政府刚开始接触“治理”理论时，多部门协作开始在海事管理、森林消防和疾病防疫等领域得到应用，并获得了一定的实践

① Hughes O. E., “New public management”, Public Management and Administration: An Introduction, 1998, pp: 52-80.

② 曾维和：《西方“整体政府”改革：理论、实践及启示》，《公共管理学报》2008 年第 4 期，第 62-69、125 页。

成果。现阶段政府部门在处理综合性的问题时，也开始有意识地寻求多元合作的解决途径，在一些领域，多部门协作得以制度化和常态化，一定程度上提升了政策执行的参与度，加强了政府不同部门间的行动契合度。然而，在灾害管理领域，我国鲜有类似多部门协作治理的实践，尤其在我国的西部地区，由于社会经济文化发展的局限，多部门协作仍然停留在理论阶段，主要体现为以下四个方面：其一，巨灾管理周期分离，各环节工作脱节。巨灾管理周期可分为四个环节，分别是减灾、预警、应急管理和灾后重建，西部地区政府部门较为重视后两者而轻视前两者。在诸多西部地区的巨灾风险实践当中，政府部门往往在巨灾事件发生后表现优异，应急响应速度较快，恢复重建力度较大。然而，对巨灾风险防范和预警不到位，常常出现“小灾大损失”的情况。由于西部地区经济发展水平较低，平时投入到巨灾风险管理事务中的资金不足，因此灾害监测和防御基础设施建设滞后，无法长期维持高效的预警机制。减灾防灾和预警环节的相关工作欠缺，导致政府部门巨灾风险管理活动无法形成一个闭合环；其二，部门职能划分模糊，跨领域行动低效。政府部门在巨灾风险管理领域存在“九龙治水”的问题，缺乏一个综合性的巨灾风险管理机构；其三，各部门之间缺乏信息交流共享。政府部门较为关注各自领域，专注于完成各自职权范围内的工作而缺乏与工作流程的其他部门沟通；其四，市场应对社会巨灾的力量薄弱，而政府部门作为巨灾风险管理的主导者，往往希冀于单方面解决问题。

（二）多部门协作的机制设计

首先是构建多部门协作的组织结构。多部门协作需要一个整体的架构来调度，巨灾管理的四个环节（减灾、预警、应急管理和灾后重建）分配到具体的部门执行，对部门的权力与责任重新进行准确的界定，落实工作，细分责任，建立一支高效精干的队伍，以业务责任为依据划分具体的工作，做到目标明确、资源集中，最终在此基础上建立一个功能互补的组织构架。依据我国政府现有巨灾风险管理部门的组织设置，可以设计明确分工的多部门协

作组织框架。（如表 7-2 所示）

表 7-2　现有巨灾风险管理部门的专业分工（部门名称以县级为例）

部门	专业分工
指挥部（领导小组）办公室	负责巨灾风险管理的领导、组织和协调工作，筹集并管理巨灾风险管理资金，维持指挥部日常运行，时刻监控灾情并激活多部门协作机制
民政局	负责受灾民众的转移、安置和救济工作，保障受灾地区基本生活
卫生局	负责巨灾发生地卫生条件，组织人员进行伤员救治、心理疏导，进行灾后消毒防疫工作，防止“大灾之后有大疫”
气象局	承担大气领域自然灾害的专门化管理工作，建设气象观测站等基础设施，监测并分析气象环境变化，为巨灾风险管理提供及时准确的气象状况报告
水务局	承担水文领域巨灾风险的专门化管理，完善水利基础设施建设，监测并分析水文环境变化，为巨灾风险管理提供及时准确的水文状况报告
国土局	承担地质领域巨灾风险的专门化管理，对滑坡、泥石流等地质灾害进行监测，为巨灾风险管理提供区域内地理信息
地震局	专门针对地震这一巨灾风险种类进行管理，完善地震监测基础设施建设，对地震进行及时准确预测
农业局	监测并统计巨灾风险事件对农业生产所造成的损失，组织农户进行生产领域的减灾活动，促进农业基础设施恢复重建，并争取尽快恢复正常农业生产
商务局	监测并统计巨灾风险事件对商业所造成的损失，及时掌握事件发生前后的市场信息，配合灾后救助活动，协调商品供应
交通局	保障巨灾风险管理过程中交通畅通，组织协调交通工具运送救灾物资和人员，协助减灾工作进行并促进灾区交通的尽快恢复
电信局	保障巨灾风险管理过程中通信畅通，确保信息交流工作能够及时顺利进行，协助减灾工作进行并促进灾区通信尽快恢复
电力公司	保障巨灾风险管理过程中电力供应，确保其他部门用电安全，协助减灾工作并促进灾区电力尽快恢复
扶贫办	重点关注贫困人群受灾情况，扶持贫困地区进行巨灾风险管理工作
教育局	督促区域内教育机构的风险管理工作，尤其是在校学生的安全撤离工作，促进教学楼、宿舍等教育基础设施的恢复重建，并争取灾区学生早日复课，对受灾严重的学龄人口提供扶助
军队及武警部队	协调组织驻地部队为地方政府的巨灾风险管理活动提供人力和技术支持
发改委	协调安排巨灾风险管理基础设施建设计划

续表

部门	专业分工
公安局	保障巨灾风险事件发生地区社会治安，维护公共秩序，并针对社会风险进行专门管理
建设局	负责巨灾风险管理基础设施建设审批工作
广电局	负责巨灾风险管理过程中的舆论宣传工作，发布灾害预警信息，宣告政府灾害管理政策和救灾措施

二是建立立体的协调管理模式。对巨灾的管理需要不同领域和不同层级的部门协作完成，这就是多元治理模式，多元治理的关键在于做好协调工作，从而实现优化政府效率的目标。第一，设置巨灾风险管理的统一协调机构。在现阶段实践中，政府的确会在巨灾发生时设立应急管理领导小组等临时性的协调机构，但是这一协调机构只是负责应急或灾后重建阶段的工作，无法贯穿于巨灾风险管理的周期过程。因此，可以将“应急领导小组”的职权常规化，设置专门负责巨灾风险管理的机构，以协调各领域各部门巨灾管理相关工作。地方政府行政主管最好能担任这一协调机构的负责人，便于对跨部门事务进行直接协调，同时也可以对下属形成督促，确保部门职能有效落实。第二，设计巨灾风险管理的核心决策机制。考虑到巨灾风险管理在公共事务中地位越来越重要，政府领导层面需要给予更大重视，这主要体现在相关决策上应该由地方政府行政主官负责。在明确各部门在巨灾风险管理中的职能之后，也会赋予各部门相应的权力，为保证公权力实施符合公共利益，确保公共资源充分投入到巨灾风险管理之中，领导层面要掌握战略决策权。第三，制定标准化的多部门协作制度。具体而言，是对巨灾风险管理中的具体事务的工作流程进行细化，明确各部门承担的工作任务，制定清晰完整的办事程序。在面对巨灾风险时，各部门按照既定标准各司其职，确保相关工作有条不紊地进行，对于违规现象应追究相关责任人的责任。

协作政府的实现需要对传统的行政模式进行改革，不再一味强调“管制”，而是提倡跨界合作，由政府来主导，采用非强制性方法，加强部门之间以及政府与社会组织之间的沟通协作，最大限度地发挥人力资源和社会资源，激发部门活力，从而实现组织的目标，为公民提供便捷的服务。在行政权力运作的过程中，各部门在明确本部门职权的前提下，积极寻求与其他部门的创新合作，灵活运用规章制度，简化行政程序，发挥主观能动性，进而提高行政效率。部门之间的合作存在正式和非正式两种路径，在部门之间倡导“契约精神”，将跨部门的会议做到常态化，统一部署管理工作，以颁布决议的形式约束部门的行为，引导各部门的工作，部门之间互相派遣办事员，从而起到部门之间互相学习、合作办公的目标。在协作过程中，根据部门的职能、经验分别委派不同的任务，彼此之间地位平等，以求实现无缝衔接。

三是发展电子政务，借助数据处理技术和互联网平台，开发跨部门的灾害处理系统。相关部门在该系统内实现合作办公，并对系统进行定期维护与更新。互联网具有时效性、便捷性，运用互联网技术可实现远程操作，方便部门的沟通，同时大幅缩短信息的整合时间，在同一个平台可同时进行多项数据处理，从而提高行政效率。政府应利用互联网技术收集组织内外部信息，提升组织内部信息传导的速度，提高巨灾风险预警、应急处置、风险评估的效率。

四是对公务员进行系统的选拔与培养，使他们的理论水平、业务技能、行政伦理与时代要求相契合。我国由于历史原因，形成了一套固化的科层制管理模式，很多官员对这一模式习以为常，甚至官僚气浓重，对当今时代提出的多部门协同治理理念存在诸多误解，严重影响了巨灾管理工作。因此，加强对公务员队伍的培养刻不容缓，应优化他们对协同政府的认知，提升多部门合作的意识和能力，推动他们了解巨灾管理的各个环节的工作要求，积极参与部门之间的互动，打破传统模式的藩篱，营造多部门协作的氛围。

第四节　西部地区巨灾风险事件中的政府舆情管理优化

一、巨灾风险事件中舆情状况及管理需求

在巨灾风险管理实践中，舆论扮演着极其重要的角色。在传统巨灾风险如自然灾害的治理过程中，往往出现这一现象：社会上突然出现谣言称某一重大自然灾害即将发生，造成民众风险感知急剧升高并形成社会恐慌，一些居民开始采取风险规避措施，然而事后发现这些传言为无中生有，不仅造成灾害应对资源的浪费，还扰乱了正常社会秩序。相较于自然灾害，舆论在社会风险中的作用更加直接，甚至有时还成为风险源头。我国正处于社会转型时期，各方利益错综复杂，社会矛盾日益凸显，各类冲突事件层出不穷，社会风险逐步增加。一方面，社会风险事件常常由大众普遍关注的社会矛盾引发，且存在较高突发性和破坏性，新闻价值较高，因此易于引起舆论关注。另一方面，巨大的舆论力量常常产生现实效应，主要体现在负面舆论进一步激化了社会矛盾，现实中许多社会风险事件的发生皆具有舆论背景。因此对舆论进行监测和引导是政府亟须加强治理的公共事务之一。通常在自然灾害发生前，政府通过官方媒体宣传政府巨灾风险管理政策和应急管理预案，向民众推广防灾减灾的实用方法。在一些巨灾风险形势比较严峻的地区，政府也常常营造一种严防灾害的舆论氛围，以提升社会整体的警惕性。在灾害发生后，政府通过舆论安抚民众，并向民众告知灾情变化，通知民众应做好哪些减灾措施，同时宣告政府灾害救助举措，营造一种相对稳定的舆情环境，团结灾害治理过程中的多元主体，为顺利实施救灾政策创造有利条件。

以往，我国政府更为重视对舆论的管制而非引导，在有些巨灾风险事件中，地方政府出于维护政绩、减少巨灾带来的负面效果等原因，有时会隐瞒巨灾信息。由于对舆情在巨灾风险管理中的作用和地位认知不清晰，地方政

府并未及时提升有关应对能力，导致事发之后往往采取一种“应急”的姿态，缺乏科学的舆情管理机制。

随着信息时代的到来，政府所面对的舆论形势愈发严峻，互联网和信息技术不断改变着人们的商业模式、生活方式乃至政治活动，公共领域由现实环境扩展到虚拟社会。在互联网时代，信息来源与传播渠道愈发多元，除了传统意义上的媒体如报纸、广播、电视等，基于互联网技术的新媒体或自媒体层出不穷，如微信、微博、论坛（贴吧）、QQ 空间等等。随着我国信息化水平的不断提升，截至 2021 年 6 月，我国网民数量已突破 10 亿人大关，网络媒介的信息传播和舆论培育能力将越来越强。此外，网络媒介具有虚拟性、快捷性和低成本的特性：网民在网络平台进行交流时普遍不以真实身份，而采用一种虚拟代号，因此网络平台上的信息来源常常无法确定，以致难以对信息真伪进行有效判断，同时也增加了对谣言的追责难度；网络平台基于互联网空间，实际上缩短了网民之间的时间和空间距离，在短时间内一条信息能够在大量人群中传递，形成力量巨大的舆论热潮；网民在网络平台上进行信息交换几乎不需要成本，发帖、转发、关注、评论等基本网络社交方式对于个人而言轻而易举，在网络上却可以形成较大的眼球聚集效应。网络媒体不仅便利了民众之间的沟通交流，同时也对提升政府透明度产生了一定外部压力。当巨灾风险事件发生后，受灾群众是在第一时间获悉灾情的人们，可能会立即以自媒体的形式将信息披露出来，并通过各种方式向更多网民传递，其速度远远超过政府部门之间的信息沟通工作和事件处置活动。这时，政府部门如果要对事件发生的危急程度进行隐瞒，无疑无法取信于民，在政府信任危机的大背景下，将地方政府置于舆论的风口浪尖，降低了政府公信力，消解了政府权威并损害了政府形象，阻碍了民众积极参与到巨灾风险应对之中，显然会使政府后续进行的巨灾风险管理工作效果大打折扣。

二、巨灾风险事件中政府舆情应对局限

（一）制度缺陷

我国政府组织采取类似马克斯·韦伯所提出的科层制结构，围绕具体的公共事务而建立起层级分割的矩阵式结构，因而在信息传递方面呈现一种线性路径。在单一权威的主导下，各级政府部门主要是按部就班地进行专业化的工作，形成了一种相对封闭的信息系统，因而在需要多部门协作的场合往往缺乏必要的信息共享。然而，巨灾风险事件大多发生较为突然，成为舆论热点的速度较快，对巨灾风险事件中的舆论情况进行应对和引导已经超出了单一政府部门的工作范畴，单一部门也无法在短时间内聚集足够多的行政资源。此外，我国缺乏巨灾风险管理中政府舆情应对方面的法规制度，尤其是责任追究机制。巨灾风险事件中，政府在舆论场域中往往占据着主导地位，因其公权力特性扮演权威信息发布者的身份，虽然《政府信息公开条例》等规章对政府信息是否公开或公众如何获取公共信息进行了规范，但是对于政府具体应采取何种舆情管理活动，缺乏细致有效的规范。在巨灾风险事件中，当政府未能有效履行舆情管理的职责时，民众只能采取舆论方式进行谴责，无法对相关责任人进行追责。公共部门对于舆情管理的不重视，往往体现在有些政府部门负责人对舆论监督的忽视，这也与缺乏责任追究制度有关。

（二）价值缺位

我国历史上曾长期处于计划经济时期中，政府在处理公共事务方面是一种“全能”角色，同时也是社会生活的权威主体。近年来，政府不断进行职能转变，推动简政放权，但依然有部分政府部门和工作人员没有真正实现思想转变，将政府间信息交流和民间舆情视为两个割裂开来的领域。现阶段，传统行政文化中的“官本位”和“唯上”思想，依然对政府工作人员造成

了负面影响，使得政府部门常常以巨灾风险管理中的单一权威自居，占据有关巨灾风险事件的诸多信息而不愿与外界共享，将民众视为管理对象而非巨灾风险应对的重要力量，缺乏与民众进行沟通的动力。

（三）手段缺乏

对巨灾风险事件中的舆情进行监测和管理是一项技术门槛较高的工作，这便给我国政府的信息技术手段带来了挑战。首先，政府内部基于电子政务平台的公共危机信息管理系统尚不成熟，政府对巨灾风险相关信息的传递工作有时尚不如民间自媒体。政府部门的电子政务建设还停留在门户网站阶段，大多主要发布政府部门领导的工作信息和常规文件，尚未与民间公共事务进行对接。其次，政府舆情监测工作还刚刚起步，相关舆情监管机构尚不健全，信息技术水平还有待提升，政府部门还缺乏兼备信息素养和信息技术的高层次人才。

三、巨灾风险事件舆情监测与引导

（一）巨灾风险事件舆情监测的主体

巨灾风险事件舆情监测的主体是政府部门，可以细化为舆情监测机构和舆论引导机构。首先要建立专门化的舆情监测机构，对巨灾风险管理中各个环节的舆论情况进行收集和量化分析，为相关决策机构提供一手资料和技术支持，同时建立统一的信息发布渠道，确保政府部门对民众提供的巨灾风险信息及时且真实，尤其要保障政府部门作为信息主体的一致性。其次要建立一个协调各部门的舆情应对机构，例如设置巨灾风险舆情小组，专门负责巨灾风险事件中的舆情管理工作，这一领导小组可以只属于应急处置指挥中心，直接对主要领导负责，收集并分析巨灾风险舆情信息，并作为有关工作的主要执行机构负责舆情引导的实施。

（二）巨灾风险事件舆情监测和引导的目的和内容

政府对巨灾风险事件舆情进行监测和引导，旨在掌握巨灾风险管理全过程中舆论演化情况，从而观察民众对巨灾风险的心理认知和应对方式，通过政府调节和干预手段对舆论进行引导，一方面可以构建较为积极的舆论环境，为应对巨灾事件创造良好的外部条件；另一方面，对巨灾风险事件舆情监测和引导离不开充分的信息公开，巨灾风险信息作为公共资源，不应由政府部门垄断。

巨灾风险事件舆情监测和引导的主要内容应包括如下几个方面：

1. 舆情采集

政府部门设立专门的舆情监测机构，配备专业的数据搜索软件，由具有信息素养的专业人员对巨灾风险相关舆论情况进行收集和分析，主要掌握民众对于巨灾风险的了解程度、对于巨灾风险事件发生的归因认知、对于政府在巨灾风险管理中的工作满意度，尤其应该关注民众的心理状态，是否出现了社会范围的恐慌和焦虑，此外舆情采集还可以通过大数据分析手段，判断出民众关注的热点问题。

2. 舆情研究

政府应该组织信息技术、新闻传播、灾害管理、公共关系等领域的专家学者，采用数据挖掘和统计分析软件对不同时间段的舆论情况进行分析，对其进行学理意义上的解释并为后续舆情监测和引导工作提供理论支持。

3. 舆情预警

巨灾风险事件中舆论往往会对现实的巨灾应对行为造成影响，在舆论工具化的趋势下，巨灾风险事件中舆情急剧恶化所导致的新的社会风险层出不穷。舆情监测和引导部门应该对舆情发展的趋势和演化路径进行预测判断，在出现新的社会风险之前及时发布预警，并开展舆论引导工作。

4. 信息公开

政府部门对巨灾风险管理的信息公开程度与舆情引导工作密不可分，政府向民众发布消息的准确程度和全面程度，直接影响着政府公信力。政府部门应努力拓宽信息发布渠道，并根据舆情变化的趋势不断廓清巨灾风险事件的实情，澄清舆论场域中的谣言。

5. 回应与危机公关

巨灾风险事件对正常社会秩序将造成极大冲击，同时也将引发受灾地域内的各种矛盾，受灾群众极易因巨灾风险产生恐惧情绪，以及在非正常生活环境中极易形成较为恶劣的负面认知，尤其对于政府在巨灾预防与应急处置工作中出现的失误感到愤怒。这些情绪通过舆论不断累积和放大，可能引起灾害衍生型群体性事件，将进一步冲击灾区的社会秩序，对巨灾应对工作造成不利影响。因此，政府部门应该对民众所关心的问题进行回应，同时与媒体合作进行危机应对公关。

四、巨灾风险管理的政府信息公开机制

（一）管理意义

巨灾风险具有不确定性，而巨灾事件具有突发性，因此信息在巨灾应对行为中的作用极其重要。在巨灾风险事件过程中，政府、企业、社会组织和民众都存在大量的信息需求，会积极地进行信息收集。在上述多元主体之中，政府无疑掌握着最为庞大的信息资源，同时也最有能力调集人力、物力、财力进行信息收集工作，作为公权力主体，其发布的信息也最具权威性，市场和社会都会以政府信息为参考开展巨灾应对工作。假如政府没有及时充分地提供巨灾风险信息，公众将与政府部门之间产生信息不对称，故而无法有效实现行为协同，影响应急处理的效果，甚至可能造成社会范围内的恐慌。根据2007年1月17日国务院第165次常务会议通过，自2008年5月1日起施行的《中华人民共和国政府信息公开条例》第二章第十条规定，县级以上各级人民政府及其部门在各自职责范围内应主动公开“突发事件的应急预案、预警信息及应对情况”。

建立并完善巨灾风险管理的政府信息公开机制主要有以下四点意义：

其一，建立并完善巨灾风险管理的政府信息公开机制有利于巨灾风险应对。政府在巨灾风险管理中占据着技术优势，相较于力量分散的民众和企业，政府部门能更好地识别和监测风险，因此风险预警离不开政府信息公开，在许多巨灾事件中，假如政府部门没有及时发现风险并告知民众，民众根本都无法感知风险的存在。巨灾发生后，政府和民众一同进行救灾和重建工作，此时政府会对巨灾所影响的范围和造成的损失进行统计，对救灾重建工作进行决策，这些情况都应向民众公布，否则，政府救助将无法落到实处，民众未能得到科学指导，有可能做出不恰当的应对行为。将巨灾事件的具体情况向全社会进行介绍，能够加深民众对该巨灾风险的了解，为实现巨灾风险管理的多部门协作提供了信息支持。

其二，建立并完善巨灾风险管理的政府信息公开机制有利于提升政府公信力。巨灾风险事件所造成的不仅仅是经济损失，同时也会对政府信任度造成冲击。如果民众对政府在巨灾风险管理中的能力丧失信心，会对巨灾风险管理效果造成不利影响。政府信息公开可以使民众获知政府为应对巨灾所进行的工作和取得的成效，体现政府有效履行了其巨灾风险管理职责，增加社会政府信任。民众对政府的不信任，是造成许多巨灾风险舆情紧张的主要背景，尤其是一些谣言和消极言论偏好将政府置于不利地位。政府积极提升巨灾风险管理的透明度，宣传相关的政府措施，有利于维护政府形象，增加政府公信力，可以有效引导舆论朝积极方向发展。

其三，建立并完善巨灾风险管理的政府信息公开机制有利于公众监督。公众通过政府信息公开可获知政府部门的具体行动，尤其可以关注一些巨灾风险管理中的关键问题，如巨灾发生原因、资金使用、物资调配发放、政府救助标准等，从而实现对政府部门的监督。政府对上述信息依法公开，可以避免巨灾风险管理过程中出现以权谋私、滥用职权的情况，减少相关领域内的腐败行为。此外，在许多人为原因造成的巨灾风险事件中，将事故原因和事件责任人的处罚结果向公众说明，既有利于总结巨灾风险管理的经验教训，又给民众一个交代，有助于平复舆论情绪，防止舆情走向极端。

其四，建立并完善巨灾风险管理的政府信息公开机制有利于避免谣言。在巨灾事件中，假如政府没有掌握舆论的主动权，使民众在一些关注问题上缺乏必要信息，那么一些道听途说或别有用心的言论将会填补信息空白。政府积极进行信息公开，是主动进入巨灾舆论场域的表现，面对复杂多变的舆论环境，政府应利用其信息权威性，廓清事实真相，把握舆论走向，对不实传言进行辟谣。政府应利用舆论手段，向民众进一步明确自身立场，展现已经取得的工作成果，以事实对谣言进行反驳，营造一种积极务实的舆论氛围，从而形成正确的舆论导向。

（二）巨灾风险管理信息公开的内容和渠道

巨灾风险管理信息公开应该遵循主动公开和申请公开相结合的原则，公开内容其实涉及巨灾风险管理的方方面面，具体而言有以下一些内容：

1. 巨灾风险事件的灾害类型，即明确巨灾风险属于何种类型，如自然灾害和社会风险，前者可能包括地震、火山爆发、洪水、干旱、冰雹等等，后者可能包括恐怖袭击、群体性事件、环境污染事件、医疗卫生事件、食品安全事件等。

2. 巨灾风险的影响范围和影响人数。巨灾风险的影响范围可以看作是巨灾事件一旦发生所波及的地域面积，一般可以以行政区域进行划分；巨灾风险的影响人数可以看作是巨灾事件一旦发生所波及的人员数量。

3. 巨灾风险可能造成的经济损失。巨灾风险事件一旦发生，往往会对农业、工商业的生产运营形成阻碍，政府应该从宏观角度考察巨灾风险事件所造成的经济损失。

4. 巨灾风险的发生可能。政府通过前期的巨灾风险评估工作，会对巨灾风险事件是否发生的可能性，或者巨灾风险事件在何种情况下更容易发生形成结论，也应该将这些评估结果告知公众，以指导民众进行相应的防灾减灾工作。

5. 巨灾风险的可控程度。政府应该将自身所拥有的应对巨灾风险的公共资源进行盘点，并告知辖区内的民众，一旦发生巨灾风险事件，政府是否有足够能力将其造成的损失控制在最小范围内，并对其他方面的需求做出回应，以使全社会对巨灾风险管理的过程有一定预判，有利于民间与政府部门做出良好互动。

6. 巨灾风险对健康和生命的影响程度。保障人民群众的生命安全是巨灾风险管理最为重要的目的，对于巨灾风险事件对影响人群的致病和致命程度，政府应该依据其掌握的权威科学技术和医学支持，做出详细的情况说明。每一个巨灾风险事件对人体健康造成的损伤都不一样，有些可能致死，有些可能致病，有些可能会立即对人体造成负面影响，有些可能需要长期积累方可产生损害，假如不依据具体情况进行说明，很可能导致民众巨灾风险感知的偏差。

7. 巨灾风险影响的观测方法和结果。有些巨灾风险事件的发生并非可以直接观测到，而是需要严谨的科学实验，凭借精密仪器和较高的专业知识方能判断，政府也应该在进行科学判断后提供上述信息，尤其是提供一些平民可以使用的观测方法。

8. 政府部门所进行的巨灾风险管理工作。政府应该对其日常和危机时期所进行的巨灾风险管理工作进行公开，一方面有利于民众积极参与到巨灾风险管理工作之中，另一方面也维护了政府在巨灾风险管理中的形象，提升全社会应对巨灾事件的信心。

9. 巨灾风险的防范及救护措施。政府主动向民众宣传应对巨灾的防范和救护措施，可以减少巨灾风险事件发生时所造成的损失。

10. 善后及追责工作。当巨灾风险事件平息之后，政府应启动灾后救助和重建工作，将相关政策进行宣传，保障救助捐款和财政拨款顺利投入到受灾群众中，定期对相关财务状况进行公示；此外，对于引起巨灾风险事件的相关责任人应追究其法律责任，同时应处理在巨灾管理过程中存在的玩忽职守、假公济私问题。

随着信息技术的发展，政府公开巨灾风险管理信息的渠道也日益多元化，主要包括以下几种方式：基于互联网技术的电子政务平台，着力利用各级政府网站，对官网信息做好定期维护与更新，发挥政府网站的信息公开作用，重视信息公开专栏的建设，确保链接有效；政府公报以及各级党政机关的机关报，其中政府公报由办公厅等部门主办，其作用在于对法律、法规和规范性文件进行及时梳理与公布，是一种政府出版物，作为政府公开巨灾风险管理信息的一种方式，具有信息集中、及时和权威的优点；新闻发布会和网络发言人，即各级政府在事件发生后需要向媒体和公众传达政府的方针政策，经常会借助新闻发布会的形式，通过主动地介绍与解答媒体的提问，及时有效地传达信息。信息时代网络是信息汇聚的战场，政府亦须在网络上引导舆论，通常会指定网络发言人，代表政府向公众介绍政府的立场、观点、态度和有关方针、政策、措施，并解答媒体的提问。随着互联网的迅速发展，网络新闻发言人制度得到快速的应用，弥补了普通新闻发布会的不足，拉近了与人民群众的距离，对重塑政府形象、提升公信力起到重要的作用。

五、巨灾风险事件中的网络舆情管理

（一）网络舆情概念在巨灾风险事件中的延伸

一般意义上的网络舆情是指网络平台上产生的舆论情况，多表现为民众在论坛、贴吧、微博、微信、即时聊天系统等网络媒介中的语言表达。巨灾风险事件中的网络舆情往往围绕焦点事件展开，并在网络环境中持续发酵，形成较为强大的舆论力量，甚至对现实中的巨灾风险管理行动产生影响。

巨灾风险事件网络舆情的主体主要是指使用网络媒介表达自身见解或者宣泄情绪的舆论参与者，主要包括以下几类：其一为网民，即是以个体形式参与到网络舆论中的人，是网络舆情的主要制造者和传播者，其总量及所具有的网络素养将对巨灾风险事件中网络舆情的演化造成巨大影响，我国现有网民超过 10 亿人，是网络舆情的主要力量；其二为政府，政府通过其电子政务系统进行信息发布，从而参与到网络舆论中来，由于政府信息的权威性，这一主体对网络舆论具有较为强大的引导作用；其三为意见领袖（网络大V），这一类人在网络媒介中拥有大量网民粉丝，因而在网络舆论中有强大影响力，常常作为信息传播的中介和放大器；其四为媒体，除了提供新闻服务的商业门户网站以外，一些传统纸媒主办者也纷纷创办其网络分支，与传统媒介的功能一样，网络媒介往往也是事件信息的主要渠道，且具有传播速度快、影响范围广的特点，因此也加速了网络舆情的扩散。

巨灾风险事件网络舆情的客体为事件本身，然而并非所有巨灾风险事件都能为网络舆论所广泛关注，除了一些重大自然灾害之外，易吸引网民关注，形成舆论焦点的事件主要有以下几类：其一为公共卫生事件，由于其与人民群众的生命安全息息相关，往往容易受到重视；其二为社会安全事件，此类事件往往涉及人们日常生活中的社会矛盾，从而引起情感共鸣；其三为涉官涉富事件，现阶段社会上“仇官仇富”思想传播较为广泛，此类事件迎合了部分人群的非理性心理需求。

（二）巨灾风险事件网络舆情的特点

巨灾风险事件网络舆情具有鲜明的网络背景，因此呈现出以下特性。第一，巨灾风险事件网络舆情形成较为迅速。一方面，网络环境中地域、时间、距离等因素的影响被缩小，网络媒介在信息传递方面具有快捷性，另一方面网络平台能够承载大量用户，能在较大范围内造成影响；第二，巨灾风险事件网络舆情具有匿名性。除了实名认证用户和官方网络渠道，大多数网民在参与网络舆论时并不采用自己现实中的身份，事实上即便要查清其真实身份，也需要较高技术水平并耗费大量时间精力；第三，巨灾风险事件网络舆情所承载的信息良莠不齐。巨灾风险发生过程中存在较大的复杂性和不确定性，且网络环境中的信息量极大，网民素质参差不齐，极有可能发生传播虚假信息的情况。

此外，巨灾风险事件网络舆情呈现出工具化特征。原本网络舆情处于一种非组织化状态，巨灾发生后，官方网络媒介的信息公开活动和网络媒体的报道扑面而来，网民往往单纯出于对事件的关注进行转载、评论等网络活动。这些活动属于一种自发活动，并不会对现实事件产生影响。然而，通过对近几年巨灾风险事件尤其是社会风险事件的观察发现，网络舆情的产生和发展存在人为操纵现象。首先，有些巨灾风险事件在网络平台上的曝光并非普通的新闻活动，而是事件利益相关者有意发布的；其次，出现了专门进行舆论生产活动的网络“水军”，通过大量回帖、点赞等形式提升某个话题的舆论热度，混淆视听误导普通网民；最后，这种带有目的性的网络舆论有可能是利益相关者在网络环境中制造对自己有利的舆论价值倾向，通过舆论压力对现实事件的处置过程施加影响。

（三）巨灾风险事件网络舆情形成机理

总体而言，巨灾风险事件网络舆情主要呈现出如下机理：巨灾风险事件发生—网络信息的发布与传播—网络舆情热点产生—事件与舆情的解决平息。

1. 巨灾风险事件发生：巨灾风险事件具有发生突然、短期内破坏巨大等特点，往往一发生就会在网络上形成舆情，加之网络媒体承载受众数量大、方便快捷等特点，可能在很短时间就掀起舆论热潮。

2. 网络信息的发布与传播：一旦发生巨灾风险事件，身处现场的受灾群众或者从其他渠道获知灾情的网民便可以通过文字、视频、图片等形式将灾情上传至网络平台，由于巨灾风险事件关系到人民群众的生命财产安全，对经济生产有着巨大影响，因而能够较易地吸引网民的注意力。巨灾风险事件事发突然，传统媒体如报纸、广播等尚来不及进入现场，网络媒介却可以第一时间对其进行报道。这一阶段网络舆论尚处于发起阶段。

3. 网络舆情热点产生：随着有关巨灾风险事件的信息在网络媒体上扩散开来，网络舆论焦点会逐渐形成，网民大多可能关注巨灾风险事件发生的原因、巨灾风险事件造成的人员伤亡和经济损失、政府等救灾部门开展的救援活动等。这一阶段网络舆情不仅如火如荼，且呈现出复杂多变的特点。

4. 事件与舆情的解决平息：在巨灾风险发生后，网络媒介上会不断发布关于巨灾风险事件的信息，信息量巨大且良莠不齐，因此官方媒体应该即时介入到信息场域中，发布权威信息，廓清事实真相，对诡谲多变的网络舆情进行引导。此阶段中，政府在网络舆情管理和引导中所发挥的作用尤为重要，应将巨灾所造成的人员伤亡和财产损失以及灾害救援活动的详情告知民众，使受灾群众能够更好应对巨灾，广泛动员网络环境中的公共资源参与到救灾减灾工作之中。

（四）巨灾风险事件网络舆情管理的主体与方法

巨灾风险事件网络舆情管理主要是指针对网络平台上的舆论情况进行引导，是对社会风险的一种管理活动。巨灾风险事件中网络舆情的管理主体是多元的，除了依靠公权力的政府之外，媒体和社会力量也是参与者。在对网络舆情发展过程的监控中，政府可以对社会风险进行识别，继而通过官方网络平台发布有关信息，对网络上的不实信息进行辟谣，廓清网络舆情环境。媒体和社会力量是网络舆情的重要主体，同时也是进行网络舆情管理的重要参与者，政府应该与其进行充分互动合作。

随着信息时代的到来，我国需要运用科技力量去甄别大量的网络数据，提取有用的舆情信息，达到降低巨灾风险事件可能对民众生活带来伤害的目的。要做好巨灾风险事件网络舆情管理，首先，要建立更加完善的网络舆论管理制度。由于现在的法律规章存在诸多漏洞，无法对网络舆情起到有效的监控，因此主流意识需要建设一条影响舆情的导向与规范化的通道，以防止巨灾风险给民众带来的伤害在网络舆论的推动下进一步扩大；其次，由于巨灾风险的舆情信息具有突发性和迅速扩散性等特点，而现阶段，我国政府往往不能及时主动地掌控这类舆情信息，因此政府要成立专门的机构来负责舆情管理，从而协调网络舆情的参与主体，对舆论情况进行引导；最后，构建完整的网络道德体系确有其紧迫性与必要性。普适性的道德准则无法对目前网络社会的特点进行有效制约，需按照网络行为的特点设定相应的道德标准和行为规范。

第八章　自然灾害风险评估与管理创新

第一节　概述

随着全球人口增长、社会经济结构变化、技术进步和城镇化比例的增加，自然灾害对人类的影响在逐渐加深。与此同时，由于环境的变化等原因，极端气候、高震级地震等巨灾事件频繁发生。二者的结合使得我们深刻认识到，必须加强我国防灾减灾工作，以降低自然灾害对民众的影响。而对自然灾害进行风险评估是我们对目前防灾减灾工作以及灾中灾后工作有效定位的手段，如何对自然灾害风险评估工作进行管理创新上升到十分重要的位置。

对于我国而言，现实环境更为紧迫和复杂。首先，中国人口众多，人口密度大，特别是东部沿海地区。因此这些地区一旦发生自然灾害，其造成的生命财产损失会十分惨重。尤其值得我们注意的是2022年中国城镇化率达到65.22%，并且城镇化的速度有加快的趋势。其次，中国国土面积大，地域辽阔，地形和气候构成复杂，这样的现状使得自然灾害多而全，且具有地域色彩，在做自然灾害风险评估的时候必须考虑到这种空间差异的影响，这也对国家和学术机构制定计划和方案提出了很大的挑战。最后，我国发生自然灾害的频率和灾害对民众造成的巨大伤害，迫切要求完成这一艰巨工作，如2008年的南方雪灾、汶川大地震、2010年的玉树地震、2015年以来的南方洪涝灾害和华北干旱灾害等。

具体到西部地区，地震、干旱、泥石流和沙尘暴等自然灾害是最主要的灾害类型。因此，我们在总结自然灾害风险评估共性的基础上，结合西部自然灾害的特性，有针对性地提出相应的风险评估和管理创新的方案。

接下来，本章将详细介绍西部自然灾害风险评估和管理创新方面的内容，该部分的结构安排如下：第一部分为概述，第二部分是研究对象和研究内容的界定，第三部分是自然灾害主要的评估方法，第四部分是自然灾害的评估内容及灾害评估指标体系，第五部分是自然灾害评估实践与管理创新。

第二节　研究对象和研究内容的界定

就任何灾害而言，对其研究对象进行准确的概念界定，是确立研究内容的前提条件，只有确立了研究的边界，才能进一步开展研究工作。根据国务院的规定，我国西部地区包括内蒙古、广西、重庆、四川、贵州、云南、西藏、陕西、甘肃、青海、宁夏、新疆等十二个省级行政区①。因此，这些区域的自然灾害是该部分研究的主要对象。

首先，地震是西部地区最具破坏力的自然灾害之一，我国近年来发生的大地震几乎集中在西部，如 2008 年汶川大地震、2010 年玉树地震等。汶川地震是近些年来破坏力最大的地震，造成的损失不计其数。地震是极其恶劣的自然灾害，造成地面振动，房屋倒塌，损坏各类设备。较强烈的地震还会造成人员的大量伤亡，地震后暴发瘟疫也是潜在的危害。

其次，干旱是我国最常见的自然灾害，西部地区因地形和海陆位置的特殊性，干旱灾害更为频繁。干旱灾害的内涵具体指由于水分的供给严重低于需求而形成的水分短缺现象。干旱灾害最主要的承灾对象是农业，干旱灾害给我国农业生产、水产养殖、林牧业带来了极大的威胁。与此同时，城市供

① 中华人民共和国中央人民政府：《国务院关于实施西部大开发若干政策措施的通知》，2000 年 10 月 26 日，见 http：//www. gov. cn/gongbao/content/2001/content_ 60854. htm。

水、内河航运、水力发电等其他公众生活生产活动也因干旱灾害受到极大的影响和损失。我国幅员辽阔，地形地貌复杂多样，东、南部毗邻太平洋，西北地区位于亚欧大陆腹地，东西部气候类型也呈现较大的差别。总的来讲，东部湿润多雨，西部干旱少雨。2009 年末开始，云南、贵州、广西、重庆、四川等地出现历史罕见的特大旱灾，对西南地区人们的生活造成极为严重的影响，历时弥久的特大干旱对西南地区人畜饮水问题影响极深，灾区群众甚至只能凭票供水、计划饮水，需要从其他地区大量运水。农田因缺水受灾严重，逾 8 成的小麦播种地受灾。

再次，水灾也是影响我国西部地区的自然灾害之一，因雨涝常伴随着洪水，故又称为洪涝灾害。二者出现在同一时间同一地点的可能性较高，因此往往放在一起研究。根据国际气候组织多年的研究发现，我国气候带迁移以 20 年为一个周期，目前雨带有明显北移的趋势，我国西南、西北地区进入洪水高发阶段。比较有代表性的是甘肃省中部和南部地区出现大范围降雨和冰雹天气，造成定西、陇南、甘南等市州的多个县受灾。岷县局部降雨量达到 69. 2 毫米，灾害造成 37 人死亡、19 人失踪。

最后，地质灾害对西部地区也影响颇深。由于西北地区的地理环境复杂，地形多样，气候种类多，种种因素导致这一地区各类地质灾害频发，常见的地质灾害有滑坡、泥石流、崩塌以及地面塌陷。如 2010 年，甘南藏族自治州舟曲县城东北部山区爆发泥石流，所经区域均受到严重影响，1000 多人在这场灾难中丧生，财产损失不计其数。

第三节　自然灾害主要的评估方法

自然灾害的评估既是一个管理问题，也是一个技术问题。随着科技的进步，人们对自然灾害的认知不断加深。本书从数据的获取手段、评估机理等角度出发，总结出主要有以下几种自然灾害的评估方法。

一、基于历史统计资料的评估

该方法主要的评估机理是寻找致灾因子强度的不同与承灾体损失程度之间的关系。而在具体操作过程中，则是利用历史灾害的资料，建立历史灾害矩阵，通过运算对未来灾害造成可能损失的大小进行预评估，从而实现对灾害带来损失程度的预测。目前这种评估方法在台风、洪涝、地震等灾害的灾前预评估与灾中快速评估中应用较广。但是对于不同种类的灾害，如何描述其灾害强度，以及确定相应承灾体的损失程度均有差别。

洪涝灾害研究的重点是从时间维度探寻洪水的重现期，在空间维度上研究洪水淹没的历时、范围、水深等指标和不同资源损失程度之间的关系。对于地震灾害而言，评估过程中则主要需要利用历史破坏性地震调查的一手资料，对地震的震级、震源深度等判定指标与经济损失指标的关系进行说明，从而总结出处于差异烈度区的损失比、破坏比和危害指数，进一步构造震害的矩阵。最终通过矩阵对地震发生之后造成的建筑物、道路交通、人员等损失程度进行预估，为救灾做好充足的准备。对于台风灾害而言，其灾害中的主要变量是风力的大小强弱，以及伴随而来的暴雨和洪水的强度，主要研究的对象便是每小时风速、降雨量等与建筑物、农作物等承灾体损毁程度间的相关性。这种对灾害评估的方法主要是基于历史灾害资料进行，如果历史灾害资料数据库不健全，那么就无法开展评估工作。其缺点主要在于即使在资料完整的时候展开的评估也较为粗略，也并不能准确反映灾害的实际情况，因为对灾害本身只有比较粗略的指标去衡量，对将来发生的灾害也只是近似的估计。与此同时，社会经济条件也在不断变化，而这种评估方法无法随着时代发展对自身进行调适。

二、基于承灾体的评估

基于承灾体的评估方法的核心点是判定承灾体的脆弱性，设定承灾体的脆弱性参数或曲线，然后代入仿真软件进行模拟，当给定的因变量即某一些致灾指标超过其应表现出的某些特征时，比如超过某一特定的概率，此时由对应的仿真指标进行配对，从而判定被评估对象发生灾害的概率以及当灾害发生以后可能产生的损失程度。与第一种方法有相似之处的是，这两种评估灾害的方法核心都是模拟不同类型灾害场强度下承灾体易损性特征。不同之处在于，这种评估方法直接通过灾害形成机理，得出承灾体的脆弱性参数或曲线，而历史资料和数据主要作用是作为其模型验证的材料。

在具体分析的过程中，要明白此时的分析主体不再是灾害的表示指标和具体经济损失之间的关系，而是要把关注点落实到承灾体之上。首先考量最重要的承灾对象——人类本身。关于人员伤亡评估，人员伤亡情况一般是在一种灾害发生后关注的重点，而评估的关键是建立人员伤亡情况和灾害发生强度之间的关联。洪涝灾害中，洪水的流量、流速水深和其发生的概率与人员的伤亡情况最为密切相关，这些是洪涝灾害评估过程中最值得关注的情况；地震灾害中，我们一般通过以往的震后经验以及已有的研究成果进行分析。通常而言，与人员伤亡最为密切相关的变量是地震的震级、烈度、震源深度和人口密度，因而在构建对地震灾害的评估模型的时候，需要把以上要素代入仿真模型，最终通过这种既得的相关关系得出人员伤亡的评估结果，以便指导相关人员进行救灾。

另一种承灾体是农作物。对于农作物的评估，其脆弱性主要体现在死亡或是病变，比如说洪水灾害重点是对农作物的脆弱性进行评估，包括洪水的深度及流速对其的损害程度；在台风灾害中，主要关注台风的风级、风速对农作物的损害，通过仿真对受灾农作物的损失情况进行预估。

此外，建筑物是地震、洪涝等突发性灾害中最常见的承灾体。因此对于建筑物这种承灾体，基于承灾体脆弱性的评估方法在目前的研究和实践之中使用得最为成熟和广泛，通过观测地震的震级等数据，评估承灾体的脆弱性，并用建筑设施脆弱性曲线等方式加以描绘。

对灾害发生的过程做模拟仿真计算，并通过这种原理来考量承灾体的脆弱性，这种方法与基于历史数据的方法相比虽然仅需要全面的承灾体数据以及承灾体和致灾因子相互之间的较为确定性的关系，但是需要有较高质量的模型结构和数据，而且在分析自然灾害时需要考虑到其具有的随机性、特殊性以及复杂性。因此，这种原理运用到实际的评估中还需要做更深入的研究。

三、基于现场抽样统计进行的评估

基于现场抽样统计的评估是在现场进行抽样，调查自然灾害导致的损失，然后对其他特殊的情况加以考虑，最终对灾区灾情的总体状况做出一定的界定和预估，评估的对象包括房屋建筑、人员伤亡、基础设施以及农作物受到损害的程度。

基于现场抽样统计的评估，其适用性最佳，可用于各类自然灾害。该评估手段已在世界范围内获得了较为广泛的应用，意大利对地震巨灾的评估系统中就用到了基于现场抽样统计的评估，即在现场调查中设计出比较规范和标准的统计量表，对灾害中的人员伤亡、农作物、基础设施及次生灾害带来的损失做出一定的计量和估计。于我国而言，对地震灾害的评估主要运用的便是现场抽样统计法，地震局会在地震巨灾发生后，对被破坏的现场进行抽样调查。地质灾害的评估也常常用到现场抽样。旱灾也值得给予特殊的关注，旱灾与地震、洪水、地质灾害等自然灾害相比，它属于缓发性灾害，缓发性灾害具备持续范围广、时间长、难界定等独特性，而现场抽样调查的优势使其成为了评估旱灾情况的主要手段。

四、卫星遥感图像和航拍照片评估法

卫星遥感图像和航拍照片评估法是随着技术的进步，卫星、无人机技术普遍应用后，对灾情进行评估的一种新方法。卫星遥感图像和航拍照片手段能将灾区的受灾情况大范围覆盖，且能持续性进行观测，因而其可以将自然灾害评估监测的内容集中在两个方面：时间和空间。具体来讲，其一是这种监测评估在自然灾害发生的空间范围优势，如对洪涝、旱灾、沙尘暴、雪灾、病虫害、海洋灾害、森林草原火灾等受灾范围特别大、受灾处地理环境受明显客观条件限制的地方进行灾情评估时，卫星遥感图像和航拍照片评估法成为在这种背景下的最优选择；其二是这种评估方法在时间上的优势，即卫星或无人机能够在很长的时间范围内，以固定的参数对特定的区域进行长期的观测，从而，能够对灾前、灾中、灾后的情况进行对比，通过对比呈现出在自然灾害这一变量加入以后，给特定区域带来的变化呈现出的差异进行评估；其三是这种遥感和航拍的精确性，随着技术的进步，这种手段得出的数据越来越精确。尤其是针对重点区域受灾对象的受损程度，如地震发生以后，对水库、军事设施、学校等重点建筑物的监测。滑坡、泥石流发生以后对其流向、流量的监测等。在 2008 年 5 月 12 日，汶川爆发里氏 8.0 级特大地震，地震震级大、震源浅、震区范围广等情况，使得当局对地震发生后损失情况的评估变得异常艰难，我国负责灾情评估的有关部门就是用现场调查抽样统计和卫星遥感图像与航拍照片相结合的方法，快速对灾情开展评估，为实施救助措施提供了丰富的一手数据，节约了大量时间。遥感技术虽然能够实时监测灾情，保障监测过程中的效率，确保空间覆盖面，但是也有明显缺陷。首先其对监测地天气的质量要求较高，汶川地震以后由于局部的天气状况差，加上道路、通信完全被摧毁，实际情况在地震过去两三天后部队介入以后才知道。其次，灾害监测的设备昂贵，卫星、无人机都需要搭载超高清探头，使得数据成本较高。再次，卫星、航拍数据处理复杂，需要专业的技能和人员配置。最后，灾害具备复杂性，通过这种评估方法只能从表面观察到灾害的情况，无法深入了解灾害的形成机理并对灾害的演变趋势进行有效的预估。因而在实际评估工作中，必须要充分发挥这种方法在时间、空间和监测准确性方面的优势，再根据背景数据库、地面调查的资料和一些研究成果，综合进行灾情的评估。

五、基层灾害主管部门统计上报评估

这种方法可能是我国特有的评估受灾损失的办法，即灾害管理部门从基层逐级上报灾情统计资料，从而做到对各类自然灾害带来的损失情况全局性的了解和掌握。根据防灾减灾中灾害对象的不同，我国对灾情数据统计颁布了一系列的标准，使不同灾情的数据统计更加标准规范。汶川特大地震发生以后，涉灾部门对地震造成的损失作出了系统全面的评估，所运用的方法是逐级上报的形式，这次统计评估涉及的项目有13类，涵盖非住宅用房损失、住房损失、工业损失、农业损失、服务业损失、社会事业损失 、基础设施损失、土地资源损失、居民财产损失、文化遗产损失、矿山资源损失、自然保护区损失以及其他损失。这次评估工作做得非常全面，是新中国成立以来对巨灾评估做得最系统的一次。

与其他方法类似，这种灾情的评估方法也有其固有的弱点，那便是基层统计上报法中数据的准确性存疑。由于资源、人员专业性，甚至是由于地方政府自身的利益考量，可能存在报告不准确的情况，瞒报、夸大上报等事件层出不穷。此外，尽管现在我国对灾种数据的统计制定了规范标准，但各部门之间标准不统一，也会衍生出许多问题。与此同时，基层政府能够统计的数据比较单一，无法从更加全面的角度对灾害进行统计，因此如何进一步把这种方法完善，这是未来改进的方向。

六、经济学方法

经济学方法主要是指用经济学方法评估自然灾害并通过构建模型来测算自然灾害造成的经济损失，对企业停减产损失、有人员伤亡情况的价值损失、产业关联损失、固定（流动）资产损失和社会救灾整体投入等方面进行评估。在评估过程中所利用到的经济学方法主要有：边际成本的理念和算法、影子价格估计法及成本核算法。

首先是对灾害中直接损失的估量。从目前国内外研究的热点来看，对灾后人员伤亡情况的统计与说明一直是学者关注的焦点，具体体现在经济学方法的核算过程，这个过程中如何衡量灾害中人员伤亡的价值是难点重点，现在的通用做法是以其剩余可工作年份的平均工资来衡量，但这种方法偏差较大。而对灾害中损失的农作物价值进行估计，常利用直接收益损失的核算方法。

其次是灾害带来的间接损失的估计。灾害中造成的间接损失包括三大类别：企业停减产损失、产业关联损失以及生态环境破坏损失。对于涉灾企业因灾停产造成的损失以及与之相关联的产业的损失通常都利用机会成本来解释，其损失大小和灾害强度以及恢复阶段的时间长短彼此关联，对这种情况下企业或产业机会成本的估计一般利用的是宏观经济学中投入产出模型进行模拟和估计。对生态环境破坏的损失估计一般采用的方法是损益和修复成本相结合的方法。

从目前的灾害评估实践来讲，纯粹利用经济学方法对灾害进行评估的案例并不多见。主要利用经济学方法对一些特定的灾害，在一定区域中的某阶段灾害对区域的影响进行说明。

第四节　自然灾害的评估内容及灾害评估指标体系

本节首先综合介绍了目前减灾能力评估的主流指标及最终形成的西部巨灾风险减灾能力指标体系，其次介绍了项目团队自主开发的基于脆弱性理论的灾害评估体系及其验证结果。

一、西部巨灾风险减灾能力指标体系

美国对灾害应急能力评价的体系居于国际领先地位，该体系在全美55个地区都得到试验，较为全面与完善，是很多国家借鉴的对象①。在指标设定方面，该评价体系主要是针对13个反映应急能力的职能进行评估，向下分为98个属性、520个特征，这三个不同层次的指标共同组成3级指标体系②。

随后日本和我国台湾地区也相继推出了自己的灾害防救政府绩效评估体系，其中台湾地区推出的评估体系最值得借鉴。台湾地区推出的防救灾政府绩效评估体系共四层，分别为目标层、防灾基本项目、主因素层级、次因素层级。

确定评估框架后，对灾情需做出具体的评估，对各指标需确定权重，这个过程中可利用专家问卷法和AHP层次分析法。对主因素最后的评估由各次级因素得分加总而得，各次级因素被转换成具体问题，评分由高到低制成5级量表形式，最后的评估结果由各主因素加总结果与相应权重的乘积之和表达。

---

① 吴新燕、顾建华：《国内外城市灾害应急能力评价的研究进展》，《自然灾害学报》2007年第6期，第109—114页。

② Federal emergency management agency & national emergency management association, state capability assessment for readiness, 2000, pp. 5-9.

国内在灾害治理能力指标体系的建构方面，主要表现为减灾能力评估体系的建设。减灾能力指标体系从其评估的对象来看主要分为两大类，一类是针对单一灾种的研究，如张风华、谢礼立（2001）[①]，刘晓静等（2012）[②]对地震减灾能力评估体系的研究，胡俊锋等（2010）对区域防洪能力评估的研究[③]，宋超等（2007）针对泥石流减灾能力评价指标的研究[④]；另一大类的研究是对区域综合减灾能力评估体系的研究，如曹国昭等（2010）对农村地区综合减灾能力评估体系的研究[⑤]，杨宏飞等（2012）对浙江省居民应对突发事件能力的研究[⑥]，唐桂娟等（2011）对城市应对自然灾害综合能力评价体系的研究[⑦]，胡俊锋等（2014）运用解释结构模型对区域综合减灾能力指标体系的研究[⑧]。对上述所有关于指标体系的研究，本节将从解释逻辑、评价指标、评估手段三个方面加以总结。

上述众多评价指标体系的解释逻辑主要分为两大类，一类是按照灾害发展的时间顺序，分别对各阶段所需要的能力进行评估，具体为灾害前的预警能力、防灾能力，灾害发生时的应变能力和组织救护能力，灾后恢复重建能力；另一类则是基于能力视角，围绕灾害的监测、预报、预警、防灾、抗

① 张风华、谢礼立：《城市防震减灾能力评估研究》，《自然灾害学报》2001 年第 4 期，第 57—64 页。

② 刘晓静、薄涛、郭燕：《我国地震综合减灾能力评价指标体系——以唐山市为例》，《自然灾害学报》2012 年第 6 期，第 43—49 页。

③ 胡俊锋、杨佩国、杨月巧：《防洪减灾能力评价指标体系和评价方法研究》，《自然灾害学报》2010 年第 3 期，第 82—87 页。

④ 宋超、刘长礼、叶浩：《泥石流防灾减灾能力评价方法初探》，《南水北调与水利科技》2007 年第 5 期，第 117—120 页。

⑤ 曹国昭、阎俊爱：《农村综合防灾减灾能力评价指标体系研究》，《科技情报开发与经济》2010 年第 1 期，第 156—157 页。

⑥ 杨宏飞、赵贞卿：《城乡居民突发事件应对能力研究——以浙江省为例》，《灾害学》2012 年第 3 期，第 126—131 页。

⑦ 唐桂娟、王绍玉：《城市自然灾害应急能力综合评价研究》，上海财经大学出版社 2011 年版。

⑧ 胡俊锋、杨佩国、吕爱锋：《基于 ISM 的区域综合减灾能力评价指标体系研究》，《灾害学》2014 年第 1 期，第 75—80 页。

灾、救灾、恢复重建等多个环节和多项措施所需要的能力进行要素分析，最后将各类相仿的能力进行总体评估。如张风华等（2001）在对地震灾害的评估中，将地震监测预报能力、地震危害性分析能力、工程抗震防御能力、政治经济和人文资源能力、非工程性防御能力和灾后应急救灾、救助能力等纳入指标体系中①；胡俊锋等（2014）在区域综合减灾能力评估指标体系中将各项能力概括为监测预警预报能力、工程防御能力、社会经济基础支撑能力、应急处置与救援救助能力、灾害管理能力②。

对评估指标的说明，表 8-1 为按时间顺序排列的以往学者对指标体系的论述中设定的一级指标。笔者从结构的角度分析之前研究中建立的诸多指标体系，发现这些指标体系在结构上基本为三级结构，与美、日相似，一级指标为待评估目标层，二级指标为目标属性层，三级指标则为具体操作层。

表 8-1　国内众多减灾能力指标体系一级指标概览

序号	作者	一级评价指标	时间
1	张风华等	地震危害性分析能力、地震监测预报能力、工程抗震防御能力、政治经济和人文资源能力、非工程性防御能力和灾后应急救灾救助能力	2001
2	铁永波等	城市灾害预报预测能力、灾害的防御能力、城市居民的应急反应能力、政府部门的快速反应能力、应急救援能力、应急资源保障能力	2005
3	高庆华等	社会基础支撑能力、监测预警能力、防灾工程基础能力、抢险救灾基础能力	2006
4	宋超等	监测预报能力、灾害应急能力、救援物资储备、人类自然防灾能力	2007
5	胡俊锋等	防洪工程能力、监测预警能力、抢险救灾能力、社会基础支持能力、科普宣教能力、科技支撑能力、灾害管理能力	2010

① 张风华、谢礼立：《城市防震减灾能力评估研究》，《自然灾害学报》2001 年第 4 期，第 57—64 页。

② 胡俊锋、杨佩国、吕爱锋：《基于 ISM 的区域综合减灾能力评价指标体系研究》，《灾害学》2014 年第 1 期，第 75—80 页。

续表

序号	作者	一级评价指标	时间
6	曹国昭等	灾前监测预警能力、灾中防御与救援能力、灾后恢复与重建能力、政府综合经济实力	2010
7	杨宏飞等	一般应对能力、特殊应对能力	2012
8	庄天慧等	灾前预防能力、灾时抵御和救援能力、灾后恢复重建能力	2012
9	胡俊锋等	监测预警预报能力、应急处置与救援救助能力、工程防御能力、社会经济基础支撑能力、灾害管理能力	2014

而在评估手段上，一级指标及各属性的权重设立，一般采用 AHP 层次分析法并结合专家问卷法；而在具体评估的过程中，第三级指标为对客观事实的反映，根据评估前制定的标准对实际的情况进行定位。

笔者对以往学者的指标体系研究进行了以上的归类和梳理，但是这些评价指标体系与本书最终要得到的巨灾风险治理能力评估体系具有较大差别，其中的许多内容仍需要斟酌和取舍。同时，也有巨灾减灾能力评估体系可直接参考。国家科技支撑项目“亚洲巨灾综合风险评估技术及应用研究”在最终成果中对巨灾评估体系设定了 5 个下属指标，从监测预警预报、应急处置与救援救助能力、工程防御、社会经济基础支撑以及灾害管理等五个方面的能力水平来综合评估巨灾风险管理能力，并且将层次分析法与人工神经网络方法有机结合，构建了亚洲区域综合减灾能力评价模型①。在梳理以往研究体系的基础上，本书结合西部地区特殊的地理位置（内陆地区，台风、海啸等巨灾发生的可能性极小），构建出适用于西部地区的指标体系，即西部巨灾风险治理能力评估指标体系。该体系最上层为巨灾风险治理能力指数（G），第二层为巨灾治理能力目标层，按照救灾的顺序逻辑，将救灾各阶段所需要的各种能力总结为：灾前监测预警能力（A1）、灾中应急救援能力

① 杨佩国、李霞：《亚洲巨灾综合风险评估技术及应用研究——国家科技支撑计划成果展示》，《科技成果管理与研究》2012 年第 12 期，第 72—75 页。

（A2）、灾后恢复重建能力（A3）以及灾害管理能力（A4）。

其中，灾前监测预警包括了灾害管理主体在灾害发生前围绕灾害所进行的所有活动，这些活动包括灾害的监测、预报，应急方案的制定，防灾工程的修建，民众防灾减灾教育。在这一系列的活动中需要的能力包括对区域主要灾害的监测能力（B1）、对灾害状况的预报能力（B2）、灾前应急预案准备（B3）、工程防御能力（B4）、灾前防灾减灾教育情况（B5）。灾中应急救援是指在灾害发生以后，在灾害主管部门的统一协调下，社会能够投入救灾活动的人、财、物资源以迅速响应，并以最大程度挽救灾害带来的损失的过程。在这个过程中主要需要四种能力，首先是救灾人力资源储备能力（B6），其次是救灾专项资金的管理及筹资能力（B7），再次是救灾物资储备和投放能力（B8），最后是灾害发生后的快速反应能力（B9）。灾后恢复重建是灾害发生以后，灾害主管部门整合各类社会资源，迅速恢复当地居民正常的生产生活的过程。巨灾由于其特殊性（破坏性巨大），在救灾和灾后恢复重建的时候一定会上升到国家的高度，同时也会得到世界各地的帮助，因此无法非常全面地去综合衡量灾后恢复重建的能力，但是我们可以对比灾前灾后灾害发生地的单位面积产值和劳动力的状况（总量、结构等）去评价一个地区在灾害发生以后的自我恢复能力（B10）；灾害管理能力的评价范围包括灾害治理的法律法规、规章制度的完善程度以及灾害主管部门的社会动员能力和其本身运行的效能机制。因而这部分包括灾害法制（B11）、灾害管理制度（B12）、灾害主管部门社会动员能力（B13）。

通过以上分析，本书形成西部巨灾风险评估综合指标体系。指标体系的全貌如下：

表 8-2　西部巨灾风险评估综合指标体系

一级指标	二级指标	三级指标
灾前监测预警能力（A1）	灾害监测能力（B1）	气象台密度（C1）
		地震灾害监测站密度（C2）
		水文监测站密度（C3）
		农作物病虫害监测网密度（C4）
		森林火灾监测密度（C5）
		疾病监控系统的覆盖率（C6）
		区域居民对区域恐怖活动监控能力的评价（C7）
	灾害预报能力（B2）	区域专门从事灾害预报研究科研人员的比例（C8）
		我国灾害预报综合能力评价（C9）①
		电视广播覆盖率（C10）
		电话覆盖率（C11）
		互联网覆盖率（C12）
	应急预案准备（B3）	基层应急预案编制率（C13）
	工程防御能力（B4）	建筑物达到设防标准的比例（C14）
		人均避难场所面积（C15）
		对区域典型灾害防灾水平的评价（C16）
	灾前防灾减灾教育情况（B5）	公众防灾减灾知识普及情况（C17）
		典型灾害防灾减灾演习频次（C18）

① 此项评估由灾害预报领域专家进行打分。

续表

一级指标	二级指标	三级指标
灾中应急救援能力（A2）	救灾人力资源储备能力（B6）	单位面积专业救援队伍人次（包括武警、军队、医护人员、专业救援人员）（C19）
	救灾专项资金的管理及筹资能力（B7）	人均救灾专项资金总额（包括保险、财政专项资金、国际援助资金等）（C20）
		筹资能力评价（C21）
	救灾物资储备和投放能力（B8）	人均救灾物资保有量（折现后按人均资金总额计算）（C22）
		医疗床位万人保有量（C23）
		高等级公路密度（高速公路及一级公路）（C24）
		铁路密度（C25）
	快速反应能力（B9）	应急通信设备安装状况（C26）
		对我国目前救灾快速反应能力的评价（C27）
灾后恢复重建能力（A3）	自我恢复能力（B10）	区域单位面积产值（C28）
		区域灾害保险的覆盖率（C29）
		区域青壮年劳动力比例（C30）
灾害管理能力（A4）	灾害法制（B11）	灾害治理法律法规的完善情况（C31）
	灾害管理制度（B12）	灾害管理制度运行评价（C32）
	灾害主管部门社会动员能力（B13）	灾害发生后动员方案编制率（C33）
		区域内志愿者比例（C34）
		群众对救灾机构的信任及支持程度（C35）
		灾害管理信息系统的普及状况（C36）

二、基于脆弱性理论的灾害评估指标体系的构建及验证

（一）评价对象的选择

基于脆弱性理论的灾害评估对象是指负责巨灾风险应急管理的各级地方政府。政府适用于脆弱性理论，其本身在巨灾中就有承灾体的身份。在分析

政府脆弱性时，需要比较不同政府的相关资料，才能得出脆弱性在何处被体现出来，所以，要选择2个或者2个以上的评价对象进行分析比较。

（二）评价体系的要素

前文已经论证，对政府脆弱性的分析要围绕暴露性、敏感性、恢复力三个基本要素展开，在这个前提下，本研究对政府脆弱性评价指标体系的建构也包括暴露性、敏感性、恢复力三个基本要素。在指标选取与体系构建中遵循下面四个原则：1. 相关性。选定的相关指标，要满足以下两个要件，其一是从公共管理学和灾害学的视角出发，系统地反映政府在面对自然灾害时的脆弱性；其二是能够反映政府对自然灾害进行脆弱性评价的目标指向，如人口敏感性、建筑物暴露性、预警能力等。2. 独立性。即每个指标都有其独立的意义和指向，指标自身之间趋于互斥，杜绝内涵相同的指标存在。3. 可比性。指标的选取要具有纵向和横向的可比性，政府脆弱性评价在纵向上要分析出政府在不同年份的脆弱性高低，以求改进，横向上能对几个政府之间的脆弱性进行比较评判。4. 可得性。这是基于可行性的要求，选取的指标应能在现实中获取，获取指标的途径与方式也要合法化、公开化，遵守相关法律法规。

首先对暴露性进行界定。如前文所述，该因素分为人口暴露性和物体暴露性。人口暴露性指在某个地域内，遭受自然灾害影响的人口数量。本书界定的政府人口暴露性是指政府人口密度，即政府应急管理部门所在单位的总人数与占地总面积的比值。对物体暴露性的衡量主要通过以下四个指标来反映：建筑物覆盖率、境内公路密度、通信线路设施覆盖率、植被覆盖率。

其次敏感性包括人口敏感性、建筑物敏感性、室内财产敏感性和道路敏感性。其中人口敏感性衡量了人的身体在自然灾害中受到影响的程度，以及面对自然灾害时人表现出的本能反应，主要包括巨灾自救能力人数、政府总人口数、政府人均日用电量、政府人均日用水量、境内人均日用电量、境内人均日用水量等指标；建筑物敏感性是指由于材料、构造等属性，建筑对自然灾害也有本能的反应，笔者设计了如下指标来衡量建筑物敏感性：主体建筑物已使用时间、建筑物结构类别对应的地震易损性指数和主体建筑物设计使用时间指标；室内的财产在面临巨灾时，往往很难去直接衡量，因此笔者采用建筑物结构类别对应的室内财产损失率来衡量室内财产的敏感性；无论对于逃生还是救援，道路都具有非常重要的作用，道路的敏感性对于衡量自然灾害的损失程度具有重要的意义，基于此，笔者对道路的敏感性采用低等级公路（三级以下）长度与各等级公路总长度的比值来衡量。

最后衡量恢复力，应从人力、财力、物力、预警能力、应对能力和重建能力等方面展开。在本书中人力即具有主观能动性的人可以利用的自身资源，包括维护公共秩序的武警、救死扶伤的医生以及灭火的消防员等可以为减少灾害损失贡献力量的人；政府自身的财力是该项指标的重要内容，可以用诸如财政收入占 GDP 比重、人均巨灾救助投入金额等指标来衡量。此外，财力指标还包括政府雇员自身在规避自然灾害时的投入，如人均保险额、医疗保险参保率等；物力指标是指在自然灾害中，政府能够使用的所有物质资源。该项指标主要包括病床数量、消防车数量、电话普及率、救援物资储备程度、紧急医疗完善程度、巨灾缓解装置安装程度等。预警是指在还未发生自然灾害时，人们根据发生的一些征兆，结合以往的经验和规律，预先判断出巨灾的发生，并向相关的应急管理部门发出讯息，提前做好防范措施，从而掌握防治巨灾危害的主动权，将灾害造成的损失降到最低的行为。政府预警能力可用以下指标来衡量：巨灾宣传教育普及程度、巨灾应对演习次数、巨灾预警系统完善程度、巨灾应急预案完善程度、巨灾信息发布的有效性。应对能力可从两方面考量，其一是普通社会群体。对他们而言应对能力就是面对巨灾的发生，能迅速地采取合理的自救和避难措施；其二是政府。对于政府而言，面对巨灾风险时，不仅要考虑到自救，还应承担其作为应对主体的责任，迅速布置，运用一切合理手段去援助社会群体。因此，评估应对能力应从以下指标综合考量，即政府的应急组织机构设置合理性、巨灾信息的搜集能力、应急决策能力、应急指挥能力、政府部门之间协调合作程度、稳定秩序能力等；灾后的重建工作往往是艰巨而繁重的，涉及诸多领域，需要耗费较长时间才能恢复。对重建能力的评估就要从政府具备的巨灾调查评估能力、受损建筑和基础设施重建能力、心理健康恢复能力等方面入手。

综合上文关于指标体系的构建，笔者以实践结合理论，初步选择了分别能够反映承灾体的暴露性、敏感性和恢复力的62个备选指标，接着，笔者将备选指标发给相关专家，讨论指标的修正完善工作，经过数轮的论证筛选，最终保留了44个指标，经过聚类归纳，从44个二级指标中总结出12个一级指标，从而构成了政府脆弱性评估的指标体系。表8-3、表8-4、表8-5分别表示政府暴露性、敏感性以及恢复力3个评价指标体系。

（三）评价体系的数据

在政府脆弱性评价指标体系中，数据类别多样的则会综合运用实证和质性的研究方法，指标也就相应分为定量指标和定性指标，其对数据的获取方式也有所不同。具体来说，前者可从政府统计部门中直接获取相关数据，后者可以组织专家进行评分。在本研究中，组织15—20位研究灾害学、公共管理、经济学等领域的学者和一线工作者，填写调查问卷，对涉及的定性指标进行打分。评分方法采用正向评分法，对所有得分去掉最高分和最低分后求平均值，所得分数即为该指标的数据。

由于得到的数据具有不同的量纲，不能直接评估，需要先对数据做无量纲化处理，以获得统一量纲的数据。本书对数据的处理是基于Min-max标准化方法：设maxC和minC分别为指标C的最大值和最小值，将指标C中的一个原始数据X通过min-max标准化后，映射在区间［0，1］中，即r。将指标按照相关性的不同分为正相关指标和负相关指标两大类，对正向指标的处理基于公式（1）来计算，对负向指标的处理基于公式（2）来计算。其中，X_{ij}表示第j个指标下第i个项目的原始数据，r_{ij}表示第j个指标下第i个项目的标准化数据：

$$r_{ij} = \frac{X_{ij} - minC}{maxC - minC} \tag{1}$$

$$r_{ij} = \frac{maxC - X_{ij}}{maxC - minC} \tag{2}$$

（四）评价体系指标的权重

之前的研究中，通常采用主观赋权法和客观赋权法来规定指标的权重，本书进一步使用熵权法来确定各指标的权重，从而使权重标准更加准确而客观。

下面具体来说明熵权法如何应用于本研究中的。首先，我们假设现有 a 个待评价项目和 b 个评价指标，构成原始数据矩阵 $R=(r_{ij})_{a\times b}$，其中，r_{ij} 表示第 j 个指标下的第 i 个 项目的评价值，如下图所示：

$$R = \begin{pmatrix} r_{11} & \cdots & r_{1b} \\ \vdots & \ddots & \vdots \\ r_{a1} & \cdots & r_{ab} \end{pmatrix}$$

对于某个评价指标 r_j 而言，其熵值 e_j 越大，则意味着该指标值的变异程度越小。指标反映的信息量基本上是由指标值变异程度所决定的，二者是正相关的关系，即变异程度越小，提供的信息量越少，反之则越多，对评估起到的作用就更大，也就会被赋予更高的权重。

熵权法具体计算步骤如下：

求 第 j 个指标下的第 i 个项目的评价值的比重：

$$P_{ij} = \frac{r_{ij}}{\sum_{i=1}^{a} r_{ij}} \quad (i = 1, 2, 3\cdots a, j = 1, 2, 3\cdots b) \tag{3}$$

求第 j 个指标的熵值 e_j：

$$e_j = -k\sum_{j=1}^{a} p_{ij} \cdot \ln p_{ij}, \ k = \frac{1}{\ln a} \tag{4}$$

求 第 j 个指标的熵权 w_j：

$$w_j = \frac{(1-e_j)}{\sum_{j=1}^{b}(1-e_j)} \qquad (w_j \in [0,\ 1] 且 \sum_{j=1}^{b} w_j = 1) \tag{5}$$

(五)评价模型的构建

上面已经论述，本书从暴露性（exposure）、敏感性（sensibility）以及恢复力（resilience）三个方面来衡量政府的脆弱性，因此本书采用的脆弱性评价模型为：

$$V = \alpha E + \beta S + \psi R = \alpha(\sum_{j=1}^{2} R_{ij} \cdot W_j)_E + \beta(\sum_{j=1}^{4} R_{ij} \cdot W_j)_S + \psi(\sum_{j=1}^{6} R_{ij} \cdot W_j)_R$$

$$(0 < R_{ij} \leqslant 1,\ 0 < W_j \leqslant 1,\ \sum_{j=1}^{n} W_j = 1,\ n = 2,\ 4,\ 6,\ \alpha + \beta + \psi = 1) \tag{6}$$

其中，V表示自然灾害中政府的脆弱性；E、S、R分别表示自然灾害中政府的暴露性、敏感性、恢复力；α、β、ψ分别表示自然灾害中政府暴露性、敏感性、恢复力的权重，此权重采用德尔菲法来确定；R_{ij}表示一级指标的评价值；W_j表示一级指标的权重。

下面分别讨论暴露性、敏感性、恢复力的计算方法。

1. 暴露性

表 8-3　自然灾害中政府暴露性评价指标体系

一级指标 First level index	二级指标 Second level index	相关性 Relationship
人口暴露性	人口密度（人/km^2）	正相关
物体暴露性	建筑物覆盖率（%）	正相关
	境内公路密度（km/km^2）	正相关
	通信线路设施覆盖率（%）	负相关
	植被覆盖率（%）	负相关

政府暴露性包括人口暴露性和物体暴露性，在计算政府暴露性时，要考虑到在自然灾害发生时，政府的相关人口、物体暴露在灾害中的数量和价值，因此，政府暴露性 E 的计算公式为：

$$E = \sum_{j=1}^{2} R_{ij} \cdot W_j (i = 1, 2, 3 \cdots a, j = 1, 2) \quad (7)$$

其中，R_{ij} 表示第 i 个项目下第 j 个一级指标的评价值；W_j 表示第 j 个一级指标的权重。二级指标也采用这样的计算方法。

2. 敏感性

表 8-4　自然灾害中政府敏感性评价指标体系

一级指标 First level index	相关性 Relationship	二级指标 Second level index	指标符号 Index symbol
人口敏感性	正相关	具备灾害自救能力人数（人）	C1
		政府人口数（人）	C2
		政府人均日用电量（kw・h/人）	C3
		境内人均日用电量（kw・h/人）	C4
		政府人均日用水量（t/人）	C5
		境内人均日用水量（t/人）	C6
建筑物敏感性	正相关	建筑物结构类别对应的地震易损性指数（%）	C7
		主体建筑物已使用时间（年）	C8
		主体建筑物设计使用时间（年）	C9
室内财产敏感性	正相关	建筑物结构类别对应的室内财产损失率（%）	C10
道路敏感性	正相关	低等级公路（三级以下）长度（km）	C11
		各等级公路总长度（km）	C12

政府敏感性包括人口敏感性、建筑物敏感性、室内财产敏感性以及道路敏感性等方面，因此，政府敏感性 S 的计算公式为：

$$S = \sum_{j=1}^{4} R_{ij} \cdot W_j \quad (i = 1, 2, 3 \cdots a, j = 1, 2, 3, 4) \quad (8)$$

其中，R_{ij} 表示第 i 个项目下第 j 个一级指标的评价值；W_j 表示第 j 个一级指标的权重。

下面分别列举出政府敏感性的四个因素的计算公式。

a）人口敏感性

$$R_{i1}=\frac{C_{i1}}{C_{i2}}+\frac{C_{i3}}{C_{i4}}+\frac{C_{i5}}{C_{i6}}\quad(i=1,\ 2,\ 3\cdots a)\tag{9}$$

b）建筑物敏感性

$$R_{i2}=C_{i7}+\frac{C_{i8}}{C_{i9}}\quad(i=1,\ 2,\ 3\cdots a)\tag{10}$$

c）室内财产敏感性

$$R_{i3}=C_{i10}\quad(i=1,\ 2,\ 3\cdots a)\tag{11}$$

d）道路敏感性

$$R_{i4}=\frac{C_{i11}}{C_{i12}}\quad(i=1,\ 2,\ 3\cdots a)\tag{12}$$

3. 恢复力

表 8-5 自然灾害中政府恢复力评价指标体系

一级指标 First level index	二级指标 Second level index	相关性 Relationship
人力	万人武装警卫人数（个/万人）	负相关
	万人医生数（个/万人）	负相关
	万人消防员数（个/万人）	负相关
财力	财政收入占 GDP 比重（%）	负相关
	人均灾害救助投入金额（元）	负相关
	人均保险额（元）	负相关
	医疗保险参保率（%）	负相关
物力	万人病床数（张/万人）	负相关
	万人消防车数量（辆/万人）	负相关
	电话普及率（部/百人）	负相关
	救援物资储备程度	负相关
	紧急医疗完善程度	负相关
	灾害缓解装置安装程度	负相关

续表

一级指标 First level index	二级指标 Second level index	相关性 Relationship
预警能力	灾害应对演习次数（次/年）	负相关
	灾害宣传教育普及程度	负相关
	灾害预警系统完善程度	负相关
	灾害应急预案完善程度	负相关
	灾害信息发布的有效性	负相关
应对能力	应急组织机构设置合理性	负相关
	灾害信息的搜集能力	负相关
	应急决策能力	负相关
	应急指挥能力	负相关
	政府部门之间协调合作程度	负相关
	稳定秩序能力	负相关
重建能力	灾害调查评估能力	负相关
	受损建筑和基础设施重建能力	负相关
	心理健康恢复能力	负相关

政府恢复力即政府主观上抗击风险的能力，如上文所述，可通过人力、财力、物力、预警能力、应对能力、重建能力等方面来衡量，因此政府恢复力 R 的计算公式为：

$$R = \sum_{j=1}^{6} R_{ij} \cdot W_j \quad (i = 1, 2, 3 \cdots a, \ j = 1, 2, 3, 4, 5, 6) \qquad (13)$$

其中，R_{ij} 表示第 i 个项目下第 j 个一级指标的评价值；W_j 表示第 j 个一级指标的权重。二级指标也运用上述公式进行计算。

（六）评价分析

通过上述对框架以及指标体系的构建，基本形成对政府脆弱性评估的计算步骤，原始数据来自政府相关部门以及专家学者打分，对原始数据的处理与分析按照如下步骤进行：首先，将各个政府关于政府敏感性的原始数据代入公式（9）（10）（11）（12），计算政府的人口、建筑物、室内财产、道路敏感性，并对各个政府计算所得的敏感性数据和其他所有原始数据代入公式（1）或公式（2）进行标准化处理；其次，将所有标准数据代入公式（3）（4）（5），采用熵权法计算出每个指标的权重；再次，把标准数据代入公式（7）（8）（13）分别计算出政府的暴露性、敏感性以及恢复力；最后，根据公式（6）即可计算出自然灾害中各个政府脆弱性的综合评价值。

在得到评估值（V 值）后，对不同的评估对象进行比照，V 值高则代表政府脆弱性高。其次对政府脆弱性影响因素的显著度进行比较，确定后续的工作中要重点加强的因素，以使政府脆弱性逐步降低。

（七）脆弱性模型的验证

1. 基本要素评价：暴露性

（1）数据无量纲化

第一步是对原始数据按照均值化原理，进行无量纲化处理，标准化后的结果如表 8-6 所示。

表 8-6　暴露性指标数据无量纲化处理

一级指标 First level index	二级指标 Second level index	政府 A Govern. A	政府 B Govern. B	政府 C Govern. C	政府 D Govern. D	政府 E Govern. E
人口暴露性	人口密度（人/km^2）	0. 853	0. 766	0. 811	0. 779	0. 816
物体暴露性	建筑物覆盖率（%）	0. 430	0. 270	0. 370	0. 380	0. 450
	境内公路密度（km/km^2）	0. 567	0. 300	0. 600	0. 367	0. 467
	通信线路设施覆盖率（%）	0. 080	0. 200	0. 100	0. 150	0. 120
	植被覆盖率（%）	0. 600	0. 670	0. 650	0. 630	0. 560

（2）指标赋权重

利用熵权法对暴露性的二级指标和一级指标赋予权重，结果如下表所示。

表 8-7　暴露性二级评价指标的权重

二级指标 Second level index	政府 A Govern. A	政府 B Govern. B	政府 C Govern. C	政府 D Govern. D	政府 E Govern. E	权重 Weight
人口密度（人/km^2）	0.853	0.766	0.811	0.779	0.816	1.000
建筑物覆盖率（%）	0.430	0.270	0.370	0.380	0.450	0.206
境内公路密度（km/km^2）	0.567	0.300	0.600	0.367	0.467	0.311
通信线路设施覆盖率	0.080	0.200	0.100	0.150	0.120	0.404
植被覆盖率（%）	0.600	0.670	0.650	0.630	0.560	0.404

表 8-8　暴露性一级评价指标权重

二级指标 Second level index	政府 A Govern. A	政府 B Govern. B	政府 C Govern. C	政府 D Govern. D	政府 E Govern. E	权重 Weight
人口暴露性	0.853	0.766	0.811	0.779	0.816	0.315
物体暴露性	0.344	0.282	0.354	0.302	0.330	0.685

（3）结果输出

参照暴露性的模型，即公式（7）可将五个政府的暴露性计算出相应的数值，结果如下表所示。

表 8-9　政府暴露性评价

基本要素 Basic element	政府 A Govern. A	政府 B Govern. B	政府 C Govern. C	政府 D Govern. D	政府 E Govern. E
暴露性	0. 504	0. 434	0. 498	0. 452	0. 483

2. 基本要素评价：敏感性

（1）二级指标计算

对人口敏感性的计算须按照公式（9）来进行，所得的计算结果如表 8-10 所示。

表 8-10 人口敏感性

二级指标 Second level index	政府 A Govern. A	政府 B Govern. B	政府 C Govern. C	政府 D Govern. D	政府 E Govern. E
具备灾害自救能力人数（人）	351	256	324	244	276
政府人口数（人）	369	279	343	253	312
政府人均日用电量（kw·h/人）	0.8	0.6	0.8	0.7	0.7
境内人均日用电量（kw·h/人）	1.2	1	1	1.3	1.4
政府人均日用水量（t/人）	0.4	0.2	0.4	0.3	0.3
境内人均日用水量（t/人）	1.2	0.7	0.9	0.8	1.3
人口敏感性	1.951	1.803	2.189	1.878	1.615

对建筑物敏感性的计算可根据公式（10）来进行，所得的计算结果如表 8-11 所示。

表 8-11 建筑物敏感性

二级指标 Second level index	政府 A Govern. A	政府 B Govern. B	政府 C Govern. C	政府 D Govern. D	政府 E Govern. E
建筑物结构类别对应的地震易损性指数（%）	12	11	13	12	14
主体建筑物已使用时间（年）	13	5	14	9	11
主体建筑物设计使用时间（年）	60	60	70	60	50
建筑物敏感性	0.337	0.193	0.330	0.270	0.360

对室内财产敏感性的计算可根据公式（11）来进行，所得的计算结果如图 8-12 所示。

表 8-12　室内财产敏感性

二级指标 Second level index	政府 A Govern. A	政府 B Govern. B	政府 C Govern. C	政府 D Govern. D	政府 E Govern. E
建筑物结构类别对应的室内财产损失率（%）	30	30	15	25	20
室内财产敏感性	0.300	0.300	0.150	0.250	0.200

对道路敏感性的计算可根据公式（12）来进行，所得的计算结果如图 8-13 所示。

表 8-13　道路敏感性

二级指标 Second level index	政府 A Govern. A	政府 B Govern. B	政府 C Govern. C	政府 D Govern. D	政府 E Govern. E
低等级公路（三级以下）长度（km）	40	60	45	50	45
各等级公路总长度（km）	600	500	700	550	650
道路敏感性	0.067	0.120	0.064	0.091	0.069

（2）指标赋权重

下面对指标赋予解释权重，按照熵权法的计算，结果如表 8-14 所示。

表 8-14　敏感性一级评价指标的权重

一级指标 First level index	政府 A Govern. A	政府 B Govern. B	政府 C Govern. C	政府 D Govern. D	政府 E Govern. E	权重 Weight
人口敏感性	1.951	1.803	2.189	1.878	1.615	0.124
建筑物敏感性	0.337	0.193	0.330	0.270	0.360	0.252
室内财产敏感性	0.300	0.300	0.150	0.250	0.200	0.303
道路敏感性	0.067	0.120	0.064	0.091	0.069	0.321

（3）结果输出

根据公式（8）的计算，可得出五个政府的敏感性，数值如表 8-15 所示。

表 8-15 政府敏感性评价

基本要素 Basic element	政府 A Govern. A	政府 B Govern. B	政府 C Govern. C	政府 D Govern. D	政府 E Govern. E
敏感性	0.439	0.402	0.421	0.406	0.374

3. 基本要素评价：恢复力

（1）数据无量纲化

根据上文对恢复力的论述，首先将针对恢复力收集的原始数据进行无量纲化处理，无量纲化的结果如表 8-16 所示。

表 8-16 恢复力指标数据无量纲化处理

二级指标 Second level index	政府 A Govern. A	政府 B Govern. B	政府 C Govern. C	政府 D Govern. D	政府 E Govern. E
万人武装警卫人数（个/万人）	0.260	0.100	0.200	0.340	0.300
万人医生数（个/万人）	0.533	0.500	0.400	0.433	0.600
万人消防员数（个/万人）	0.400	0.600	0.200	0.500	0.500
财政收入占 GDP 比重（%）	0.367	0.533	0.400	0.467	0.433
人均灾害救助投入金额（元）	0.300	0.500	0.200	0.400	0.250
人均保险额（元）	0.300	0.620	0.200	0.440	0.320
医疗保险参保率（%）	0.080	0.190	0.100	0.150	0.120
万人病床数（张/万人）	0.300	0.560	0.240	0.440	0.340
万人消防车数量（辆/万人）	0.600	0.800	0.400	0.800	0.600
电话普及率（部/百人）	0.050	0.180	0.060	0.130	0.080
救援物资储备程度	0.250	0.400	0.200	0.350	0.300
紧急医疗完善程度	0.200	0.350	0.150	0.350	0.250

续表

二级指标 Second level index	政府 A Govern. A	政府 B Govern. B	政府 C Govern. C	政府 D Govern. D	政府 E Govern. E
灾害缓解装置安装程度	0. 200	0. 400	0. 200	0. 350	0. 300
灾害应对演习次数（次/年）	0. 600	0. 900	0. 500	0. 800	0. 700
灾害宣传教育普及程度	0. 250	0. 400	0. 300	0. 400	0. 300
灾害预警系统完善程度	0. 150	0. 400	0. 100	0. 250	0. 150
灾害应急预案完善程度	0. 200	0. 350	0. 150	0. 250	0. 150
灾害信息发布的有效性	0. 100	0. 300	0. 100	0. 250	0. 200
应急组织机构设置合理性	0. 200	0. 350	0. 200	0. 300	0. 200
灾害信息的搜集能力	0. 150	0. 350	0. 150	0. 300	0. 250
应急决策能力	0. 200	0. 300	0. 150	0. 250	0. 200
应急指挥能力	0. 150	0. 300	0. 100	0. 200	0. 150
政府部门之间协调合作程度	0. 100	0. 350	0. 100	0. 250	0. 150
稳定秩序能力	0. 200	0. 400	0. 150	0. 300	0. 250
灾害调查评估能力	0. 150	0. 400	0. 150	0. 300	0. 250
受损建筑和基础设施重建能力	0. 100	0. 250	0. 100	0. 200	0. 150
心理健康恢复能力	0. 150	0. 400	0. 200	0. 300	0. 250

（2）指标赋权重

采用变异系数法对恢复力的各个指标赋予权重，结果如下表所示。

表 8-17　恢复力二级评价指标的权重

二级指标 Second level index	政府 A Govern. A	政府 B Govern. B	政府 C Govern. C	政府 D Govern. D	政府 E Govern. E	权重 Weight
万人武装警卫人数（个/万人）	0. 260	0. 100	0. 200	0. 340	0. 300	0. 436
万人医生数（个/万人）	0. 533	0. 500	0. 400	0. 433	0. 600	0. 180
万人消防员数（个/万人）	0. 400	0. 600	0. 200	0. 500	0. 500	0. 384
财政收入占 GDP 比重（%）	0. 367	0. 533	0. 400	0. 467	0. 433	0. 114
人均灾害救助投入金额（元）	0. 300	0. 500	0. 200	0. 400	0. 250	0. 286

续表

二级指标 Second level index	政府 A Govern. A	政府 B Govern. B	政府 C Govern. C	政府 D Govern. D	政府 E Govern. E	权重 Weight
人均保险额（元）	0.300	0.620	0.200	0.440	0.320	0.335
医疗保险参保率（%）	0.080	0.190	0.100	0. 150	0.120	0.265
万人病床数（张/万人）	0.300	0.560	0.240	0.440	0.340	0.163
万人消防车数量（辆/万人）	0.600	0.800	0.400	0.800	0.600	0.127
电话普及率（部/百人）	0.050	0.180	0.060	0.130	0.080	0.264
救援物资储备程度	0.250	0.400	0.200	0. 350	0.300	0.128
紧急医疗完善程度	0.200	0.350	0.150	0.350	0.250	0.167
灾害缓解装置安装程度	0.200	0.400	0.200	0.350	0.300	0.150
灾害应对演习次数（次/年）	0.600	0.900	0.500	0.800	0.700	0.122
灾害宣传教育普及程度	0.250	0.400	0.300	0.400	0.300	0.110
灾害预警系统完善程度	0.150	0.400	0.100	0. 250	0.150	0.307
灾害应急预案完善程度	0.200	0.350	0.150	0. 250	0.150	0.206
灾害信息发布的有效性	0.100	0.300	0.100	0. 250	0.200	0.255
应急组织机构设置合理性	0.200	0.350	0.200	0. 300	0.200	0.124
灾害信息的搜集能力	0.150	0.350	0.150	0.300	0.250	0.164
应急决策能力	0.200	0.300	0.150	0.250	0.200	0.114
应急指挥能力	0.150	0.300	0.100	0.200	0.150	0.185
政府部门之间协调合作程度	0.100	0.350	0.100	0. 250	0.150	0.251
稳定秩序能力	0.200	0.400	0.150	0.300	0.250	0.163
灾害调查评估能力	0.150	0.400	0.150	0.300	0.250	0. 353
受损建筑和基础设施重建能力	0.100	0.250	0.100	0. 200	0.150	0.339
心理健康恢复能力	0.150	0.400	0.200	0.300	0.250	0.308

表 8-18 恢复力一级评价指标的权重

一级指标 First level index	政府 A Govern. A	政府 B Govern. B	政府 C Govern. C	政府 D Govern. D	政府 E Govern. E	权重 Weight
人力	0. 363	0. 364	0. 236	0. 418	0. 431	0. 106
财力	0. 249	0. 462	0. 196	0. 355	0. 260	0. 171
物力	0. 234	0. 410	0. 187	0. 364	0. 278	0. 155
预警能力	0. 214	0. 425	0. 181	0. 334	0. 246	0. 176
应对能力	0. 157	0. 343	0. 134	0. 263	0. 195	0. 193
重建能力	0. 133	0. 349	0. 148	0. 266	0. 216	0. 198

（3）输出结果

表 8-19 政府恢复力评价

基本要素 Basic element	政府 A Govern. A	政府 B Govern. B	政府 C Govern. C	政府 D Govern. D	政府 E Govern. E
恢复力	0. 212	0. 392	0. 175	0. 324	0. 257

（八）政府脆弱性综合评价

1. 基本要素赋权重

最后综合进行政府脆弱性的评估，运用熵权法的三个指标再次赋权，所得的结果如表 8-20 所示。

表 8-20 政府脆弱性评价基本要素的权重

基本要素 Basic element	政府 A Govern. A	政府 B Govern. B	政府 C Govern. C	政府 D Govern. D	政府 E Govern. E	权重 Weight
暴露性	0. 504	0. 434	0. 498	0. 452	0. 483	0. 143
敏感性	0. 439	0. 402	0. 421	0. 406	0. 374	0. 134
恢复力	0. 212	0. 392	0. 175	0. 324	0. 257	0. 723

2. 结果输出

通过上文对三个指标的评估，考虑每个指标的权重，导入政府脆弱性评价的模型，得出政府 A-E 脆弱性评估的综合结果，具体数值如表 8-21 所示。

表 8-21　政府脆弱性评价

	政府 A Govern. A	政府 B Govern. B	政府 C Govern. C	政府 D Govern. D	政府 E Govern. E
脆弱性	0. 284	0. 399	0. 254	0. 353	0. 305

从表 8-21 可以清晰地得出，政府脆弱性的高低排序依次是政府 B、政府 D、政府 E、政府 A、政府 C，即政府 B 具有最高的脆弱性，政府 C 相对具有最低的脆弱性。

第五节　自然灾害评估实践与管理创新

随着全球人口增长，社会经济结构变化、技术进步和城市化比例的增加，自然灾害对人类的影响在逐渐加深。与此同时，由于环境变化等原因，极端气候、高等级地震等巨灾事件频繁发生。二者的结合使得我们深刻认识到，必须加强我们的防灾减灾工作，以降低自然灾害对我们的影响。而对自然灾害进行风险评估是我们对目前防灾减灾工作以及灾中灾后工作有效定位的手段，对自然灾害管理创新具有十分重要的作用。只有将各种先进的评估技术、评估指标体系应用到实践中，对我们的灾害管理进行突破和创新，才能产生实质的进步。也是在这种思想的指导之下，自然灾害实践和管理体现出了如下新特点：

首先，评估目标发生了重大的转变，即从对灾害具体细节的统计、估算到灾害分级。利用一定的技术和标准对特定自然灾害进行分级现已成为灾害评估的首要目标。对自然灾害进行分级，这是对后续救灾活动影响重大的决策前提。过去对灾害的评估着重对灾害具体的参数和细节寻找方法和指标进行估算和统计，而对灾害进行分级是评估灾情中更高的要求，也是当今研究的重点问题。所以，灾情强度的分级评估是近些年来灾害评估领域的重要突破，是未来相关研究的发展趋势，同时也是我国政府需要进一步努力的方向。分级评估意义主要在于以下两个方面：一方面是它可以为灾害发生以后减灾救灾工作提供非常重要的决策依据。相应的灾害等级往往对应着相应的应急方案，当不存在分级制度时，灾害具体数据无法转化为救灾行动，救援水平低于灾害层级时，会使灾害带来的损失水平进一步放大，救援工作无法全面开展；而当救援水平超过灾害层级时，是对有限救灾资源的浪费，机会成本应该被考虑其中。另一方面，灾害的分级制度为我国建立致灾因子和灾情间关系提供了有效的基础数据。在建立灾害分级制度时，需要具体指标来支撑对灾害等级大小的判断，等级往往意味着灾害带来的损失和相应救援级别的要求，这就要求在灾害识别的指标方面更加精确，经过不断的数据和经验积累，为我国建立一些致灾因子和灾情的关系模型奠定基础。美国已经通过实践的探索，规范了地震、台风、洪水等灾害的等级划分。日本通过立法的形式，对政府救灾的标准进行了明确的规定。指标的建构是做灾情等级划分的常用方法。例如：我国在汶川地震的灾情评估时，通过地震烈度、倒塌房屋数、地质灾害危险度、死亡和失踪人数和转移安置人口数等指标来反映灾情强度。

其次，巨灾评估内容也发生了重大的转变。在利用灾害评估方法对灾害进行评估的时候，以往在评估内容的选择上更加偏重于对事实的确认，比如在评估灾害带来的损失时，我们会选取灾害直接带来的人财物损失作为相应的指标。但是目前在评估内容的选择上，除了传统的这些直接损失指标以外，更加受到关注的是对社会经济损失综合影响类的指标和对环境破坏的指标。随着互联网的发展，经济和社会发展呈现出日益复杂化的特点，有时灾害对社会经济发展的深远影响要远超于自然灾害发生时带来的直接影响。因而，在评估内容上这种衡量深度影响的内容逐渐增多。我国对巨灾评估也增加了更多这方面相关的内容，逐渐将社会经济的影响纳入评估议程。如在2008年初的特大低温雨雪冰冻灾害以及汶川特大地震的灾情评估中，相关部门从多个方面综合考量了巨灾对社会经济造成的影响，同时对灾区恢复重建承载力做出了进一步的评估①。

再次，在评估方法方面倾向于综合应用各类分析方法。当今时代科技发展迅速，诸如GIS等高新技术手段在灾情评估中的应用，得到越来越多的关注。一些基础的调查方法和统计方法得到广泛的应用，通过实践的探索，对历史资料的时间梳理和易损性分析方法逐渐得到重视。随着科技的发展，利用卫星与航空遥感技术评估灾情成为当今时代常用的方法。由于社会的多元化发展，需要评估的内容也逐渐增多，运用经济学的理论分析灾情成为巨灾领域的一个重要分支。但单一的方法显然无法满足当今灾情评估的要求，巨灾造成的损失多样、影响复杂，迫切需要综合运用各种方法进行灾情评估。

最后，灾情评估系统渐渐受到政府的关注。运用单一方法或者综合进行灾情评估逐渐发展为成熟的领域，在此基础上，发达国家开始开展构建大型巨灾评估系统的研究。在诸多研究中，学界和实践界对美国的HAZUS系统最为推崇。该系统由美国联邦紧急事务所和国家建筑科学研究所等科研机构共同开发，其解决的主要问题是地震灾害的评估。这个综合系统涉及承灾体数据库、建筑物与生命线系统的易损性模型、次生火灾模型、地面运动模型、直接与间接经济损失评估模型和人员伤亡评估模型。

---

① Experts Group for Wenchuan Earthquake Disaster Control and relief of National Disaster Reduction Commission and the Ministry of Science and Technology of the P. R. China, Integrated Analysis and Assessment on Wenchuan Earthquake Disaster, Beijing: Science Press, 2008.

第九章　社会风险评估与管理创新

我们把视野进一步缩小，聚焦到中国社会，尤其是西部地区。对于西部地区而言，由于其地理位置和人文环境的独特性，社会风险也具有相应的独特性。其一是“藏独”“疆独”势力主要盘踞在西部，西部地区遭受恐怖袭击的频率要远大于我国其他地区；其二，西部地区的社会经济发展较为滞后，各地政府迫切需要发展经济，社会矛盾积累较多；其三，西部地区与社会危机相关的应急制度不健全。因此，本节旨在探索西部地区的社会风险评估与管理创新，进而增强当地的防灾应急能力。

本节接下来内容安排如下：第一部分是研究对象和研究内容的界定；第二部分是社会风险评估的主要方法；第三部分是社会风险的评估内容及灾害评估指标体系；第四部分是社会风险评估实践和管理创新。

第一节　研究对象和研究内容的界定

对于任何灾害而言，对其研究对象进行准确的概念界定，是确立研究内容的前提条件。只有确立了研究的边界，才能进一步开展研究工作。根据国务院的规定，我国西部地区的范围是青海、宁夏、陕西、甘肃、新疆、四川、重庆、西藏、广西、云南、贵州、内蒙古等十二个省（自治区、直辖市）①。因此，这些区域的主要社会风险是本研究的对象。

在正式进入主体研究之前，需要对社会风险进行说明。迄今为止，学术界尚未形成对社会风险较为权威的定义。不同学者在对社会风险进行研究时，会从不同的方面对概念进行解读和限定，甚至有滥用的嫌疑。如果要探讨社会风险的定义，需要对概念本身做一定解剖。社会风险可以从“社会”以及“风险”两个层面进行解读。风险其本质上是经济学概念，意指“损失的不确定性”，对风险的评估就是对未知损失的估量，当然这种估量一般需要考虑概率要素。而社会风险这个概念中还有限制性定语即“社会”。社会是非常宏观的研究对象，不同的研究领域对其具体界定有所不同。依据马克思主义的社会系统理论，从广义上可以把社会系统定义为由政治、经济、文化、社会生活等多方面的子系统共同构成的复杂系统。按照这种观点，可以把社会风险分成政治风险、经济风险、文化风险等几种类型。现在学者们更多从狭义的社会风险意义出发探讨社会风险，并在此基础上对风险的形成机理、评估体系、风险预警等内容展开研究②③④。此外，也有学者从更加宏观的角度，将焦点聚集在不同类型的灾害子系统之上。如曾永泉（2011）在社会风险预警指标体系的研究中，将社会风险分为六种，包括社会生活风险、政治生活风险、经济生活风险、人口风险、自然生态风险以及文化心理风险⑤。

---

① 中华人民共和国中央人民政府：《国务院关于实施西部大开发若干政策措施的通知》，2000 年 10 月 26 日，见 http：//www. gov. cn/ xiancn /content/2001/content_ 60854. htm。

② 童星：《社会管理创新八议——基于社会风险视角》，《公共管理学报》2012 年第 4 期，第 81—89 页。

③ 李忠、张涤新：《转型期社会风险问题探析》，《贵州社会科学》2009 年第 1 期，第 61—66 页。

④ 邓伟志：《关于社会风险预警机制问题的思考》，《社会科学》2003 年第 7 期，第 65—71 页。

⑤ 曾永泉：《转型期中国社会风险预警指标体系研究》，博士学位论文，华中师范大学，2011 年。

本研究更加倾向于将社会风险定义在广义层面，因为随着社会经济的发展，社会流动性日益增强，各社会系统联系愈发紧密，社会系统的复杂性空前。若要系统地评估社会风险，需要具体标准来进一步细分社会风险，然后根据他们各自具有的特点进行有针对性的分析。这些风险在西部具体的体现为：

一、经济生活风险

经济全球化时期，我国经济与世界经济体系的联系愈发紧密，而且随着社会分工的细化和互联网的发展，国内其他地区，甚至是世界经济上的一些波动，都会因为“连锁效应”和风险“扩散效应”影响西部地区经济。与此同时，由于西部地区在制度建设、风险监管方面还处于发展阶段，相较于其他地区存在诸多滞后与不足，因此还存在着隐藏风险，如贫富差距过大、贫困问题和民族宗教问题等。

二、政治生活风险

在社会风险方面，西部地区最为重要的是政治生活风险。由于西部是我国受恐怖主义和分裂主义威胁最大的地区，“藏独”势力和“疆独”势力无时无刻不在威胁着该地区的安宁。如2008年3月14日，西藏自治区首府拉萨市爆发打砸抢烧事件，“藏独”分子肆意殴打普通群众，对政府机关、商铺等公共场所造成严重的冲击，危害社会秩序，最终造成13名群众死亡，经济损失超过3亿元[①]；2009年7月5日，新疆维吾尔自治区乌鲁木齐市爆发“7·5”打砸抢烧杀事件，这次危机最终导致197人死亡，1700多人受

① 《西藏拉萨发生3·14重大暴乱事件》，华夏经纬网2008年12月25日，见http://www.huaxia.com/zt/tbgz/08-059/1270522.html。

伤①；类似的例子还有 2014 年 3 月 1 日云南昆明的暴恐案等。总之，恐怖主义和分裂势力给西部地区带来大量的伤害与损失。

除了这些极端势力带来的社会不稳定因素外，转型时期没有得到很好解决的人民内部矛盾也可能升级成为社会风险。这种类型的社会风险往往以群体性事件的形式出现，对社会可能造成较大损失。如 2008 年 6 月 28 日，一场突如其来的风波使全世界的目光都聚焦到黔北小县瓮安。当天下午至 29 日凌晨，因县公安局对一名女学生的死因鉴定不能服众，部分群众在县政府和县公安局外聚集，讨要说法。由于政府的反应不够迅速，事件开始发酵，围观群众越来越多，在少数不法分子的煽动下，出现打砸抢烧的情况，造成多间政府房屋被毁，数十台车辆被焚②；2012 年 5 月 1 日发生的甘肃省兰州市出租车行业的罢运事件等，均是由长期累积的人民内部矛盾所引起的社会风险。

三、社会生活风险

社会生活风险比较难界定，只能在狭义层面进行一些说明。对于西部地区而言，这些风险既包括由于贫困、贫富差距过大等经济问题带来的社会不稳定；也包括社会制度不健全、社会矛盾解决机制失效而带来的群体性事件扩大化的趋势；更有文化层面，因恐怖主义和民族分裂主义分子假借宗教的名义进行洗脑宣传，而极大危害社会安全的情况。当然，社会生活风险领域也包括平时社会治安状况等日常管理中的问题。

---

① 《新疆维吾尔自治区人民政府新闻办公室负责人就乌鲁木齐“7·5”事件相关问题答新华社记者问》，央视网 2009 年 8 月 5 日，见 http：//news. cctv. com/china/20090805/112836. shtml。

② 《瓮安“6·28”事件始末》，西安新闻网 2008 年 7 月 6 日，见 http：//www. xiancn. com/gb/news/2008-07/06/content_ 1458544. htm。

四、自然生态风险

自古以来，自然灾害便是诱发社会风险的重要因素。在以往的历史长河中，自然灾害往往与疾病和饥荒等紧密相关。根据已有资料，西部地区是地震、干旱、泥石流、沙尘暴等自然灾害高发的地区，如 2008 年的汶川大地震；2010 年的玉树地震；始于 2009 年末，云南、贵州、广西、重庆、四川等地的干旱是百年一遇特大旱灾，干旱范围之广、时间之长、程度之深、损失之大，均为西南地区历史少有；2010 年 8 月 7 日，甘肃省舟曲 8.7 特大泥石流灾害中遇难 1481 人，失踪 284 人，等等，类似这样的案例有很多，在考虑西部社会风险的影响因素时，不能忽视自然灾害频发的背景。同时，西部作为一个自然资源丰富的地区，经济水平却比较落后。因此多以粗放方式对自然资源进行开发利用，大部分企业的环保意识和管理措施也不到位，带来了诸多负外部性，由此导致了不少社会危机事件的发生，如 2012 年 7 月 2 日至 3 日，四川省什邡市部分市民聚集到政府大楼外，对政府主导的钼铜项目提出抗议，这场因对环境问题的担忧而引发的抗议活动最终爆发为群体性事件。

值得说明的是，社会风险与自然风险之间既有联系也有区别。从宏观上讲，自然风险属于社会风险，因为只有自然界的现象给人类社会带来影响和损失才称之为风险。但对于狭义社会来说，自然风险同社会（狭义）风险、经济风险、政治风险等是同一个层次的概念。上述是按照风险来源的不同而采用的分类方法。

第二节　社会风险主要的评估方法

目前，社会风险评估的主流方法是利用问卷调查、民意测验和专家座谈会等形式，对利益相关各方和相关领域的专家进行调查，收集一手信息，再根据实际情况启动相应的预案。社会风险评估从方法论基础上主要分为两类：一是以一个综合的指数来反映整个社会稳定风险水平，这类体系一般显得宏观和空泛；二是借用“社会燃烧理论”形成三要素评估方法，这类评估适用于具体的重大项目、行业、领域的评估，情境性强。

一、以一个综合的指数来反映整个社会稳定风险水平的评估

20世纪七八十年代，诸多专家致力于整个社会风险预警系统的建设，这种思想立足于系统论的观点，出现不少优秀的成果。1989年，有专家提出综合社会风险指数，其包括四个风险子系统，分别是社会痛苦指数、社会贫富指数、社会腐败指数和社会不安指数。后续又有人认为对社会风险的评估可从政治因素、经济因素、社会因素、自然环境因素以及国际因素五个方面进行。本章第三节第一部分对综合社会风险评估体系进行相对完整和翔实的介绍，并在此基础上构建了西部综合社会风险评估指标体系。

二、借用“社会燃烧理论” 形成三要素评估方法

自然界的燃烧现象需要有燃烧物、助燃剂以及达到燃点的温度这三种条件才能实现。以此来类比社会风险，它的发生也需要具备这些条件。首先是风险源，即引起社会动乱的动因，这些因素可能是人与自然、社会之间的不协调而产生的；其次是助燃剂，社会风险可能由于媒体的宣传、小道消息的传播而加速发展过程或带来更大的破坏；最后是适宜燃烧的燃点，这在社会风险事件中指具备一定规模的突发性事件，这类事件有可能是自然灾害或是社会焦点事件。这类事件在社会风险爆发的过程中起到了“导火索”的作用。在具体的项目或领域评估过程中，从这三个维度出发对社会风险综合考量已经成为目前评估实践中比较常见的方法。

三、在评估过程中的常见工具

在上述两个大的评估逻辑下，目前该领域创新的主要阵地是在指标的分类、设计和风险发生概率的算法方面。算法目前比较前沿的是利用计算机进行模糊推理和 BP 神经网络预测。随着信息技术的发展，整个方法体系也吸收了最新的发展成果，如对大数据的利用，通过算法和程序对整个网络进行舆情监控，一旦出现设定的敏感趋势，系统会自动发出警报，然后相关部门根据系统提示进一步对出现的问题进行核实并启用相应的应急预案。

第三节　社会风险的评估内容及灾害评估指标体系

一、综合社会风险评估指标体系的构建

20 世纪 60 年代，美国等发达国家开始研究风险预警体系，形成了根据经济活动部分指标预测经济风险的指标体系，比较有代表性的如“哈佛景气动向指数”与“弗兰德指数”等；我国台湾地区根据十大经济预测指标，建立景气综合指数①。而在学术界，西方学者也对如何去衡量社会的稳定程度进行了大量的探讨。Tiryakian（1961）提出了测量社会动荡的三大经验指标，分别是城市化程度性自由且广泛传播、制约的制度机制失效、非制度化宗教势力的扩张及流行②。Estes&Morgan（1961）则提出从六个方面对社会的不稳定程度进行测量，这六个方面分别是：1. 国家层面的法律、制度、重要文件中所反映的一个社会的总体目标和秉持的价值观念；2. 支持和破坏家庭结构的力量构成；3. 个人需求水平；4. 国家为了满足居民消费需求

---

① 邓伟志：《关于社会风险预警机制问题的思考》，《社会科学》2003 年第 7 期，第 65—71 页。

② Tiryakian E. A.，“Race，Equality，and Religion”，Theology Today，Vol. 4，1961.

所具备的资源和能力；5. 特殊时期国家宏观政治层面的波动状况；6. 扰乱社会稳定的文化因素等①。西方学者在这个阶段主要关注比较宏观的因素，而对具体的测量手段和指标关注比较少。随着时间发展，社会风险评估也逐渐形成体系，比较有代表性的是 Holzmann（2001）等将社会风险构成要素分为七个维度，每个维度根据影响因素的大小分为微观、中观、宏观三个层次。这七个维度分别是：自然因素、健康因素、生命周期、社会因素、经济因素、政治因素、环境因素②。自然因素方面只有中观和宏观两种因素，中观层面有强降雨、滑坡和火山爆发，宏观层面是地震、洪涝灾害、干旱和强风。健康维度微观因素层面包括疾病、受伤和残废，中观层面是流行病。生命周期主要包括出生、变老和死亡。社会维度的微观层面是犯罪和内部动乱，中观层面包括恐怖主义、有组织的犯罪团伙，宏观层面有战争、国内抗议和社会动乱。经济维度微观层面是失业、减产等，中观层面是人口迁移，宏观层面包括经济危机、社会破产、技术发展与贸易的停滞。政治维度的微观层面是种族歧视，中观层面是腐败，宏观层面是制度对社会绝对的控制。环境维度主要包括环境污染、森林的破坏、核灾难。

而我国对社会风险研究的开始重视要追溯到“苏东剧变”时期。当时有学者认为我国应该建立一系列可测量的指数来对社会稳定程度进行评估和监测，如当时提出的社会痛苦指数、社会腐败指数、社会骚乱指数、社会贫困指数等。宋林飞（1995）提出从警源、警兆、警情三个方面评估社会风险。具体来说，警源指的是社会风险产生的源头；警兆反映社会风险还没有成气候、孕育过程中所体现出来的一些特征，提前暴露出的一些能够观察到的现象；警情是指社会风险外在的一些表现形态。作者对每一个层次的现象从经

① Estes R. J., Morgan J. S., “World social welfare analysis: A theoretical model”, International Social Work, Vol. 2, 1976.

② Holzmann R., Jorgensen S., “Social Risk Management: A new conceptual framework for Social Protection, and beyond”, International Tax and Public Finance, Vol. 4, 2001, pp. 529-556.

济、政治、社会、自然环境、国际环境五个方面去进行解读①，如表 9-1 所示。

表 9-1　社会风险指标体系

指标	经济维度	政治维度	社会维度	自然环境维度	国际环境维度
警源性指标	失业率、贫困率、通货膨胀率、企业亏损率、城乡居民收入差距、城镇居民收入差距、农村居民收入差距	干部贪污、干部渎职、政策频繁变动以及政策后遗症	犯罪率、离婚率、人口流动率	严重灾害	世界经济衰退、严重物价波动以及意识形态对立
警兆性指标	抢购风、挤兑风、怠工、抛荒	牢骚、激进言论	小道消息、劳动争议、污染与破坏、非制度化团体	农业食品短缺	经济摩擦、政治争端
警情性指标	集体上访、集体静坐、集体罢工	行政诉讼、政治集会和游行示威	恶意侵犯事故、暴力群斗、团体犯罪、宗教冲突、民族冲突及动乱	生命损失、财产损失、生产损失	经济制裁、政治干涉和敌对行动

最后从这些指标中选择一些相对重要的指标，构成社会风险预警核心指数（SRCC），通过该指数对整个社会的稳定程度进行判断。随后，由于定量分析难以进行，宋林飞（1999）采用一些公开的数据结合部门内部的统计指标，将社会风险监测与预警指标分成七大类 40 个指标②，如表 9-2 所示。

① 宋林飞：《社会风险指标体系与社会波动机制》，《社会学研究》1995 年第 6 期，第 90—95 页。

② 宋林飞：《中国社会风险预警系统的设计与运行》，《东南大学学报（社会科学版）》1999 年第 1 期，第 69—76 页。

表 9-2 社会风险监测与预警指标

收入稳定性	收入预期相关指数
	城镇居民人均纯收入变动度
	农民人均纯收入变动度
	城镇居民生活费上升超过收入增多的比率
	农民生活费上升超过收入增多的比率
贫富分化	城乡居民人均纯收入差距
	城乡居民人均纯收入差距变动度
	城镇居民人均纯收入差距
	城镇居民人均纯收入差距变动度
	农民人均纯收入差距
	农民人均纯收入差距变动度
	地区人均收入差距
	地区人均收入差距变动度
失业	失业率
	失业率变动度
	失业平均时间
	失业平均时间变动度
	失业保障力度
	失业者实际困难度
通货膨胀	通货膨胀率
	通货膨胀率变动度
	城镇通货膨胀压力
	农村通货膨胀压力

续表

腐败	干部贪污贿赂案件立案数变动度
	平均每件案件金额变动度
	受惩干部平均职阶变动度
	受惩干部人数变动度
	受惩干部比率变动度
社会治安	刑事犯罪率
	刑事犯罪率变动度
	重大刑事犯罪率
	重大刑事犯罪率变动率
突发事件	突发事件出现频率
	突发事件出现频率变动度
	突发事件平均规模
	突发事件平均规模变动度
	突发事件涉及面
	突发事件涉及面变动度
	突发事件总数变动度
	突发事件参与人数变动度

而国内后续的很多研究都是借鉴了宋林飞的分类方法，如曾润喜（2010）在对网络舆情监测构建指标体系的时候也采用了警源、警兆和警情的分法等①。本书的指标体系设计在内容上会借鉴国内外已充分实践的经验，同时也充分考虑西部地区的情境性。

本书构建的西部地区社会风险评估指标体系如表 9-3 所示：

① 曾润喜：《网络舆情突发事件预警指标体系构建》，《情报理论与实践》2010 年第 1 期，第 77—80 页。

表 9-3　西部社会风险评估指标体系

一级指标	二级指标	三级指标	单位
社会风险（狭义）	公共安全	刑事犯罪立案率	1/10 万
		治安案件立案率	1/10 万
		青少年犯罪占刑事案件的比重	1/10 万
		交通火灾死亡率	1/10 万
		受到恐怖袭击的次数	件
	公共卫生	5 岁以下儿童死亡率	%
		官方报告传染病发病率	%
		艾滋病发病率	%
		食品卫生合格率	%
		自杀率	%
	社会保障	基本医疗保险覆盖率	%
		基本养老保险覆盖率	%
		失业保险覆盖率	%
	婚姻家庭	离婚率	%
经济风险	贫困	贫困发生率	%
		农村贫困发生率	%
	贫富差距	基尼系数	
	失业	城乡居民收入比	%
		地区经济发展差异系数	%
		失业率	%
	通货膨胀	居民消费价格指数（CPI）	
政治风险	腐败	腐败案件立案率	1/10 万
	群体性事件	群体性事件的数量	件
	公民权利	侵犯公民人身权利案件立案率	1/10 万
环境风险	资源	单位 GDP 能耗	T 标准煤/万元
		单位耕地面积指数	
	环境	森林覆盖率	%
		城市空气质量达标率	%
		地表水达标率	%
		城市污水处理率	%

该指标体系是一个三级指标体系，在一级指标分类中，将社会风险按照其来源一共划分为社会风险（狭义）、政治风险、经济风险和环境风险四个维度。在二级指标层面，社会风险共分为公共安全、公共卫生、社会保障与婚姻家庭四个侧面；经济风险由贫困、贫富差距、失业及通货膨胀构成；政治风险由腐败、群体性事件和公民权利构成；环境风险从对自然资源的利用状况和环境质量水平进行衡量。而在三级指标的设计和筛选上，本书遵循了代表性、可测量性、科学性、情境性等原则。

社会风险方面，公共安全从相关部门发布的报告中可获得，如刑事犯罪立案率、治安案件立案率、青少年犯罪占刑事案件的比重、交通火灾死亡率、受到恐怖袭击的次数等；对公共卫生情况进行测算时，采用5岁以下儿童死亡率、官方报告传染病发病率、艾滋病发病率、食品卫生合格率、自杀率等五个比较常用的指标；社会保障维度则使用了基本医疗保险覆盖率、基本养老保险覆盖率和失业保险覆盖率这三个常用指标；而家庭是社会最基本的组成单位，对其稳定程度的考虑有助于保证指标体系的完整性，因此离婚率是体现家庭稳定性的主要指标。

经济风险方面，经济水平对个人观念和行为的影响是基础性的，而在绝对贫困的测量上，本书选取了两个易得的官方标准指标，分别是贫困发生率和农村贫困发生率。与此同时，失业率也值得关注。中国人在传统思想中便存在着“不患寡而患不均”的思想，贫富差距一直是社会不稳定的重要因素，因而在构建指标体系的时候将其视为重要方面，指标则是利用目前国际上比较认可的基尼系数，除了人与人之间的收入差距，城乡之间（城乡居民收入比）和地区之间（地区经济发展差异系数）的收入差距也需注意。最后是宏观上衡量一个国家经济健康程度的通货膨胀（居民消费价格指数，CPI）情况。

政治风险方面，首先腐败不断侵蚀着人们对这个社会的信心和对国家、执政党的信任。腐败案件的曝光，有时会成为群体性事件的导火索。近两年以来，我国呈现出了高压反腐态势，腐败案件被曝光的数量越来越多，可以看出国家对反腐的重视和腐败的危害程度，所以腐败案件立案率是政治风险的重要构成要素。而群体性事件的数量也能比较突出地反映社会稳定程度，当今我国处于社会转型的关键时期，大量的矛盾逐渐显现，但是我国在相关缓解冲突的制度与机制的建设上不够完善，导致我国进入了群体性事件的高发时期，我国曾提出“稳定压倒一切”和维稳开支超过国防预算的情况也从侧面印证了这个论断。还有一个潜在影响稳定的因素便是侵犯公民人身权利案件立案率，它代表着社会内部的稳定程度。

环境风险方面，主要考虑了目前我国西部地区对资源的利用效率，多以单位 GDP 能耗、单位耕地面积指数这两个指标衡量。而环境质量方面，如今中国经济在经过 30 多年的高速发展后已经进入“新常态”，以往的粗放式资源利用效率和环境观，给我们的生存环境带来极大破坏，如今步入到了“偿债”阶段，人与环境的对立愈发明显。因此，环境质量也是社会风险的组成部分，主要利用森林覆盖率、城市空气质量达标率、地表水达标率及城市污水处理率这四个指标进行评价。

二、重大项目经济风险稳定因素评估指标体系

投资是拉动国民经济增长的“三驾马车”之一，而重大项目一般是这种投资的载体。重大投资除了能够带来经济增长以外，还会带来社会风险。重大的交通工程项目很可能引发诸多社会风险，对社会、经济、环境等方面的潜在威胁比比皆是，其中对经济领域的威胁是最为主要的，一旦操作不慎，就可能导致劳资纠纷、劳动就业、征地补偿、搬迁安置等社会问题。因此，构建社会风险评估指标体系时应重点考虑经济因素的影响。

在经济风险评估指标体系的构建上，本书采用层次分析法（AHP），具体分为三个层次：目标层、准则层和指标层。如表 9-4 所示，该指标体系的目标是对重大项目经济领域社会稳定风险水平进行评估，而在准则层方面则按照重大工程项目所具有的独特性分为收入风险、生活风险、贫富风险、补

偿风险、失业风险、薪资风险和其他未知风险七个类别；指标方面详见指标体系。

表 9-4 重大项目经济风险评估指标体系

目标层	准则层	指标层
经济领域社会稳定风险水平	收入风险	人均收入
		人均收入变化率
	生活风险	消费支出
		物价变动指数
		房价波动率
		人均住宅面积
		家庭旅行次数
	贫富风险	基尼系数
	补偿风险	补偿金额
		补偿时间
		补偿满意率
	失业风险	失业率
		就业变化率
	薪资风险	薪资拖欠事件数量
		薪资拖欠率
	未知风险因素	其他内外生经济风险因素

三、风险感知视角下的西部地区巨灾风险评估方法

（一）评估主体及对象

评估西部地区巨灾风险的主体为政府部门，具体可由各领域巨灾风险管理职能部门承担，或者依靠统计部门进行官方调查。由于西部地区地方政府有关巨灾风险管理的技术人员尚显紧缺，社会调查手段较为有限，可委托研

究机构、管理咨询企业代为评估。风险感知评估的对象范围较为广泛，主体为人民群众，除此之外亦可细分为不同群体如专家、管理者、弱势群体等。

（二）风险感知评估的指标体系

风险感知评估路径旨在通过风险感知审视风险本身，因此需要对巨灾风险和巨灾事件可能造成的影响进行全面描述，可将风险细化为风险特征，以多维度量表对风险感知进行全面测量。详见表 9-5。

表 9-5　风险感知指标体系

测量指标	具体描述
总体风险	总体来看，这一巨灾风险事件对健康和环境的负面影响有多大
涉及人数	这一巨灾风险事件的影响涉及多少人
健康威胁	这一巨灾风险事件对人体健康有多大威胁
造成痛苦	这一巨灾风险事件对环境的影响是否给人们造成痛苦
生活关联	这一巨灾风险事件造成的影响与人们生活有多相关
地域范围	这一巨灾风险事件影响的地域范围有多大
恐惧情绪	是否对这一巨灾风险事件感到恐惧或担忧
影响时间	这一巨灾风险事件造成的影响能持续多久
破坏性	这一巨灾风险事件对环境的破坏性有多大
媒体关注	这一巨灾风险事件受到媒体多大关注
不确定性	这一巨灾风险事件对环境的影响存在多少不确定性
可控性	这一巨灾风险事件的影响在多大程度上能被控制
可评估性	政府在多大程度上能评估这一巨灾风险事件的影响
可避性	这一巨灾风险事件是否容易避免
替代选择	是否有其他方法在应对巨灾风险事件的同时保障安全
环境影响	这一巨灾风险事件对环境本身造成了怎样的影响
社会效益	这一巨灾风险事件是否对社会有益处

续表

测量指标	具体描述
可接受性	这一巨灾风险事件造成的影响是否能接受
环境承受	环境是否能够承受住这一巨灾风险事件造成的影响
道德性	这一巨灾风险事件的发生是否符合道德
可观测性	这一巨灾风险事件造成的影响是否能被观测
可预测性	专家在多大程度上能预测这一巨灾风险事件的发生
潜在影响	专家多久能发现这一巨灾风险事件的潜在影响
危害显现	这一巨灾风险事件造成的危害是立即呈现的吗
了解难度	尝试了解这一巨灾风险事件的影响是否有难度
公平性	这一巨灾风险事件的影响对民众是否公平
个人效益	个人能从这一巨灾风险事件中得到益处吗
环境恢复	环境是否能恢复到巨灾风险事件发生之前的状态
专家知识	专家在多大程度上了解这一巨灾风险事件对环境的危害
防范需要	是否要采取措施防范类似巨灾风险事件的发生

（三）技术路线

风险感知视角下的西部地区巨灾风险评估主要遵循以下几个环节：1. 确定风险种类和评估对象，即首先要确定评估何类人群对于何种风险的风险感知情况；2. 组织评估人员和物资，风险感知评估是一项社会调查工作，需要人力物力财力的支持；3. 确定评估内容并细化评估指标体系；4. 制作风险感知测量量表；5. 对评估对象进行调查并对调查结果进行统计分析；6. 形成风险感知视角下的西部地区巨灾风险评估结论，提出风险管理政策建议。

第四节　社会风险评估实践与管理创新

一、管理者应树立社会风险观念，建立科学的预警和决策机制

在人类社会构建成形时，社会风险便相伴相随地产生了，而且随着社会的复杂性程度增加，社会风险的源头和诱发机制也变得愈发复杂，与此同时其破坏性也在不断增强。对于人类社会而言，对社会风险采取恰当的方法进行预测、预警，能够在这种风险对社会构成实质性损害之前进行有效控制，可以有效地减少社会风险给人类社会造成的伤害。同时，意识是行为的先导，树立社会风险观念是十分必要的，而能够让意识成为实际行动先导的关键是必要的机制和制度的建设，所以若想有效地管理社会风险，必须以建立科学的预警和决策机制为前提。

二、从制度、文化层面加强诚信建设，提高统计资料的真实性

信度是所有基于社会调查的数据均要面对的问题，对于社会风险来讲信度问题尤为重要，因为现代社会风险评估的结果均是基于社会统计的结果，如果基础数据上出现信度问题，那么后续不论是采用基本的统计判断还是更加复杂的预测模型，所得的结果不可信，这样的结果不仅会对社会风险的预测、预警产生干扰，而且会给社会带来无谓的损失。目前由于我国制度的不健全，社会统计数据的信度大多数情况需要依赖个人诚信，因此有必要从制度和文化层面加强社会诚信建设，提高统计资料的真实性。

三、社会风险预警系统应该更加贴近“警源”

社会风险预警系统起着提前知晓灾情的作用。因此，系统的设计需要具有较强的灵敏性，而当其触角与被预测的对象越近的时候，就越能和社会风

险的真面目“零距离”接触，故而应该把社会风险预警系统尽可能靠近“警源”，发挥其在“第一线”的作用。现在我国对社会风险预警系统的设置并不合理，通常设在政府机关内部，很难第一时间了解到基层的信息，也不是由获得第一手资料的管理人员来运营维护，这实际上增加了信息传输的层级和距离以及风险预警的时间跨度。因此，将风险预警系统贴近社会风险应该是我国在管理中值得重视的方向。

四、利用社会风险预警系统，建造智能化辅助决策支持系统

结合上文的观点，我国各级政府都要重视社会风险预警系统的建设，以供风险管理的相关部门作出科学化的决策。在现今时代，应以社会风险预警系统为基础，扩大该系统的功能外延，建造更适应于风险管理的智能化辅助决策系统。每当政府将要出台重大改革政策时，运用智能化辅助决策系统搭配社会风险预警系统，对现实情况及可能出现的后果进行模拟，从而使决策者提前了解到政策对社会、政治、经济、文化、环境等多方面的影响，做出符合效益最大化原则的决策。尽管这种决策系统具有智能化等优势，但现实环境更为复杂多变，虚拟系统终究无法完美拟合现实实践。因此，该系统可作为良好的辅助工具，但政府仍需要做政策试点工作。

第十章　巨灾风险治理的策略选择与路径优化

我国是巨灾风险频发的国家，巨灾风险对我国社会和谐、政治稳定、经济发展、文明进步等诸多方面均造成严重影响，逐渐演变为我国经济高质量发展的掣肘，给政府应急管理工作带来严峻挑战，是我国各级政府所要认真解决的关键难题。政府作为防灾减灾的主导者，应直面巨灾风险造成的管理困境，做好灾情预警、公共物品提供、风险管理等工作，切实为保障人民的生命财产安全发挥积极的作用。在当今时代，巨灾风险治理工作正得到越来越多的重视，是否具有较强巨灾风险管理能力已成为衡量政府施政水平高低的重要依据，亦是反映综合国力的重要标尺。所以，在对巨灾风险治理进行理论阐释和厘清我国巨灾风险治理现状的基础上，有必要对巨灾风险治理的策略选择与路径优化进行系统探索，为我国巨灾风险治理的进一步发展寻找有效思路与方案。

通过长期的实践与研究，我国各级政府对于巨灾风险治理工作已经积累了一定的经验，总结出了较为有效的管控流程与管理办法。当前我国执行的救灾政策以“预防为主，防治结合”“防救结合”为方针，在这项方针的指引下，我国各级政府组织了一批应急管理专家，初步构建了一套行之有效的防灾体系，在灾情预警、防灾救灾等方面为政府巨灾风险治理工作打下良好的基础。不过，我们也应该清楚地意识到，我国巨灾风险治理能力和水平还远远不能适应目前发展的需要，与发达国家的巨灾风险治理能力和水平还存在很大的差距。例如，我国当前巨灾风险治理缺乏统一的综合协调部门，相关法律制度建设还不完善，相关信息网络系统和数据库的建设有待优化，巨灾风险应急治理预案的制定仍需要细化。除此之外，我国巨灾风险治理的市场化水平相对滞后，商业巨灾保险等制度体系没有发挥应有的作用。这些客观局限的存在严重，阻碍了我国巨灾风险治理质量的提高，需要从政策上予以调整、改革和完善。为此，本书从协同机制、物资储备、信息系统等维度出发，对我国巨灾风险治理的优化路径进行思考与探索。

第一节　巨灾风险管理的机制深化与制度协同

巨灾风险的突发和频发对人民生活造成巨大影响，在客观上提出了将巨灾风险纳入制度规范体系的要求，需要社会实现巨灾治理的常态化，做好巨灾风险制度的机制深化与制度协同。

一、设立巨灾风险管理的主管机构

巨灾风险通常会冲击社会秩序，造成巨大的社会损失，迫切需要政府主导下的防灾管理工作。因此，政府不能将巨灾风险作为临时性的应急任务，而应当在常规化的治理中，将巨灾风险管理融入其中，并作为政府工作成绩的重要考量。政府不能仅于巨灾发生时再临时组建应急小组，而应成立日常的巨灾风险管理机构，该机构由风险管理专业人士构成，其任务是做好灾害发生前的预警、灾害发生时的组织救援、灾害发生后的重建工作，发挥部门的专业化优势。纵观世界上发达国家的做法，可以发现成立专业化、日常化的巨灾风险管理部门已成为政府发展的趋势。一个典型例子就是美国早在吉米·卡特任职总统的时代，就开始应急管理工作，以专门应对各类巨灾风险。联邦紧急事务署作为一个总揽风险管理的部门，可将原来分散的资源迅速整合，并略过中间层级，直接将信息汇报给总统，对于需要其他部门配合解决的问题，也可由总统来组织调度，大大提高了工作效率。联邦紧急事务署负责的工作十分复杂，涵盖巨灾预警、实时监测、组织救援、恢复重建等多领域全方位的事项，对巨灾发生周期的各个阶段均进行了有力的部署。通过常年不断的摸索与实践，联邦紧急事务署的应急机制越发完善，构建了一套应对巨灾风险的综合管理体系，统一调度军、警、消防、医疗、民间救难组织等资源，发动一切力量抵御巨灾风险，减少损失并迅速从巨灾中恢复过来。日本政府对于巨灾风险的管理是从另一个思路来进行的，特大灾害的应对以内阁首相为主导，统一协调全国资源，处理危机情况。这套应急管理班子负责全国的巨灾风险管理。

对我国而言，各级政府还难以形成合力，究其原因在于我国巨灾风险管理体制并不完善，目前还是仅限于对单一灾种的防控体系，各个风险管理部门仅对某一灾种具有专业水平，但当一个巨灾引起其他巨灾时，囿于部门、专业的限制，很难做到统一指挥、综合管理，因此迫切需要成立具有统一调度权限的巨灾风险管理指挥系统。此外，我国现行体制对这种指挥系统的成立造成了一定的阻碍，“政出多门”、应急管理工作条块分割等弊病使得众多部门不敢“越界”，难以在面对多灾种时做到有条不紊、合作联动。一旦面对多灾种同时爆发的情况，各自为政、人员难以协调、资源难以有效配置的缺陷就暴露无遗，给救灾工作造成严重的挑战。

因此，要尽快开展巨灾风险治理资源的整合。政府作为防灾赈灾的主体，应当发挥统一协调指挥、配置资源的作用，动员广大社会组织一并参与到救灾工作中，改变以往单一灾种防治机制，逐步实现综合减灾，发挥系统力量。我国应打破现在多部门各自为政的状况，学习发达国家关于巨灾风险管理机构设置的先进经验，成立具有统一调度权限的巨灾风险综合管理机构。该机构专门处理各种巨灾风险，与其他政府部门相对独立，向上级政府乃至中央负责，对全国的各种巨灾风险都能从专业角度做出多方位处理。该机构应下设各类职能部门，除了在救灾时发挥作用外，还应做好对巨灾风险的研究预警工作，组织专业学者定期分析一定区域内可能发生的各类危机，及早做好应对措施，并报国务院备案。此外，该机构还应有专门的职能部门对地方救灾工作进行业务指导。在制度建设方面，应建立重大危机事件会商制度，在巨灾发生前做好预警工作，在巨灾爆发后能迅速转变为应急处理小组，具体参与到指挥救灾的工作中去，起到资源配置、风险预警、灾后重建的统一协调作用。

二、加强巨灾风险管理法制建设

在全世界范围内，各国都把巨灾风险立法工作当成政府巨灾风险管理的基础工作，通过形成完备的、驾驭减灾系统工作全局的法律规范体系，使救灾减灾工作能够有法可依、有章可循。诸多发达国家对巨灾风险管理的立法工作提供了一些先进的经验，例如，美国先后颁布了百余部法律法规，对政府在巨灾风险中的管理职责作出明确规定，通过立法的形式敦促各级政府重视巨灾风险管理工作，并赋予他们处理灾情的权限，确保救灾的人力、物力、财力资源能得到迅速调配，各个救灾部门能够协调配合，以期有效完成救灾减灾工作。美国政府的风险管理法律也会根据社会的发展、环境的改变而多次修改，如《巨灾风险救助和紧急援助法》从 1950 年制定以后，分别在 1966 年、1969 年和 1970 年三次修改，使该法律日臻完善。日本处于活跃的地震带上，政府对频繁发生的地震巨灾非常重视，专门制定了《大规模地震对策特别措施法》，对大规模地震的预警、信息发布、巨灾应对、恢复重建等多个方面做了明确规定，通过立法的形式规范地震巨灾管理办法，以尽可能降低地震巨灾的影响。诸多发达国家除了有较为完善的法律法规体系来作为通行的巨灾管理办法外，还有针对突发灾难的翔实的巨灾风险应急计划，使巨灾风险管理工作有条不紊。

我国针对巨灾风险管理也已颁布大量的法律和法令，为防治单一灾种奠定了良好的法律基础。改革开放以来，我国对巨灾风险管理日益重视，配套的立法工作也进行得比较顺利，相继制定了《防震减灾法》《防洪法》等，但到目前为止，我国依然没有针对巨灾风险管理工作的综合性、规范性的基本法律，面对多灾种同时爆发的复杂巨灾风险，仍然没有明确的纲领作为指导，诸多需要协调的关系、解决的问题还无法找到法理上的依据，导致政府在面临巨灾风险时主要靠行政手段来解决问题而非通过法律途径，针对巨灾风险的应急管理立法工作依旧任重道远。

综上所述，针对我国多发性和复杂性的巨灾风险，现行的法律条文难以满足实践管理需求，亟须政府在完善现有法律的基础上，出台适应全国的综合性巨灾风险管理的法律法令，从而使我国政府在处理复杂的巨灾风险问题时有章可循、有的放矢。譬如颁布全国性的巨灾风险管理基本法；在做国家发展规划时，将巨灾风险管理规划纳入其中，并给予其足够的重视，使巨灾风险管理与国家发展、经济建设同步进行；以巨灾风险管理总体规划为纲领，自上而下、层层推进各级地方政府部署实施有效的巨灾风险管理规划，完善已有的应急管理方案；指导各级政府的应急管理部门对风险管理体系进行补充扩展，从而形成较为完善的综合性减灾体系，在日后的巨灾风险管理中发挥作用，降低灾害造成的损失。

三、强化中央政府与地方政府的职权协同

针对中央与地方政府的问事权和支出责任划分，《宪法》和其他一些基本法律中有做出模糊的规定，常用文件依据还是早在 1993 年颁布的《国务院关于实行分税制财政管理体制的决定》（以下简称《决定》）。但是，《决定》的约束力层次较低、权威性有限，加之其本身对中央与地方事权和支出责任的划分不够具体，因此在实际指导工作中难以发挥应有的作用，造成了诸多巨灾风险管理实践中的问题。我国中央政府与地方政府之间的权责尚不清晰，而且纵向上没有对不同层级政府巨灾风险管理的事权予以明确的规定，造成不同层级的政府之间责任重叠交叉严重。为实现各级政府对巨灾风

险管理的职权协同，应当明确中央政府与地方政府在巨灾风险综合管理体系中的责任，将巨灾风险管理中各个环节的责任落实到位，敦促各级政府在统一部署的前提下，做好风险预警、应急管理、公共物品提供以及灾后重建工作。对由多个部门或不同层级政府共同负责的事务，要明确规定事权主体，权责细分明确，从而避免出现推诿扯皮、各自为战的现象，提升多部门间合力防灾减灾的积极性。

四、明确不同层级政府巨灾风险的治理责任

当前我国巨灾风险治理中存在不同主体的责、权、利混杂与无序等问题，亟须对相关治理责任进行明确界定。在巨灾风险治理过程中，时常出现不同机构相互推诿和不同层级政府的利益博弈。我国法律并未明确规定各级政府在巨灾风险管理中应承担的责任，为危机之后政府间的推卸责任、不管不问提供了制度漏洞，进而导致救援工作难以开展、效率低下、损失进一步扩大。因此，政府需要通过制度建设，清晰明了地划分各级政府在巨灾风险管理过程中的职责，对政府巨灾风险治理的运作过程进行细致的规定，为巨灾风险治理的实务工作提供相应框架与指南。具体而言，政府在巨灾风险发生后，应及时了解巨灾风险的相关信息，并据此制定应急方案，实施救援行动。如果巨灾风险影响范围较小，破坏力较低时，应以当地涉灾政府为巨灾风险管理的责任主体，负责救灾事务。如果巨灾风险事件规模较大或者是多灾种引发了复杂风险时，需要上报中央政府，由中央政府统一指挥，协调各部门联合开展救援行动。在这种情况下，应尽快依据巨灾种类和规模，确立由哪个中央部门具体领导救灾活动，由专业的部门来处理。如由民政部来负责大规模疏散安置工作，由交通部负责维持交通和运输救援物资的工作等。在整个巨灾风险管理周期内，都要明确具体事项的责任部门，力求权责清晰、任务明确。对救灾工作中各相关部门的监督和追责也不应局限于固定的部门去执行，而是要发动媒体及社会人士共同监督，一旦发现问题，要迅速

核实、处理，依法追究责任人的行政责任乃至法律责任。

第二节　优化巨灾风险资金管理和物资储备

巨灾风险的治理需要相应的资源支撑，这是巨灾风险治理的前提。具体可以从战略物资储备和财政保障体系两个方面进行改善。

一、做好巨灾风险治理的战略物资储备

战略物资包括与国计民生有关的粮食、医疗设备、矿产资源、能源等，这些物资在紧急情况下是必不可少的，否则巨灾风险管理工作将难以开展。因此，做好巨灾风险的国家战略物资储备，积极考虑战略物资储备的地理位置布局，强化战略物资分布的合理性和安全性，保证战略物资在关键时刻能够迅速发挥作用，确保巨灾风险治理的人力物力保障等，是巨灾风险有效治理的关键。政府有责任根据情况启动各种战略物资储备，积极调动公众共同努力处理全国或者局部地区的巨灾风险治理事务。

具体而言，做好巨灾风险治理的战略物资储备，首先要对战略物资做好规划，必要时能迅速进行跨部门、跨地区调配。例如，经贸、粮食等部门做好重要物资和基本生活物资的储备工作；专业应急部门做好应对巨灾风险所用到的专业物资和应急处置装备的储备工作。其次，政府要考虑到本地区的实际情况，清楚本地区多发的巨灾种类，有针对性地储备物资，分清轻重缓急，准备得当。同时，政府还应考虑到本地区的人口数量，根据社会实践情形准备相应的战略物资。最后，政府在做好本职工作的同时，要充分动员社会群体的参与，凝聚非政府组织的力量，发挥市场的作用，将物资通过社会渠道加以储备，实现战略物资储备方式的多样化。此外，还要加强政府和企业的联系，探索商业储备、技术储备以及生产能力储备等模式，委托相关企业储备一定数量的战略物资，对生活物资的储备则可以以政府补贴为主要形

式。在政府的主导下发挥整个社会的力量，是提高应急预算资金的效能的关键。

二、建立巨灾风险治理的财政保障体系

由于经济发展水平尚有不足，我国政府对巨灾风险治理的资金投入还未能与想要达到的效果相匹配，国家财政资金用于巨灾风险治理的投入不足，成为当前巨灾风险治理体制症结的重要成因。有些地方政府对于巨灾风险治理的认知存在差异，遇到危机时往往产生等援助、靠上级、要资源的惰性思想，不愿为巨灾风险管理投入资金与精力。这种现状使得巨灾风险造成的损失逐年增长，严重威胁社会稳定。对此，政府必须构建合理完备的巨灾风险治理的财政保障体系，以适应巨灾风险治理需求。

首先，要加强巨灾风险的政府投入。将巨灾风险治理经费纳入国家预算体系，巨灾风险治理是关涉公众利益的公益性事业，属于需要投入公共资金、调动公共资源、给予积极关注的公共问题。各级政府必须作为巨灾风险治理责无旁贷的主体，承担起巨灾风险治理的主体责任，实施巨灾风险治理的具体管理事务。必须按照巨灾风险治理的需求，统一规划巨灾风险治理的资金投入，针对巨灾风险造成日趋增长的社会损失及影响，扩大管理巨灾风险的主动性投资比重，做好各种减灾工程的修缮工作。

其次，要建立国家应急基金。巨灾往往具有突发性，如果在巨灾发生后还没准备好资金去实施救灾工作，势必造成灾害的进一步蔓延。而如果有一个常规机制做好资金储备，则在实施救援及重建工作时至少不会因资金问题而受到掣肘。放眼未来，国家应成立管理巨灾风险救助基金的部门，统一调拨救灾基金，若年终存在结余则自动划归下一年度，从而解决救援资金不到位的普遍问题。发达国家的经验说明，救灾基金具有重要的作用，能初步解决灾区群众在巨灾发生后的应急起居及日后的恢复重建问题。所以，从国家和各级地方政府的实际情况出发，可以按照不同区域的组织收入与个人收入

的增长比例，适时增设一定规模的抗灾、救灾基金。

最后，要逐步建立完善巨灾风险保险制度。保险是一种极为有效的社会保障机制，能利用社会力量分摊巨大的经济风险。保险与市场经济密不可分，在中国特色市场经济体制下，也应建立起中国特色的巨灾风险保险保障制度。从作用来看，保险是一种良好的社会稳定器。目前很多国家都建立了巨灾风险保障制度，为我国提供了良好的借鉴。我国处于社会主义初级阶段，改革开放后，市场经济得到迅速发展，为我国建立巨灾风险保险制度、实现社会自救奠定了一定的基础。以此为前提，需要对城乡居民的财产、房屋等建立保障制度，使社会稳定器的作用得以充分发挥，为巨灾风险的救助工作提供足够的资金保障。

第三节　构建巨灾风险的信息系统平台

信息是巨灾风险治理的核心要素，也是识别和判断巨灾风险级别及破坏程度的关键变量，巨灾风险治理离不开完整的巨灾风险信息管理系统作为支撑。

一、建立全国统一的巨灾风险信息系统

巨灾风险治理是综合性和系统性的工作，在作出救灾决策前，务必要在整体上全面了解巨灾信息。国家应统一组织建设巨灾风险信息系统，将各方巨灾信息汇总整合，帮助巨灾风险应对管理部门及时作出反应，科学决策、迅速推进减灾防灾办法的实施。此外，该系统还可以整合全国各地的巨灾风险信息，为各地区提供全方位的信息资源，推动巨灾风险管理的宣传教育，强化公众对巨灾风险治理的科学认知水准。国外很多国家和先进的救援组织利用发达的通信技术、完善的社会共享体系，致力于建立统一的巨灾风险信息系统，并取得了一些进展。我国巨灾风险种类繁多，而灾情信息分散于各

个地区。现今我国负责灾害预警的部门，如气象局、地震局、水利部、国土资源部以及农业部都已对信息系统的建立做了一定的工作，初见成效，部门间也能有效地实现消息的交流。但由于条块分割的机制原因，不同地区的官员、公众难以知晓相关区域的巨灾风险状况，无法制定统一的巨灾风险决策程序，造成巨灾风险治理在立法、管理、经济以及教育等方面的缺陷。所以，我国应着力于全国性统一的巨灾风险数据库建设，运用高新技术及时获得数据、处理数据、发布数据，建立能迅速展开信息监测和处理的综合系统。

二、建立健全政府信息公开制度

面对巨灾风险事件，要充分尊重公众的知情权，积极做好巨灾风险信息的预防、发布、引导及澄清工作。依据公众对巨灾风险的信息需求，及时、准确、完整地做好信息公开工作，避免信息传递的失真，预防巨灾风险谣言的肆虐，提高政府的透明度，减少群众的恐慌，及时应对可能出现的问题。在当今时代，互联网得到充分应用，信息高度发达，政府权威信息发布的时间早晚以及详细程度，与社会稳定程度、政府权威度存在较大关联。政府应该主动加快巨灾风险信息公开的制度化进程，提升巨灾风险治理的信息公开程度，充分发挥主流媒体的作用，提高政府公信力。与此同时，政府需要借助巨灾风险信息披露制度，强化对公众的巨灾风险教育，积极构建巨灾风险的引导场域，树立正确的巨灾风险舆论导向。

三、构建完备的巨灾风险数据网络信息系统

构建完备的巨灾风险数据网络信息平台，是巨灾风险管理的关键任务，同时也是巨灾风险治理工作顺利进行的前提。政府需要相对先进的硬件措施，从而保障通信信息能够及早发布，为灾情预警、群众避险、紧急求助节约时间。为此，一方面需要强化巨灾风险的硬件投入，强化巨灾风险治理的

通信保障基础，确保巨灾风险来临之时，能够保持通信网络的畅通。另一方面，需要建立完备的巨灾风险信息报告制度，涉及公众生命财产安全的巨灾风险信息报告是巨灾风险紧急救助的重要组成部分，同时也是保障公众正常生产生活的重要前提。因此，需要强化巨灾风险信息报告的准确性和及时性，重点治理巨灾风险信息报告不及时、信息内容不全面、救灾信息不准确的问题，强化巨灾风险治理的软硬件基础，致力于信息识别与数据分析，构建完备的巨灾风险数据网络信息平台。

第四节　完善巨灾风险管理机制建设

巨灾风险发生后，政府必须果断采取有效措施，整合各种社会资源，迅速掌控巨灾风险的局势，致力于尽早恢复正常社会秩序。但是，巨灾风险往往是突然发生且来势凶猛，短时间内就会造成巨大的损害。因此，决策者必须在有限的时间内做出应急决策，迅速部署救援行动，将巨灾造成的损失控制在最小范围。反之，如果决策者对巨灾风险的反应过慢，需要大量时间才能做好应急救援决策，便不能抓住控制灾情的最佳时机，从而导致灾情蔓延，给社会和人民群众带来更为严重的损失。

一、构建巨灾风险应急预案机制

作为处置巨灾风险的应急计划，巨灾风险应急预案是为保证迅速、有效、有序展开巨灾风险应对及处置行动，而预先制定的有关计划和方案。巨灾风险应急预案是巨灾风险治理的重要内容，是巨灾风险治理必不可少的关键环节。巨灾风险的发生具有突发性、不确定性、危害性等特点，实现巨灾风险治理的常态化监测及日常管理，是巨灾风险治理能力提升的重要保障。当前人类社会并不能阻止巨灾风险的发生，而且有些巨灾风险还难以做到准确预测，但可以采取积极的措施及手段，最大化进行巨灾风险治理。巨灾风险应急预案需要结合实际情况，依据巨灾风险治理的具体要求，通过预先制定有效的应对措施，提升巨灾风险的管理与处置能力。

在巨灾风险预防阶段，政府需要考虑巨灾风险发生的可能性，在巨灾发生前就要准备好防灾减灾的有效措施，制定相应的救援计划。巨灾风险爆发后，负责应急管理的决策者需要迅速认清灾害的类型、强度及破坏程度，以手头获得的信息为基础，在短时间内做出救援行动的计划，如果在灾害发生前已经做好了初步的应急预案，将对决策者研判危机事件、做出正确决策提供巨大帮助。在巨灾风险治理过程中，中央和地方政府需要分工合作，中央政府侧重于宏观上对建构巨灾风险管理体系的探索，根据不同的灾种、不同的等级形成应急管理预案；地方政府须在此预案的指导下，具体了解本区域的特点，做出具有地域针对性的详细的应急管理方案。应急预案顾名思义是在灾害发生前编写的对可能发生的巨灾的应对措施，应关注到应急人员的数量与编配、急救设备的储备、救援行动的具体计划，从而使政府能够对较为复杂的巨灾风险从容、科学地处理。应急方案的编写应具有一定的可行性，不能浮于表面难以落实，应帮助相关管理部门尽最大可能迅速开展救援工作，提高巨灾风险治理效果。

二、优化巨灾风险的应对机制

建立巨灾风险应对机制是当今各级政府需要重点关注的巨灾风险管理工作，也是降低巨灾风险损失，提升应急管理水平的关键要素。通常情况下，政府的巨灾风险应对机制应包含以下几个方面：

首先是预警机制，运用遥感技术、卫星通信等技术实施全面监测，得出灾情信息。预警机制是巨灾风险管理中必不可少的前提要件，为巨灾风险提供大量的数据信息，使政府和民众能及早应对，做好准备。巨灾风险监测具有非常明确的任务目标，是巨灾风险治理工作的一个重要环节。科学的预报可以为巨灾风险管理工作赢得充足的准备时间，有助于科学地做出决策。为此，政府需要在深入研究巨灾风险演化规律的基础上，依据巨灾风险类别及特性，科学做好巨灾风险治理工作。在强化单项巨灾风险预报工作的同时，也要借助高新科学技术，逐步实现巨灾风险的综合性与系统性预报功能，提升我国巨灾风险的监测及预报水准。

其次是快速反应机制。现有的科技水准及技术手段，无法做到完全预防及规避巨灾风险，有些巨灾风险甚至难以做到准确预报，且相关发展趋势难被有效预测。由于巨灾风险具有非常大的破坏力，波及范围也比较广，因此，如何有效缩短巨灾风险的响应时间非常重要，需要巨灾风险治理决策者第一时间进行决策，及时控制巨灾风险演化趋势，迅速恢复社会秩序，顺应巨灾风险治理的特殊需求，实现不同巨灾风险管理部门的有效协作，提升巨灾风险治理效率。

最后是协调机制。巨灾风险的主管机构通常是按照风险的种类进行区隔，巨灾风险管理职责也多由不同部门来实施，公安、武警、消防、医疗、卫生、供水、市政、交通、建设等部门各自承担不同的管理任务。目前，迫切需要依据巨灾风险的治理需求，形成有约束力的规范机制，确保巨灾风险治理过程中各个部门能够各司其职且密切配合，保证巨灾风险处置时效。要形成由政府主管机构牵头，公安、武警以及市政等部门具体参与，社会公众密切协作的巨灾风险救援机制，依据巨灾风险治理的不同环节，组建指挥、通信、保障、消防、医护、治安等不同板块，强化日常沟通与协同演练，确保巨灾风险指挥体系能够迅速实施处置行动，保证信息沟通顺畅，形成巨灾风险治理力量的有效整合。

第五节　夯实巨灾风险治理的社会基础

一、提高公众对巨灾风险事件的认知

增强公众的巨灾风险认知水准，开展多种形式的巨灾风险宣传活动，强

化对公众的教育，提升公众的巨灾风险治理意识，是有效应对巨灾风险的重要保障。同时，积极开展巨灾风险管理及减灾防灾的宣传活动，强化巨灾风险的宣传工作绩效，提升全民巨灾风险意识，也有助于整合社会各界力量，调动不同主体的主动性。为此，应当以“以人为本、预防为主、防治结合”的巨灾风险治理思路为指引，强化巨灾风险的基础性预防工作，树立公众的巨灾防范意识，增强公众的巨灾风险认知能力及水准，有效提升全社会巨灾风险治理的主观认知水平。

二、积极营造支持巨灾治理的社会氛围

巨灾风险治理不仅仅是政府工作内容及行动计划，也需要全社会的积极支持及全员参与。一方面，需要重视公众的危机意识教育，强化巨灾风险宣传工作，动用有效的传播资源及教育手段，借助新媒体等新兴技术方法，提升公众巨灾风险的认知水准，强化公众的巨灾风险治理知晓意识，通过巨灾风险治理演习等方式，唤起公众对巨灾风险的使命责任，提高公众巨灾风险治理意识和应变能力，普及巨灾风险治理的个人应对策略，确保政府官员和公众能够长久保持巨灾风险的治理准备，树立忧患意识，实现个人能够减灾避灾、社会能够统一整合资源，并进一步增强公众巨灾风险治理的认知水平，提高防御灾害、自我救助的能力，提升社会应对巨灾风险的整体能力。另一方面，需要广泛动员社会力量，积极调动社会组织参与巨灾风险的积极性，建立巨灾风险投入回报机制，确保巨灾风险民间力量的有效整合，增强巨灾风险治理参与者的认同度及归属感，提升巨灾风险治理的社会动员水平，与政府巨灾风险治理实现协同，确保巨灾风险治理体系的完整，避免巨灾风险干扰国家长远战略规划。

三、合理设置巨灾风险治理的激励水准

有效提高巨灾风险治理绩效，必须从根本上改进巨灾风险治理的激励机

制，解决巨灾风险治理的可持续投入问题。一方面，通过多种教育手段，宣传巨灾风险治理及规避的各项常识，确保公众掌握地震、火灾、泥石流等巨灾风险的自救方法，提升公众的综合素质，在社会各个层面开展巨灾风险治理技术手段的培训工作，强化社会凝聚力，适时进行应对巨灾风险的演习，增强巨灾风险治理的有效性及协同性。另一方面，巨灾风险治理应该重点关注学生群体的安全风险教育及防灾减灾教育，从小培养巨灾风险的安全理念，强化巨灾风险的安全防范意识，营造全社会共同治理巨灾风险的良好氛围，实现巨灾风险治理的可持续。同时，还应进一步整合巨灾风险的各个主体资源，实现政府主管机构、社会组织及公众资源的一体化，强化巨灾风险治理的科研工作，进行巨灾风险治理的预测分析及规避，积极鼓励巨灾风险治理机构进行资源整合，提高公共安全综合保障水平。

第六节　强化巨灾风险治理的技术支撑

强化巨灾风险管理技术手段的科技含量，积极引入安全数字网络等最新科学技术，不断提升巨灾风险治理的安全系数，致力于构建现代化的安全防御系统、巨灾风险预警系统和应急救援系统，逐步实现巨灾风险治理的现代化，是巨灾风险治理的必然趋势。积极运用巨灾风险治理的各项科技手段，提升巨灾风险救助的科技含量，赋予科学技术全新的历史使命，积极迎接各种巨灾风险给公共安全带来的各种挑战，充分运用包括遥感、卫星通信、网络等高新科学技术，让经验与科技相结合，不断提高巨灾风险管理能力，强化巨灾风险工作的针对性及科学性，加大巨灾风险治理力度，从而最快时间恢复正常生产生活秩序，将巨灾风险损失降到最低限度，构建安全有效的巨灾风险治理科技平台。

第七节　提升巨灾风险的监测与预警水平

加强风险防范意识，从源头上抑制巨灾风险的发生，减少巨灾风险给生命财产带来的损失，是巨灾风险治理的重要目标。当前，我国正处于社会转型时期，巨灾风险频发，如何有效防御和减轻巨灾风险带来的巨大损失及重大危害，是关系公众利益及公共安全的重大现实问题。有效的巨灾风险治理，需要重新规划巨灾风险的资源投入方向，将资源由以往的巨灾救助逐步转向巨灾风险治理的预防，将巨灾管理重心由简单回应逐步调整为巨灾危机管控，从源头阻止巨灾风险的爆发，防范巨灾风险的发生。这不仅是节约社会成本的有效管理方式，而且是提升巨灾风险治理绩效的重要保障。不过，这一切都建立在巨灾风险治理具有非常高效的预警信息探测系统的基础上。只有这样，巨灾风险治理才能够挖掘及把握巨灾的演化特性，寻求巨灾风险爆发的踪迹及规律，形成高效准确的巨灾风险预警机制，提升巨灾风险的监测、预警、预报水平，提前做好巨灾风险准备工作。

一、建立巨灾风险监测和预警的综合系统

现有巨灾风险治理方式更多是依据巨灾风险类型的不同，在不同领域建立相对独立的专门预警系统，方便对不同类型的巨灾风险进行针对性管理，但也导致各个不同的巨灾风险体系之间难以实现信息沟通及协同，无法实现治理资源共享，而且难以保障巨灾风险预警系统的准确性。如果能够整合不同类型的巨灾风险预警信息，利用数据整合及共享资源，就可以有效防止巨灾风险治理出现纰漏，而且能够实现巨灾风险信息管理的多维度关注，迅速识别并回应巨灾风险信息异常状况，压缩巨灾风险信息回应及行动实施的时间，提升巨灾风险管理的监测水准。

二、改进巨灾风险的监测预警技术

巨灾风险监测效果取决于相关的技术支撑及知识储备，需要更多安全领域的资源投入。对此，可以积极引进发达国家的先进预警技术和设备，确保我国巨灾风险预警系统处于国际先进行列，进一步健全巨灾风险的预报系统，全方位监测巨灾风险的具体征兆，及时公开巨灾信息，通过电视、广播、互联网、广告牌、大银幕等渠道及时通知巨灾相关细节，努力使绝大部分群体都能得到信息，从而使群众尽早了解灾情讯息，提前做好避难防灾工作，减少生命安全隐患，减少经济财产损失。

三、巨灾风险预警系统应该更贴近“警源”

社会风险预警系统是现代科技运用于综合风险治理的典范，当其触角与被预测对象近距离接触时，系统能够有效地对重点隐患进行监测、排查，从而降低城市的脆弱性，提高城市的灾害抵抗力、适应力与恢复力。然而，风险预警系统的覆盖范围是有限的，受治理成本与资源的限制，现实情况下，系统的网络和触角往往不能面向社会面全面铺开，只能基于过往经验不断分级分层，确定特定区域内的重点灾害、重点环节、重点人群并进行有针对性地风险防控与监测预警，这在一定程度上有悖于风险治理的全面性原则，因此，需要不断提高遥感、大数据、高性能计算等现代技术水平，推动风险预警系统的更广范围、更深层次地贴近“警源”。

四、建造智能化巨灾风险决策辅助系统

综合上述观点，数字技术赋能巨灾风险管理已成为各级政府建设防灾减灾救灾体制机制的重要基础。在现今时代，应以巨灾风险预警系统为基础，扩大该系统的功能外延，建造更智能化的巨灾风险决策辅助系统，让决策者

能够通过信息化技术模拟不同风险应对举措对社会、政治、经济、文化、环境等全方面的影响，协助决策者选定符合效益最大化原则的方针政策。需要注意的是，尽管这种决策系统具有智能化等优势，但现实情况复杂多变，要想将其作为良好的支持性工具，还需结合实际，辅以配套的组织制度、资源结构、管理规则，才能推动社会整体风险应对能力的提升。

第八节　完善多元主体参与巨灾治理的机制

一、积极组织动员公众参与应急管理

当前巨灾风险治理多元化格局正在逐步形成，不同主体尤其是经济主体的影响力不断扩充，社会组织及市场主体具备发挥更大作用的能力储备，有助于实现巨灾风险治理中政府与非政府之间的平等沟通协调。政府虽然能起到调度资源、指挥救灾等重要的作用，但在一些细节方面却不占优势，而民间的非政府组织如果使用得当，就能弥补政府的不足，能密切联系群众，提供亲民的服务、及时反馈受灾群众的信息，发挥志愿者的优势，优化不同主体之间的沟通协调，强化不同主体的组织合作，共同建立社会化的救灾工作合作体系，做好巨灾风险治理工作，完善我国防灾减灾工作体系，扩大巨灾风险管理的参与广度，从而提高我国应急管理水平，发挥社会公众的力量，使救灾工作更有效率地进行下去。

二、鼓励其他主体参与巨灾风险治理

良好的巨灾风险治理体系需要有效地规范巨灾风险治理过程中的主体行为，契合不同巨灾风险治理主体的特定需求，提供不同主体的行为激励措施，实现巨灾风险治理的协同，提升风险治理的绩效水准。为此，需要改善当前对于不同主体的巨灾风险治理制度，健全巨灾风险多元主体参与的制度规范，确保不同主体能够从巨灾风险治理中获得相应收益。一方面，需要建

立相对规范的巨灾风险制度体系，合理区分巨灾风险治理中不同层级政府、社会组织以及社区的不同职责，确定各个治理主体在巨灾风险中的相应职责、行为规范以及权力边界，划分不同主体的活动范围，设立相应的运作程序，确保不同主体能够在既定的法律规范中进行具体的巨灾治理工作，并依法保障各方主体的合法权益。另一方面，规定参与巨灾风险治理人员的权利及义务，确保巨灾风险治理参与人员的合法权益，从而约束不合理的行为，激励社会群众广泛参与到巨灾风险管理工作，从制度层面确立风险参与主体的权益保障及行为约束机制。

三、积极促进多元主体的分工协作

巨灾风险治理的多元主体参与是巨灾风险治理的必然趋势。巨灾风险由于涉及方方面面的利益，会对社会造成了巨大的损失，所以难以由政府单一主体来实现有效治理，必须由多个主体共同参与协作。忽略或排斥其他主体在巨灾风险治理中的积极性与能动性，将会导致巨灾治理的低效与无序。但在整个巨灾风险治理体系中，由于政府在职责及资源调动层面的优势，政府机构通常占据主导地位，其他主体参与不足。

在巨灾风险治理体系中，要实现巨灾风险治理体系的有效运转，必须给予政府机构、社会组织及公众相应的职责及权利，激励各个主体积极参与巨灾风险治理，有效发挥巨灾风险治理中各个主体的能动性，让他们在巨灾风险治理过程中各自承担相应的责任。同时，应依据巨灾风险的危害程度，综合巨灾风险的类型及影响范围，预估巨灾风险治理的紧迫程度及资源调配状况，赋予各个主体不同的职责及权力，确保各个主体的积极性及主动性，充分发挥各个主体的不同优势，综合利用各方力量，发挥系统的整体优势。

四、做好多元主体参与治理的资源保障

巨灾风险治理体系中多元主体共同参与的前提是各个主体能够具有相应

的资源保障。在政府加大对巨灾风险治理财政投入资源过程中，可以通过借贷等诸多形式，建立健全财政保障机制，在此基础上规范应急物资储备工作，完善应急资金管理制度，对救援主体提供政府补贴，保证巨灾风险治理的积极性，吸引民间力量进入巨灾风险治理之中，确保巨灾风险社会的参与度，保障巨灾风险治理制度及资源的有效供给，有助于实现巨灾风险治理资源保障的全面统一协调，确保巨灾风险治理的资源保障。

第九节　充分发挥新闻媒体和社会舆论导向作用

新闻媒体在巨灾风险治理过程中发挥着至关重要的关键作用。巨灾风险爆发之后，新闻媒体承担着向社会公众及时准确地发布全面、权威信息的职责，负责解决社会公众对巨灾信息认识不清晰问题，舒缓社会公众面临各种不确定状况的焦虑情绪，消除社会公众对巨灾风险的恐惧，确保社会公众形成对巨灾风险的正确认识并且采取相应的自我保护措施。这是巨灾风险治理成功的重要保障，对于稳定社会秩序、提升政府公信力具有十分重要的作用。

一、完善新闻发布制度，力求风险信息的有效传播

巨灾风险处置过程中的信息传播是一个非常重要的环节，需要根据巨灾风险的不同级别，依据巨灾风险治理的需求积极做好相应的巨灾风险传播管理工作。首先，要建立相应的信息处理的临时机构，负责巨灾风险的信息传播工作，建立不同层级的巨灾风险发布系统，确保重大巨灾信息的有效处置，让公众知晓巨灾风险处置的正常程序及工作进展，满足公众对巨灾风险治理权威信息的需求。其次，要策略性地做好巨灾风险新闻发布和新闻宣传工作，协调巨灾风险信息的内部分享与外部传播之间的关系，强化巨灾信息的权威，确保信息及时传播，满足公众的信息需求，对于容易引发社会公众

恐慌的巨灾信息，需要在巨灾风险信息的公众知情权与巨灾风险治理需要之间形成既定的平衡，做好巨灾风险信息的有效治理。最后，要向公众公开巨灾风险的潜在损害范围，及时防止社会不实信息的肆意传播，主动协调巨灾风险治理过程中各个媒体的关系，妥善利用新闻舆论来组织和动员公众与政府一起处置事件，实现二者的良性互动。

二、顺应公众信息需求，给予新闻媒体以制度化行动空间

政府需要重新审视巨灾风险治理过程中的媒体作用，除了主动地公布巨灾风险信息、及时实现巨灾风险信息的有效传播，还要鼓励和保护新闻媒体进行深入报道，充分发挥新闻媒体的补充作用。首先，需要保证新闻媒体的自主空间，向媒体提供真实信息，鼓励记者亲赴灾区，获得一手资料，将实际情况传播给广大人民群众，从而使公众全方位了解巨灾信息，让公众对巨灾风险形成正确认识，维护巨灾风险时刻的社会稳定。其次，政府要支持媒体迅速、准确地报道多方面的讯息，对媒体的问题积极回应，充分发挥新闻媒体公信力强的特点，同时，要收集新闻媒体从现场发回的灾情信息，作为政府决策的重要参考信息，确保政府掌握全面和翔实的情况作为决策基础。最后，政府应充分利用媒体挖掘巨灾风险治理的盲点及漏洞，曝光巨灾风险治理过程中政府作为不力的地方，惩治违规官员，使巨灾风险治理能够在阳光下进行，确保巨灾风险治理的有效廉洁。

三、积极影响媒体议程设置，引导公众舆论方向

一些不良媒体为吸引公众眼球，故意夸大某些问题，制造爆点新闻，造成不明真相的群众莫名恐慌，甚至会引发群体性事件。对此，政府在鼓励媒体报道灾情的同时，也要对媒体报道做好监督管理工作，作出必要的引导。因为主流媒体能起到较好的引导舆论作用，所以政府需要借助主流媒体发声，利用主流媒体的人才储备及机制支撑，改进及深化巨灾风险的新闻报

道。可以在政府主导下，邀请参与巨灾风险治理的一线人员，参与到公共舆论的内容制作之中，从不同视角回应巨灾风险治理的各种信息需求，特别是在风险治理过程中，针对诸多误解、质疑要充分利用新闻媒体进行释疑工作，避免谣言的传播，保证公众及时有效地获取权威信息，使舆论环境契合巨灾风险治理的需要。

第十节　强化巨灾风险救助的捐助管理与心理干预

巨灾风险救助及心理干预是巨灾风险治理的善后事宜。为了以风险治理为目的而筹集的社会公益慈善资金能够得到高效科学地利用，政府需要以立法的形式保障慈善机构募捐资格，扩大接受捐助的主体，强化社会捐助的资金监督，提高社会捐赠资金使用的公开性、透明性和实效性。以此使慈善组织更积极地募集社会捐助，获得慈善组织更多的资金援助。此外，要积极做好巨灾风险的心理干预，尽快实现社会公众的心态调整。

一、积极鼓励针对巨灾风险的社会捐赠

巨灾风险往往造成非常巨大的社会损失，其应对过程需要全社会的共同努力，而针对巨灾风险的特定捐助，通常需要一定的社会氛围支撑，需要普及巨灾风险的慈善意识及慈善理念，积极主动地利用主流媒体和新闻媒介，进行客观公正和公开透明的报道，广泛地影响舆论，在全社会营造针对巨灾风险的社会捐赠氛围。要正面宣传慈善组织的工作性质，普及慈善募捐的重要作用，传播慈善组织的存在价值，积极宣传针对巨灾风险的慈善活动，提高慈善捐款的流程透明度和公布资金流向，重塑社会群众对慈善组织的信任，激发公众的公德心，进而得到民众的理解、信任和支持。

二、健全社会慈善资金的监督制度

巨灾风险发生之后，当前社会公众通常是借助中国红十字会、中华慈善总会等慈善机构进行捐助。社会公众所捐助的物资、资金是否能够得到有效利用，是否真的能够满足灾区社会需求，以及是否能有效解决巨灾风险治理的各项困难，取决于巨灾风险的捐助是否得到合规化使用。为此，政府必须出台相应的法律法规来规范各类慈善组织，监督资金募集流程，明确资金流动的去向，保证资金的用途符合法律规定以及捐赠受赠双方的意愿。与此同时，政府还应该承担规范慈善组织活动的职责，强化对社会慈善组织的管理，坚决取缔各种非法募捐活动，完善对受赠系统支出透明度的监督，取缔和制裁违法募捐、截留资金的行为，对资金的流向及时跟进并定期公示，完整向社会公布募集款项的流动去向。

三、促进心理援助工作的有序开展

巨灾风险具备极强的破坏性，对受灾群众的心理会造成极大冲击。在巨灾发生之后，需要有心理医生等专业人员对受灾群众做心理疏导，帮助他们走出灾害的阴影。心理救援人员虽属于社会人士，但仍需通过政府部门统一调度管理，才能尽其所长，使他们的专业优势得到最充分的发挥。所以，为使心理干预能够最大程度地发挥作用，政府应给予足够的重视，广泛动员包括心理医生在内的专业人员充当志愿者，对灾区群众提供及时有效的心理干预。同时，心理救援计划应被纳入巨灾风险治理的整体框架内，注重日常研究，探索不同灾种对灾民造成的影响差异，找到最为合理有效的心理干预办法。唯有如此，当巨灾发生后，才能迅速调配资源，将最合适的心理专家派往灾区进行心理援助。

四、引导民间力量参与灾后心理援助

民间组织是不可忽视的灾后援助力量，与其他组织相比，他们更具热情和活力，处理事情更加灵活，一些政府难以顾及或者不适合去做的工作，诸如心理疏导、人际关系修复等，均可由民间组织在政府的引导下开展，为灾区群众提供更为周到的服务。首先，政府要成立专门组织，负责与民间非政府组织的沟通协调，安排心理救援工作。对非政府组织的人员要进行专业的培训，传授他们进行心理疏导的知识，以便为灾区群众提供有效的心理援助。此外，这种培训的目的也在于确认志愿者们的职责，确保分工合理、责任明晰。其次，应建立一个与非政府组织沟通的窗口。政府可借助于网络建立心理援助服务的受理窗口，汇总灾区群众需要心理疏导的相关信息，民间的非政府组织通过这些信息，受理与自身专业相匹配的救援活动。通过对社会力量加以合理的凝聚利用，能为心理援助等救援工作的开展提供必要的支持。最后，政府需要组织培训，设法提高心理援助的专业化水平。面对不同的巨灾风险，组织具有针对性的心理救援。为此，政府需要建设常备的巨灾风险心理干预专家储备库，注重平时的宣传、招募与培养，定期开展专家讲座，推广心理援助知识，提高群众的巨灾风险应急能力。

后　记

夜深人静，我独自坐在办公室书桌前，看着这本即将付梓的书稿，淡淡的墨香不禁把时光拉回到十多年前。我当时刚刚博士毕业，感恩人生路上的各种际遇，让我能够进入到兰州大学管理学院，开启我的高校教师职业生涯。从东北到西北，初到兰州，总是充满了人生中的各种新奇，西部地区各种生态以及社会领域的脆弱性特征，给我的认知世界带来了新奇的研究视角与全新的研究素材，让我能够对西部地区的特性问题有更为深刻的感性认知，也将我的研究注意力聚集到了巨灾风险评估与治理这个领域。受到各方眷顾和厚爱，我毕业之后的项目申请相对顺利，在我所研究的巨灾风险领域，相继拿到教育部人文社科项目、国家社科基金青年项目以及中国博士后基金一等资助等课题，也正是这些项目的资助与加持，使得我能够发表一些论文，在学术道路上实现一些进步。

回首漫漫来时路，几多感慨在心头。选择西部地区巨灾风险评估与管理创新这一研究命题，需要感谢我的博士生导师王惠岩教授，作为先生的关门弟子，在先生的最后时光，我有幸一直陪护在先生左右，近距离地接受他的教诲。在入门之初，王先生就给我布置了通读经典著作的学习任务，要求夯实理论研究的坚实基础；在上海治疗期间，先生专门挤出时间，对我的未来研究方向进行指导，强调需要注重现实问题与特定理论的结合；在山西疗养阶段，先生以如何用理论回应现实问题进行了详细地指导，向我讲授如何把握社会科学研究的正确方法，强调从实践出发，探寻学术研究的基本思路，提出需要重视现实中各种显性和隐性的风险，以及未来政治学理论发展的具体趋势……这些场景虽然已经过去十年有余，但是至今回想起来仍历历在目，跟随先生和师母的这段时间，能够深刻感受到先生珍惜人生、珍爱学术、关爱学生的人生准则，豁达开朗、认真仔细的治学态度，让我如沐春风、受益终身。同时，非常感谢杨海蛟老师与张贤明老师，两位老师乐观随和、积极向善的人生态度，不遗余力、细心呵护的关爱，让我在求学期间及工作之初，时时感受到家的温暖和师长的叮嘱，在此书的写作过程中，得到了两位老师非常具体且有效的指导，老师的笑容与鼓励也常常激励我不断前行，面对各种不同际遇，都能始终微笑应对，充满继续努力的动力。

纸上得来终觉浅，绝知此事要躬行。西部地区一直是巨灾风险灾害的多发之地，其形成机理、演变过程及后果评估等方面与日常的灾害存在着诸多不同，难以通过日常的管理制度实现有效治理。提升巨灾风险治理能力，强化西部地区巨灾风险防范化解体系建设，是我国应急管理水平提升的重要内容，直接关系到边疆地区的秩序维护与社会稳定，关系到民族团结与社会发展，关系到"一带一路"推进进程与国家战略的实现。因此，本书尝试梳理风险、巨灾风险、巨灾风险管理等核心概念，综合风险管理与致灾因子理论、风险评估与感知等相关理论，细分西部地区巨灾风险的不同种类，整体评估巨灾风险管理的实际现状，明晰西部地区巨灾风险的管理需求与目标定位，针对不同的巨灾风险管理的发展阶段，找寻巨灾风险治理的关键环节与具体症结，积极探讨西部地区巨灾风险评估的指标设置与方法运用，构筑适用于西部地区的巨灾风险评估理论模型，并选取甘肃、新疆、宁夏等西部城市进行实证检验，综合评估西部各省区面临的巨灾风险。在评估方法上，结合风险感知理论进行了新方法的探索与引入，在评价体系上，基于脆弱性理论进行了自然灾害管理的政府能力评级体系构建，在评价维度上，基于协同理论凸显了政府灾害管理多部门协作机制的制度设计，在评估重心上，基于舆情引导理论实现了西部地区评估管理创新的具体路径，从协同机制、物资储备、信息系统等维度出发，积极探讨自然灾害风险评估与管理创新、社会风险评估与管理创新等方面的研究，以期优化与创新巨灾风险治理的管理路径。

作为一项跨学科研究，此书得以完成，得益于诸多同行和诸多部门的帮助。本书是在国家社科基金青年项目获得优秀结项的基础上形成的，同时融汇了教育部人文社科基金项目、中国博士后基金一等资助项目等研究内容。并在相关研究的基础上成功申请了“社会稳定风险及对策研究”的国家社科重大专项课题。在本书完成过程中，得到了华南理工大学与兰州大学的多位小伙伴的倾力协助，他们为此书的数据收集与分析、文本整理与校对，做了很多实质性工作，也为本书的出版做出了重要贡献。感谢学界各位同仁，提出了诸多宝贵意见，对此书的修改完善及顺利出版提供了帮助。同时感谢为此书调研提供便利的相关部门单位，使得此书能够有相对充足的各项数据材料。另外，此书的部分内容曾刊发于《政治学研究》《中国社会科学内部文稿》《公共管理学报》《中国行政管理》《理论探讨》《国外社会科学》《南京师大学报》《社会科学家》《西北师大学报（社会科学版）》等核心期刊，向给予帮助和关照的各位编辑老师及审稿专家表示感谢。还要感谢人民日报出版社的陈寒节老师，不厌其烦地细心帮助校正，使得本书的部分纰漏得以修正。正是得益于如此多人的帮助，此书才能顺利出版。

谁言寸草心，报得三春晖。父母养育之恩，定当没齿难忘。需要特别致谢已经过世的父亲，此书也作为一份迟到的礼物献给天堂的父亲。多年求学工作在外，未供寂水之资，子欲养而亲不待的痛楚，人生各种收获与喜悦而无法告知与分享的苦闷，也许只有亲身经历，才能有此痛彻心扉的感受。感谢母亲、岳父、岳母的精心呵护与含辛操劳，感谢爱妻卓黎黎女士的携手同行与相濡以沫，感谢两位家庭小成员的茁壮成长，他们是我坚实的精神支柱和牢固的后盾，支持着我在研究道路上继续前行。

人生旅途之中，关心过我、帮助过我、对我有恩之人不胜枚举，还有很多人并未提及，至此搁笔之际一并表示感谢。由于时间精力及篇幅等限制，拙作还有很多错漏和缺陷，有待各位专家及读者批评指正！是生活中有我爱的人和诸多爱我的人的存在，世界才如此焕发生机。正是意识到如此众多的关爱和重视，人生的无数驿站才丰富多彩，感谢各位的阅读与指正，期待共同见证人生的美好。

文　宏

2024 年 2 月于五山华园